Natur und Technik
Physik 9/10 Neue Ausgabe
Hauptschule
Nordrhein-Westfalen

Erarbeitet von
Bernd Heepmann,
Dr. Heinz Muckenfuß,
Wilhelm Schröder

unter Mitarbeit von
Rüdiger Bruns, Detmold
Peter Grob, Bornheim
Franz-Günter Schmitz, Menden
Walter Siegeler, Meinerzhagen
Karl-Heinz Sonntag, Waldfeucht
Johannes Sowade, Witten
Margarete Staemmler, Bochum

Redaktion :
Helmut Dreißig,Thomas Gattermann,
Simone Lambert, Christian Wudel,

Grafik:
Gabriele Heinisch (Cornelsen), Yvonne
Koglin, Marie-Annick Le Vaillant

Fotos:
Budde und Fotostudio Mahler
(Auftragsfotos Cornelsen)
Sonstige Fotos siehe Verzeichnis
der Bild- und Textquellen.

Cornelsen online http://www.cornelsen.de

1. Auflage 3. Druck 2005

Alle Drucke dieser Auflage sind inhaltlich unverändert und können im Unterricht nebeneinander verwendet werden.

Druck: CS-Druck CornelsenStürtz, Berlin

ISBN 3-464-08559-7

Bestellnummer 85597

Gedruckt auf säurefreiem Papier, umweltschonend hergestellt aus chlorfrei gebleichten Faserstoffen.

Inhaltsverzeichnis

Z = Zusatzstoff

Schallquellen und Schallwellen

Wie entsteht Schall?

1

2

Alles, was du hören kannst, ist „Schall“: Verkehrslärm, Musik, Sprache, Vogelzwitschern …
Wie wirkt Schall auf dich? Wie wirkt es, wenn fast kein Schall zu hören ist?

Vorbereitende Aufträge

Mit selber gebauten „Geräuschquellen“ sollst du Schall erzeugen.
Überlege jeweils, wie der Schall entsteht.

3

1. *Erzeuge Schall mit einem Gummiband oder einer auf den Tisch gedrückten Stricknadel.*

2. *Blase einen Luftballon prall auf und ziehe die Öffnung zu einem schmalen Spalt auseinander. Erzeuge verschieden hohe Töne.*

3. *Fülle ein wenig Wasser in ein dünnwandiges Weinglas.*
Tauche dann deinen Zeigefinger hinein und fahre mit ihm auf dem Glasrand entlang (Bild 3).

4. *Schneide dir einen Trinkhalm so zu, wie Bild 4 es zeigt.*
Presse dann das beschnittene Ende mit den Lippen zusammen und puste kräftig in den Halm.

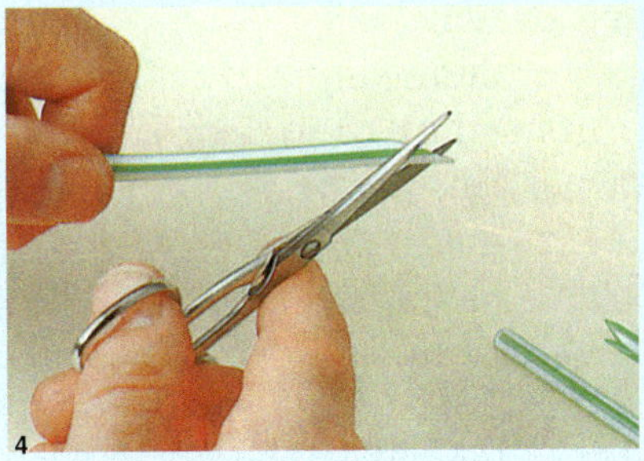
4

V1 *Eine Trommel (oder ein großes Tamburin) wird mit Sand bestreut und am Rand angeschlagen.*
Was geschieht mit den Sandkörnern?

V2 *In einem Radio oder in einem Tongenerator wird Schall elektrisch so erzeugt: Ein Elektromagnet bewegt die Membran des Lautsprechers hin und her.*
Kann man diese Bewegung auch sehen oder fühlen?

V3 *Musiker stimmen ihre Instrumente mit Hilfe einer Stimmgabel. Sie erzeugt nämlich nach dem Anschlagen immer den gleichen Ton.*
Es ist kaum zu erkennen, wie die Zinken den Ton erzeugen. Mit einem Glas Wasser oder einer mit Kerzenruß geschwärzten Glasplatte kann man aber die Bewegung der Zinken sichtbar machen.
Überlege, wie das gehen könnte. Probiere es aus.

63090

Info: Ohne Schwingungen kein Schall

5

Wenn man eine Stricknadel anzupft (Bild 5), wird sie zu einer *Schallquelle* oder einem *Schallsender*. Man sieht dann, was in einer Schallquelle geschieht:

Die Nadel wird aus ihrer Ruhelage nach unten gezogen und dann losgelassen. Sofort federt ihr freies Ende zurück – doch nicht nur bis zur Ruhelage, sondern weiter nach oben. Dann kehrt das Nadelende um und bewegt sich wieder nach unten. Das wiederholt sich in einer Sekunde viele Male. Du wirst sagen: Das freie Ende der Nadel „zittert auf und ab“ oder vielleicht auch: Das freie Nadelende „vibriert“. In der Physik sagt man dazu: *Die Nadel schwingt.* Die Bewegungen der angezupften Nadel nennt man *Schwingungen.*

Ein Körper wird zur Schallquelle, wenn man ihn in schnelle Schwingungen versetzt.

Wenn ein Körper langsam schwingt, kannst du seine Bewegung verfolgen. Schnellere Bewegungen siehst du unscharf oder gar nicht. Du spürst und hörst jetzt aber, dass etwas schwingt (z. B. eine Gitarrensaite oder die Membran eines Lautsprechers).

Aus der Natur: Die Schallerzeugung in unserem Kehlkopf

Die menschliche Stimme ist bei der Schallerzeugung vielseitiger als die meisten Musikinstrumente.

Das eigentliche Sprechorgan des Menschen ist der **Kehlkopf**. Er befindet sich am oberen Ende der Luftröhre (Bild 6).

Im Kehlkopf sitzen die **Stimmbänder**. Während wir atmen, liegen sie etwa 1 cm weit auseinander. Sie können aber auch gespannt werden, sodass sie dicht nebeneinander liegen. Das geschieht beim Sprechen und Singen (Bilder 7–10).

Wenn wir Luft aus der Lunge durch diese Stimmritze hindurchpressen, beginnen die Stimmbänder zu schwingen.

Das geschieht so:

Die durchströmende Luft stößt zunächst die Stimmbänder auseinander; diese werden aber durch die Anspannung der Muskeln sofort wieder zusammengeschlagen. Das erfolgt im ständigen Wechsel und sehr schnell hintereinander. So erzeugen die beiden Stimmbänder ein eigenartig „schnatterndes“ Geräusch. Es klingt so ähnlich, wie wenn jemand „auf einem Grashalm bläst“.

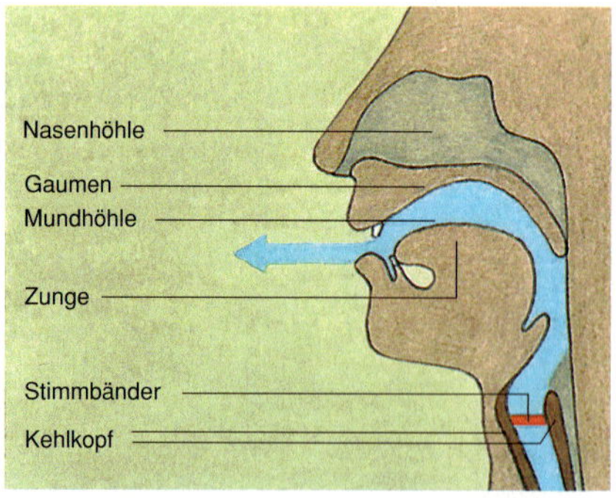

6

Dass daraus unsere Stimme wird, liegt an dem Zusammenwirken von Brust-, Rachen-, Nasen- und Mundraum. Dort entstehen die unterschiedlichen Laute. Beim Sprechen verändern wir außerdem die Stellung von Zunge, Gaumen, Zähnen, Lippen …

A1 *Frauen haben meist höhere Stimmen als Männer.*
Woran könnte das liegen?

A2 *Vergleiche die Schallerzeugung im Kehlkopf mit der beim Luftballon (→ Vorber. Auftrag 2).*
Welche Ähnlichkeit erkennst du?

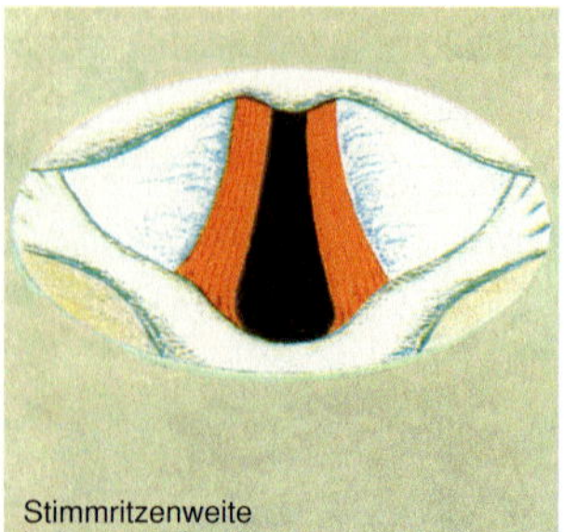
7 Stimmritzenweite beim normalen Atmen,

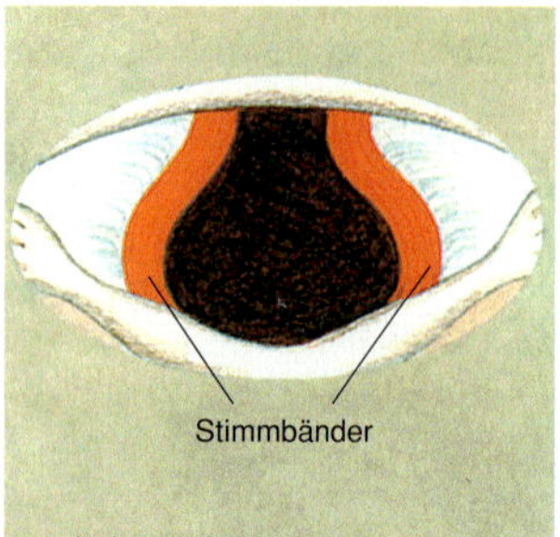

8 … beim starken Atmen,

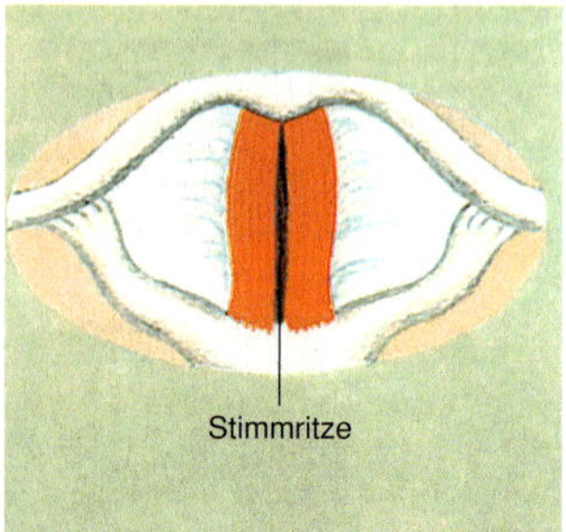

9 … beim normalen Sprechen,

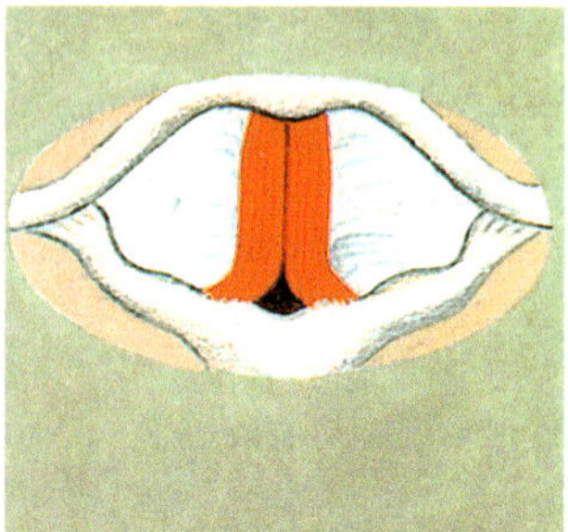
10 … beim Flüstern.

Info: Lautstärke und Tonhöhe – wovon hängen sie ab?

Schwingungen bei einer Schaukel laufen ziemlich langsam ab; deshalb können wir sie dort genau betrachten (Bild 1): Je stärker die Schaukel angestoßen wird (aus ihrer Ruhelage), desto weiter schwingt sie aus (bis zum ersten Umkehrpunkt).

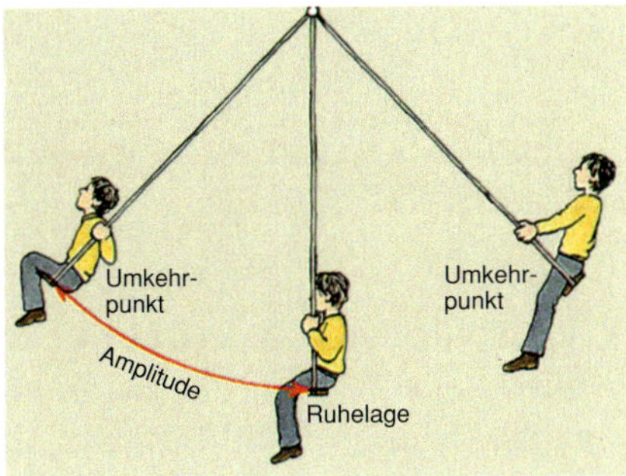

1

Diese größte Ausschwingung – nämlich der Weg zwischen der Ruhelage und dem Umkehrpunkt – wird **Amplitude** genannt.

Das gilt auch für Schallschwingungen (Bild 2). Wird eine Schallquelle stark angestoßen, so schwingt sie mit großer Amplitude. Die Folge ist, dass wir einen lauten Ton hören. Es gilt: **Je größer die Amplitude, desto lauter der Ton.**

Wenn man die Saite *verkürzt oder stärker spannt* und dann anzupft, erklingt ein *höherer Ton* als vorher. Die Saite schwingt jetzt schneller; die *Dauer* für eine Schwingung (die Zeit von einem Umkehrpunkt bis zum nächsten und wieder zurück) ist nun kürzer.

Es gilt: **Je kürzer die Schwingungsdauer, desto höher der Ton.**

Die Anzahl der Schwingungen in einer Sekunde nennen Physiker die *Schwingungszahl* oder die **Frequenz** (Formelzeichen f) der Schallquelle. **Je größer die Frequenz einer Schallschwingung ist, desto *höher* ist der Ton.**

Die Frequenz wird in der Einheit **1 Hertz** (1 Hz) angegeben – so benannt nach dem deutschen Physiker *Heinrich Hertz* (1857–1894). $1\,\text{Hz} = \frac{1}{\text{s}}$.

Wenn ein Körper in einer Sekunde nur einmal vor und zurück schwingt (Bild 3), besitzt er die Frequenz 1 Hertz (1 Hz). Hören können wir von einer solch langsamen Schwingung nichts.

Ein Kind mit gesunden Ohren kann Frequenzen von etwa 16 Hz bis 20 000 Hz hören. Man nennt das den *Hörbereich des Menschen.*

Physiker sagen anstelle von 20 000 Hz häufig auch 20 Kilohertz (20 kHz).

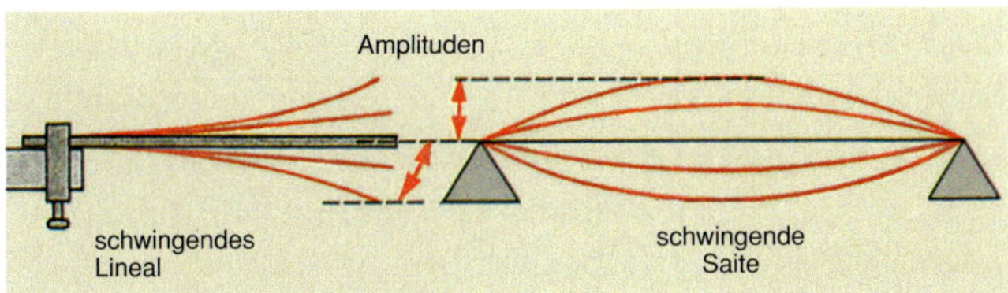

2

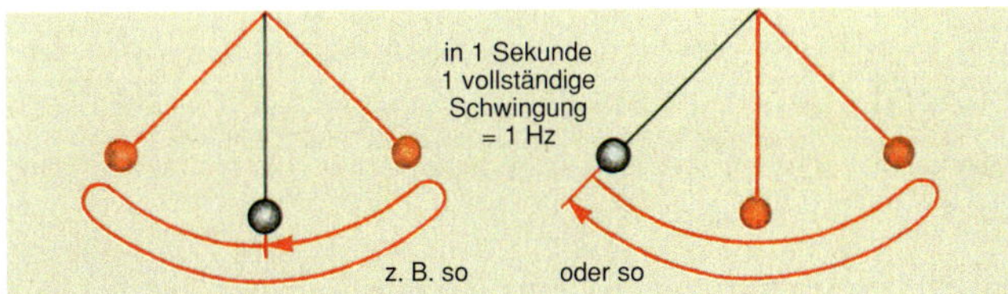

3

A3 *Bild 4 zeigt die Messingzungen einer Mundharmonika. Wodurch entstehen beim Hineinblasen in die Mundharmonika die verschiedenen Tonhöhen?*

A4 *Wie kann man auf einer Gitarre verschieden hohe Töne erzeugen?*

A5 *Was verrät dir Bild 5 über den Ton einer Stimmgabel?*

A6 *Schwingungen einer Schallquelle sind durch Amplitude und Frequenz gekennzeichnet. Durch welche Größe wird die Lautstärke und durch welche die Tonhöhe bestimmt?*

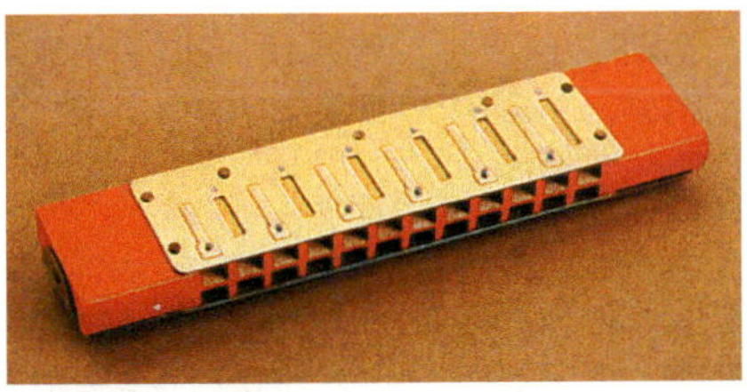
4

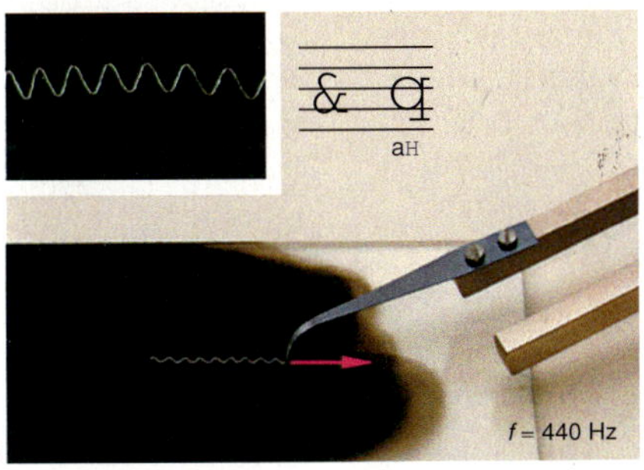

5

A7 *Ergänze folgende Sätze:*
„Je schneller eine Saite schwingt (je höher ihre Frequenz ist), …"
„Je weiter eine Saite schwingt (je größer ihre Amplitude ist), …"

A8 *Die Schaukel in Bild 1 macht in 30 Sekunden 10 Schwingungen. Wie viele Amplituden hat sie dabei zurückgelegt?*
Berechne die Frequenz dieser Schwingung. Was ist zu hören?

64313

Info: Schwingungen – sichtbar gemacht

Schallschwingungen kann man mit einem Mikrofon aufnehmen und dann mit einem **Oszilloskop** („Schwingungsbetrachter“, Bild 6) sichtbar machen.

Auf dem Bildschirm des Gerätes kann ein Leuchtpunkt eine Spur zeichnen – ähnlich wie die Schreibzinke einer Stimmgabel.

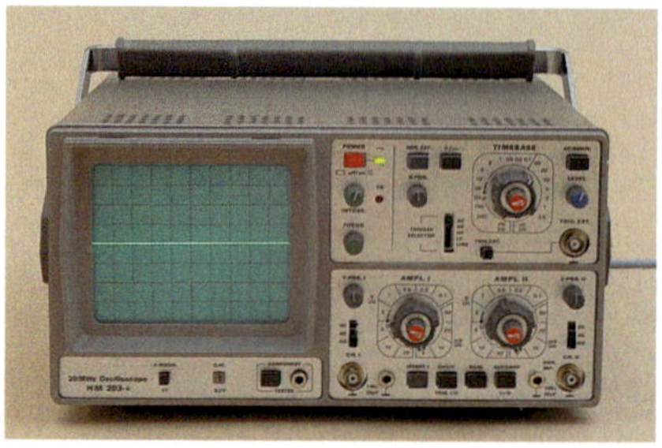

6

Genau wie die Schreibzinke muss auch der Leuchtpunkt von links nach rechts bewegt werden, damit man ein Schwingungsbild erhält (Bilder 7 u. 8).

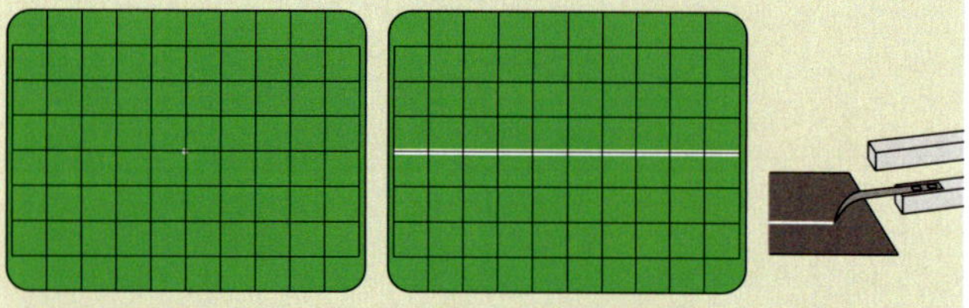

Kein Ton: Der Leuchtpunkt wird *nicht* nach oben oder unten abgelenkt. Er steht still oder läuft von links nach rechts.

7

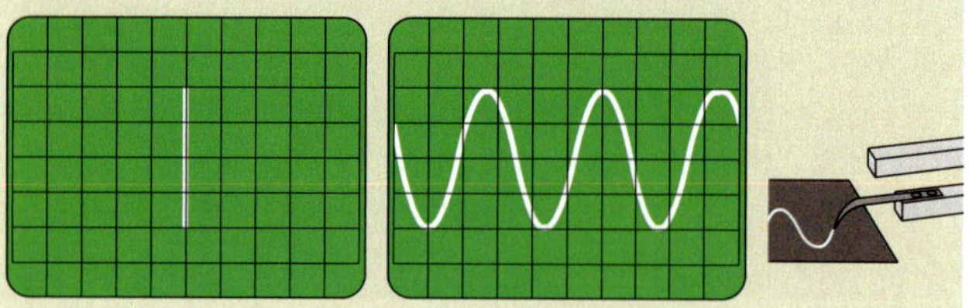

Ton einer Stimmgabel: Der Leuchtpunkt wird nach oben und unten abgelenkt. Wenn man ihn zusätzlich nach rechts laufen lässt, entsteht ein Schwingungsbild.

8

Je lauter der Ton ist (d. h., je größer die **Amplitude** der Schallschwingung ist), desto weiter bewegt sich der Leuchtpunkt nach oben und unten.

Mit dem Oszilloskop lässt sich die **Frequenz** ermitteln. Dazu muss man wissen, in welcher Zeitspanne der Leuchtpunkt einmal über den Bildschirm läuft. Diese Laufzeit lässt sich am Gerät einstellen. Bei Bild 9 betrug sie $^{1}/_{10}$ s.

In Bild 9 sind sechs vollständige Schwingungen zu sehen, denn zu jeder Schwingung gehören immer ein „Berg“ und ein „Tal“. Sechs Schwingungen in 0,1 s entsprechen einer Frequenz von $f = {}^{6}/_{0{,}1\,\mathrm{s}} = 60\,\mathrm{Hz}$.

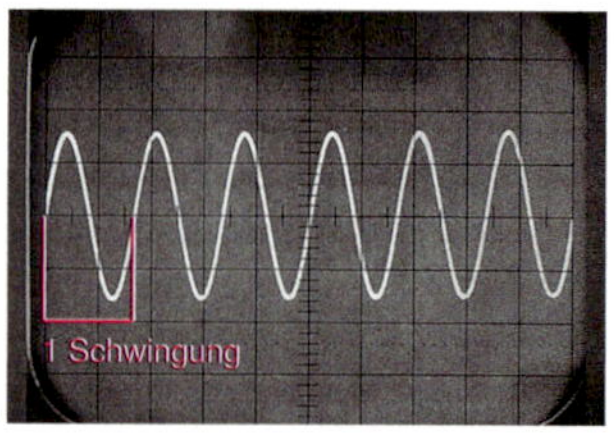

9

So gleichmäßige Schwingungsbilder wie das in Bild 9 werden nur von Stimmgabeln oder von elektronischen Tongeneratoren erzeugt. Bei allen Musikinstrumenten sehen die Schwingungen viel komplizierter aus.

Die Schwingungsbilder einer Flöte und einer Geige (Bilder 10 u. 11) unterscheiden sich deutlich, auch

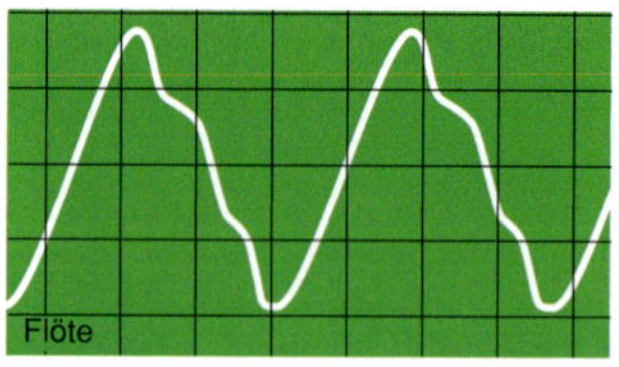

10

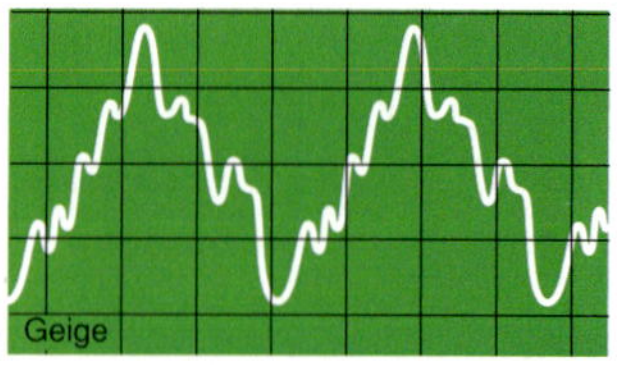

11

wenn auf beiden Instrumenten der gleiche Ton gespielt wird. Deshalb klingen ja auch alle Musikinstrumente ganz unterschiedlich.

V4 *Probiert aus, welches Schwingungsbild eure Stimme auf dem Oszilloskop erzeugt (beim Sprechen, Singen, Summen, Pfeifen). Erprobt auch verschiedene Instrumente, die gleiche Töne spielen.*

V5 *Mit einem Oszilloskop kann man zeigen, dass auch Geräusche aus Schwingungen bestehen. Wie unterscheiden die sich von denen in Bild 12?*

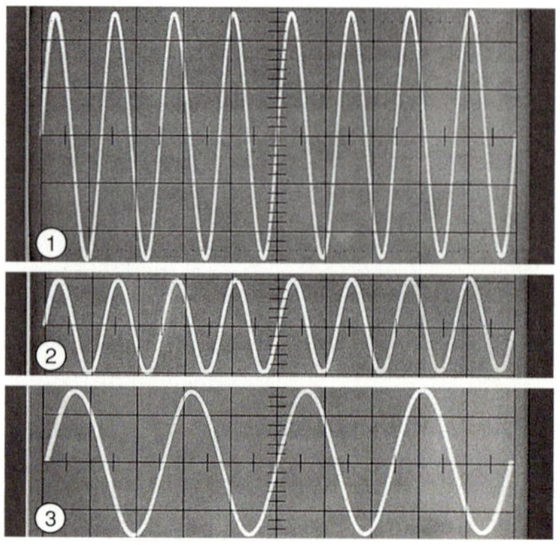

12

V6 *Welches der Schwingungsbilder in Bild 12 gehört zu einem lauten (leisen, hohen, tiefen) Ton? (Der Leuchtpunkt hat jeweils die gleiche Laufgeschwindigkeit.)*

V7 *Am Tongenerator wird der Ton a′ (f = 440 Hz) eingestellt und auf dem Bildschirm gezeigt. Wer kann nun nach Gehör die Tonleiter „spielen“? Welche Frequenz hat der eine Oktave höhere Ton a″?*

Schwingungen erzeugen Wellen

1

Obwohl gar kein Wind spürbar ist, laufen ständig Wellen über die Wasseroberfläche des Meeres.

2

Eine Erdbebenwelle hat alles zerstört, obwohl das Zentrum des Bebens 20 km weit entfernt lag.

3

Die Zuschauer lassen eine „Welle" durchs Stadion laufen. Die Hockeyspieler passen sich dem an.

Vorbereitende Aufträge

Wie entstehen eigentlich Wellen? Die folgenden einfachen Versuche helfen dir bei der Beantwortung dieser Frage.

1. *Fülle Wasser in eine große Schüssel. Tauche einen Finger zunächst ganz langsam ins Wasser und ziehe ihn dann zurück. Beobachte dabei die Wasseroberfläche.*
Führe nun die gleiche Bewegung mit dem Finger möglichst schnell aus. Was beobachtest du?

2. *Spanne ein Gummiband und befestige daran viele Wäscheklammern (Bild 4).*
Versetze die erste Klammer in Schwingung, indem du sie zur Seite hin verdrehst.
Beschreibe deine Beobachtungen.

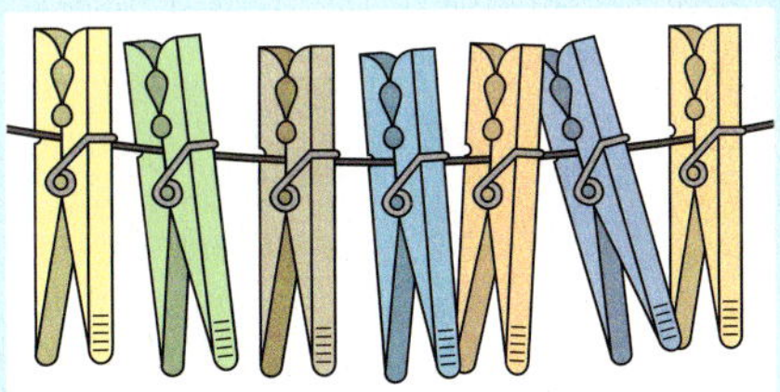
4

3. *Lege ein langes Seil oder einen Gartenschlauch auf den Boden. Nimm ein Ende in die Hand und erzeuge durch schnelles Auf- und Abbewegen einen „Wellenberg". Was geschieht danach?*

V1 *Für diesen Versuch benötigt man eine lange Spiralfeder. Ein Ende wird an einem Gegenstand befestigt. Erzeuge am anderen Ende Schwingungen.*
Bild 5 zeigt, wie eine Welle die Feder durchläuft. Die Auslenkung des Wellenbergs liegt quer zur Laufrichtung der Welle. Eine solche Welle bezeichnet man als „Querwelle".
a) *Erzeuge kleinere, dann größere Querwellen.*
b) *Es gibt auch „Längswellen". Bei denen bewegen sich die einzelnen Federringe in der gleichen Richtung wie die Welle selbst. Erzeuge solche Längswellen. Beschreibe, wie du dabei vorgehen musst.*

V2 *Im Modellversuch nach Bild 6 führt das Anstoßen einer Magnetrolle zur Ausbildung einer Längswelle. Deutlich kannst du Zonen mit „Verdichtungen" und „Verdünnungen" unterscheiden.*
Erkläre, was mit diesen Begriffen gemeint ist.

5

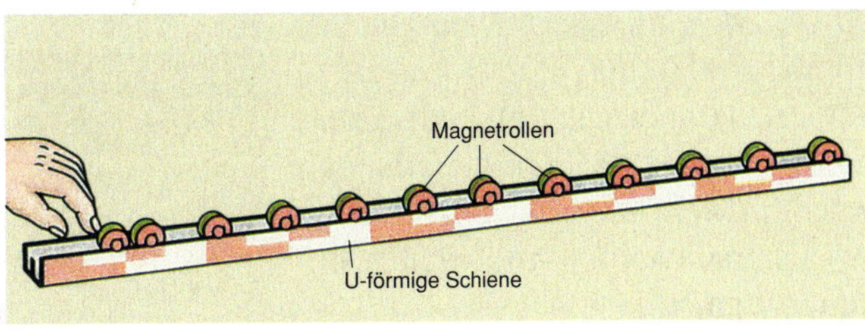

6

64315

Info: Wie Wellen entstehen

Am bekanntesten sind die Wellen an der Wasseroberfläche. Wie entstehen sie? Wenn man einen Gegenstand langsam in Wasser taucht, weichen ihm die Wasserteilchen aus. Die Folge ist, dass der Wasserspiegel etwas ansteigt. Nimmt man den Gegenstand langsam zurück, sinkt der Wasserspiegel wieder.

Führt man die gleiche Bewegung jedoch schneller aus, so bilden sich Wasserwellen um die „Einschlagstelle“ herum; sie laufen nach allen Seiten auseinander. Das gleiche Ergebnis erhält man, wenn das Wasser einmalig durch einen hineingeworfenen Stein „angestoßen“ wird.

Ebenso kann man das Wasser an einer Stelle mit einem Schwingungserreger ständig anstoßen. Die Wellen transportieren dann dessen Energie nach allen Seiten weiter. Bei den Meereswellen von Bild 7 könnte z. B. ein Wirbelsturm am anderen Ende des Atlantiks der eigentliche Schwingungserreger sein.

Eine Voraussetzung für die Entstehung einer Welle ist die *Kopplung* der einzelnen Teilchen im jeweiligen Stoff. Stößt man den Finger z. B. in eine Schüssel mit Mehl, so bilden sich an dessen Oberfläche keine Wellen aus – weil die benachbarten Mehlteilchen untereinander keine Kopplung besitzen.

Bei der Wellenmaschine in Bild 8 wird die Kopplung der einzelnen Pendel durch ein Gummiband hergestellt – ähnlich wie bei den Klammern in Bild 4. Allgemein kann man sagen: **Damit Wellen entstehen, benötigt man viele schwingungsfähige Teilchen, die untereinander gekoppelt sind. Außerdem muss ihnen durch einen Schwingungserreger Energie zugeführt werden.**

7

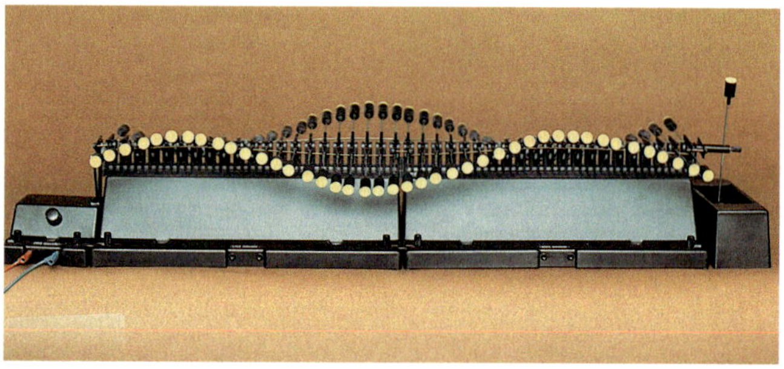
8

Aus dem Alltag: Erdbeben oder Rockkonzert?

Zeitungen meldeten: *„Gestern Abend hüpften in Ravensburg an der Zeppelinstraße 4 in den oberen Etagen eines Wohnhauses die Gläser in den Schränken und die Lampen begannen zu schwingen. Die Bewohner befürchteten ein Erdbeben und rannten ins Freie. Aber dort war alles ruhig.“*

Tatsächlich wurden an diesem Tag in Süddeutschland keinerlei Erdbebenwellen gemessen.

Wie kam es zu solchen Schwingungen? Fachleute vermuteten später, dass das „Erdbeben“ von der Band „BAP“ (Bild 9) verursacht wurde, die in der 650 m entfernten Oberschwabenhalle ein Rockkonzert gab.

9

Dass bei einem solchen Konzert die Wände wackeln, ist nichts Ungewöhnliches. Aber auch noch in 650 m Entfernung? Ziemlich unwahrscheinlich …

Monate später bestätigten Messungen während eines weiteres Rockkonzerts den Verdacht.

Die Lösung: Die Oberschwabenhalle steht auf Pfählen, die bis in eine von Kies überdeckte Tonschicht reichen. Die Schicht verläuft schräg im Boden und endet unter dem Keller des „Spuk-Hauses“. So konnte die Musik aus der Halle das weit entfernte Haus in Schwingungen versetzen. Seine Bewohner „freuen“ sich schon auf das nächste Konzert …

Die Schallausbreitung

Berlin feiert unter freiem Himmel die größte Technoparty der Welt (Bild 1). Den Ravern in den vorderen Reihen hämmern die Bässe aus den Lautsprecherboxen gegen den Körper. Ob die Fans weiter hinten das auch so spüren? Kommen die Basstöne dort gleichzeitig an?

1

Vorbereitende Aufträge

1. *Bitte jemanden, sich in 100 m Entfernung aufzustellen. Er soll eine aufgeblasene Papiertüte zerschlagen. Was stellst du fest?*

2. *Auf dem Sportplatz schlägt ein Schüler im Sekundentakt zwei Topfdeckel (oder eine Starterklappe) über dem Kopf zusammen.*
Ihr entfernt euch und beobachtet genau, wann die Deckel zusammenschlagen. Bei einer bestimmten Entfernung hört ihr den Ton gerade „zur Halbzeit", also wenn die Arme am weitesten auseinander sind. Wie viel Meter legt der Schall in der halben Sekunde zurück? Wie viel also in einer Sekunde?

3. *Ob man auch unter Wasser hören kann?*
Halte dazu in der Badewanne den Kopf unter Wasser. Lass Wasser in die Wanne tropfen.
Hörst du es, wenn jemand im Badezimmer spricht?

V1 *Was wird wohl geschehen, wenn jemand das linke Tamburin anschlägt (Bild 2)?*

V2 *Bild 3 zeigt ein Gerät aus der Physiksammlung. Ein ganz ähnlich aussehendes Kinderspielzeug kennst du vielleicht auch.*
a) *Was geschieht, wenn die linke Kugel losgelassen wird?*
b) *Was hat dieser Versuch mit der Schallausbreitung zu tun?*

V3 *Probiere aus, ob man durch eine Stativstange hindurch das Ticken einer Uhr hören kann.*

V4 *„Im Weltall ist es ganz still. Morgens kann man nicht durch das Klingeln eines Weckers geweckt werden."*
Dieser Satz aus einem Science-fiction-Roman soll in einem Versuch überprüft werden … Plane ihn mit den Geräten von Bild 4.

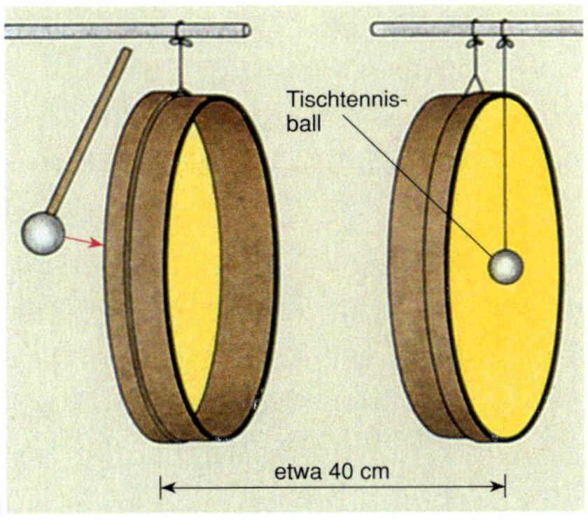

2

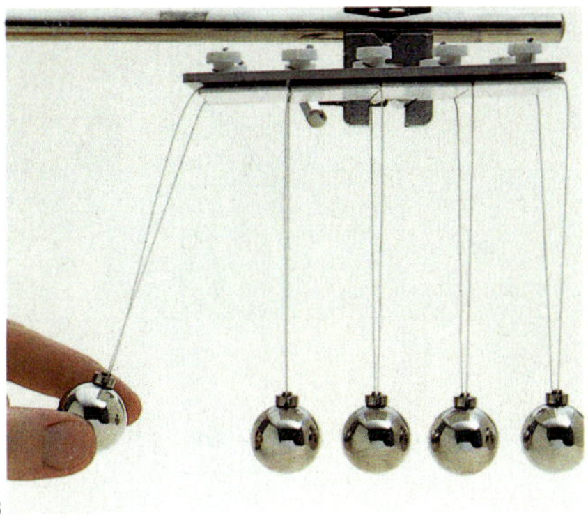
3

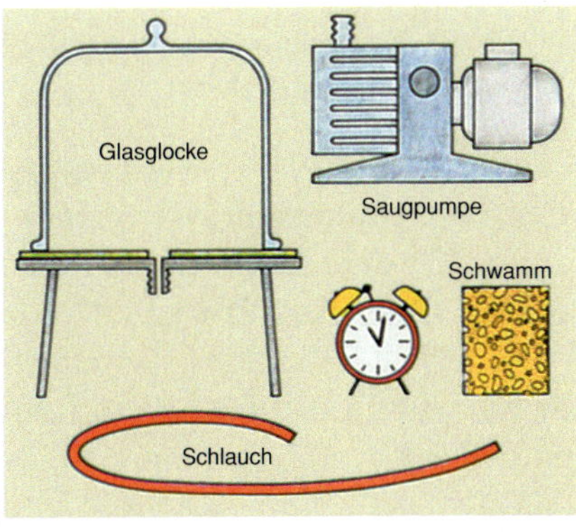

4

64317

Info: Schallausbreitung in Luft

So breitet sich Schall aus

Auch in der Luft verteilt sich die Energie eines Schwingungserregers durch Wellen nach allen Seiten hin aus. Das ist so zu erklären:

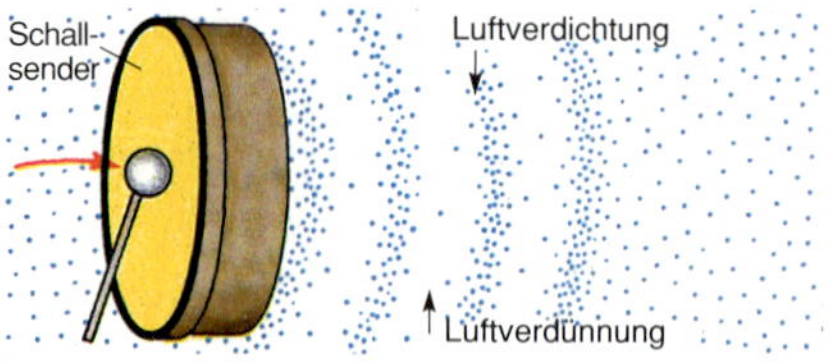

5

Wenn man z. B. auf eine Trommel schlägt, wird die Membran *schnell* eingedrückt. Die Luft hinter der Membran hat dann zum Ausweichen nicht mehr genügend Zeit; die Luftteilchen werden dort also näher aneinander gedrückt.

Durch das Anschlagen entsteht hinter der Membran für kurze Zeit ein Raum mit mehr Luftteilchen; es bildet sich eine *Luftverdichtung*. Die Luftteilchen hier stoßen ihrerseits benachbarte Luftteilchen an. Dadurch geben sie die Luftverdichtung an andere Teilchen weiter.

Nach dem Anschlagen schwingt die Membran wieder zurück. Jetzt entsteht hinter der Membran ein Raum mit einer *Luftverdünnung*.

Die Luftverdichtungen und -verdünnungen laufen als *Längswellen* immer weiter von der Schallquelle fort (Bild 5). Man nennt diese Wellen **Schallwellen**.

Vom *Schallsender* aus laufen die Schallwellen durch die Luft und können so unsere Ohren (die *Schallempfänger*) erreichen. Die Wellenbewegung der Luft wird mit wachsendem Abstand schwächer, weil sich die Schallenergie auf einen immer größeren Raum verteilt. Daher wird der Schall für uns leiser, je weiter wir von der Schallquelle entfernt sind.

Im Weltall ist es immer still, denn dort gibt es weder Luft noch andere Gase. Ohne schwingungsfähige Teilchen kann sich keine Schallwelle bilden.

So schnell ist der Schall

Die Schallgeschwindigkeit in Luft (von 20 °C) beträgt 340 m/s. Damit sind die Schallwellen deutlich schneller als die meisten Flugzeuge.

In Flüssigkeiten und festen Stoffen ist der Schall noch schneller (→ Tabelle). Das liegt an der guten Kopplung der Teilchen dieser Stoffe.

Schallgeschwindigkeiten einiger Stoffe

Luft (20 °C)	340 m/s	Beton	3900 m/s
Luft (0 °C)	330 m/s	Granit	4000 m/s
Wasser	1485 m/s	Stahl	5100 m/s
Meerwasser	1530 m/s	Glas	5300 m/s
Buchenholz	3300 m/s		
Ziegelstein	3650 m/s	Vakuum	0 m/s

Aus der Umwelt: Blitz und Donner

Gewitter gehören zu den eindrucksvollsten Naturerscheinungen – aber auch zu den gefährlichsten.

Wenn du ein Gewitter ohne Angst beobachten möchtest, solltest du dich in ein Auto setzen. Das Auto schützt dich nämlich durch seinen „Metallkäfig“ vor der Gefahr eines elektrischen Schlags.

6

Der Blitz erhitzt die Luft in seiner Umgebung bis auf 30 000 °C. Die erhitzte Luft dehnt sich dabei explosionsartig aus. Sie erzeugt so eine äußerst energiereiche Schallwelle.

Blitz und Donner entstehen gleichzeitig – meist hörst du den Donner aber erst, nachdem du den Blitz gesehen hast. Der Schall ist eben nicht „blitzschnell“.

Mit einer Uhr lässt sich recht einfach die Entfernung eines Gewitters bestimmen (Bilder 6 u. 7).

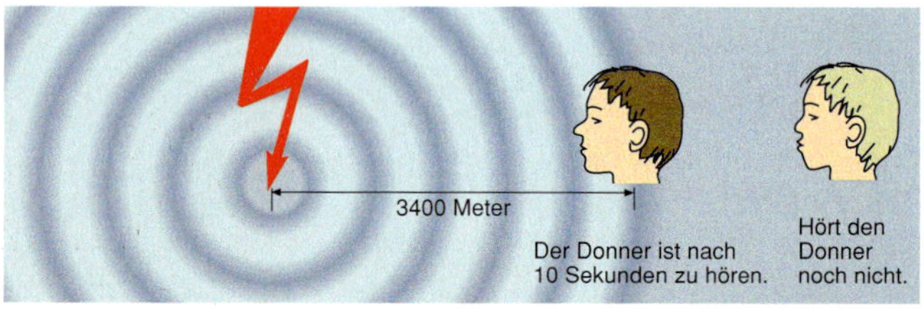

7

Schallwellen werden reflektiert

Wenn ein Trompeter am Königssee spielt, klingt das Echo wie ein ganzer Bläserchor (Bild 1).

1

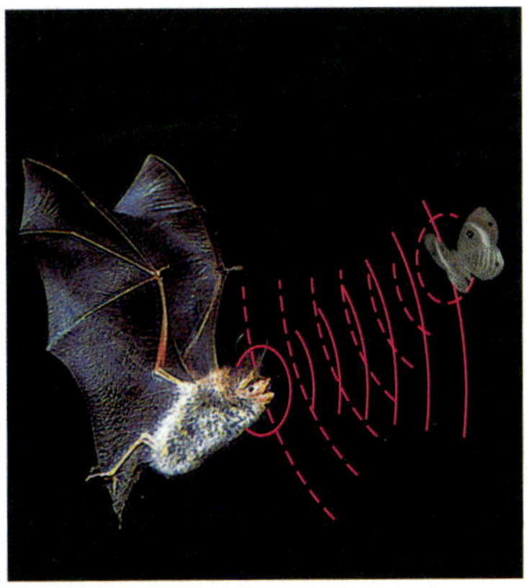
2

Wenn eine Fledermaus schreit, hören wir Menschen nichts. Sie selbst aber findet mit Hilfe des Echos ihre Beute (Bild 2).

Wie kommt es bei Schallwellen zu einem Echo?

V1 *Lege eine laut tickende Uhr (z. B. einen Küchenwecker) in ein hohes Gefäß. Unten im Gefäß soll sich eine Lage Schaumstoff befinden.*
Entferne dich so weit, dass du die tickende Uhr nicht mehr hören kannst (Bild 3).

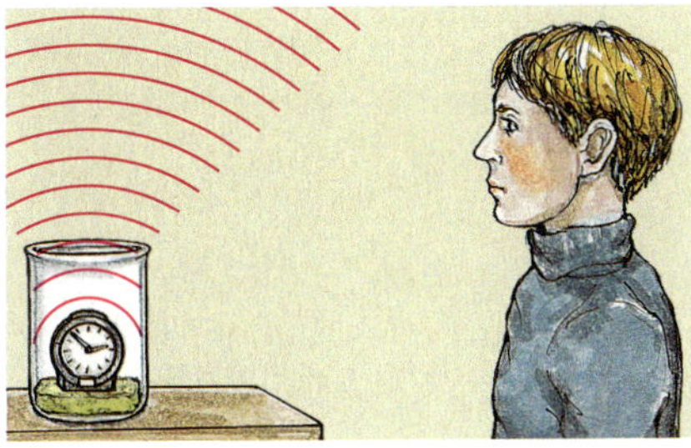
3

Wie musst du den Versuchsaufbau ergänzen, damit du die Uhr von derselben Stelle aus hörst?

V2 *Versuche das Ticken einer Uhr aus 5 Meter Entfernung zu hören. (Tipp: Ein Stück Zeitungspapier kann dir dabei helfen.)*

Info: Echo und Nachhall

Ruft man gegen eine Bergwand, hört man etwas später ein **Echo**. Die Schallwellen werden nämlich von der Wand *reflektiert* – ähnlich wie Lichtstrahlen von einem Spiegel. Wenn man an einem Bergsee steht (Bild 1), kann man sogar mehrere Echos hören (wenn die *Laufzeiten der Schallwellen* zu den reflektierenden Felswänden unterschiedlich lang sind).

Auch wenn Schallwellen aus der Luft auf eine Wasseroberfläche treffen, werden sie an der Grenzfläche reflektiert. Allgemein kann man sagen:

Schallwellen werden als Echo reflektiert, wenn sie auf die Grenzfläche zwischen zwei verschiedenen Stoffen treffen.

In leeren Zimmern oder Hallen hört man oft einen **Nachhall**, wenn man spricht oder singt. Auch hier liegt der Grund in der Laufzeit und Reflexion der Schallwellen: Wenn die reflektierende Fläche nämlich nicht weit entfernt ist, kommt der Schall schon zurück, bevor ein Wort ganz ausgesprochen ist.

A1 *In einem Gebirge ist nach neun Sekunden ein Echo zu hören. Wie weit ist es bis zur Felswand?*

A2 *Beschreibe, wieso eine Fledermaus auch im Dunkeln ihre Beute finden kann.*

4

A3 *Wie entsteht „Nachhall"?*

A4 *In Bild 4 siehst du ein „Flüstergewölbe". Wenn Person A etwas flüstert, kann B heimlich mithören. Person C sitzt zwar näher an A, hört aber nichts. Erkläre das.*

64319

Aus der Technik: Echolot und Fehlersuche

Techniker haben den Tieren die Echo-Nutzung abgeschaut und daraus das **Echolot** entwickelt. Mit ihm kann man z. B. die Meerestiefe bestimmen (Bild 5):

Ein am Schiff angebrachter Schallsender gibt Schallsignale ab. Die Signale laufen bis zum Meeresboden und werden dort reflektiert. Der am Schiff angebrachte Echoempfänger meldet nach kurzer Zeit das Eintreffen der zurücklaufenden Schallwellen.

Aus der Zeit, die zwischen dem Aussenden und dem Empfangen der Signale verstreicht, berechnet ein Computer die Meerestiefe. Mit dieser Methode lassen sich auch Fischschwärme aufspüren (Bild 6).

Nach einem ähnlichen Verfahren werden Materialien auf verborgene Fehler hin untersucht. Dazu ein Beispiel:

In Bild 7 wird die Schweißnaht einer Rohrleitung kontrolliert. Man presst den *Prüfkopf* mit einem Schallsender und einem Schallempfänger auf die Außenwand des Rohres. Die vom Schallsender ausgesandten Schallwellen durchlaufen das Material und werden von der Innenwand reflektiert.

Wenn das Material einen Fehler aufweist (z. B. einen kleinen Riss), erkennt ein Computer das am Echo der Schallsignale.

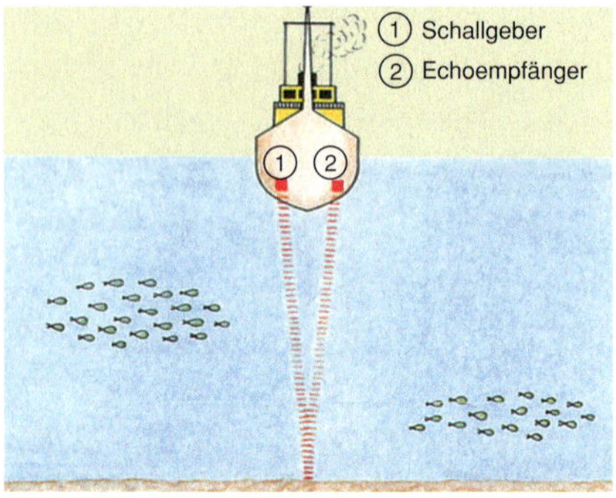

5

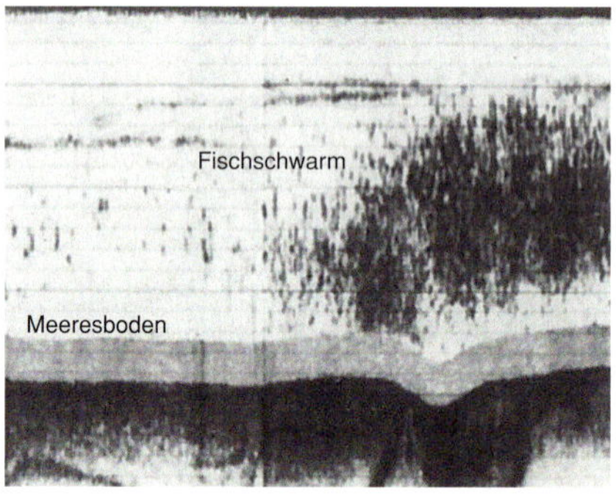

6

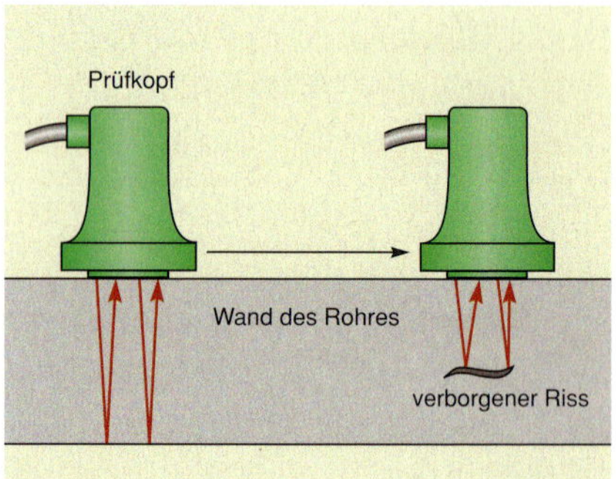

7

Aus der Medizin: Ultraschall-Echo in der Medizin

Ultraschall-Untersuchungen in der Arztpraxis sind eine alltägliche Sache – z. B. wenn ein Kind „unterwegs“ ist. Bei solchen Untersuchungen wird Ultraschall von ca. 5000 kHz (5 000 000 Hz) eingesetzt.

Wie wird eine solche Untersuchung vorgenommen? In Bild 8 drückt die Ärztin einen kombinierten Schallsender und -empfänger auf den Bauch der schwangeren Frau. Die Schallwellen durchlaufen die verschiedenen Schichten ihres Körpers – die Haut, das Fettgewebe, die Muskeln und die Knochen. An jeder Grenzfläche wird ein Teil des Schalls reflektiert. Die Echos werden von dem Schallempfänger aufgefangen. Gemessen werden die Zeiten zwischen Aussenden und Empfangen des Signals.

Der Computer berechnet daraus Entfernungen und Dicken der Schichten und zeigt ihre Lage auf dem Bildschirm an. Es entsteht so ein Bild des ungeborenen Kindes (Bild 9).

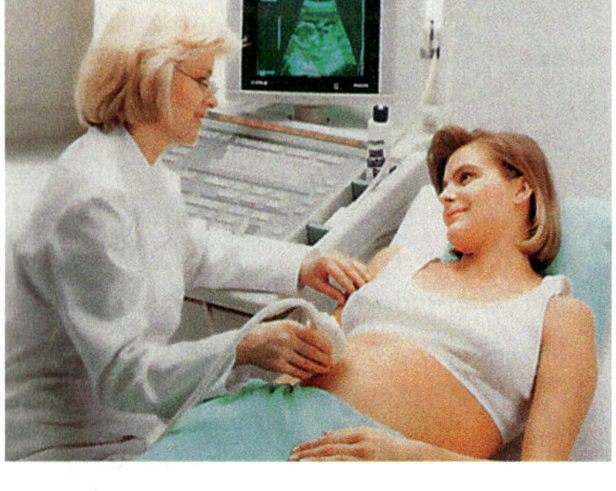
8

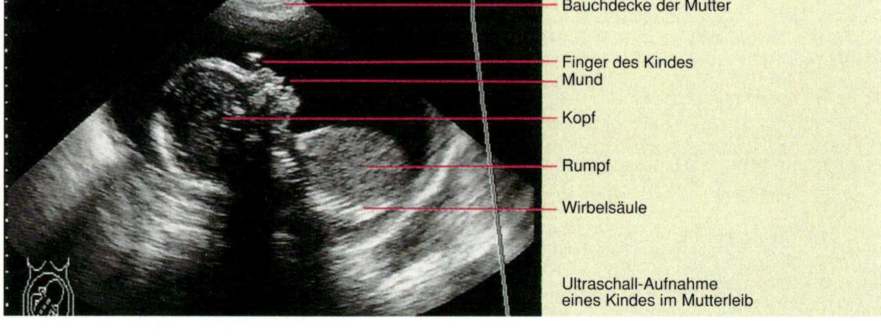

Ultraschall-Aufnahme eines Kindes im Mutterleib
9

Aus der Natur: Schallempfang mit unserem Ohr

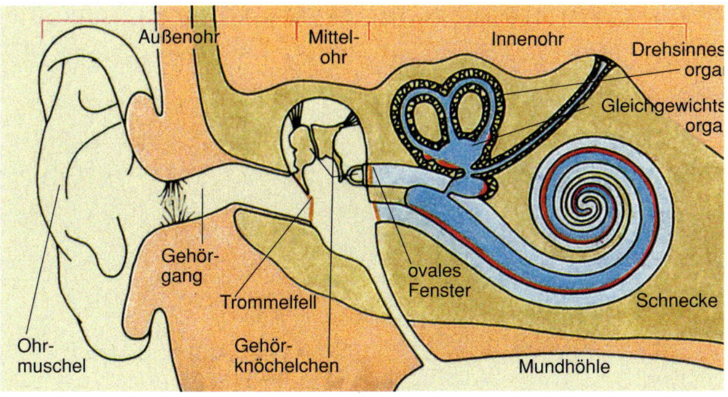

1

2

Das menschliche Ohr besteht aus drei Teilen: dem *Außenohr*, dem *Mittelohr* und dem *Innenohr* (Bild 1).

Das **Außenohr** nimmt die Schallwellen mit der *Ohrmuschel* auf; es leitet sie durch den *Gehörgang* zum *Trommelfell* weiter. Durch den Schall wird das Trommelfell in Schwingungen versetzt.

Das **Mittelohr** beginnt gleich hinter dem Trommelfell. Seine drei *Gehörknöchelchen* (Hammer, Amboss und Steigbügel) übertragen die Schwingungen des Trommelfells auf eine weitere Membran – das *ovale Fenster*.

Beim ovalen Fenster beginnt das **Innenohr**. Es ist ganz mit einer Flüssigkeit gefüllt. Hier befinden sich das *Gleichgewichtsorgan* und das eigentliche Hörorgan, die *Schnecke*.

In den zwei Windungen der Schnecke liegen Tausende von Hörzellen, die man *Haarzellen* nennt (Bild 2). Unterschiedlich hohe Töne führen zu verschieden schnellen Druckschwankungen in der Flüssigkeit, mit der die Schnecke gefüllt ist.

Ungefähr 20 000 Nervenfasern melden die Druckschwankungen über den Gehörnerv an das Gehirn weiter. Selbst bei gleicher Tonhöhe wissen wir aufgrund unserer Erfahrung, ob der Klang von einem Klavier, einer Flöte oder einer Gitarre kommt.

Und weil wir *zwei* Ohren haben, hören wir auch sehr genau, ob sich die Schallquelle rechts oder links von uns befindet, oben oder unten. Der Schall erreicht dann nämlich wegen der unterschiedlich langen Wege das eine Ohr etwas später als das andere.

Ein Kind hört Schallschwingungen mit Frequenzen zwischen 16 Hz und 20 kHz (Hörbereich des Menschen). Im Alter nimmt aber die obere Hörgrenze allmählich ab – mit jedem Lebensjahrzehnt um ungefähr 2 kHz.

Schall oberhalb von 20 kHz ist für uns Menschen nicht hörbar. Man bezeichnet ihn als **Ultraschall**. Für uns unhörbar tiefe Töne nennt man **Infraschall**. Manche Tiere können Infra- oder Ultraschall hören und z. T. auch selbst erzeugen (Bild 3).

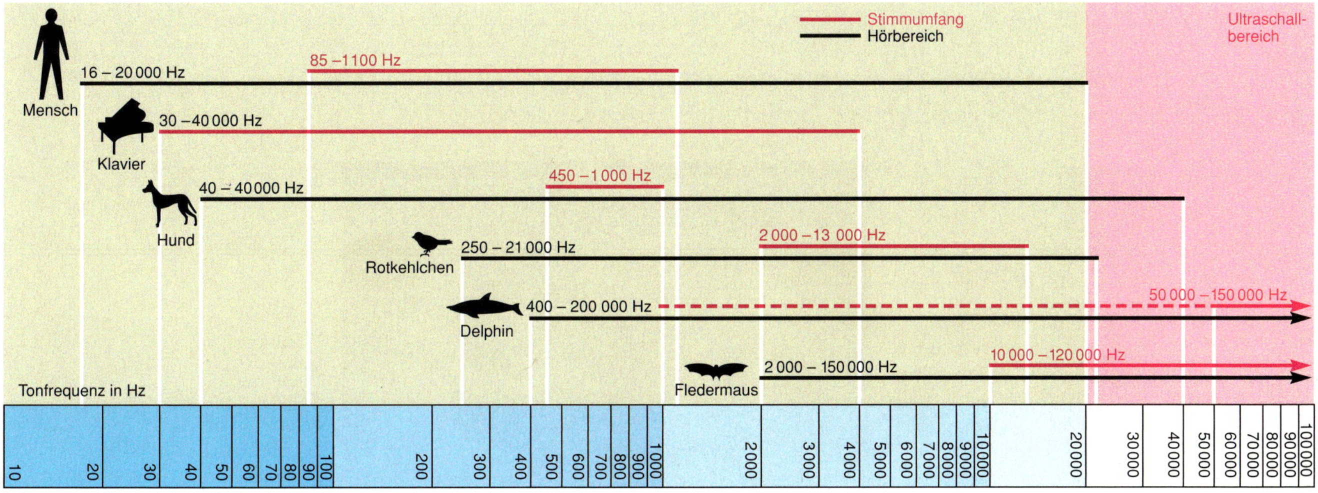

3

64321

Zusammenfassung

Wie Schall entsteht

Alles, was man hört, bezeichnet man als *Schall*: Töne Klänge, Geräusche …

Schall entsteht, wenn sich ein Körper schnell hin und her bewegt. Diese Bewegungen heißen *Schwingungen* (Bild 4).

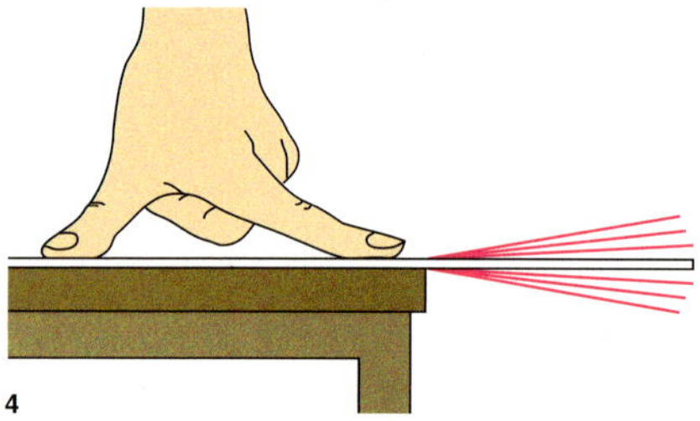
4

Schallwellen

Schallquellen erzeugen Luftverdichtungen und Luftverdünnungen. Sie breiten sich nach allen Seiten hin aus. Man spricht von Schallwellen (Bild 5).

Im luftleeren Raum gibt es keine Schallwellen.

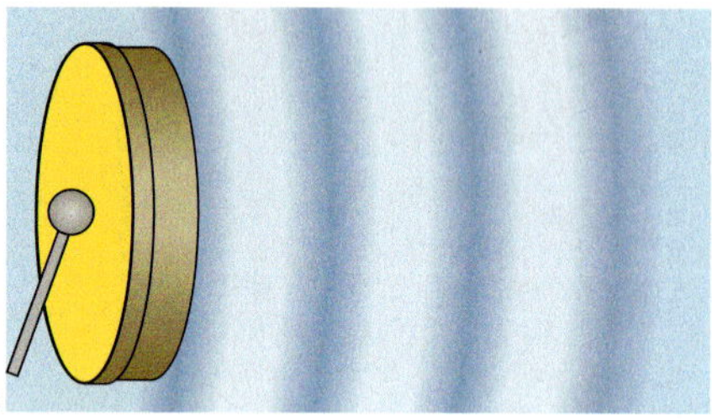
5

Die Schallgeschwindigkeit in Luft beträgt 340 m/s.

Laut und leise

Den größten Ausschlag einer Schwingung (gemessen von der Ruhelage aus) bezeichnet man als *Amplitude*. Die Amplitude gibt an, wie weit ein Körper schwingt (Bild 6).

Je größer die Amplitude einer Schallschwingung ist, desto lauter ist der Ton.

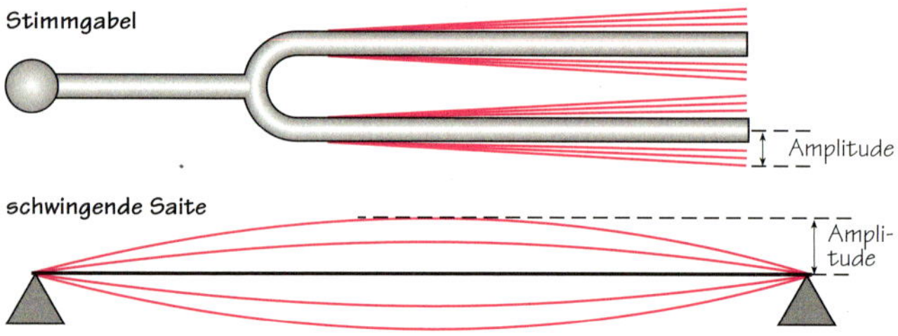

6

Hoch und tief

Die *Frequenz f* gibt an, wie oft die Schallquelle in einer Sekunde hin und her schwingt. Sie wird in der Einheit **1 Hertz** (1 Hz) angegeben. Wir können nur Schwingungen von 16 Hz bis 20 kHz hören.

Je größer die Frequenz ist, desto höher ist der Ton (Bilder 7 u. 8) .

7

8

Alles klar?

Lösungen → Anhang

1. *Musikinstrumente unterscheidet man (nach der Erzeugung des Schalls) in Schlag-, Blas-, Streich- und Zupfinstrumente.*
Nenne jeweils Beispiele.

2. *Erkläre, warum es im Weltall keine Schallwellen geben kann.*

3. *Welchen Weg legen Schallwellen (in Luft) in 1 min zurück?*
Gib die Schallgeschwindigkeit in der Einheit km/h an.

4. *Was versteht man unter dem Begriff „Ultraschall"?*

5. *Forscher haben das Flügelschlagen von Insekten bestimmt:*

9

Schmetterlinge 10 Hz, Hummeln 240 Hz, Bienen 400 Hz, Mücken über 600 Hz.
Was hören wir jeweils?

6. *Wenn in der Pubertät der Kehlkopf wächst, kommen Jungen in den „Stimmbruch".*
Erkläre, woran das liegt.

7. *Wie unterscheiden sich die Wellen an der Wasseroberfläche (Bild 9) von Schallwellen in Luft?*

Telekommunikation mit Schall oder Licht

Kommunikation und Information

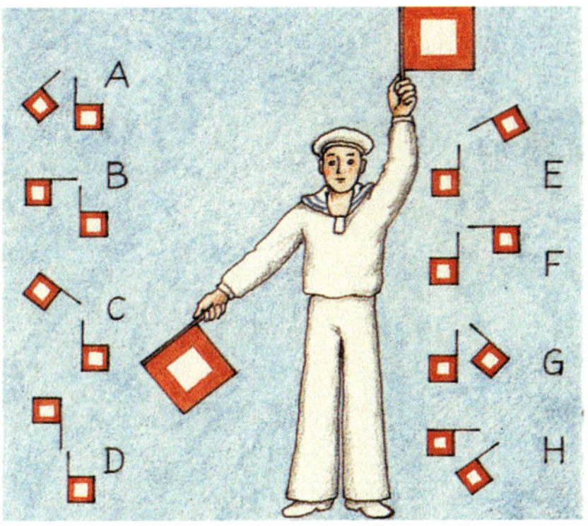

1

2

3

4

5

6

Menschen reden miteinander, erzählen sich Neuigkeiten, stellen Fragen und bekommen Antworten. Das bezeichnet man als **Kommunikation**. Wenn der Gesprächspartner weit weg ist und man sich mit ihm verständigt, spricht man von **Telekommunikation**. Sinn dabei ist es, **Informationen** von einem *Absender* an einen oder mehrere *Empfänger* weiterzugeben.

Manchmal sind die Informationen nur für *einen* Empfänger gedacht – für die anderen sind sie geheim. Dann müssen die Daten, bevor man sie absendet, verschlüsselt *(kodiert)* werden. Der Empfänger kennt den *Code* und nutzt ihn zum Entschlüsseln *(dekodieren)* der Informationen.

A1 *Die Bilder 1–6 zeigen verschiedene Beispiele der Informationsübertragung. Nenne die jeweiligen Vorteile, Nachteile und Besonderheiten. (Denke z. B. an die Reichweite, an die Sicherheit gegenüber Störungen und an Möglichkeiten zum Verschlüsseln.)*

A2 *Die Leuchten und die Hupe des Autos können durch ihre Signale Informationen übertragen, ebenso das Martinshorn der Polizei und die Sirene der Feuerwehr. Welche anderen Signale kennst du?*

A3 *Du hörst im Radio Nachrichten. Passt dazu der Begriff „Telekommunikation"? Begründe!*

Aus einem Lexikon:

▷ **Kommunikation** nennt man die Verständigung zwischen Menschen, wenn gegenseitig Fragen und Antworten möglich sind. Aufgabe der Kommunikation ist die Übertragung von Informationen.

▷ **Information** nennt man einen Inhalt, der vom Absender zum Empfänger übertragen wird. Er sollte für den Empfänger neu sein; so vergrößert die Information das Wissen des Empfängers. Informationen stecken nicht nur in gesprochenen Worten oder in geschriebenen Texten. Auch Fernsehbilder, CDs und Computerdisketten enthalten ▷ Daten, aus denen man Informationen gewinnen kann. Die Übertragung solcher Daten geschieht mit Hilfe von ▷ Signalen. Oft werden die Daten vor der Übertragung absichtlich nach einem ▷ Code verschlüsselt.

63591

Informationsübertragung mit Schall

Vorbereitende Aufträge

1. *Überprüfe, wie weit deine Stimme reicht: Rufe einem Partner auf dem Sportplatz zweistellige Zahlen oder kurze Sätze zu, die du aufgeschrieben hast. Dein Partner notiert, was er davon in einer Entfernung von 50 m, 100 m, 150 m ... versteht. Werden besser die hohen oder die tiefen Vokale übertragen?*

2. *Kannst du „auf zwei Fingern" laut pfeifen? (Ersatzweise kannst du auch eine Trillerpfeife benutzen.)*
Überprüfe, wie weit das Pfeifen zu hören ist.

7

Schon 500 v. Chr. soll der persische König *Dareios* durch seine Soldaten eine **Rufpostenkette** zur Übertragung von Informationen aufgestellt haben.

Auf der kanarischen Insel *Gomera* gibt es bereits seit langem Einheimische, die sich mit einer Reihe unterschiedlicher **Pfeiftöne** Informationen über weite Täler hinweg zuschicken können.

Die Menschen in den Urwäldern Südamerikas, Afrikas und Indonesiens kommunizieren mit einer speziellen Trommelsprache über Kilometer hinweg: Die Wände der **Schlitztrommel** von Bild 7 z. B. sind unterschiedlich dick. Dadurch ist es möglich, zwei verschieden hohe Töne zu erzeugen.

Info: Vom Sender zum Empfänger

„Die Unterrichtsstunde ist jetzt beendet." Diese Information wird in sämtlichen Schulen durch Schallwellen übermittelt. *Absender* sind dabei Klingeln, Gongs oder Lautsprecher; sie werden von Uhren gesteuert.

Die *Empfänger* dieser Information sind die Schülerinnen und Schüler sowie die Lehrerinnen und Lehrer.

Dieses Beispiel macht deutlich, wie eigentlich alle Informationsübertragungen ablaufen:

„Sender – Übertragungsweg – Empfänger" – das ist das Grundprinzip einer jeden Informationsübertragung. In Bild 8 ist dieses Prinzip zeichnerisch dargestellt.

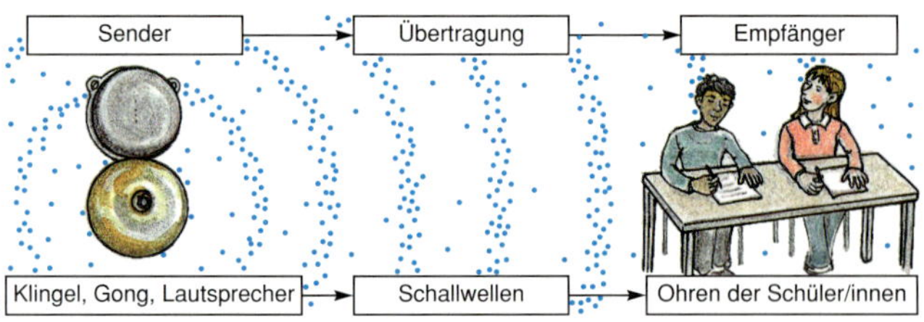

8

In unserem Beispiel aus der Schule ist die Luft das *Medium* für die Übertragung der Informationen. Das dabei benutzte *Signal* sind die Schallwellen.

Wäre die Schule auf dem Mond, müsste man ein anderes Medium und eine andere Signalart wählen.

A1 *Wie könnte die Informationsübertragung in einer „Mondschule" ablaufen? Begründe!*

A2 *Personen, die in Bergwerken eingeschlossen sind, rufen nicht laut um Hilfe, sondern sie ...*
Beschreibe und begründe ihre ebenfalls akustische Informationsübertragung.

A3 *Wie schnell übertragen Schallwellen Informationen in Luft? Und wie schnell in Granitgestein?*

A4 *Nenne technische Schallsender und -empfänger.*

A5 *Wieso bevorzugten Menschen in Urwäldern die akustische Informationsübertragung (Bild 7)?*

Informationsübertragung mit Licht

„Grimmiger Bär ruft Gelbe Schlange …“

1

2

„Hier spricht der Anrufbeantworter von Gelbe Schlange. Ich bin zurzeit auf Bärenjagd …“

Die Reichweite der menschlichen Stimme beträgt ca. 100 m, die einer Trommel etwa 1 km.
Zehnmal weiter reichen *Feuer-, Rauch-* oder *Lichtsignale*.
Von Indianern wird berichtet, dass sie mit Feuer Informationen übertrugen (Bilder 1 u. 2).
Sie unterbrachen dazu die Rauchsäule eines Feuers oder färbten sie mit Kräutern oder Salzen.
Das Licht eines 2 m hohen, brennenden Holzstoßes kann man rund 50 km weit sehen.

Mit Feuerzeichen soll um 1200 v. Chr. die Eroberung *Trojas* in einer einzigen Nacht – über acht Zwischenstationen – nach *Athen* gemeldet worden sein.

Eine hübsche Geschichte, aber stimmen kann sie so nicht: Die Entfernung zwischen dem Feuer auf dem Berg *Athos* (einer der Zwischenstationen) und der nächsten Station auf der Insel *Euböa* beträgt nämlich 177 km. Statt eines Holzstoßes hätte schon ein Waldbrand als Signal benutzt werden müssen …

A1 *Die Griechen hatten ein einziges Feuersignal für das siegreiche Ende des Krieges um die Stadt Troja verabredet.*
Wieso war das Verschicken dieser Botschaft keine echte Informationsübertragung?

A2 *Nenne Vor- und Nachteile der optischen Informationsübertragung gegenüber der akustischen in der Savanne (im Dschungel, bei Nacht, bei Nebel).*

Info: Die Ausbreitung von Lichtsignalen – zur Erinnerung

Licht geht immer von Lichtquellen aus.

Unsere wichtigste Lichtquelle ist die Sonne. Technische Lichtquellen sind Glühlampen, Leuchtdioden und Laser.

Licht breitet sich völlig geradlinig nach allen Seiten aus (Bild 3). Dabei ist das Licht etwa 1 000 000-mal schneller als der Schall: Die *Lichtgeschwindigkeit* beträgt nämlich 300 000 km/s.

3

Mit Spiegeln und Linsen kann man Licht umlenken oder bündeln. Unsere Augen sind *Lichtempfänger*.

Aus der Geschichte: Erste optische Telegrafen

Die Feuersignale zum Ende des Trojanischen Krieges mögen eine Legende sein. Sicher ist aber, dass es im alten Griechenland regelrechte **optische Telegrafenlinien** gab (griech. *tele:* weit, fern; *graphein:* schreiben).

Bild 4 wurde nach einem Vorschlag aus dem 4. Jahrhundert v. Chr. gezeichnet. Das Bild zeigt, wie man mit Hilfe von Fackeln und Wassergefäßen eine Nachricht über eine Entfernung von mehreren Kilometern übertragen konnte:

Sender und Empfänger der Nachricht besaßen gleich große und gleich hoch gefüllte Wassergefäße. Auf ein erstes Fackelzeichen des Senders hin öffneten beide den Ausfluss. Ein Schwimmer mit aufgesetztem Zeichenträger sank immer tiefer.

Ein zweites Fackelzeichen bedeutete: Ausfluss schließen, Zeichen ablesen, Wasser wieder auffüllen …

4

5

Ebenfalls aus dem alten Griechenland stammt ein anderer Telegraf: Er benötigte für die Informationsübertragung zwei Türme mit jeweils fünf Fackeln. Bild 5, das diesen Telegraf zeigt, wurde nach einer Beschreibung von *Polybios* (2. Jh. v. Chr.) gezeichnet.

Die Fackeln von Bild 5 brennen hinter den Zinnen der Türme. Auf Kommando wird zu der nächsten Station ein Zeichen übertragen – immer gleichzeitig mit Fackeln von beiden Türmen.

Auch die Kodiertabelle von Polybios ist überliefert (unten in Bild 5). Man nennt einen solchen Code, bei dem für ein Übertragungszeichen gleichzeitig mehrere Signale gesendet werden, *Parallelcode*.

Mit ihm lassen sich Zeichen schneller übertragen als mit einem *Seriencode*. (Um einen Seriencode handelt es sich, wenn man z. B. mit nur *einer* Fackel arbeitet und diese öfter und unterschiedlich lange zeigt.)

A3 *Baue den Wassertelegrafen von Bild 4 nach.*
Du brauchst dafür zwei hohe Getränke- oder Tennisballdosen, etwas Styropor®, zwei Rundhölzer, Schraubenmuttern …
Eine Bauhilfe gibt dir Bild 6. Damit die Ausflusslöcher gleich groß sind, solltest du das Material aufbohren. Die Abstände der Zeichen auf dem Holzstab sollten zumindest 1 cm betragen.
a) *Überprüfe mit Freunden die Funktion des Wassertelegrafen in einem* ***Versuch****. Benutzt anstelle der Fackeln eure Arme als Zeichengeber für Start und Stopp.*
b) *Man bezeichnet dieses Modell als einen „Synchron-Telegrafen" (von griech. synchron: gleichzeitig, gleichlaufend).*

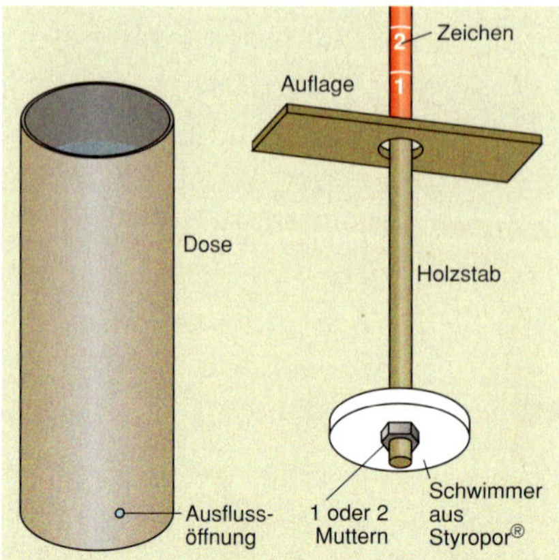

6

Beschreibe, was bei dieser Art der Telegrafie alles „synchron" ist.

A4 *Die Kodierung des Fackeltelegrafen von Polybios (Bild 5) kannst du mit der folgenden Hilfe sicherlich „knacken":*
Zwei Fackeln links und drei Fackeln rechts bedeuten H.
Drei Fackeln links und fünf Fackeln rechts bedeuten O.
Fünf Fackeln links und fünf Fackeln rechts sind ein Sonderzeichen für Sende- und Empfangsbereitschaft.
Wie wurde wohl das Wort „Athen" telegrafiert?

Aus der Geschichte: Französische und preußische Telegrafen

1

2

3

Nun machen wir einen Sprung ins 18. Jahrhundert. Längst sind die Fernrohre erfunden, aber noch kennt man keinen elektrischen Strom.

In Frankreich werden 1794 die Städte Paris und Lille durch eine **optische Telegrafenlinie** verbunden. Auf der 212 km langen Strecke stehen 23 Stationen. Eine davon zeigt Bild 1. Mit beweglichen Balken werden 98 verschiedene Zeichen eingestellt. Sie übertragen etwa zwei davon pro Minute.

Für das Militär und vor allem für Kaiser Napoleon muss die optische Telegrafenlinie große Vorteile gebracht haben: 1840 ist ganz Frankreich von einem Telegrafennetz mit über 500 Stationen überzogen.

Die längste einzelne Linie gibt es zur gleichen Zeit in Deutschland. Sie ist über 600 km lang. Der preußische König Friedrich Wilhelm hat dadurch seinen Regierungssitz in Berlin mit seinem Schloss in Koblenz verbinden lassen.

Bild 2 zeigt einen preußischen Telegrafen: Je zwei Flügel in drei Etagen lassen sich in Winkelschritten von 45° verstellen. Man benutzt 2200 verschiedene optische Zeichen. Ein einzelnes Zeichen durchläuft die 62 Stationen in 15 Minuten.

Auf jeder Station tun ein Obertelegrafist (in Bild 3 am Fernrohr) und ein Untertelegrafist ihren Dienst: im Sommer sechs Stunden pro Tag, im Winter drei.

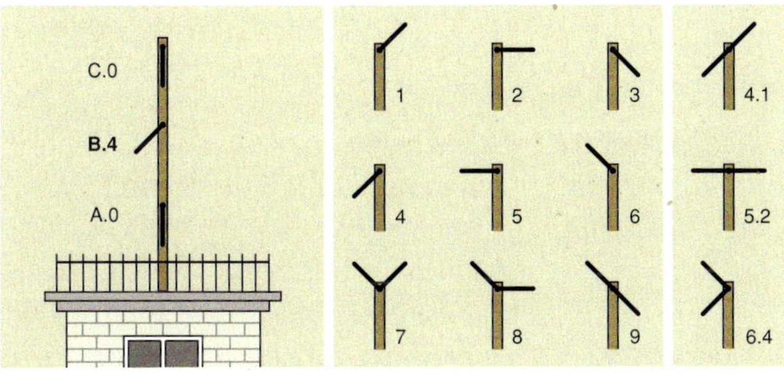

4

V1 *Stellt um das Schulgebäude herum an jeder Ecke Mitschüler auf. Benutzt eure Arme als Zeichengeber und übertragt damit eine Ziffernfolge.*
Verwendet dazu die Kodierung des preußischen Telegrafen, von der Bild 4 einen Ausschnitt zeigt.
a) *Welche Schwierigkeiten tauchen bei dem Versuch auf? Überlegt euch Lösungsmöglichkeiten.*
b) *Warum war jede Telegrafenstation mit zwei Telegrafisten besetzt (Bild 3)?*

A5 *Wie weit lagen die Stationen der französischen und preußischen Telegrafenlinien auseinander? Suche eine Begründung für diesen Abstand.*

A6 *Die Telegrafisten in den Zwischenstationen gaben die Zeichen meist einfach weiter. Die Bedeutung aller Zeichen kannten nur wenige Offiziere in den Zentralen. Überlege dir mögliche Gründe für diese Regelung.*

A7 *Der Obertelegrafist sah durch sein Fernglas die Flügelstellung von Bild 2. Daraufhin diktierte er seinem Helfer: „A 4.3 …“. Ergänze!*

A8 *In vielen Flügelstellungen waren Sätze oder Begriffe kodiert, so z. B. „Telegrafisten“: A.6 – B.5.1 – C.4.3. Zeichne diese Stellung auf.*

A9 *Die Telegrafenstationen lagen möglichst auf Bergen.*
Informiere dich, wo die preußische Telegrafenlinie entlanglief.

63595

Wir morsen Schall- und Lichtsignale

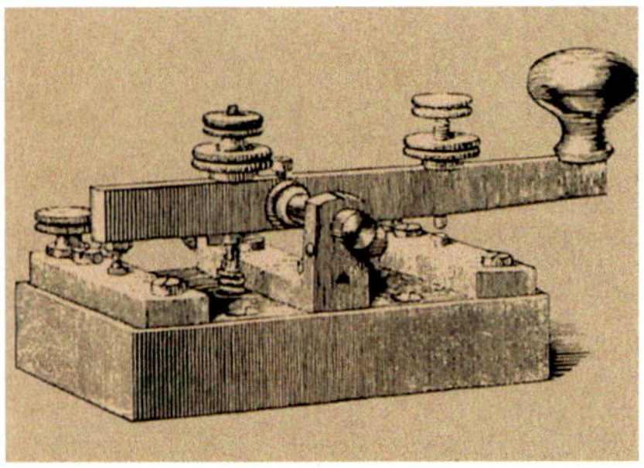
5

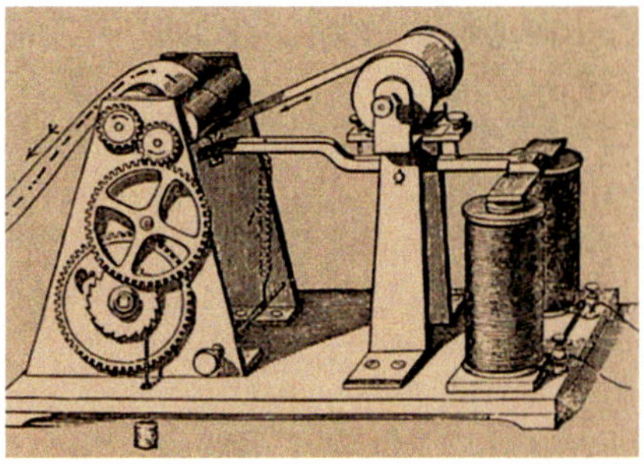
6

7

Optische Telegrafenlinien gab es in der ersten Hälfte des 19. Jahrhunderts in vielen Ländern, doch fast gleichzeitig wurden alle eingestellt. Das lag daran, dass *Alessandro Volta* die **Batterie** (1799), *Christian Oersted* die **magnetische Wirkung des elektrischen Stroms** (1820) und *Michael Faraday* die **Induktion** (1831) entdeckt hatten.

Erfinder aus vielen Ländern nutzen diese Entdeckungen zum Bau von *elektrischen Telegrafen,* u. a. *Samuel Morse* aus den USA.

Bild 5 zeigt seinen Sender, die berühmte „Morsetaste" (1840 patentiert), und einen auf Papier schreibenden Telegrafen als Empfänger (Bild 6).

Morse benutzte für Buchstaben und Ziffern eine Kodierung aus kurzen und langen Signalen. Auch der Matrose auf Bild 7 überträgt Informationen mit Hilfe des „Morsealphabets". Morse selbst konnte dieses einfache Verfahren noch nicht nutzen, denn **elektrisches Licht** leuchtete erst ab 1879 (Glühlampe von *Edison*). Elektrische **Summer** gab es aber seit 1837 …

Morsealphabet						Morsezeichen						Zeichenlänge
A	·–	K	–·–	U	··–	0	–––––	.	·–·–·–	'	·––––·	Ein langes Zeichen ist dreimal so lang wie ein kurzes.
B	–···	L	·–··	V	···–	1	·––––	:	–––···	–	–····–	
C	–·–·	M	––	W	·––	2	··–––	,	––··––	+	·–·–·	
D	–··	N	–·	X	–··–	3	···––	?	··––··	=	–···–	Der Abstand zwischen zwei Buchstaben entspricht einem langen Zeichen.
E	·	O	–––	Y	–·––	4	····–	(	–·––·	„"	·–··–·	
F	··–·	P	·––·	Z	––··	5	·····	)	–·––·–	/	–··–·	
G	––·	Q	––·–	Ä	·–·–	6	–····					
H	····	R	·–·	Ö	–––·	7	––···			Anfangszeichen	·–·–·–	Der Abstand zwischen zwei Worten entspricht drei langen Zeichen.
I	··	S	···	Ü	··––	8	–––··			Schlusszeichen	···–·–	
J	·–––	T	–	CH	––––	9	––––·			bitte warten	·–···	

8

V1 *Benutze eine Taschenlampe mit Morsetaste als* ***optischen Telegrafen****. Übertrage damit eine Nachricht. Das Morsealphabet findest du in Bild 8.*
Worauf ist beim Senden und Empfangen zu achten?

V2 *Baue mit einer Batterie, einem Summer und einem Taster einen* ***akustischen Telegrafen****.*
Probiere ihn aus.
Ergänze zusätzlich eine Glühlampe oder eine Leuchtdiode als optische Anzeige.

V3 *Bild 9 zeigt, wie du einen Telegrafen mit zwei kompletten Stationen (jeweils mit Sender und Empfänger) aufbauen kannst. Probiere die Schaltung aus.*

V4 *Wenn du zum Senden der Signale statt der EIN-Taster jeweils UM-Taster benutzt, dann kommst du mit zwei Verbindungsleitungen zwischen den Stationen aus. Auch Morse benutzte solche UM-Taster und eine Schaltung, bei der der Sender stets nur seine eigene Batterie belastete (Bild 10).*

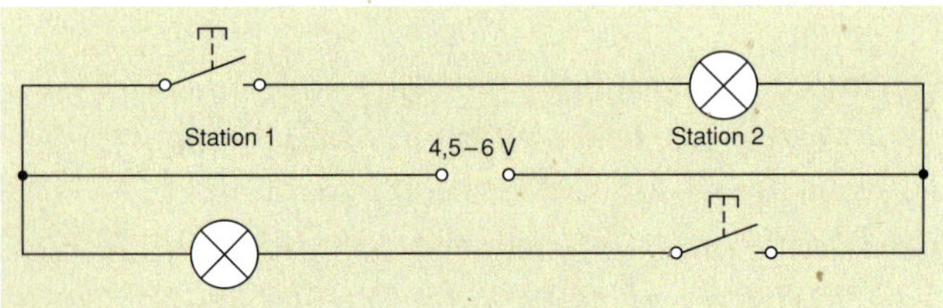

9

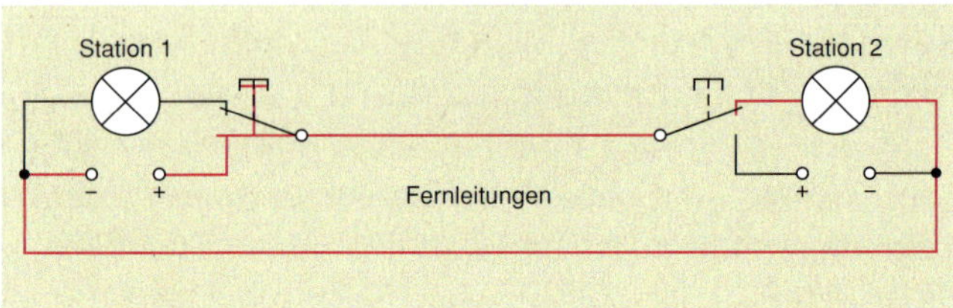

10

Informationsübertragung im Tierreich

Viele Tiere nutzen ihr Aussehen und ihre Stimme, um Rivalen zu bedrohen, Feinde zu vertreiben oder Partner zu finden.

Optische Informationsübertragung

Die *optischen Signale* sind besonders auffällig, wenn Tiere auf Partnersuche sind. Häufig sind es die Männchen, die durch ihr Benehmen oder mit bunten Farben (Bild 1) um die Gunst der Weibchen werben. Der **Pfau** von Bild 2 schlägt sein Rad bestimmt nicht um uns Menschen zu erfreuen.

Optische Signale zwischen Tieren können meist nur bei Tag übertragen werden. Es gibt aber auch Tierarten, die sich im Dunkeln Informationen zusenden.

Ein Beispiel dafür sind die **Leuchtkäfer**, die wir als „Glühwürmchen" kennen: Manche Arten können am Hinterleib ein Dauerlicht erzeugen. Andere Arten von Leuchtkäfern senden dagegen regelrechte Lichtblitze aus.

Schauspiele liefern uns die **Malaysia-Leuchtkäfer** (Bild 3): Etwa 20 Minuten nach Sonnenuntergang versammeln sich die Männchen auf Bäumen am Flussufer. Bald beginnt das Blinken aus diesen Bäumen. Zuerst blitzen die Käfer ihre Signale wild durcheinander, doch schon nach kurzer Zeit passen sie sich ihren Nachbarn an. Schließlich blitzen Tausende von Käfern völlig gleichzeitig aus einem Baum heraus.

Nachbarbäume blinken meist mit einer anderen Frequenz, weil dort andere Arten auf ihre Weibchen warten. Jede Art blinkt sozusagen ihren eigenen *Code*, damit es nicht zu Kreuzungen zwischen den Arten kommt. Wieder andere Arten beginnen ihre „Lightshow" erst eine Viertelstunde später, wenn die ersten ihre Partnersuche bereits eingestellt haben.

1

2

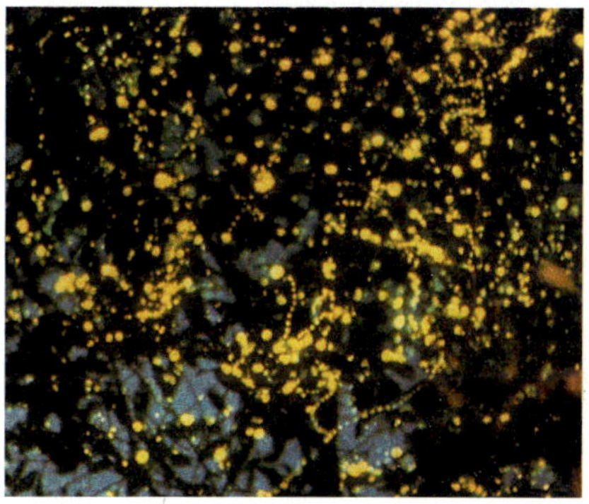
3

Optische Informationsübertragung und akustische Informationsübertragung

Noch vielfältiger verläuft die Kommunikation zwischen Tieren, die Staaten bilden: Termiten, Ameisen, Hornissen, Wespen, Bienen …

Am gründlichsten erforscht ist dabei die Informationsübertragung bei den **Bienen**:

Eine mit Nektar heimkehrende Biene „tanzt" den anderen vor, in welcher Richtung und Entfernung sie eine neue Futterquelle gefunden hat. So informiert sie sogar über deren Ergiebigkeit; auch verteilt sie Proben des Nektars an die anderen Bienen.

Wie aber können die Bienen den Bienentanz überhaupt sehen – im Bienenstock ist es doch dunkel? Auch dieses Rätsel ist gelöst: Während des Tanzes erzeugen die Bienen Töne zwischen 250 und 280 Hz.

A1 *Nenne Vögel, bei denen das Männchen farbiger ist als das Weibchen.*
Ein Beispiel dafür siehst du in Bild 1.

A2 *Weshalb schlägt wohl der Pfau auf Bild 2 ein Rad?*

A3 *Bei der Partnersuche setzen Tiere bunte Farben, Duftstoffe, Lockrufe, auffälliges Imponiergehabe … ein. Gibt es Ähnliches beim Menschen?*

A4 *Fledermäuse rufen mit Ultraschall, Elefanten mit Infraschall (→ rechts). Wo liegt der Unterschied?*

A5 *Wieso kann der von Delphinen und Buckelwalen (→ rechts) erzeugte Schall 100 km weit reichen?*

62360

Akustische Informationsübertragung

Tiere senden zur Kommunikation auch *Schallsignale* aus. Aber nicht alle benutzen dazu ihr Maul oder ihren Schnabel. Das Zirpen der **Grillen** z. B. ist ein solches akustisches Signal (Bild 4).

Die männlichen Grillen reiben ihre Vorderflügel aneinander und erzeugen dadurch hohe Töne (ca. 5000 Hz). Mit dem Zirpen locken sie die Weibchen an. Aber die Weibchen würden sich auch von einem Tonband täuschen lassen: Wenn man den „Gesang" der Grillen über Lautsprecher abspielt, finden sich nach kurzer Zeit die ersten weiblichen Grillen vor dem Lautsprecher ein.

4

5

Auch die größten Landsäugetiere, die **Elefanten**, nutzen ein raffiniertes Nachrichtensystem.

Tiere einer weit verstreut weidenden Herde laufen bei Gefahr zusammen, ohne dass vorher ihr typisches Trompeten (Bild 5) zu hören ist. Elefanten rufen sich nämlich mit Frequenzen unterhalb unseres Hörbereichs *(Infraschall)*; wir hören davon nichts. Die Elefanten einer Herde können sich so über Entfernungen von bis zu 15 km hinweg verständigen.

Können Tiere ihren Artgenossen auch etwas „erzählen"? Biologen kennen viele Beweise für einen solchen Informationsaustausch – insbesondere bei Tierarten, die in Gruppen oder Staaten zusammenleben.

Gut belegt ist der Informationsaustausch unter **Delphinen**. Diese großen Meeressäugetiere gelten als besonders klug. Sie fallen z. B. nicht auf einen Lautsprecher herein. Spielt man einem Delphin die Stimme eines anderen vom Tonband vor, so reagiert er nur am Anfang darauf; er beginnt bald selbst zu „reden". Schon nach kurzer Zeit wendet er sich dann aber ab und bleibt stumm. Vermutlich hat er dem Lautsprecher „Fragen gestellt", auf die er keine passenden Antworten erhielt ...

In den letzten Jahren sind Verwandte der Delphine als Sänger berühmt geworden: die **Buckelwale** (Bild 6); sie sind bis zu 45 t schwer. Auch bei diesen Tieren singen die Männchen am schönsten – vor allem im Sommer, wenn sie zum Paarungsgebiet am Äquator unterwegs sind. Sie halten Kontakt zu den Weibchen und zu ihrer Herde, indem sie schnalzen und schnarren, jaulen und zirpen. Die Gesänge ändern sich im Laufe des Sommers und sind so melodisch, dass es sie schon auf CD zu kaufen gibt.

6

Dass es auch Informationsübertragung zwischen Tieren unterschiedlicher Arten gibt, hat man in Panama beobachtet: Dort melken **Ameisen** Schmetterlingsraupen, die dadurch ihrerseits von ihren natürlichen Feinden verschont werden. Wenn nämlich Ameisen in der Nähe sind, verteidigen diese ihre „Tankstellen" durch Beißen und Verspritzen von Säure.

Angegriffene Raupen können die Ameisen sogar zu Hilfe rufen: Sie trommeln mit ihren Beinen einen Code auf die Blätter, der die Ameisen sofort zur Verteidigung „anmarschieren" lässt ...

Telekommunikation mit Licht

Matrosen, die wie vor 100 Jahren mit Scheinwerfern Morsesignale zum Nachbarschiff übertragen, scheinen den Anschluss an unsere moderne Kommunikationstechnik verpasst zu haben. Doch Vorsicht: Jedes Handy verrät sich durch seine Funkwellen – und die können unbemerkt abgehört werden.

Da ist ein gemorstes Lichtsignal womöglich sicherer. Und zusätzlich kann die Information bei der Benutzung eines Morse-Codes auch noch verschlüsselt werden (z. B. durch Vertauschen von Buchstaben).

Fast 100 Jahre lang glaubten die Techniker, dass der elektrischen Informationsübertragung (erst über Telegrafenleitungen und Telefonkabel, später über Funkwellen) die Zukunft gehören würde.

1

Doch dann eroberten *Computer* die Büros, Werkhallen, Schulen und Wohnungen. Vereinfacht gesagt kennen Computer keine Buchstaben, Zahlen oder Bilder, sondern nur zwei Zustände: „Spannung ein" oder „Spannung aus", „ja" oder „nein", „1" oder „0".

Computer speichern und verarbeiten nur Nullen und Einsen. Man bezeichnet dies als *digitale Informationen*.

Zwei Zustände **(1 Bit)** sind aber auch: *„Licht ein"* oder *„Licht aus"*.

Wenn man *Laser* als Lichtquellen einsetzt, ist es möglich, das Licht pro Sekunde milliardenfach aufblitzen zu lassen. Dadurch sind Datenübertragungen mit mehr als 3 Terabit (das ist eine 3 mit 12 Nullen) pro Sekunde möglich. Als Leitungen benutzt man hauchdünne Glasfasern (Bild 1).

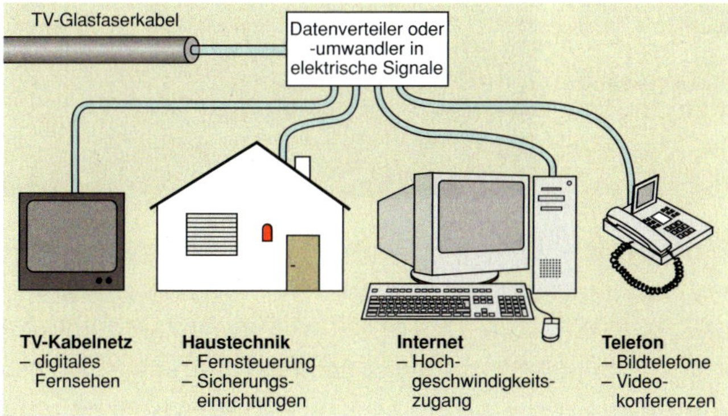

2

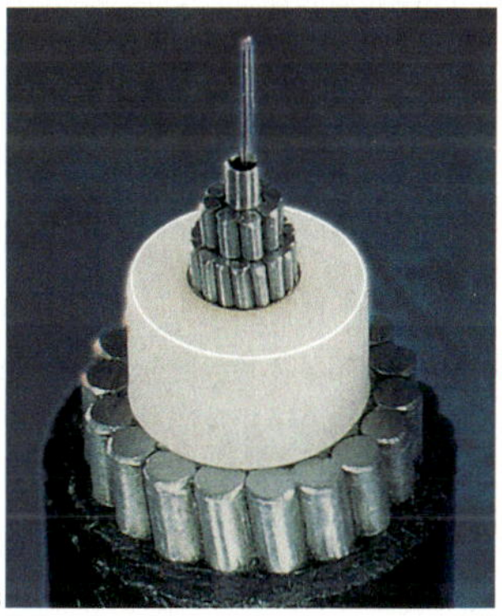
3

A1 *Vermittlungszentralen der Telekom, alle Universitäten und viele große Firmen sind bereits heute durch Glasfaser-Leitungen verbunden. Eines Tages werden sie vielleicht bis in jedes Haus verlegt sein (Bild 2).*

a) *Vergleiche die Leistung der Fasern mit der eines xDSL-Telefonanschlusses (ca. 1 Mio. Bits/s).*

b) *Beschreibe anhand von Bild 2 die Vorteile für den Kunden.*

A2 *Längst sind in allen Ozeanen der Erde Glasfaser-Seekabel verlegt. Eines verläuft von der Nordsee aus durchs Mittelmeer über Singapur bis Japan und Australien (Länge: 38 000 km).*
Jede seiner vier Glasfasern ist nur 0,2 mm dick.
Umgeben sind die Fasern von vielen Stahlseilen, die das Kabel bis zu 6 cm dick machen (Bild 3).
Suche dafür eine Begründung.

A3 *Die Gespräche in Telefonkabeln kann man von „außen" abhören, weil elektrische Wechselströme um den Draht herum immer Magnetfelder erzeugen.*
Welchen Vorteil bieten Glasfasern?

A4 *Außer Computern speichern oder verarbeiten auch andere Geräte Informationen in digitaler Form. Welche Geräte kennst du?*

Zusammenfassung

Telekommunikation mit Schall

5

Telekommunikation mit Licht

6

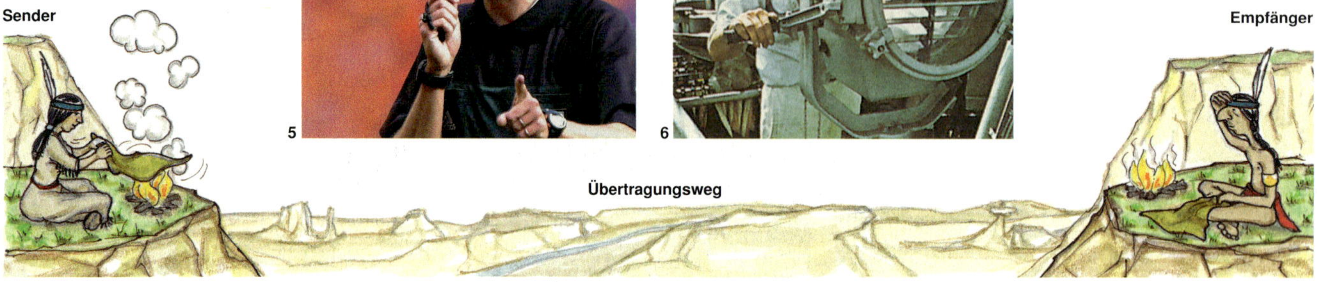

4

***Telekommunikation* nennt man die Verständigung von Menschen über größere Entfernungen hinweg. Ihre Aufgabe ist es, Informationen von einem Absender zu einem Empfänger zu übertragen.**

Die Stimme eines Menschen, der einem anderen Informationen zuruft, reicht knapp 100 m weit. Mit Hilfsmitteln (Trommeln, Hörnern, Fanfaren, Pfeifen, Lautsprechern ...) ist dagegen eine Telekommunikation über Strecken von bis zu 1 km möglich (Bild 5).

Schallwellen laufen auch *um Ecken herum.* Sie eignen sich sogar zur Kommunikation im Urwald oder bei Nebel. **Schallwellen legen in 1 Sekunde 340 Meter zurück.**

Schon seit Jahrtausenden benutzen die Menschen Feuer- und Rauchsignale zur Übertragung von Informationen. Starke Lichtsignale reichen am Tag bis zu 10 km weit, bei Nacht unter günstigen Bedingungen sogar noch deutlich weiter (Bild 6).

Lichtstrahlen verlaufen immer exakt *geradeaus.* Zwischen Sender und Empfänger darf deshalb kein Hindernis stehen. **Licht legt in 1 Sekunde 300 000 Kilometer zurück.**

Alles klar?

Lösungen → Anhang

1. *Mit einem besonders großen Horn (Bild 7) soll Alexander der Große seine Soldaten über 18 km hinweg erreicht haben.*
Was meinst du dazu?

2. *Zur Informationsübertragung gehören stets Sender, Empfänger und ein Übertragungsweg. Gib dazu Beispiele an (sowohl zur akustischen als auch zur optischen Telekommunikation).*

3. *In Bild 8 macht sich der Zeichner über eine Datenleitung lustig. Was hat er aber nicht bedacht?*

4. *Welche Vorteile hat eine nach Bild 6 übertragene Information gegenüber einem Funkgespräch?*

5. *Stammen die Lichtbündel in Bild 9 wohl aus einem Scheinwerfer oder aus einem Laser? Begründe deine Vermutung.*

7

8

9

Telekommunikation mit elektrischen Signalen

Elektrische Telegrafen

Die einfachste Form der Telekommunikation zwischen Menschen ist das Zurufen von Worten. Doch wenn die Entfernung zwischen dem Sender und dem Empfänger mehr als 100 m beträgt, ist eine fehlerfreie Verständigung nicht mehr möglich.

Als Lösung des Problems wurden akustische und optische Telegrafen (Fernschreiber) eingesetzt.

Am weitesten kann man allerdings **elektrische Signale** übertragen. Dazu müssen die Informationen zuerst durch einen *Wandler* umgewandelt werden, z. B. in elektrische Stromstöße oder in Stromschwankungen. Nach der Umwandlung kann man dann die elektrischen Signale per Kupferdraht fast beliebig weit übertragen. Beim Empfänger werden die Signale später wieder zurückverwandelt.

1

Bild 1 zeigt einen elektromagnetischen Telegrafen, der um 1845 von *Wheatstone* und *Cooke* in England gebaut wurde. Zum Senden diente ein Schaltgriff (unten im Bild) und zum Empfangen eine Magnetnadel (Mitte).

Mit **elektrischen Telegrafen** war erstmals eine schnelle und weltweite Telekommunikation möglich.

Aus der Geschichte: Der erste elektromagnetische Fernschreiber

Seit 1832 experimentierten in Göttingen der Mathematiker und Astronom *Carl Friedrich Gauß* sowie der Physiker *Wilhelm Eduard Weber*. Es ging um die Vermessung des Erdmagnetismus mit Hilfe von Magnetometern. Magnetometer waren senkrecht stehende, große Spulen, in denen ein schwerer, drehbarer Stabmagnet waagerecht hing (rechts in Bild 2).

Um kleinere Ausschläge des Magneten besser beobachten zu können, war auf den Draht, der den Magneten trug, ein Spiegel geklebt. In ihm betrachtete man mit einem Fernrohr (links in Bild 2) die Rechts- oder Linksverschiebung einer Skala.

Heute würde man ein solches Gerät ein „Spiegelgalvanoskop" nennen.

Um anderen die Empfindlichkeit ihrer Geräte zu zeigen, schlossen die Forscher eine zwei Meilen entfernt stehende Energiequelle an. So entstand vermutlich die Idee, die Sternwarte von Gauß und das Physikalische Kabinett von Weber miteinander zu verbinden.

Am 15. 4. 1833 informierte Weber den Göttinger Stadtrat darüber, dass er *„... einen doppelten Bindfaden ... vom Cabinett ... auf den hiesigen Johannisturm und von da weiter zur Sternwarte habe aufspannen lassen".*

An den Fäden hingen haarfeine Drähte aus Silber und Kupfer. Weil die 1,5 km langen Drähte immer wieder rissen, wurden sie später durch Eisendrähte ersetzt.

2

A1 *Aus welchem Grund haben wohl die Forscher zunächst Silber- und Kupferdrähte genommen?*

A2 *Bild 2 zeigt Weber beim Telegrafieren. Er benutzt dabei keine Batterie! Zum Senden bewegt er eine Spule, in der ein starker Dauermagnet steckt.*
Gauß wandte dabei ein physikalisches Gesetz an, das erst 1831 von M. Faraday entdeckt wurde.
Wie lautet das Gesetz?

64323

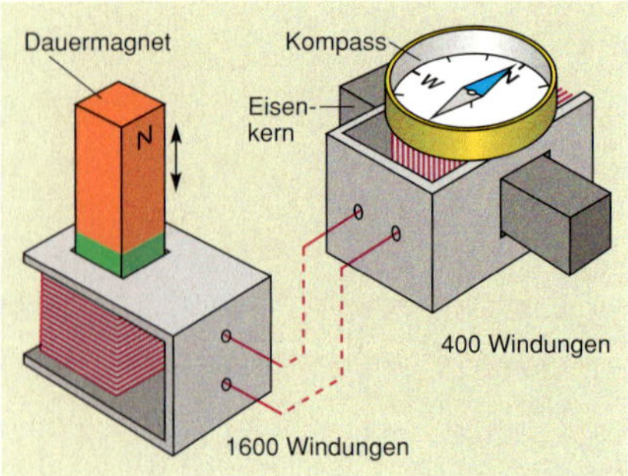

3

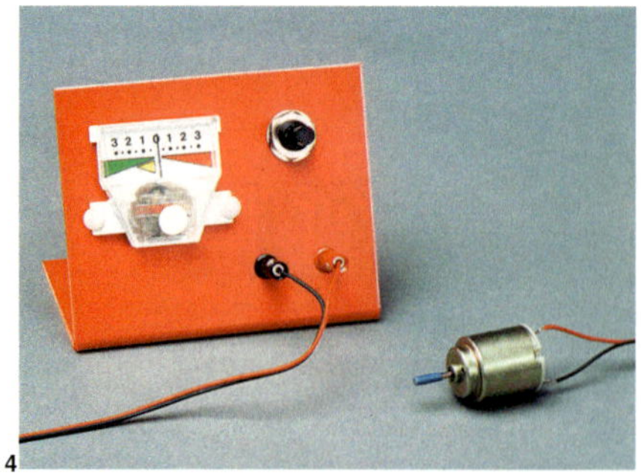
4

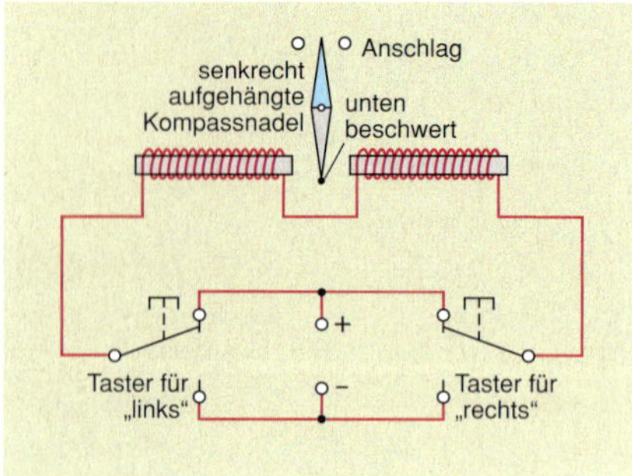

5

V1 *Baue den Telegrafen von Gauß und Weber in einem Modell nach. Du brauchst 2 Spulen, einen Eisenkern, einen Magneten und einen Kompass (Bild 3).*
Zur Übertragung eines Buchstabens oder einer Ziffer benutzten Gauß und Weber maximal 4 Zeigerausschläge nach rechts (r) bzw. links (l).
Beispiele aus dem Code: 1 = rllr; E = l; M = lrl; U = lr.
Überlege dir selbst eine Kodiertabelle und übertrage mit dem Telegrafen Zeichen an einen Partner.

V2 *Einfacher ist der Telegrafennachbau, wenn du als Empfänger ein Zeigermessgerät mit „Nullpunkt in der Mitte“ benutzt (Bild 4). Als Sender eignet sich ein Spielzeugmotor, den du als Gleichstromdynamo antreibst: Drehe seine Welle kurz nach rechts oder links und erzeuge damit Telegrafiesignale.*

V3 *Bild 5 zeigt, wie du den englischen Telegrafen von Bild 1 im Modell nachbauen kannst.*

A3 *Der Fernschreiber von Bild 1 war bei den Telegrafisten beliebt, denn er enthielt außer Sende- und Empfangsteil auch …*

A4 *Weit verbreitet waren früher die Telegrafen von Morse. (Du findest dazu Bilder und die Morse-Kodierung auf S. 21.)*

a) *Probiere aus, ob du den „gemorsten Text“ von Bild 6 lesen kannst. (Es lohnt sich!)*
b) *Schreibe deinen Namen mit Morsezeichen auf.*

A5 *Überlege, wie du einen geheimen Text vor dem Morsen noch weiter verschlüsseln kannst.*

A6 *Auf Kurzwelle (KW) im Radio kannst du viele gefunkte Morsezeichen empfangen. Du wirst sie jedoch wegen des meist hohen Sendetempos nicht mitschreiben können.*
Warum werden diese Zeichen im Zeitalter von Telefon und Sprechfunk immer noch benutzt?

•–•• –––• ••• ••– –• ––•   ––•• ••–   •– ••••• –––•••
––•• • •• –––– • –•   •••– • •–• – •– ••– ••• –––– • –•

6

Bauanleitung: **Ein Morse-Empfänger**

Bild 7 zeigt den Nachbau der Empfangsstation eines Schreibtelegrafen, wie ihn zuerst *Samuel Morse* baute. (Das Material stammt aus einem Baukasten für „Elektromagnetische Geräte“, wie er im Technikunterricht benutzt wird.)

Als wichtigstes Teil erkennst du unten die Spule des Elektromagneten. Der bewegliche Anker trägt einen Filzstift. Der Papierstreifen wird beim Empfangen langsam und gleichmäßig von Hand gezogen. Bei Morse machte das der Motor eines Uhrwerks. Gesendet wird mit einer einfachen EIN-Taste.

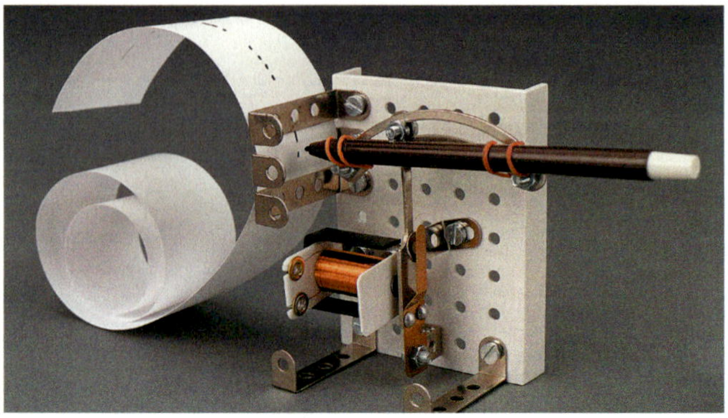
7

Das Telefon

„Das Ding redet ja!“ So äußerte sich jemand erstaunt, als *Philipp Reis* das erste Telefon vorstellte.

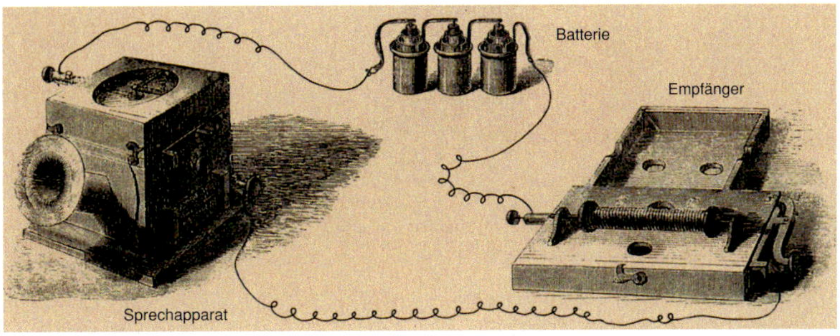

1

Und so wie in Bild 1 sah das „Ding“ aus – das erste Telefon aus dem Jahr 1860.

Das Telefon von damals (Bild 1) besaß einen Sprechapparat und einen Empfänger. Gemeinsamkeiten mit heutigen Telefonen wirst du wohl kaum erkennen …

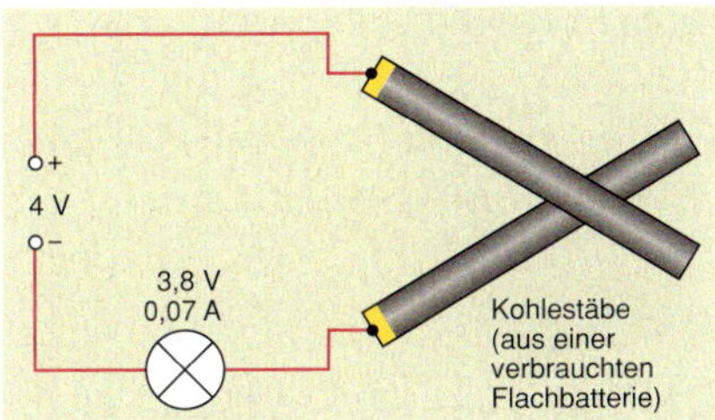

2

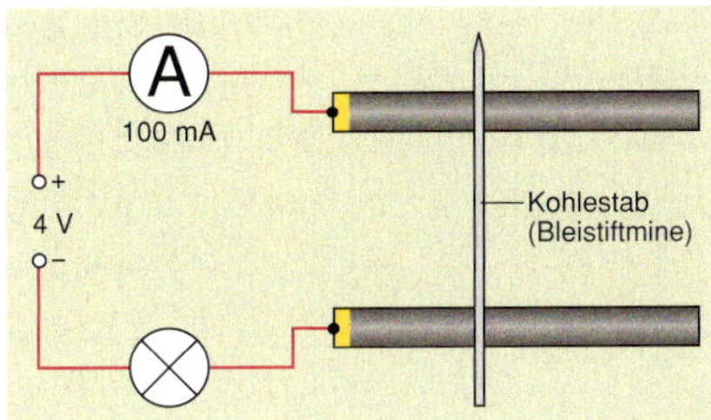

3

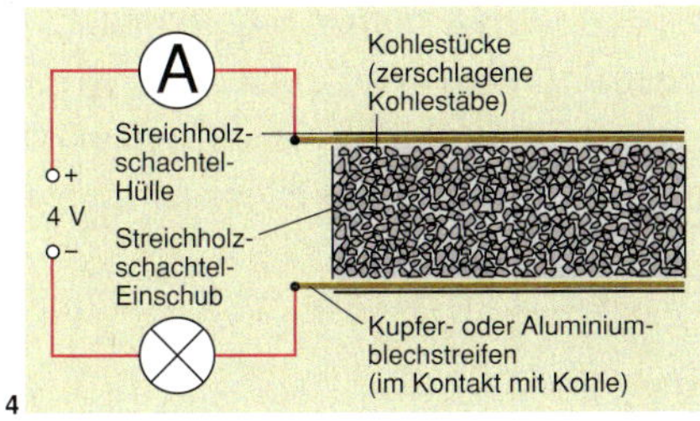

4

V1 *So, wie in diesem Versuch gezeigt, funktioniert die* ***Sprechkapsel*** *eines Telefons:*

a) *Zwei Kohlestäbe werden als „Sprechkapsel“ in einen Stromkreis geschaltet (Bild 2). Drücke auf die Berührungsstelle der Kohlestäbe.*

b) *Ändere den Versuchsaufbau entsprechend Bild 3. Klopfe gegen einen der Stäbe.*

c) *Die „Sprechkapsel“ wird weiter verfeinert (Bild 4). Was geschieht, wenn du stärker oder schwächer auf die Schachtel drückst?*

V2 *Wenn man in eine Telefon-Sprechkapsel spricht (Bilder 5 u. 6), sind die Stromschwankungen sehr gering. Mit einem Oszilloskop kann man die Schwankungen aber sichtbar machen.*

V3 *Zum Telefon gehört auch die* ***Hörkapsel****. Sie ist innen genauso aufgebaut wie ein Lautsprecher.*

a) *Halte eine Kompassnadel nahe an eine Hörkapsel und an einen alten Lautsprecher (Bild 7). Du erkennst so, welches wichtige Bauteil sie enthalten.*

b) *Schließe einen alten Lautsprecher an eine Batterie an und beobachte seine Membran. Pole dann die Anschlüsse um.*

c) *Benutze als elektrische Energiequelle einen Trafo (2 V ~).*

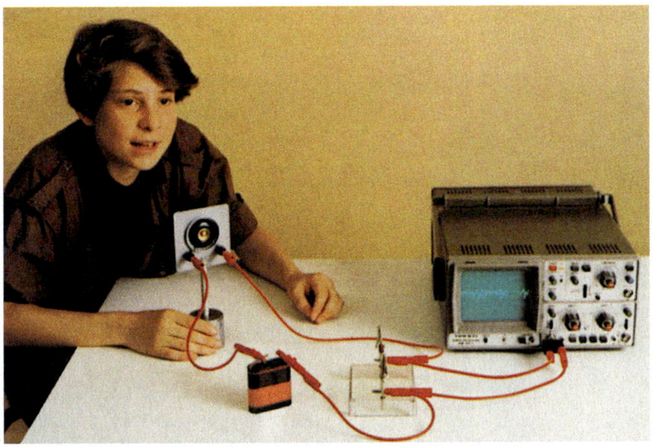

5

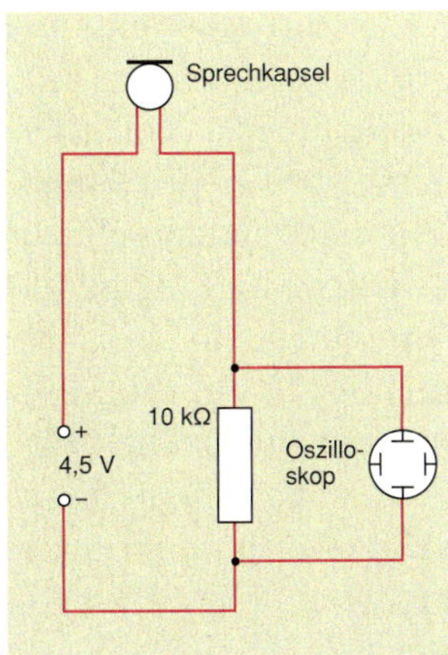

6

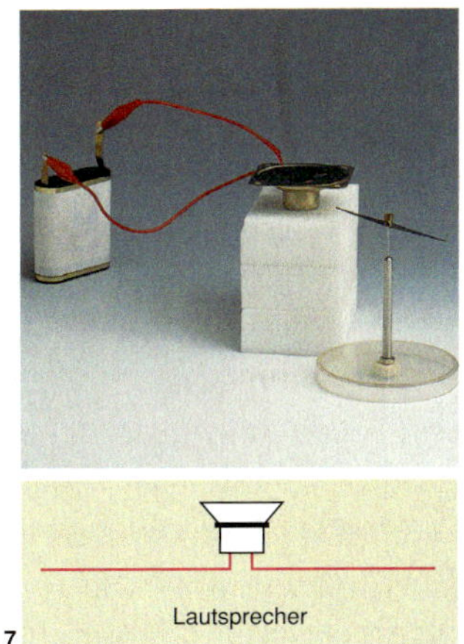

7

62362

Info: So arbeiten Mikrofon und Lautsprecher des Telefons

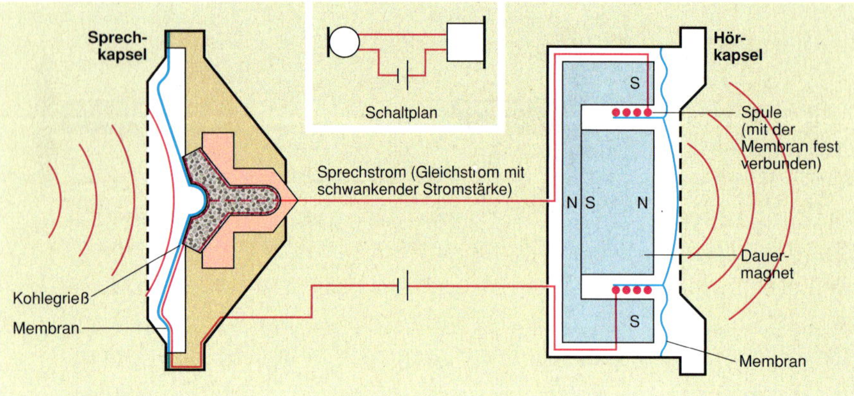

8

9

Die **Sprechkapsel** im Handapparat eines Telefons kann z. B. ein *Kohlemikrofon* sein (links in Bild 8).

Diese Sprechkapsel ist in einen Gleichstromkreis eingebaut. Ihr elektrischer Widerstand ist veränderlich, denn er hängt von den auftreffenden *Schallwellen* ab: Beim Sprechen beginnt die Membran des Mikrofons zu schwingen.

Durch die Schwingungen werden die Kohlekörner mehr oder weniger stark zusammengepresst. Auf diese Weise verändert sich ihr elektrischer Widerstand. Der ursprüngliche Gleichstrom schwankt jetzt also im Takt der Schallschwingungen. Er wird dadurch zum *„Sprechstrom"*.

Moderne Sprechkapseln (Bild 9) enthalten statt der Kohlekörner elektronische Bauteile. Ihre Wirkung ist aber die gleiche geblieben:

Die Sprechkapsel (d. h. das Mikrofon) wandelt Schallwellen in Schwankungen der Stromstärke eines Gleichstroms um („Sprechstrom").

Die **Hörkapsel** (rechts in Bild 8) im Handapparat des Telefons ist eigentlich ein kleiner *Lautsprecher*.

Sie enthält neben einer Membran einen *Dauermagneten* und eine bewegliche *Spule*. Die Spule ist fest mit der Membran verbunden. Wenn der „Sprechstrom" durch die Hörkapsel fließt, wird die Spule magnetisch – mal stärker und mal schwächer (je nach der Stärke des „Sprechstroms").

Der Dauermagnet der Hörkapsel und die magnetische Spule wirken nun aufeinander. Mit der Spule bewegt sich auch die an ihr befestigte Membran der Hörkapsel. Sie schwingt im Takt des Sprechstroms. Durch die Bewegungen der Membran bilden sich in ihrer Umgebung Druckschwankungen in der Luft – so entsteht wieder Schall, der dann unser Ohr erreicht.

Auf diese Weise können wir die in die Sprechkapsel hineingesprochenen Worte vernehmen:

Die Hörkapsel (d. h. der Lautsprecher) wandelt den „Sprechstrom" in Schallwellen um.

V4 *Schalte – wie in Bild 8 – eine Sprechkapsel, eine Hörkapsel und eine 4,5-V-Batterie in Reihe. (Als Sprechkapsel kannst du ein altes Kohlemikrofon oder eines in moderner Ausführung nehmen.) Erprobe dann die Telefonverbindung über eine Entfernung von mehr als 10 m.*

V5 *Bild 10 zeigt eine knifflige Schaltung. Baue sie mit 2 Handapparaten und einer 4,5-V-Batterie auf. Jeder Sprecher besitzt hier einen eigenen Stromkreis; nur die Batterie benutzen beide gemeinsam. Insgesamt werden 4 Verbindungsleitungen benötigt. Überlege, ob es auch mit weniger Leitungen geht. Zeichne dazu die Schaltung auf und erprobe sie.*

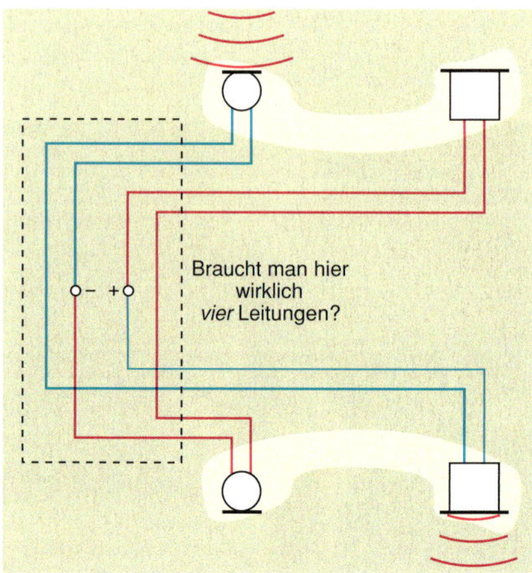

10

V6 *Kannst du beim Telefonieren deine eigene Stimme im Hörer mithören? Vergleiche mit V5.*

Aus der Geschichte: Das Telefon von Graham Bell

In Amerika baute *Alexander Graham Bell* im Jahr 1876 das erste „batterielose" Telefon. Es beruhte auf dem Induktionsgesetz, das Faraday 1831 entdeckt hatte: *Ändert sich in einer Spule ein Magnetfeld, so wird eine elektrische Spannung erzeugt (induziert).*

Sprech- und Hörkapsel sind bei Bell gleich gebaut (Bild 1): Wenn man gegen die linke Stahlmembran spricht, schwingt sie im Takt der auftreffenden Schallwellen. Dabei nähert und entfernt sie sich etwas vom Magneten. Sie ändert so das Magnetfeld in der Spule. Die Folge ist, dass im Innern der Spule eine Spannung induziert wird. Im Stromkreis fließt nun ein von Sprache gesteuerter Wechselstrom zur Hörkapsel.

Die rechte Spule wird dadurch zu einem Magneten und übt Kräfte auf die rechte Membran aus. Diese schwingt nun im Rhythmus des Sprechstroms und erzeugt ihrerseits Schallwellen.

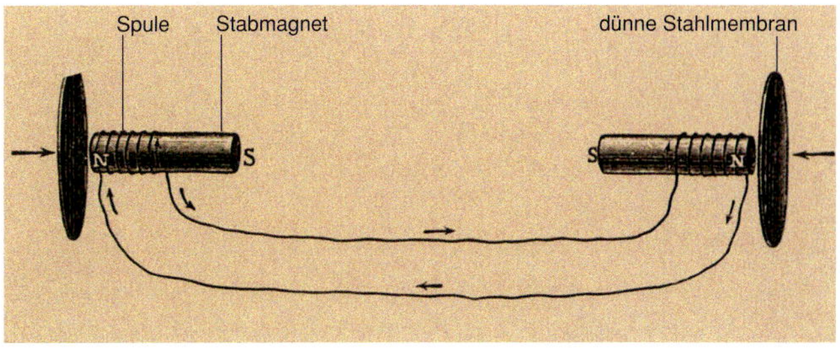

1

V7 *Baue das batterielose Telefon von Bell im Modell nach. Benutze dazu zwei moderne Hörkapseln. Erprobe die Übertragung ins Nachbarzimmer.*

V8 *Baue vier Hörkapseln in zwei Handapparate ein. Verlege zwischen ihnen eine ca. 10 m lange vieradrige Leitung.*
Erprobe Qualität und Reichweite des Telefons.

Aus Umwelt und Technik: Mobil- und Funktelefone

Noch gehört zu beinahe jedem Telefon eine spezielle Steckdose. Sie verbindet es über Kupferleitungen mit dem weltweiten Netz von Telefonanschlüssen.

Nicht immer ist man in Reichweite einer solchen Steckdose. Deshalb ist das schnurlose **Mobiltelefon** so beliebt (Bild 2). Man kann es sogar in den Keller oder Garten mitnehmen. Die Entfernung bis zur *Feststation* darf bis zu 300 m betragen.

Niemand soll die Gespräche per Funkempfänger abhören können – deshalb werden alle Informationen für die Übertragung digital verschlüsselt.

Bei Mobiltelefonen erfolgt das z. B. nach dem DECT-Standard *(Digital Enhanced Cordless Telecommunications)*.

Schon jetzt nutzt man mancherorts elektrische Leitungen der Kraftwerke zum Telefonieren. Bei dieser „Powerline" werden alle Stromsteckdosen der Wohnung zu Anschlüssen für eine Feststation.

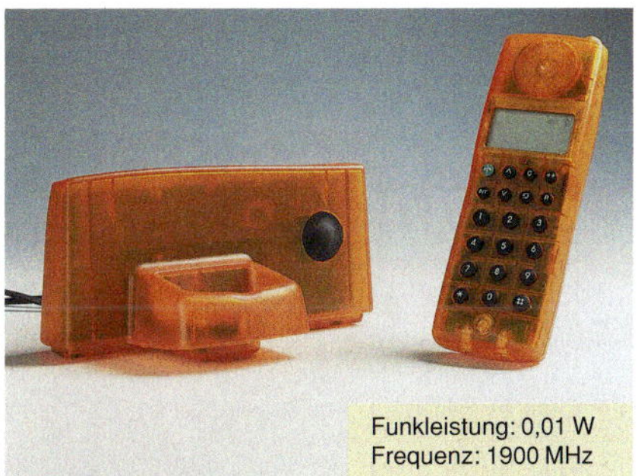
Funkleistung: 0,01 W
Frequenz: 1900 MHz
2

Funkleistung: 1 ... 2 W
Frequenz: 900/1800 MHz
3

Überall telefonieren – das geht nur mit einem **Handy** (Bild 3). Solche *Funktelefone* haben eine Reichweite von etwa 25 km. In diesem Abstand benötigen sie eine *Basisstation* von dem Netzbetreiber, bei dem sie angemeldet sind.

Auch für Handys gibt es weltweite Standards, so z. B. das **GSM** *(Global System for Mobile Communications)* oder das **UMTS** *(Universal Mobile Telecommunications System)*, das noch 200-mal schneller ist.

Handys ermöglichen auch den drahtlosen Zugang zum *Internet*.

So wachsen die Netze der Information (per Computer) und der *Telekommunikation* allmählich zu dem *IT-Bereich* zusammen.

A1 *Beschreibe den Unterschied zwischen Mobil- und Funktelefonen. Wo sind die Basisstationen?*

A2 *Vergleiche die Leistung und die Reichweite der Telefone.*

64326

Zusammenfassung

Elektrische Telegrafen

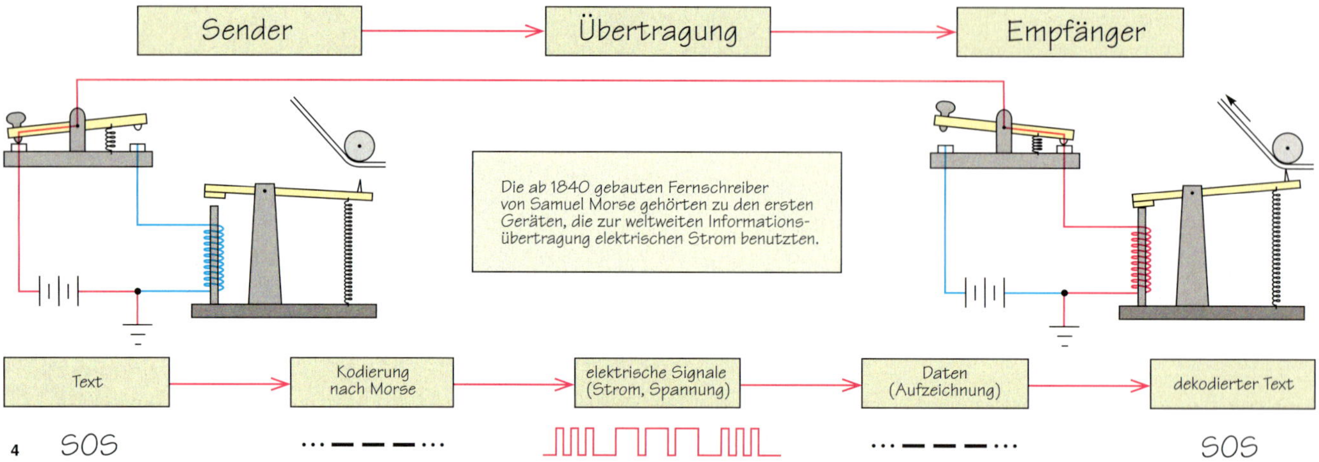

4

In der Telekommunikation werden große Entfernungen durch die Nutzung optischer oder elektrischer Übertragungswege überbrückt.

Für die *Übertragung* und zum *Verschlüsseln* der Informationen müssen bei solchen Telegrafen die Sender und Empfänger **Kodierungen** verabreden.

Ein Beispiel dazu: Die durch elektrische Signale übertragene Nachricht in Bild 4 lautet „SOS". Nur wenn der Empfänger den Morse-Code und die Bedeutung der drei Buchstaben SOS kennt *(stop other signals)*, kommt bei ihm die richtige Information an: Er weiß dann: „Der Absender benötigt dringend Hilfe."

Das Telefon

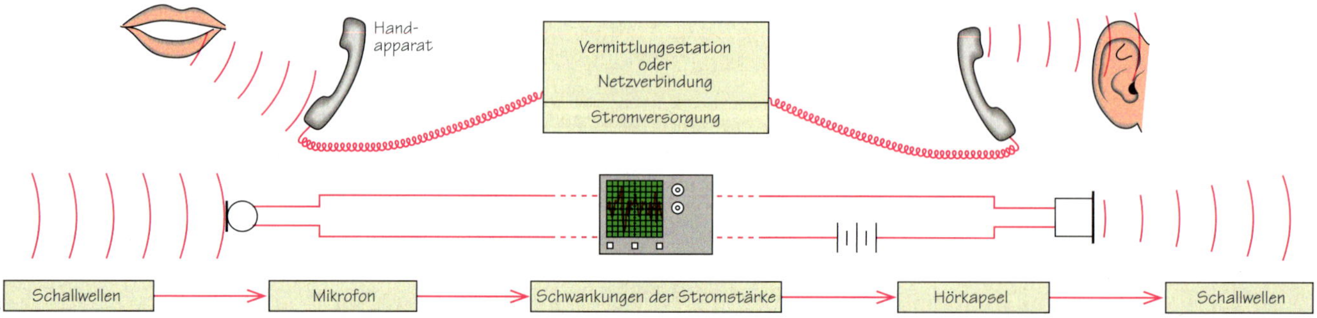

5

Telekommunikation geht am einfachsten mit Hilfe des **Telefons**. Dabei braucht sich der Benutzer nicht um die Umwandlung der Sprache in elektrische Signale und deren Übertragung zu kümmern.

Im Handapparat sind ein *Mikrofon* (die Sprechkapsel) und ein *Lautsprecher* (die Hörkapsel) untergebracht. Beide wandeln Schall und elektrische Signale direkt ineinander um (Bild 5).

Alles klar?

Lösungen → Anhang

1. *Weshalb wohl wurden schon bald nach Einführung der elektrischen Telegrafen (ab Mitte des 19. Jahrhunderts) alle vorher benutzten optischen Telegrafenlinien geschlossen?*

2. *Die ersten elektrischen Telefone von Graham Bell funktionierten ganz ohne Batterien.*
Was meinst du, warum man solche „Energiesparmodelle" heute nicht mehr baut?

3. *Bei der elektrischen Signalübertragung benutzt man immer Kodierungen.*

a) *Was versteht man unter einer Kodierung?*

b) *Nenne ein Kodierverfahren.*

Nachrichtenübertragung durch Funken[Z]

Hier funkt's

In den Anfangszeiten des Rundfunks machte ein aufziehendes Gewitter den Empfang fast unmöglich. Bei jedem Blitz war nur ein Knattern und Krachen zu hören. Das galt auch dann, wenn das Gewitter noch kilometerweit entfernt war.

Blitze sind gewaltige elektrische Funken, die auch moderne Empfangsgeräte empfindlich stören können.

Von jedem Funken gehen nämlich Signale aus – wie von einem Radio- oder Fernsehsender.

Zu Beginn des 20. Jahrhunderts nutzte man diese Signale für die drahtlose Telegrafie. Aus jener Zeit stammen auch Begriffe wie *funken* und *Funkspruch*, die aus dem Wort *Funken* abgeleitet sind. Heute umgibt uns Funktechnik überall (Bilder1–3), jedoch ohne sichtbare Funken.

1

2

3

V1 *Bild 4 zeigt einen ganz einfachen Funkensender.*
a) *Das Radiogerät (der Empfänger) wird zunächst eingeschaltet und im Mittelwellenbereich so eingestellt, dass kein Rundfunkprogramm zu hören ist. Schließe und öffne immer wieder den Stromkreis des Senders. Achte dabei auf die Kontakte des Schalters.*
b) *Mit einer groben Feile lassen sich in schneller Folge viele Funken erzeugen (Bild 5).*
Was ist jetzt im Empfänger zu hören?

V2 *Als Sender verwenden wir nun ein Relais mit Ruhekontakt (Bild 6). Überlege zunächst, was geschieht, wenn der Taster geschlossen wird. Setze den Sender in Betrieb. Achte darauf, ob Funken auftreten. Halte ein Radio (als Empfänger) vor den Sender, dann neben, über und unter ihn.*
Was lässt sich aus den Beobachtungen schließen?

V3 *Bisher befand sich zwischen Sender und Empfänger nur Luft. Stelle jetzt in den Zwischenraum ein Buch, ein Brett, eine Glasscheibe, eine große Metallplatte, einen Glastrog mit Wasser …*
a) *Der Empfänger soll 20 cm vom Sender entfernt sein. Stellst du Unterschiede im Empfang fest?*
b) *Stelle die Reichweite des Senders fest, wenn du ihn erdest und eine Drahtantenne benutzt (Bild 7).*

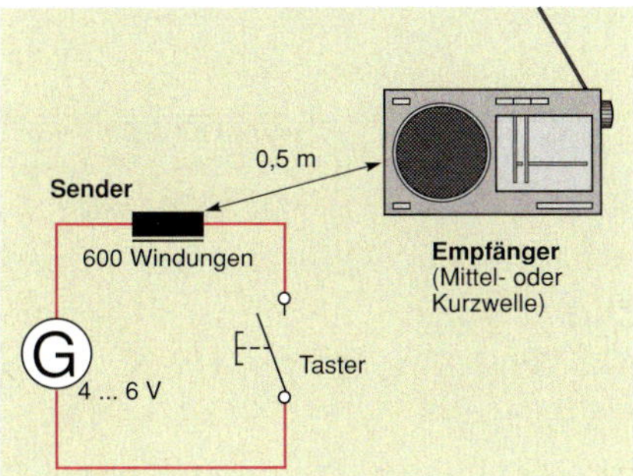

4

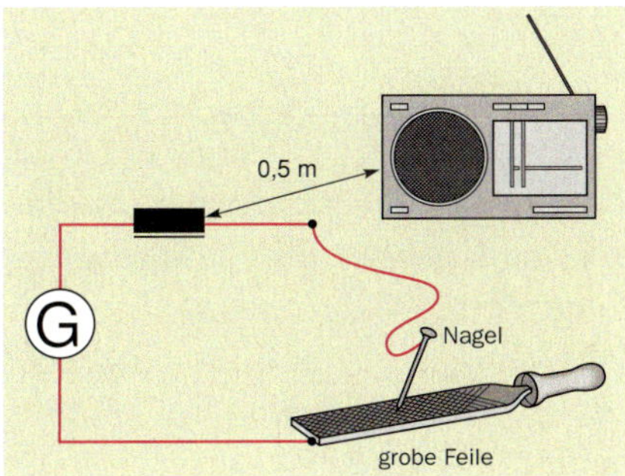

5

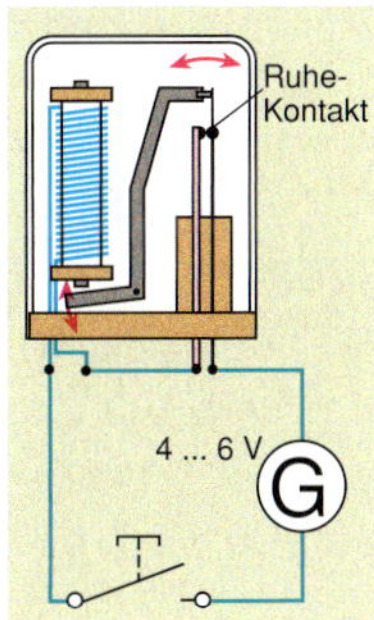

6

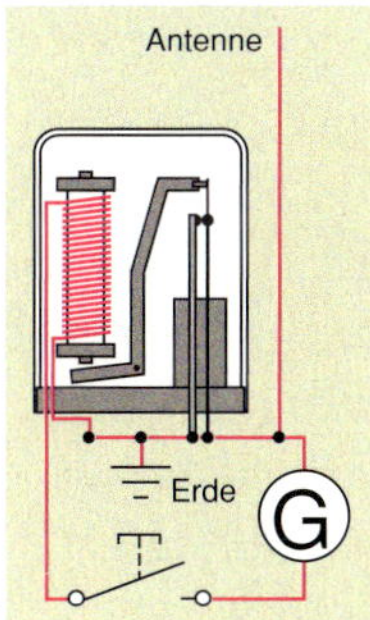

7

64331

Info: Ströme in elektrischen Funken

Wenn sich eine Gewitterwolke gegenüber der Erde elektrisch auflädt, kann es zu einem **Blitz** kommen.

Man könnte vermuten, dass in diesem riesigen elektrischen **Funken** die Elektronen einfach von der Wolke auf die Erde fließen. Der Entladestrom müsste dann ein Gleichstrom sein. Diese Vermutung ist aber falsch. Das konnte der berühmte englische Physiker *Michael Faraday* schon vor über 160 Jahren mit einer erstaunlich einfachen Anordnung nachweisen (Bild 8):

8
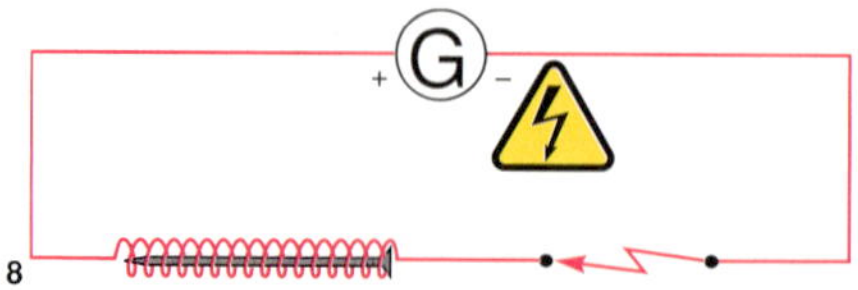

An eine Hochspannungsquelle sind eine Funkenstrecke und eine Spule angeschlossen. Im Hohlraum der Spule befindet sich eine Stahlnadel. Wenn man die Funkenstrecke verkleinert, springt schließlich ein Funke über. Durch den elektrischen Strom wird die Spule magnetisch und die Nadel magnetisiert. Aber mit welcher Polung?

Faraday wiederholte den Versuch viele Male. Dabei stellte er fest, dass die Nadel nicht immer gleich magnetisiert war. Die Spitze der Nadel war mal Nordpol und mal Südpol. Beim Entladen konnte also kein Gleichstrom geflossen sein. Das bedeutet:

In einem Funken fließt stets ein Wechselstrom. Im Funken ändert sich die Strömungsrichtung der Elektronen bis zu 1 000 000-mal pro Sekunde. Hierin liegt die Ursache für die schnelle Ausbreitung der Energie durch den Raum. Das Leuchten des Funkens ist nur ein Nebeneffekt.

Die schnell wechselnden Ströme in den Funken erzeugen Radiowellen. Sie werden von der Radioantenne aufgenommen und führen zu Störungen.

Aus der Geschichte: Funksignale überqueren den Atlantik

Der Italiener *Guglielmo Marconi* (1874–1937) war einer der Pioniere der drahtlosen Nachrichtenübertragung. Er verwendete einen Funkensender, mit dem er Morsesignale ausstrahlte (Bild 9).

Im Jahr 1897 gelang es ihm, solche Signale über eine Entfernung von 15 km zu übertragen.

Vier Jahre später unternahm er den Versuch, über den Atlantischen Ozean zu funken. Die Funksignale sollten in England ausgestrahlt und in Kanada empfangen werden. Zwischen dem Sender und dem Empfänger lag eine Strecke von 3400 km!

Viele Fachleute meinten damals, der Versuch müsse scheitern. Sie nahmen nämlich an, dass sich Radiowellen geradlinig wie Licht ausbreiten und nicht der Erdkrümmung folgen würden.

Marconi ließ sich aber nicht von seinem Vorhaben abbringen. In der Ortschaft Poldhu in Cornwall, im Südwesten der britischen Insel, entstand im Laufe des Jahres 1901 eine Sendestation mit einer riesigen Antenne (Bild 10). Der Funkensender arbeitete mit einer Spannung von 300 000 V, die Funken waren 30 cm lang.

9

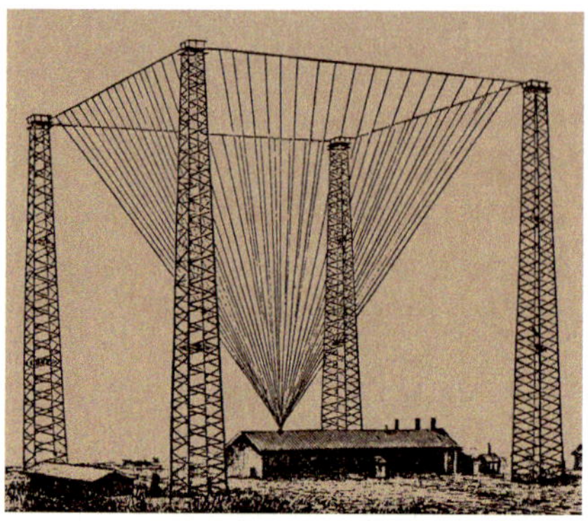
10

Das Empfangsgerät auf der anderen Seite des Atlantiks hatte eine 120 m hohe Antenne; sie hing an einem Gasballon. Tatsächlich gelang die Übertragung eines Morsezeichens – eine Sensation!

1902 bewies Marconi die Möglichkeit, auch mit einem 2500 km weit entfernten Schiff Funkkontakt aufnehmen zu können. Bald standen überall an den Küsten Funkanlagen. 1912 sendete die von Marconi funktechnisch ausgerüstete *Titanic* ihr SOS.

Marconi erhielt 1909 zusammen mit dem deutschen Physiker *Ferdinand Braun* für die Entdeckungen auf dem Gebiet der Funktechnik den Nobelpreis.

Info: Elektromagnetische Wellen

Wenn ein Stein in einen See fällt, bilden sich – von der Einschlagstelle ausgehend – Wasserwellen. Wenn ein elektrischer Funke überspringt, bilden sich *elektromagnetische Wellen*.

Elektromagnetische Wellen bestehen abwechselnd aus elektrischen und aus magnetischen Feldern.

Die Felder haben ihren Ursprung in den Schwingungen der Elektronen. Durch diese entstehen nacheinander immer wieder hohe elektrische Spannungen (starkes elektrisches Feld) und große elektrische Ströme (starkes magnetisches Feld).

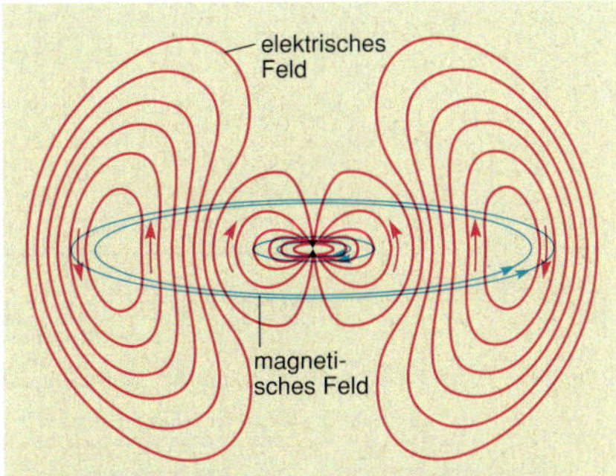

1 Um eine Funkenstrecke oder Sendeantenne herum bilden sich elektromagnetische Felder. Ähnlich wie Wasserwellen laufen sie immer weiter auseinander – allerdings in alle Richtungen des Raumes.

Anschließend „machen sich die Felder selbstständig" – sie laufen auseinander (Bild 1). Um sich ausbreiten zu können, benötigen sie keinen Stoff – im Gegensatz zu den Wasserwellen.

Funkwellen breiten sich auch im Vakuum aus.

Sie transportieren die Energie des Senders zum Empfänger: In dessen Antenne beginnen die Elektronen zu schwingen.

Aus der Technik: Die Reichweite von Sendern

Vom Sender aus laufen elektromagnetische Funkwellen geradlinig nach allen Seiten – wie das Licht einer Glühlampe. Ein Sender ist deshalb dann gut zu empfangen, wenn man ihn sehen kann. Aus diesem Grund baut man die Sendeantennen ja auch möglichst hoch und Sendetürme stellt man auf Berge.

Was aber, wenn man von einem Sender so weit entfernt ist, dass dieser hinter der Erdkrümmung verschwindet (am Meer also in ca. 30 km Abstand)?

Dann dürfte man ihn eigentlich gar nicht mehr empfangen. Deshalb zweifelten ja auch viele am Verstand von Marconi, als dieser 1901 seinen berühmten Versuch vorbereitete: Senden in Europa – Empfangen in Amerika (→ Vorseite).

Doch Marconis Versuch gelang: *Offensichtlich waren die Wellen des Senders der Erdkrümmung gefolgt.* Fachleute sprechen seither von der *Bodenwelle* eines Senders. Sie ist im Langwellenbereich besonders ausgeprägt.

Und genau solche Wellen mit niedriger Frequenz nutzte Marconi: Er sendete auf *Langwelle*.

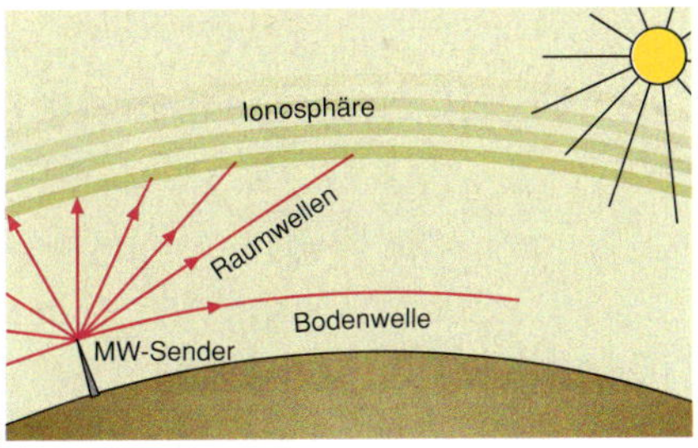

2

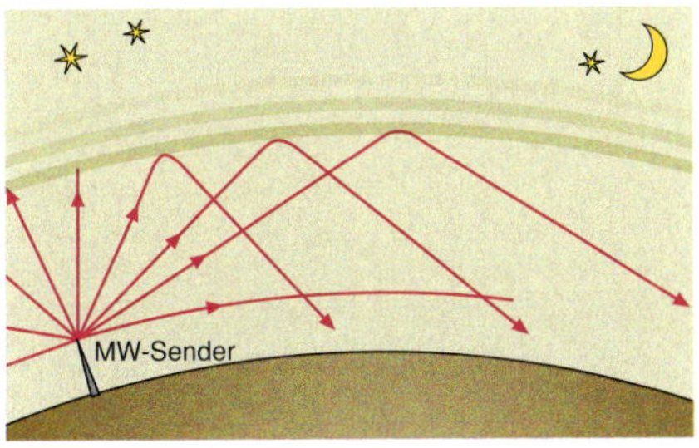

3

Ganz anders verhalten sich Sender mit ultrakurzen Wellen *(UKW)*.

Hier spielen nur *Raumwellen* eine Rolle. Deshalb empfängt man UKW- und Fernsehsender, die mit noch kürzeren Wellen arbeiten, praktisch nur in „Sichtweite".

Eine Besonderheit gibt es bei Sendern im *Mittelwellenbereich*. Ihre Bodenwellen reichen nur einige hundert Kilometer weit. Ihre Raumwellen werden aber am Tage schon in ca. 80 km Höhe von der unteren Schicht der *Ionosphäre* „verschluckt" (Bild 2).

Diese Schicht heißt so, weil die ultravioletten Strahlen der Sonne in ihr sehr viele Ionen erzeugen. Nachts entfällt die stark absorbierende untere Schicht – nun werden die Wellen an höheren Schichten der Ionosphäre reflektiert. Sie gelangen dadurch noch viel weiter als die Bodenwelle (Bild 3).

Auch auf Kurzwelle ist Weitempfang nach diesem Prinzip möglich.

A1 *Abends und nachts kannst du auf MW mehr Sender empfangen als tagsüber. Überprüfe das mit einem Radio und erkläre es anhand der Bilder 2 u. 3.*

64333

Aus der Technik: Wellenlängen und Frequenzen von Sendern

4

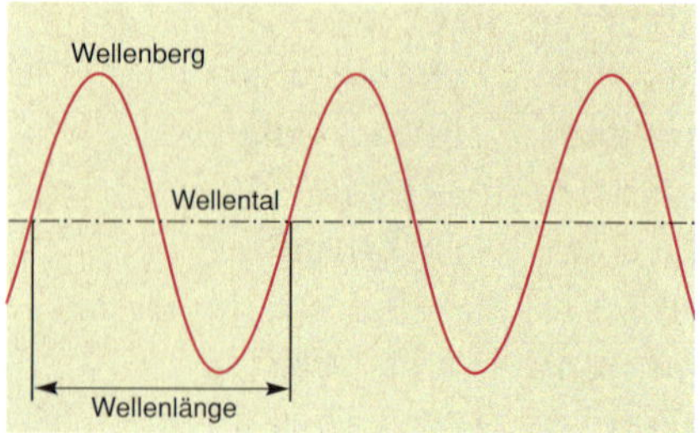

5

Rundfunksender kann man auf verschiedenen Wellenbändern empfangen. Am beliebtesten ist heute die *ultrakurze Welle (UKW)*. Sie überträgt Sendungen in bester Klangqualität und in Stereo (Bild 4).

Wer jedoch seinen Urlaub im Ausland verbringt, wird sich freuen, wenn sein Radio auch *Kurzwelle (KW)* empfängt; diese garantiert ihm nämlich Sendungen in deutscher Sprache – z. B. von der „Deutschen Welle".

Außerdem gibt es die *Mittelwelle (MW)* und die *Langwelle (LW)*.

Was hat es mit diesen Wellenbezeichnungen auf sich? Wir können uns eine anschauliche Vorstellung von den unsichtbaren elektromagnetischen Radiowellen machen: Wir nehmen einfach an, von einem Radiosender gingen Wellen aus, die wie Wasserwellen aussehen.

Jeweils ein Wellenberg und ein Wellental stellen zusammen eine Welle dar (Bild 5). Jede Welle weist eine bestimmte Länge auf, die *Wellenlänge* λ (Lambda). Sie wird in Metern oder Kilometern angegeben.

Die *Frequenz* f des Senders gibt an, wie viele Wellen innerhalb einer Sekunde die Sendeantenne verlassen. Die Frequenz hat die Einheit *Hertz* (1 Hz).

Wenn z. B. in einer Sekunde 600 000 Wellen die Sendeantenne verlassen, arbeitet der Sender mit einer Frequenz von 600 000 Hz oder 600 kHz (Kilohertz) oder 0,6 MHz (Megahertz).

Alle Radiowellen breiten sich gleich schnell aus, unabhängig von Frequenz oder Wellenlänge. Die Ausbreitung der Radiowellen erfolgt mit Lichtgeschwindigkeit ($c = 300\,000\,000$ m/s).

Frequenz f und Wellenlänge λ hängen eng mit der Ausbreitungsgeschwindigkeit c zusammen: $c = \lambda \cdot f$.

Die Wellenlänge eines 600-kHz-Mittelwellen-Senders kann man folgendermaßen errechnen: $\lambda = c : f$.

$$\lambda = \frac{c}{f} \qquad \lambda = \frac{300\,000\,000 \text{ m/s}}{600\,000 \text{ 1/s}} \qquad \lambda = 500 \text{ m}$$

Ergebnis: Die Wellenlänge des Mittelwellen-Senders beträgt 500 m.

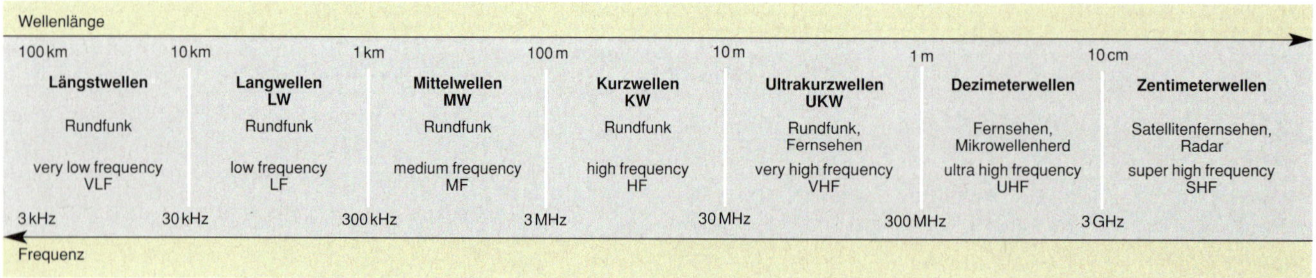

6

A2 *Bild 6 zeigt eine Übersicht über verschiedene Bereiche elektromagnetischer Wellen.*
Überprüfe anhand der Anzeige deines Radios, ob die Zuordnung der Sender zu den verschiedenen Bereichen (UKW, MW ...) stimmt.

A3 *Ein Navigationsfunk-Sender auf Langwelle sendet z. B. mit einer Frequenz von $f = 10$ kHz.*
Jan meint, er müsse die Signale mit seinen Ohren hören können, denn Töne mit dieser Frequenz höre er doch auch ... Stimmt das?

A4 *Schnurlose Telefone senden mit etwa 1800 MHz. In welchem Wellenbereich arbeiten sie?*

A5 *Was verrät der Begriff „Rundfunk" über die Ausbreitung der elektromagnetischen Wellen?*

Aus der Geschichte: Empfangen von Funksignalen

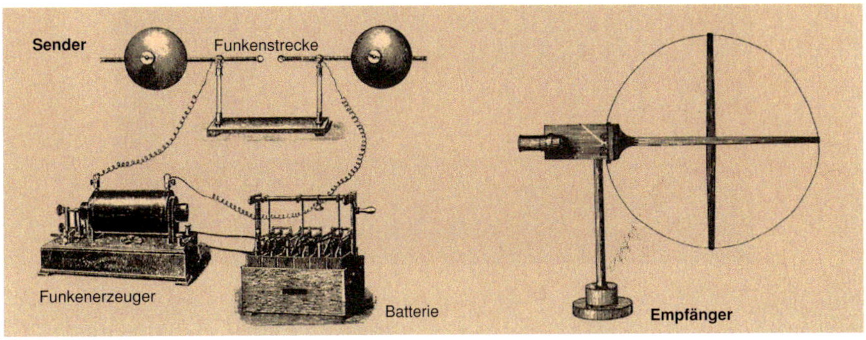

1

Zum Empfangen der selbst erzeugten Funksignale hast du bisher ein modernes Radio eingesetzt. Womit aber wurden die Morsesignale im 19. Jahrhundert empfangen?

Bild 1 zeigt den Funkensender und -empfänger von *Heinrich Hertz* aus dem Jahr 1888. Er beobachtete im Dunkeln zwischen den Enden eines nicht geschlossenen Drahtrings (als Antenne) winzige Funken.

Heinrich Hertz fand heraus, dass sich um die Funkenstrecke des Senders herum unsichtbare elektromagnetische Wellen nach allen Seiten ausbreiten.

Diese Wellenausbreitung geschieht blitzschnell – mit Lichtgeschwindigkeit.

Später entdeckten Physiker, dass Funkwellen genügend Energie besitzen, um beim Empfänger feine Metallspäne so miteinander zu „verbacken", dass sich ihre elektrische Leitfähigkeit erhöht. Solche *Fritter* (franz. *frit:* gebacken) waren die wichtigsten Bauteile in den ersten Funkempfängern.

Abgelöst wurden die Fritter durch eine Erfindung des deutschen Physikers *Ferdinand Braun*. Er hatte herausgefunden, dass bestimmte Kristalle (Bild 2) den elektrischen Strom nur in einer Richtung durchlassen: Wechselstrom ließ sich dadurch in pulsierenden Gleichstrom verwandeln. *Gleichrichter*-Kristalle bezeichnen wir heute als *Dioden* (→ S. 48).

Als Braun den Sender und Empfänger auch noch mit einem *Schwingkreis* aus *Spule* und *Kondensator* ausstattete, begann der Siegeszug der Funktechnik. Bild 3 zeigt Brauns Sender und Empfänger.

A6 *Die von Ferdinand Braun gegründete Firma hieß später „Telefunken".*

Welche anderen Begriffe mit der gleichen Vorsilbe „Tele" kennst du? Was bedeutet die Vorsilbe?

A7 *In einem „Schwingkreis" pendeln Elektronen ganz schnell hin und her.*
Welche Bauteile gehören zu einem Schwingkreis?

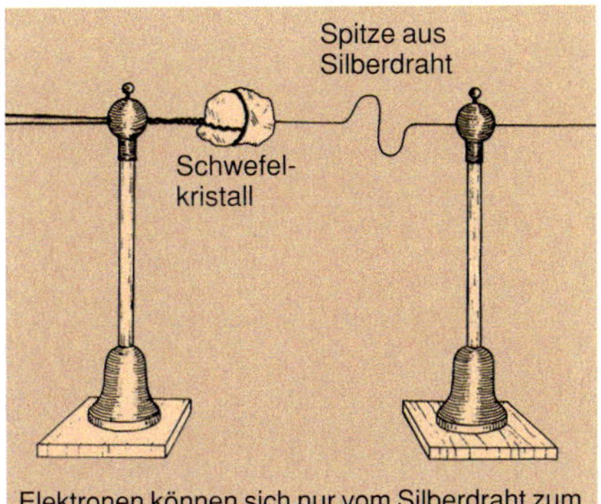

2 Elektronen können sich nur vom Silberdraht zum Schwefelkristall bewegen, nicht umgekehrt.

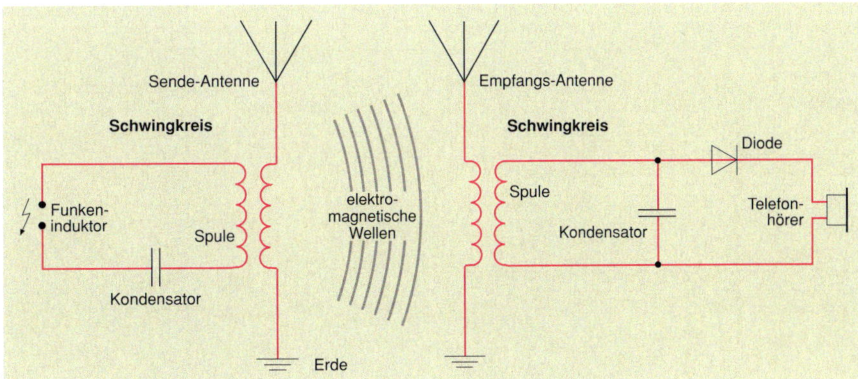

3

A8 *Wieso kann man ein fernes Gewitter im Radio hören?*

A9 *Funkwellen gehen durch Wände. Nenne einen Beweis.*

A10 *Mit welcher Geschwindigkeit breiten sich Funksignale aus?*

A11 *Früher meinten Physiker, in einem Gewitterblitz sprängen als Ladungsausgleich die Elektronen von einem Pol zum anderen Pol über (also z. B. von der Wolke auf die Erde).*
Was geschieht aber tatsächlich?

64335

Senden und Empfangen von Funkwellen

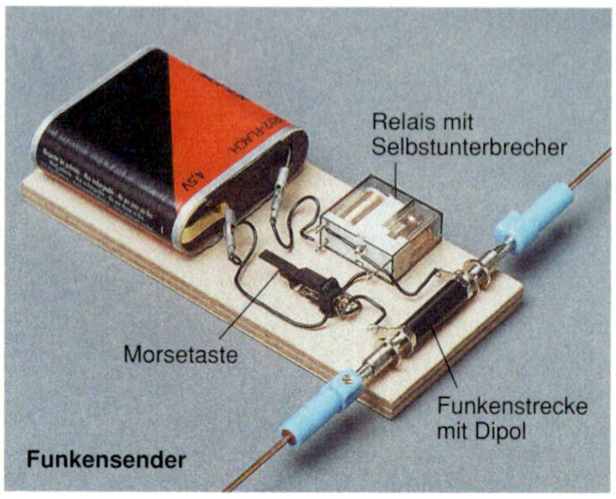

4

Bild 4 zeigt einen *Funkensender*, und Bild 5 einen *Funkenempfänger* mit Diode und Telefonhörer.

Hinweis: Der technische Baukasten „Die ersten Funkgeräte der Welt" enthält Bauteile, mit denen du in den folgenden Versuchen etwas über die Eigenschaften der Funkwellen erfahren kannst.

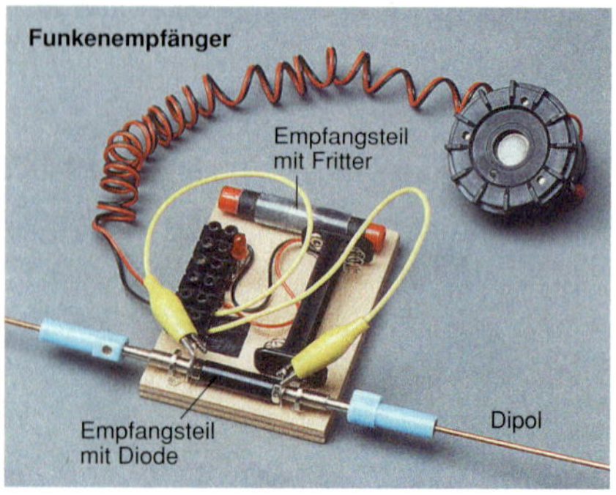

5

V1 *Sender und Empfänger benutzen als Antennen jeweils einen* ***Dipol*** *– d. h. zwei nicht verbundene Drähte, angeschlossen an die jeweilige Funkenstrecke. Der Empfänger besteht außer dem Dipol nur aus einer Diode und einem Telefonhörer.*
Der Empfänger arbeitet ganz ohne Batterie (Bild 6). Die Energie zum Bewegen der Hörermembran bezieht er einzig aus den Funkwellen.
Richte die jetzt baugleichen Dipole von Sender und Empfänger in 5–30 cm Abstand parallel auf einem Tisch aus. Prüfe den Empfang.

V2 *Schließe an den Dioden-Empfänger statt des Hörers ein digitales Messgerät an. Stelle dessen Messbereich auf 2 V= ein.*
Jetzt kannst du die Stärke der empfangenen Signale ablesen und vergleichen.
Protokolliere die Messwerte bei ganz unterschiedlichen Versuchsbedingungen (Bild 6):

a) *Ändere den Abstand der waagerecht liegenden, parallelen Dipole von Sender und Empfänger.*
b) *Halte ein Kuchenblech oder ein großes Stück Alufolie zwischen Sender und Empfänger.*
c) *Entferne beim Sender oder beim Empfänger (oder bei beiden) eine Dipolhälfte (oder alle Dipole).*
d) *Verdopple die Länge einzelner (oder aller) Dipole.*

V3 *Überprüfe, welche Bedeutung die Ausrichtung der Dipole von Sender und Empfänger hat:*
a) *Drehe den Empfänger (im Abstand von ungefähr 30 cm) auf der Stelle um 360° (Bild 7). Wie verändert sich die Signalstärke?*
b) *Lege den Empfänger an die Tischkante. Verdrehe den Sender vor der Kante um 360° (Bild 8).*

V4 *Halte die Dipole zunächst senkrecht in die Luft. Stecke sie dann, während du sendest, langsam immer tiefer in Erde oder Wasser (Bild 9).*

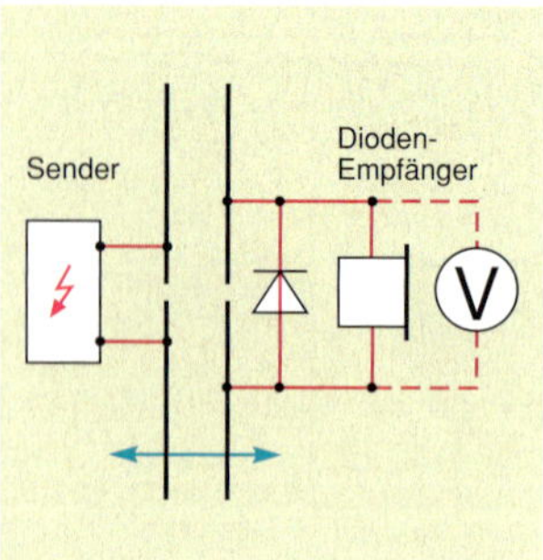

6

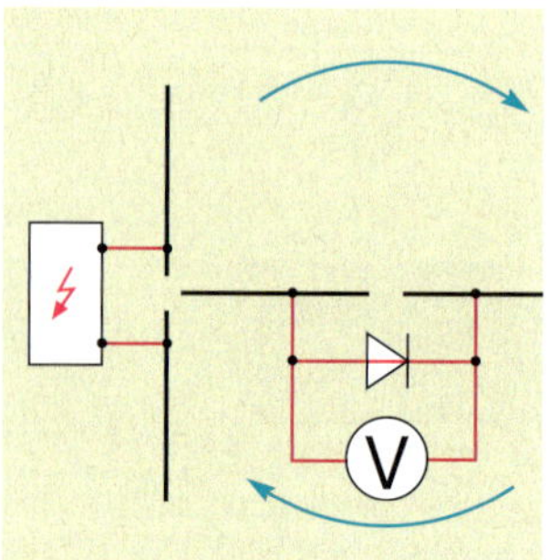

7

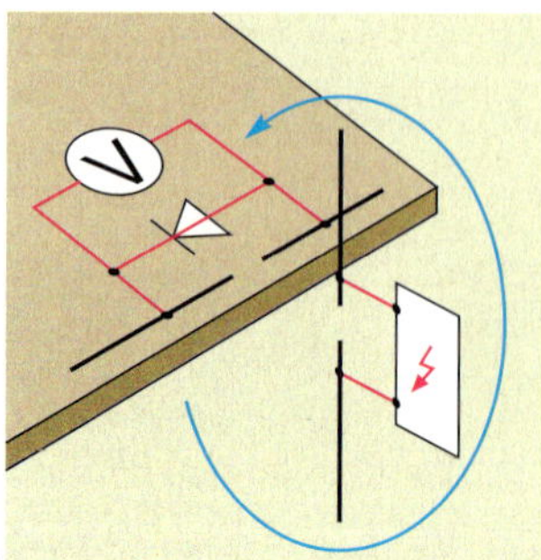

8

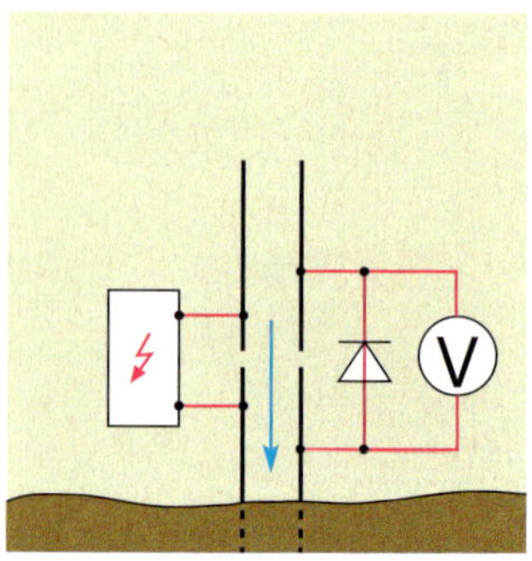

9

A1 *Fasse die Ergebnisse der letzten Versuche zusammen:*
Wann ist das beim Empfänger ankommende Funksignal besonders stark?

A2 *Der Empfänger in Bild 6 besitzt keine Batterie.*
Woher stammt die Energie zum Bewegen der Membran im Telefonhörer?

A3 *Betrachte noch einmal Bild 1: Auch der Sender von Hertz enthält als Antenne einen Dipol.*
Woran erkennst du eine Dipolantenne?

Info: Die Abstimmung zwischen Sender und Empfänger

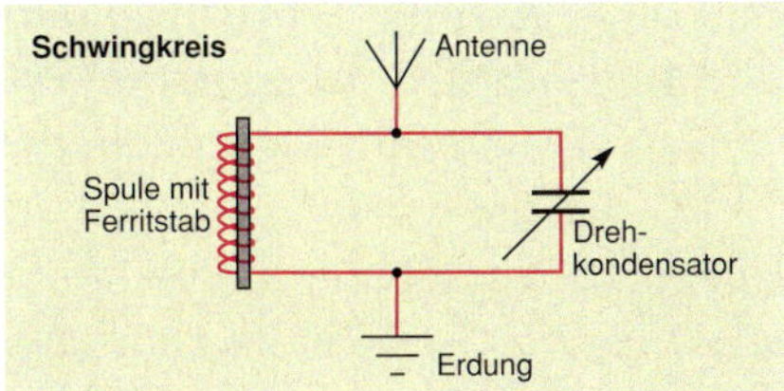

1

Die letzten Versuche haben gezeigt, wie wichtig die richtige Abstimmung und Ausrichtung zwischen den Dipolen von Sender und Empfänger ist. Das ist bei einem richtigen Radio nicht anders. Dort kann man (z. B. auf Mittelwelle) verschiedene Sender mit einem Stellknopf wählen.

Mit dem Knopf wird dabei im Innern des Radios ein *Drehkondensator* eingestellt. Der Drehkondensator ist mit einer *Spule* verbunden. Kondensator und Spule bilden einen *Schwingkreis* (Bild 1). An ihn sind die Antenne und die Erdleitung angeschlossen.

Um den Empfang zu verbessern, steckt in der Spule ein Ferritkern. Dieser bleistiftstarke Stab besteht aus einer Verbindung von Eisen und Kohlenstoff.

Beim Einstellen eines Senders wird der Schwingkreis des Empfängers auf den des Senders abgestimmt. Was damit gemeint ist, können wir uns in einer *Versuchsreihe mit Stimmgabeln* klarmachen:

Wenn man eine Stimmgabel anschlägt, geraten ihre Zinken in Schwingungen. Man hört einen Ton. Der Ton ist viel lauter, wenn die Stimmgabel auf einem Holzkasten steht, der an einer Seite offen ist. Auch die Luft in dem Kasten wird in Schwingungen versetzt.

Eine zweite gleiche Stimmgabel wird in 0,5 m Abstand aufgestellt (Bild 2). Wenn man nun die erste Stimmgabel anschlägt, gerät auch die zweite Gabel in Schwingungen. (Man hört es, wenn man die erste Stimmgabel berührt, sodass sie nicht mehr weiterschwingt.) Dieses „Mitschwingen" der zweiten Stimmgabel bezeichnet man als *Resonanz*.

Nun wird an der zweiten Stimmgabel ein Metallstück befestigt (Bild 3). Wenn man jetzt die erste Stimmgabel anschlägt, schwingt die zweite nur geringfügig mit. Man hört sie deshalb nur leise.

Schließlich wird ein weiteres Metallstück an der zweiten Stimmgabel angebracht (Bild 4). Durch Anschlagen der ersten Stimmgabel kann man die zweite jetzt nicht mehr zum Mitschwingen bringen.

Damit eine Resonanz auftritt, müssen beide Stimmgabeln aufeinander abgestimmt sein; sie müssen also beide mit der gleichen Eigenfrequenz schwingen.

Ähnlich können wir das *Abstimmen eines Radios auf einen Sender* erklären: Die Radiowellen regen die Elektronen im Antennendraht und im angeschlossenen Schwingkreis zum Mitschwingen an.

Wenn man die Kapazität des Kondensators im Schwingkreis langsam erhöht oder verringert, wird bei einer bestimmten Einstellung das Mitschwingen besonders heftig. Man spricht auch hier von einer Resonanz. Die Schwingung der Elektronen wird praktisch nur durch den eingestellten Sender bestimmt. Andere Sender wirken sich nicht aus.

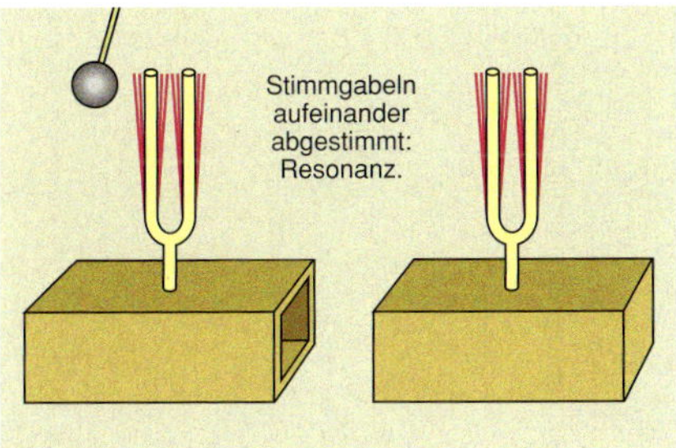

2

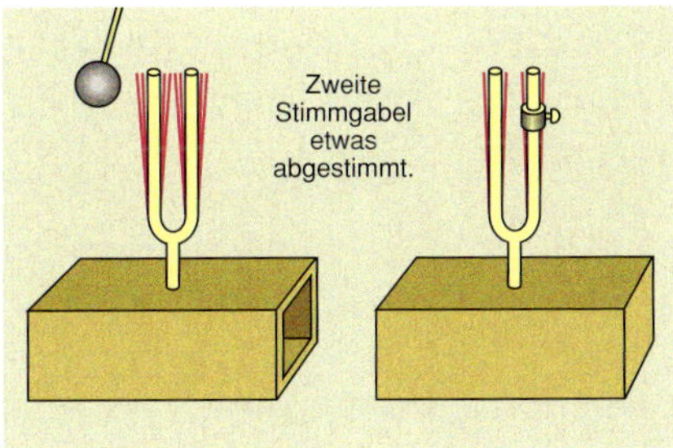

3

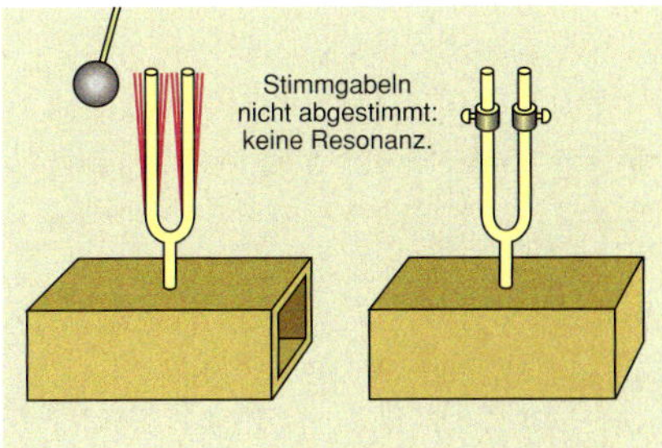

4

A4 *Fasse das Ergebnis der Versuchsreihe mit den Stimmgabeln zusammen.*
Welche Stimmgabel entspricht beim Vergleich mit der Funktechnik dem Sender und welche dem Empfänger?

A5 *Wenn man an der Sender-Stimmgabel ein Metallstück anbringt, sendet sie Schallwellen mit einer niedrigeren Frequenz.*
Gib an, wie man jetzt die zweite Stimmgabel auf die erste abstimmen kann.

A6 *Wie wird ein Mittelwellen-Radio auf den Empfang eines bestimmten Senders abgestimmt?*

A7 *Wann kann es zwischen zwei schwingenden Körpern zur Resonanz kommen?*

64337

Info: Modulation beim Senden

In einem *Funken* schwingen die Elektronen mit unkontrollierter Frequenz und ständig kleiner werdender Amplitude hin und her.

Radiosender bringen die Elektronen anders zum Schwingen (Bild 5). Die Elektronen schwingen in *Schwingkreisen* mit konstanter, sehr hoher Frequenz und konstanter Amplitude (1).

Jeder Sender erzeugt eine ganz bestimmte elektromagnetische Schwingung; man nennt sie seine *Trägerfrequenz*.

Die von einem Mikrofon im Sendestudio aufgenommene Sprache oder Musik bezeichnet man als *Signalfrequenz*. Diese ist sehr viel niedriger als die Trägerfrequenz (2).

Die Schwingungen der Elektronen erzeugen schnell wechselnde elektrische und magnetische Felder. Sie breiten sich als *Wellen* im Raum aus. Die Trägerfrequenz erzeugt die *Trägerwelle*, die Signalfrequenz die *Signalwelle*. Die beiden Wellen breiten sich jedoch nicht unabhängig voneinander aus, sondern gemeinsam. Das liegt daran, dass alle Sender (außer auf UKW) einen „Trick" benutzen: *Sie überlagern die Trägerwelle mit der Signalwelle* (3).

Der Fachmann sagt dazu: **Man moduliert die Trägerwelle mit der Signalwelle.** Diese wird verstärkt und über die Antenne ausgesendet (4). Die Frequenz der Trägerwelle hat sich nicht verändert – nur ihre Amplitude. Deshalb nennt man dieses Verfahren der Überlagerung *Amplituden-Modulation (AM)*.

Ein anderes Verfahren wird bei UKW- und Fernsehsendern benutzt. Sie modulieren nicht die Amplitude ihrer Trägerwelle, sondern nur deren Frequenz.

Deshalb bezeichnet man dieses Verfahren als *Frequenz-Modulation (FM)*.

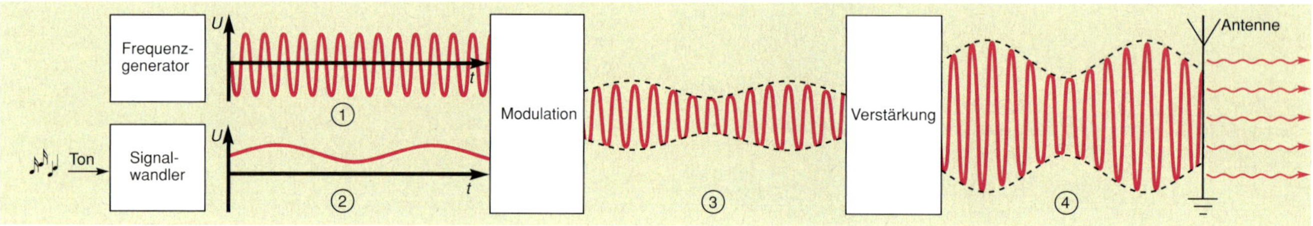

5

Info: Demodulation beim Empfangen

Beim Empfänger beginnen die Elektronen in der Antenne zu schwingen. **Der Schwingkreis im Radio wird auf Resonanz zur Trägerwelle des gewünschten Senders abgestimmt.**

Bei den ersten Radios hörte man die Sendungen über Kopfhörer. Würde die amplitudenmodulierte Welle aus dem Schwingkreis des Empfängers direkt in einen Kopfhörer geleitet, müsste dessen Membran sich mehr als 100 000-mal pro Sekunde bewegen. (Das kann sie aber wegen ihrer Trägheit nicht.)

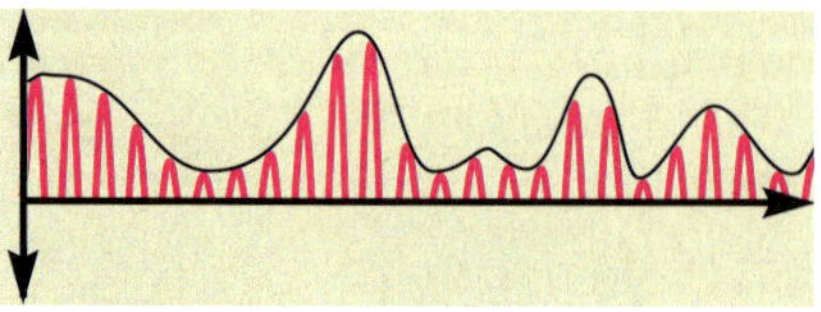
6

Beim Empfänger bewirkt eine Diode die Demodulation der Wellen. Der Grund: Sie lässt von dem hochfrequenten, modulierten Wechselstrom nur dessen unterschiedlich hohe Berge durch.

Bild 6 zeigt die Spannung, die z. B. bei den ersten Radios zum Kopfhörer gelangte. Sie rief im Hörer einen im Takt der ursprünglichen Signalfrequenz schwankenden Gleichstrom hervor (hier die schwarze Kurve).

Die Hörermembran führte nur die langsamen Schwingungen der Signalwelle aus.

A8 *Beschreibe, was mit „Modulation der Trägerwelle mit der Frequenz der Signalwelle" gemeint ist.*

A9 *Manche Empfänger sind mit „FM" statt „UKW" und mit „AM" statt „MW" beschriftet. Erkläre!*

A10 *Bild 5 (4) zeigt eine AM-Welle. Wie sieht wohl eine frequenzmodulierte Welle aus? Zeichne!*

Projekt „Bau eines Radios“[Z]

In Deutschland wurde erstmals im Jahr 1922 Musik von einem Sender ausgestrahlt. Er stand in Königs Wusterhausen in der Nähe von Berlin.

Die Radios sahen damals ganz anders aus als heute (Bilder 1 u. 2). Jeder Zuhörer musste einen Kopfhörer aufsetzen und hoffen, dass die Musik laut genug empfangen wurde. Die Radios hatten nämlich weder einen Verstärker noch eine elektrische Energiequelle.

Ein Radio ganz ohne Batterie? Das hältst du wahrscheinlich für unmöglich …

1

Bild 3 zeigt den Schaltplan eines solchen Radios. Sein wichtigstes Empfangsteil ist der so genannte *Schwingkreis*. Er besteht aus einer Spule (S) und einem Kondensator (K). Mit der Energie, die die Antenne vom Sender „einfängt“, werden die Elektronen in diesem Kreis zum Schwingen angeregt. Durch die Diode (D) werden die Tonschwingungen der Signalwelle von der Trägerwelle getrennt und zum Kopfhörer geleitet.

Die Energie zum Bewegen der Kopfhörermembran stammt nur aus der Energie der Funkwellen.

2

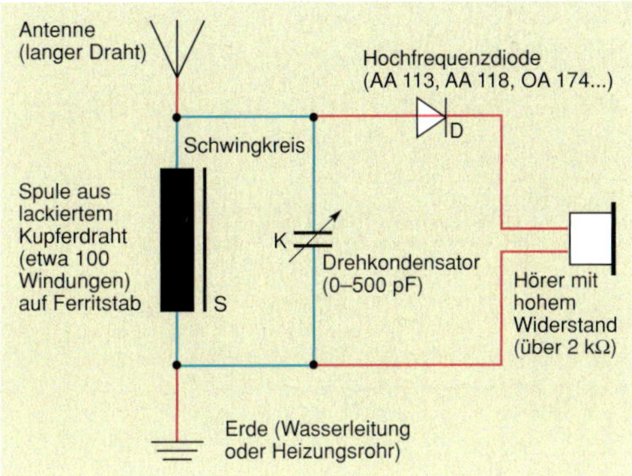

3

Hättet ihr Lust dazu, euch ein eigenes Radio zu bauen?
Bevor ihr mit dem Bau beginnt, solltet ihr in den einzelnen *Arbeitsgruppen* gemeinsam herausfinden, wie ein **Mittelwellenradio** überhaupt funktioniert.

Dazu solltet ihr euch unter anderem mit den folgenden Themen und Fragen beschäftigen.
Dabei wird euch dieses Physikbuch viele Informationen und Hilfen bieten.

- Früher sendete man nur auf *Lang-*, *Mittel-* und *Kurzwelle*. Was bedeuten diese Bezeichnungen?
- Wie entstehen *Funkwellen*?
- Die ersten Rundfunksender, die es gab, überlagerten ihre eigene „Trägerwelle“ mit den Tonschwingungen der Musik. Dieses „Schwingungsgemisch“ wurde beim Empfänger durch die Diode *„demoduliert“*.
- Was versteht man darunter?
- Es gibt zahlreiche Mittelwellensender. Wie erfolgt im Schwingkreis des Empfängers die „Abstimmung“ auf den gewünschten Sender?
- Die ersten Dioden sahen anders aus als die heutigen (Bild 4). Erfunden wurde die Diode bereits 1876 von *Ferdinand Braun* – der damit 1898 ein Radio wie das von Bild 2 baute. Er erfand auch die Fernsehbildröhre. Sammle Informationen über diesen genialen Physiker.

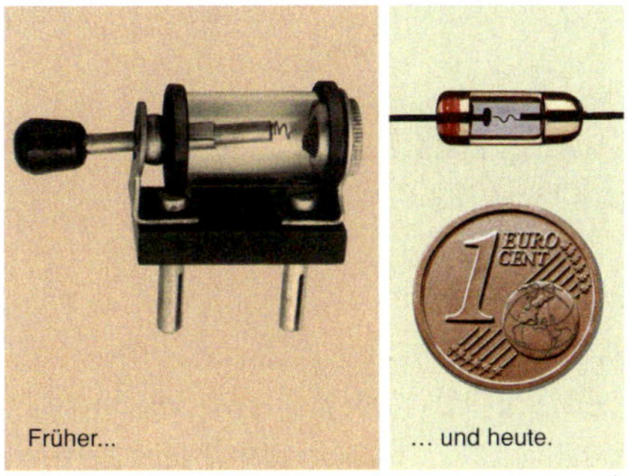

4 Früher... … und heute.

63300

Auf Mittelwelle: Sender aus ganz Europa ...

Wenn du nahe genug an einem Mittelwellensender wohnst, kannst du ein Radio nach dem Schaltplan in Bild 3 bauen. Das „stromlose“ Modell wird allerdings keine weit entfernten Sender empfangen.

Eigentlich schade, denn in Europa gibt es auf der Mittelwelle auch heute noch mehr als 11 000 Sender!

Das Besondere ist deren Reichweite: Die Funkwellen eines MW-Senders mit 100 kW Leistung reichen am Tag etwa 240 km weit, nachts sogar über 1000 km. Dann werden sie nämlich an ganz bestimmten hohen Luftschichten reflektiert. Auf MW kannst du deshalb nachts sogar Sendungen aus London, Rom oder Moskau hören.

Viele moderne Hi-Fi-Anlagen empfangen den Mittelwellenbereich nicht mehr, sondern nur noch den UKW-Bereich. Dort ist zwar die Klangqualität besser und der Stereoton üblich – der Empfang ist aber meist nur in Sichtweite der Sendetürme gut (20–50 km).

Wenn du also Sender aus ganz Europa hören möchtest, solltest du dir ein **Mittelwellenradio** selber bauen. Bild 5 zeigt ein Modell mit einem kleinen Transistor-„Verstärker“, Bild 6 zeigt den Schaltplan.

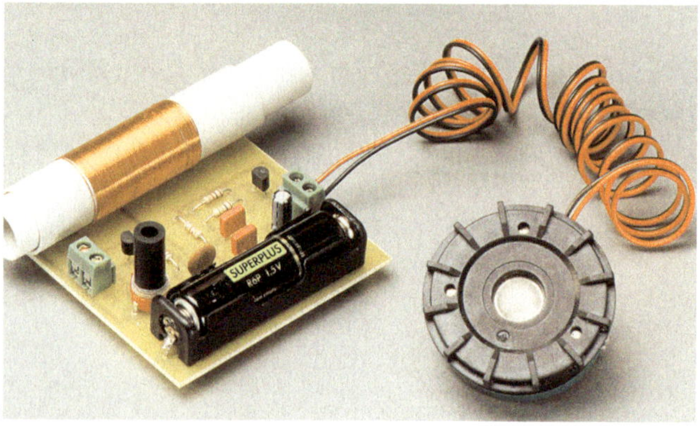

5

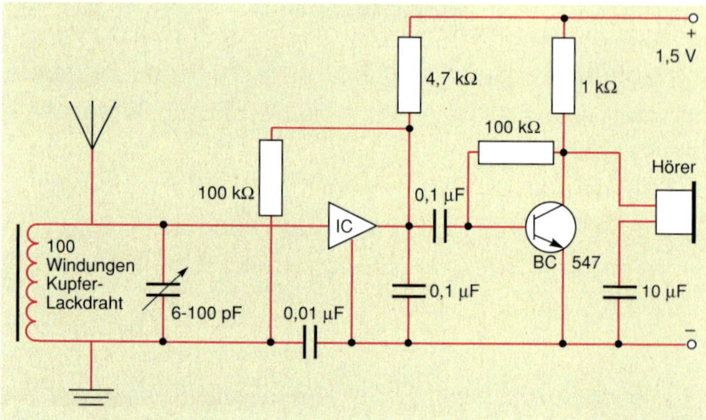

6

Der Schaltplan des MW-Radios

Im Schaltplan des empfangsstarken MW-Radios (Bild 6) erkennst du im linken Teil den Schwingkreis (aus Drehkondensator und Spule mit einem in ihr verschiebbaren Kern aus eisenhaltigem Ferrit).

An den Schwingkreis sind die Antenne und die Erde direkt angeschlossen. Als Antenne kannst du einen 2 m langen Draht aus dem Fenster hängen. (Vergiss nicht, ihn vorm Gewitter wieder einzuholen.) Zur Erde benutzt du einfach eine Verbindung über die Metallrohre der Heizung oder Wasserleitung.

Rechts im Schaltplan erkennst du einen Transistor, der die Tonschwingungen für den angeschlossenen Telefonhörer verstärkt.

Aber fehlt in dem Plan nicht etwas? Wo ist denn die für die Demodulation so wichtige Diode?

Sie sitzt in dem IC vom Typ MK 484. Ein solches IC (engl. *integrated circuit*) ist ein „Schaltkreis mit mehreren zusammengefassten Bauteilen und Funktionen“. Im MK 484 stecken außer der Diode noch mehrere Verstärker für die empfangenen Signale.

Der Bau des Radios

Du kannst im Elektronikshop alle Bauteile für das Radio einzeln kaufen und sie z. B. auf eine Streifenplatine löten.

Einfacher hast du es, wenn du einen *Bausatz* mit allen Teilen, einer vorgebohrten Platine und einer ausführlichen Bauanleitung benutzt. Frage deinen Physiklehrer nach möglichen Bezugsquellen.

Ein Hinweis zum Schluss: Für dein selbst gebautes Radio musst du wie jeder Hörer eine *Rundfunkempfangsgebühr* an die GEZ überweisen.

Die Kosten bleiben dir nur erspart, wenn deine Eltern diese Gebühr schon für ihre Hi-Fi-Anlage bezahlt haben. Dein Selbstbau gilt dann nämlich als gebührenfreies Zweitgerät, genau wie ein Autoradio.

Aufnahme und Ausgabe von Informationen

Signale – Informationen – Daten

1

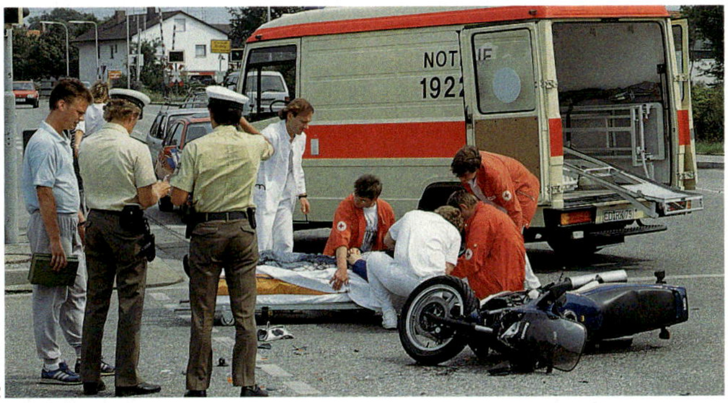
2

Im Straßenverkehr werden verschiedene **Signale** benutzt, um an die Verkehrsteilnehmer bestimmte **Informationen** auszugeben.

Die Ampel in Bild 1 informiert: „Bitte bremsen! Gleich wird diese Fahrtrichtung gesperrt."

Die Polizisten in Bild 2 schreiben für ihren Bericht **Daten** zum Hergang des Unfalls auf.

Die Sanitäter untersuchen den Verletzten und versorgen ihn. Auch sie tragen später bestimmte Daten in ihren Unfallbericht ein.

Vorbereitende Aufträge

1. *Welche unterschiedlichen Signale werden im Straßenverkehr benutzt? Führe einige auf und beschreibe die mit ihnen übertragenen Informationen.*

2. *Welche Daten werden nach einem Unfall von der Polizei aufgenommen?*

3. *Welche Daten könnten nach einem Unfall im Bericht des Sanitäters oder Arztes stehen?*

4. *Mit automatischen Kameras (Bild 3) werden z. B. zu schnell fahrende Autos fotografiert. Zu den wichtigen Daten auf dem Foto gehört das Gesicht des Fahrers. Welche Daten werden sonst noch auf dem Bild festgehalten?*

3

5. *In deiner Schule gibt es auch über dich eine „Datensammlung", eine Datei.*
Wie sieht die wohl aus?
Was ist darin alles gespeichert?
Wer hat Zugang zu den Daten?
Wann werden deine Daten gelöscht?

6. *Seit 1978 gibt es in Deutschland ein „Datenschutzgesetz".*
Was wird mit diesem Gesetz eigentlich geschützt?

Aus einem Lexikon:

▷ Signale sind messbare physikalische Veränderungen: Lichtzeichen, Temperaturschwankungen, Schallwellen, Druckstöße, Änderungen von Spannungen oder Strömen, Radiowellen ...
Signale gehen von einem Absender aus zu einem Empfänger, der sie aufnehmen und verarbeiten kann.

▷ Zeichen benutzt man zur Darstellung von ▷ Informationen. (→ S. 16) Sender und Empfänger verabreden die Bedeutung unterschiedlicher Zeichen aus einem bestimmten Zeichenvorrat. Meist bestehen Zeichen aus Buchstaben, Ziffern, Punkten, Pixeln, Bildern ... Nur wenn der Empfänger die Bedeutung der Zeichen kennt, kann er aus ihnen Informationen entnehmen.

▷ Daten nennt man die Informationen, die zur Verarbeitung z. B. in einem Computer geeignet sind.
Bei dieser ▷ Datenverarbeitung werden die vorgegebenen Daten ausgewählt, geordnet, verglichen, verrechnet, verknüpft ... Dabei entstehen ▷ Dateien, oftmals mit ganz neuen Informationen. Häufig werden die Daten absichtlich nach einem ▷ Code verschlüsselt.

64328

Aus der Natur: Signale aufnehmen mit allen Sinnen

Zum Aufnehmen von Signalen aus der Umwelt besitzt der Mensch fünf Sinnesorgane. Davon sind die besten und wichtigsten unsere Augen und unsere Ohren.

Viele Tiere können besser hören und sehen als der Mensch. Sprichwörtlich sind die „Adleraugen" von Greifvögeln (Bild 4). Auf der Netzhaut ihrer **Augen** sitzen die Sehzellen nämlich viel dichter als beim Menschen.

Andere Tiere sehen „Farben", für die wir blind sind: Bienen sehen z. B. ultraviolettes Licht. Dafür können sie aber rote Farbtöne nicht voneinander unterscheiden.

Mit den **Ohren** hören wir Schallsignale mit Schwingungen von 20 Hz bis 20 kHz.

Was ist das aber gegen die Ohren von Hunden, Fledermäusen oder Delphinen, die bis zu 200 kHz hören können?

Fledermäuse hören sogar so gut, dass sie aus dem Echo ihrer eigenen Rufe Beutetiere und selbst haarfeine Drähte in einem dunklen Raum orten können. Sie fliegen durch ein solches Drahtgitter ohne es zu berühren.

Unsere eigene **Nase** erkennt Tausende von Gerüchen. Sie enthält in der Schleimhaut über 10 Millionen Riechzellen. Sie melden uns Duftsignale: Hier duftet es z. B. nach Kaffee und dort riecht es nach gebrauchten Windeln.

Hunde haben eine viel feinere Nase mit zehnmal so vielen Riechzellen wie der Mensch. Die Männchen von Schmetterlingen (Bild 5) hingegen sind nur an einem einzigen Geruch interessiert: am Sexualduft ihrer Weibchen. Sie nehmen ihn kilometerweit wahr. Die Moskitos und Stechmücken riechen den Schweiß ihrer menschlichen „Opfer" über 70 m hinweg.

4 Das Adlerauge besitzt auf 1 mm^2 Fläche der Netzhaut etwa 1 Million Sehzellen; das sind sechsmal so viele wie beim Menschen.

5 Ein Schmetterlingsmännchen „riecht" mit diesen Antennen sein Weibchen kilometerweit.

6 Diese Klapperschlange erspürt selbst aus 1 m Entfernung noch Temperaturunterschiede von nur 0,003 °C!

Unsere **Zunge** meldet uns den Geschmack von Essen und Trinken. Sie unterscheidet zwischen süß, sauer, bitter, salzig.

Über den Geschmack der Tiere wissen wir wenig. Die meisten Säugetiere scheinen aber Süßes besonders gern zu mögen.

Vielfältig ist unser **Gefühlssinn**: Wir können das Gleichgewicht halten, Beschleunigungen und Drehungen fühlen sowie Berührung, Druck, Kälte und Hitze spüren.

Manche Tiere orientieren sich mit Hilfe ihrer „Thermofühler". Klapperschlangen (Bild 6) jagen so ihre Beute. Außerdem gibt es im Tierreich noch Sinnesorgane, die wir Menschen überhaupt nicht besitzen. So besitzen z. B. Haie und Rochen einen **elektrischen Sinn**. Damit spüren sie die Nervensignale ihrer Beutetiere auf, selbst wenn die sich zur Tarnung im Sand vergraben haben.

Zugvögel finden im Herbst ihren Weg nach Afrika durch ihren **Magnetsinn**. Damit besitzen sie sozusagen einen „inneren Kompass".

A1 *Welche fünf Sinne besitzt der Mensch? Auf welche Signale reagieren sie?*
Für welche Signale besitzen wir keine Sinnesorgane?

A2 *Wieso kann ein Adler schärfer sehen als wir?*

A3 *Was weißt du über den Beutefang der Fledermäuse?*

A4 *Welchen Vorteil bietet der Klapperschlange ihr „Thermofühler"?*

Sensoren nehmen Signale auf

1

Wir nehmen die Welt mit den **Sinnesorganen** wahr: Wir sehen, hören, fühlen, riechen, schmecken …
Der Türmer von Bild 1 soll den Ausbruch eines Brandes melden.
Er benötigt dazu entsprechende **Reize** für seine Augen, seine Nase und seine Ohren.
Einige Sinnesorgane haben die Techniker „nachzubauen" versucht
um ebenfalls Informationen aus der Umwelt aufnehmen zu können.
Solche Bauteile heißen **Sensoren** (lat. *sensus:* Gefühl).
Welche Sensoren kennst du bereits? (Denke z. B. an Sensoren für Wärme oder Schall.)

Ein Magnetfeld-Sensor

Dein *Fahrradtachometer* benötigt zum Berechnen der Geschwindigkeit einen *Magnetfeld-Sensor* an der Gabel des Vorderrads (Bild 2).

In dem Gehäuse steckt ein *Reed-Schalter* (Bild 3). Dazu gehört auch noch ein Magnet an einer Speiche.

Von diesem Sensor bekommt das elektronische Tachometer am Lenker bestimmte Signale …

V1 *Nimm das Tachometer vom Fahrrad ab. In der an dem Lenker zurückbleibenden Grundplatte erkennst du zwei Kontakte. Baue mit denen, einer Batterie und einer Lampe einen Stromkreis auf. Was stellst du fest, wenn nun jemand das Vorderrad langsam oder schnell dreht?*

Ein Druck-Sensor

Durch einen **Druck-Sensor** merkt die *Waschmaschine* (Bild 4), ob sie genügend Wasser hat. Das aus der Leitung einströmende Wasser steigt nämlich auch in einem Schlauch nach oben (Bild 5). Das Wasser drückt die im Schlauch eingesperrte Luft zusammen, bis …

Druckschalter darfst du vermutlich beim Händler aus defekten Waschmaschinen ausbauen. Vielleicht bekommst du auch einen alten Schalter von einem freundlichen Elektriker geschenkt.

V2 *Baue den Druckschalter in einen Stromkreis mit 4,5-V-Batterie ein: Wenn du in den Sensor hineinpustest, soll dadurch eine Lampe geschaltet werden. Geht sie durch den Druck eigentlich an oder aus?*

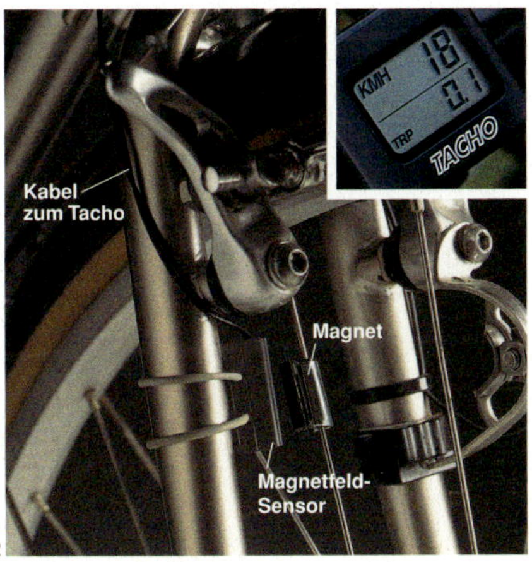

2

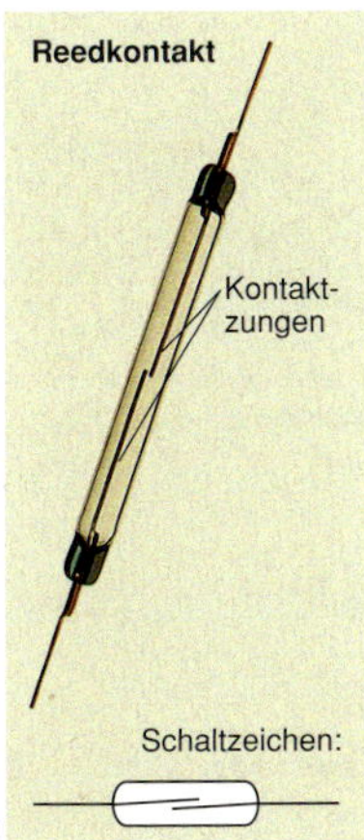

3

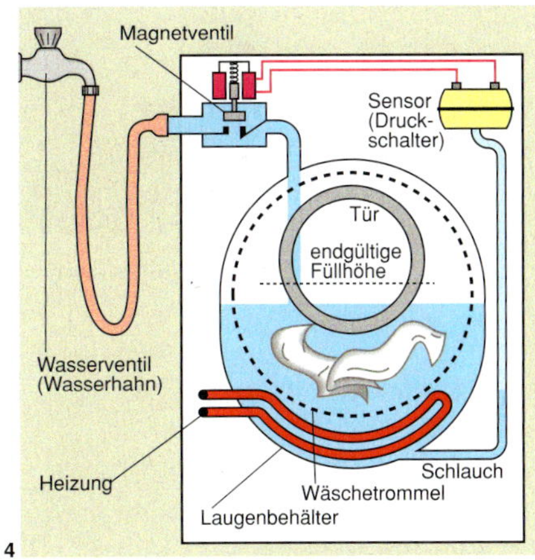

4

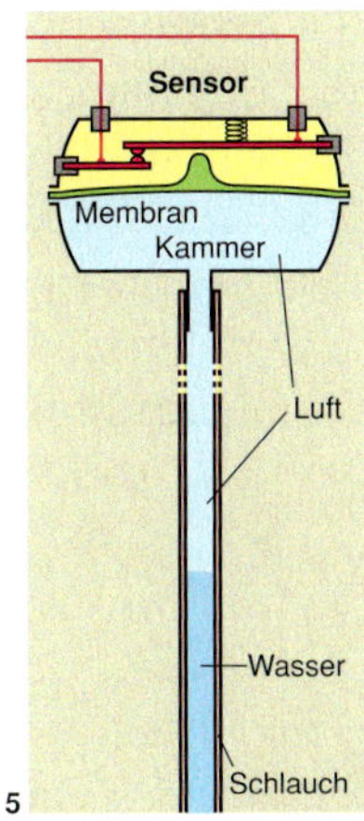

5

64330

Die Sensoren dieser Seite können Ströme nicht nur schalten, sondern sogar *stufenlos ändern*.

Ein Temperatur-Sensor

Welcher Koch möchte nicht gern wissen, ob das dicke Stück Bratenfleisch innen schon gar ist? Moderne Backöfen (Bild 6) oder Mikrowellengeräte haben deshalb einen *Temperatur-Sensor* (Bild 7).

Ein solches *„Braten-Thermometer"* kann exakt anzeigen, wie heiß es in einem Braten oder Kuchen ist. In seiner Spitze steckt ein *Heißleiter (NTC-Widerstand;* engl. *negative temperature coefficient).*

V3 *Baue einen Heißleiter (Widerstandswert im kalten Zustand etwa 15 kΩ) zusammen mit einem Amperemeter in einen Stromkreis (4,5-V-Batterie). Erwärme den Heißleiter mit den Fingern; beobachte dabei den Strommesser. Erkläre das Ergebnis.*

Ein Helligkeitssensor

Wenn es dunkel wird, schalten sich die Lampen zur Sicherung von Baustellen automatisch ein. Solche Laternen (Bild 8) haben einen *Helligkeitssensor* (Bild 9). Ein *Fotowiderstand* in ihrem Gehäuse sorgt dafür, dass sie nur bei Dunkelheit arbeiten, tagsüber aber „Strom sparen". Ähnliches gilt für Bewegungsmelder, die ebenfalls am Tag ausgeschaltet bleiben.

Den Fotowiderstand nennt der Fachmann auch LDR (engl. *light dependent resistor*).

V4 *Schließe einen Fotowiderstand direkt an ein Widerstandsmessgerät (Ohmmeter) an. Welchen Widerstand hat das Bauteil, wenn (kein, wenig, viel) Licht darauf fällt?*

6

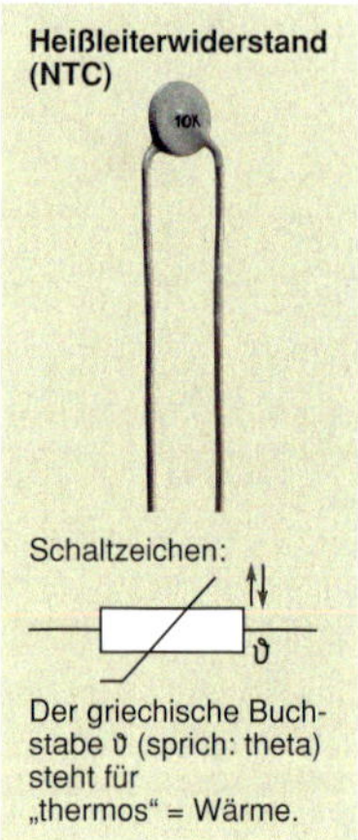

7

8

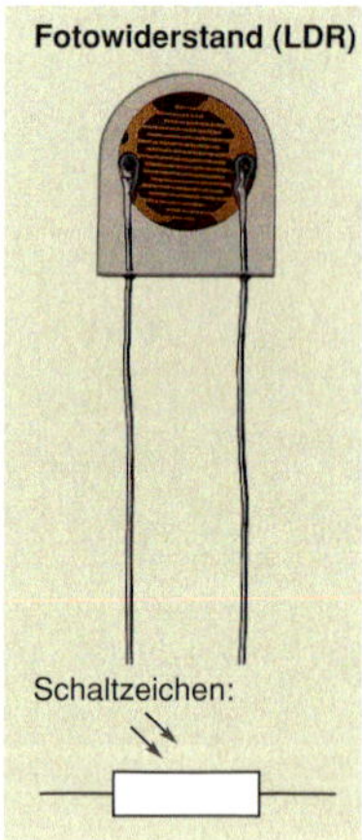

9

Ein Feuchte-Sensor

Wenn es draußen feucht und regnerisch ist, kann man die Wäsche dort nicht zum Trocknen aufhängen.

Manchmal muss dann der *Wäschetrockner* (Bild 10) arbeiten. Der wirbelt die nasse Wäsche herum und bläst sie dabei mit elektrisch aufgeheizter Luft an. Doch wann genau ist die Wäsche trocken?

In der Trommel (oder innen an der Tür) sitzen *Feuchte-Sensoren* aus rostfreiem Stahl. Die Wäschestücke berühren benachbarte Sensorflächen und „die Elektronik erkennt" aus dem Widerstand, wie weit das Trocknen fortgeschritten ist.

V5 *Verbinde die Leitungen für ein Ohmmeter mit zwei Geldstücken (Abstand: 1 cm). Lege ein trockenes (etwas feuchtes, nasses) Tuch darauf. Welche Messwerte erhältst du?*

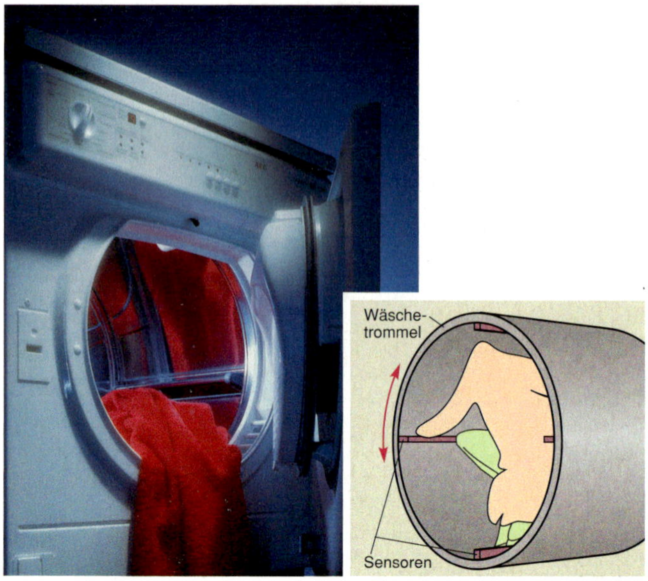

10

Leuchtdioden geben Informationen aus

Anzeigetafeln wie die von Bild 1 gibt es z. B. in Aufzügen, Bussen und S-Bahnen.

Wenn du genau hinsiehst, erkennst du, dass die Hinweiszeichen, Buchstaben oder Zahlen durch einzelne *leuchtende Punkte* zusammengesetzt sind.

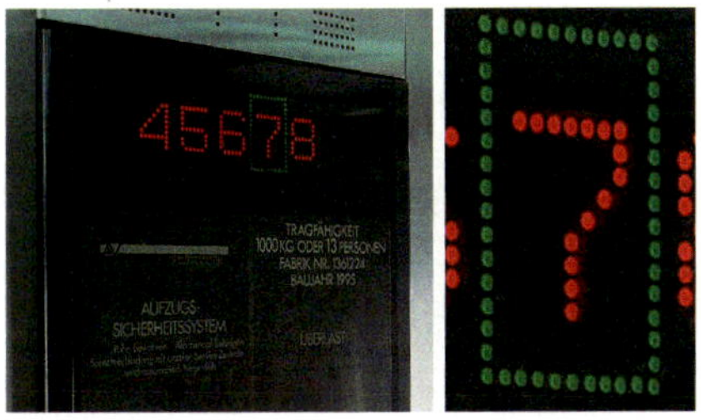

1

Diese Zeichen bestehen jedoch nicht aus Glühlämpchen, wie man meinen könnte. Vielmehr sind sie aus **Leuchtdioden** (*LED*; abgeleitet von der englischen Bezeichnung *light emitting diode*) aufgebaut.

Als „punktförmige Anzeigen" kennst du die LEDs vielleicht auch von Hi-Fi- und Videogeräten (etwa für den Stand-by-Betrieb).

Die Leuchtdioden haben gegenüber Glühlampen zahlreiche Vorteile (→ Info unten). Beim Betreiben der LEDs muss man aber einige Besonderheiten beachten. Das werden die Versuche zeigen.

V1 *Eine Leuchtdiode wird über einen Schutzwiderstand (180 Ω) an eine Batterie angeschlossen (Bild 2).*

a) *Ändere die Stromrichtung, indem du die Batterie umpolst. Kehre auch die Einbaurichtung der Leuchtdiode um. Was geschieht?*

b) *Wie muss die Leuchtdiode eingebaut werden, damit sie leuchtet? Überlege dir eine Merkregel.*

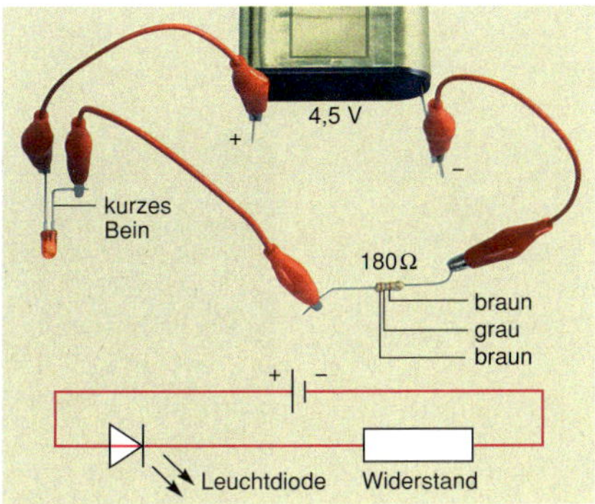

2

V2 *Miss die Spannung zwischen den Anschlüssen einer Leuchtdiode, während sie leuchtet.*
Miss auch die Stromstärke in der Schaltung von Bild 2. Verwende Schutzwiderstände mit anderen Werten, aber nicht unter 100 Ω. (Tabelle anlegen!)

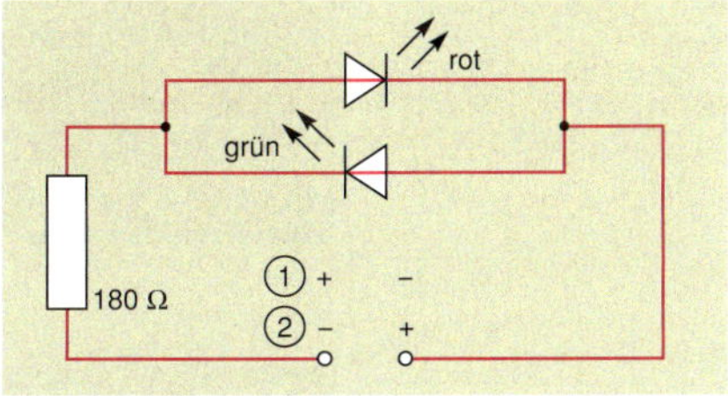

3

V3 *Zwei Leuchtdioden werden an eine Batterie angeschlossen (Bild 3). Was wird geschehen, wenn du die Batterie umpolst? Weshalb kann man diesen Aufbau als* ***Polprüfer*** *verwenden?*

V4 *Ersetze die Batterie von Bild 3 durch ein Netzgerät (4,5 V Wechselspannung). Welches Ergebnis vermutest du?*
Bewege dann die angeschlossene Leuchtdiode schnell hin und her.
Benutze statt des Netzgeräts den Dynamo deines Fahrrads.

Info: Leuchtdioden

Leuchtdioden (Bild 4) werden als Anzeigen in vielen Geräten benutzt, denn sie haben große Vorteile gegenüber Glühlampen: Sie kosten wenig und sind stoßfest, sie benötigen wenig Energie und erwärmen sich kaum, sie leuchten ohne Verzögerung auf und halten selbst im Dauerbetrieb 10 Jahre. Es gibt Leuchtdioden in vielen Formen, Größen und Farben: Rot, Gelb, Grün, Orange, Blau, Weiß. Ihre Leuchtfarbe entsteht innen in einem winzigen Kristall und nicht erst durch das Kunststoffgehäuse. LEDs lassen den Elektronenstrom nur in einer Richtung durch. Leider ist aber die Leuchtkraft der meisten LEDs recht schwach. Sie ist deshalb weniger zum Beleuchten geeignet, sondern eher zur Ausgabe von Informationen.

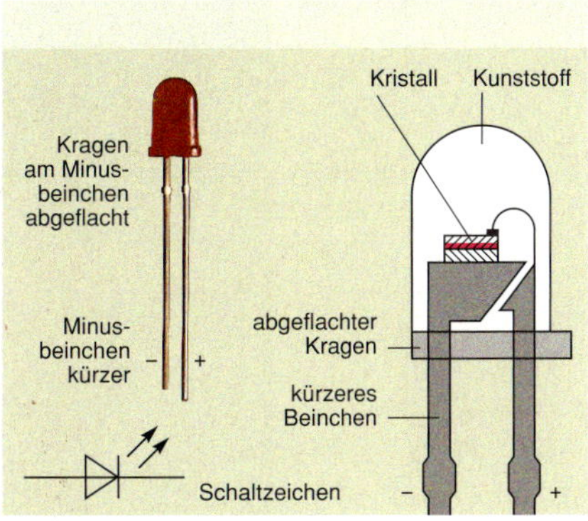

4

62370

Informationen werden „lesbar“

Anzeige ohne Information   Anzeige mit Information

5 Sieben-Segment-Anzeige aus Leuchtdioden (LEDs)

6 Sieben-Segment-Anzeige aus flüssigen Kristallen (LCDs), die nicht selbst leuchten

Eine einzelne Leuchtdiode zeigt im Fernseher an, dass er zwar ausgeschaltet wurde, aber noch im Stand-by-Betrieb läuft. Auch im Auto können einzelne LEDs Informationen geben: „Fernlicht eingeschaltet“, „Handbremse angezogen“, „Batterie leer“ …

Oft aber reicht eine LED allein nicht aus um die Information verständlich und auch lesbar zu machen. Deshalb zeigt uns z. B. der Taschenrechner das Ergebnis mit Ziffern an. Diese „eckig“ aussehenden Ziffern sind aus sieben kleinen Balken oder Abschnitten *(Segmenten)* zusammengesetzt (Bild 5).

Solche **Sieben-Segment-Anzeigen** findest du in vielen Geräten. Bei Taschenrechnern und Digitaluhren leuchten die Ziffern nicht selbst; sie sind deshalb im Dunkeln nicht lesbar (Bild 6). In Videorekordern leuchten sie, damit man die Anzeige jederzeit lesen kann.

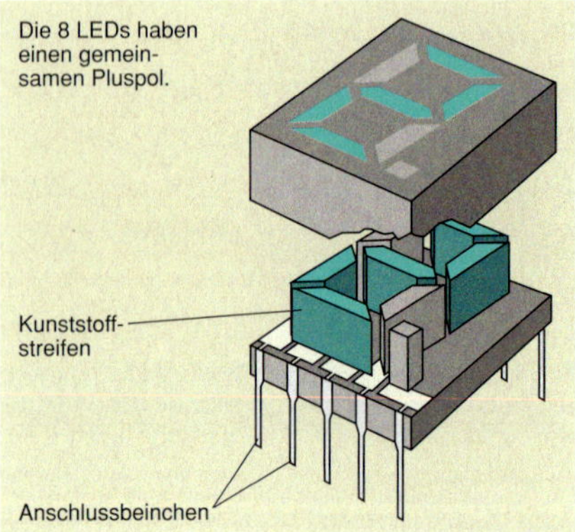

7

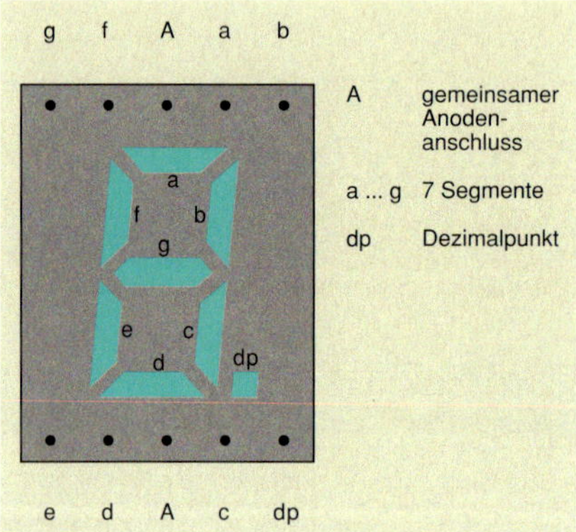

8

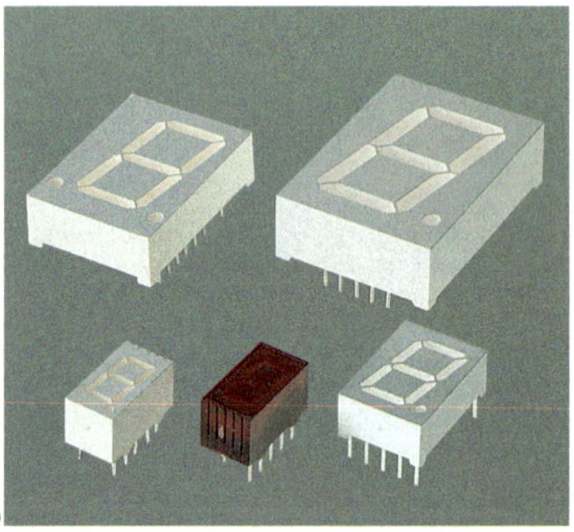

9

Im Innern der leuchtenden Sieben-Segment-Anzeigen befinden sich sieben Leuchtdioden. Ihr Licht wird über Kunststoffstreifen zu kurzen Balken auseinander gezogen (Bild 7).

Eine weitere Leuchtdiode ist für den Punkt vorgesehen. Damit können solche Anzeigen auch in Rechnern eingesetzt werden. Wo die Anschlüsse für die einzelnen Segmente liegen, zeigt Bild 8.

Sieben-Segment-Anzeigen gibt es in unterschiedlichen Farben und Bauformen (Bild 9).

Für die Anzeige aller Buchstaben benötigt man aber noch weitaus mehr als nur 7 Segmente.

A1 *Vergleiche Leuchtdioden mit Glühlampen. Nenne die jeweiligen Vor- und Nachteile.*

A2 *LEDs benötigen unterschiedliche Spannungen, z. B. rote LEDs 1,8 V und grüne LEDs 2,2 V.*
Wie erreicht man das beim Anschluss an eine Flachbatterie mit einer Spannung von 4,5 V?

10

A3 *Welche großen und kleinen Buchstaben könnte man mit einer Sieben-Segment-Anzeige darstellen? Zeichne sie auf.*

A4 *Mit einer Anzeige wie der von Bild 10 kannst du viele* ***Versuche*** *durchführen. Wie musst du die Segmente (parallel) schalten, damit eine 3 aufleuchtet? Zeichne!*

Elektrische Ströme lenken – mit Hilfe von Dioden

Bei den letzten Versuchen hast du immer wieder Leuchtdioden benutzt. Es gibt aber auch **Dioden**, die nicht leuchten.

Die Diode wurde vor über 100 Jahren von *Ferdinand Braun* erfunden. Braun war Lehrer. Später wurde er für seine Erfindungen mit dem Nobelpreis ausgezeichnet.

Ferdinand Braun hatte die erstaunliche Entdeckung gemacht, dass bestimmte Kristalle den elektrischen Strom nur in *einer* Richtung leiten …

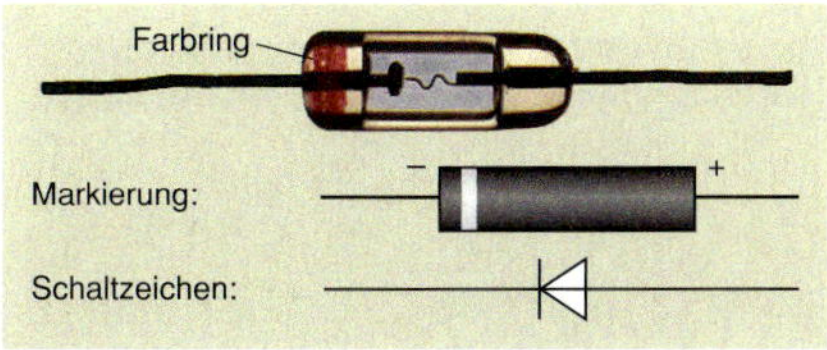

1

Dioden sind für die Elektrotechnik äußerst wichtige und viel verwendete Bauteile. Leider besitzen die Dioden nur selten ein Glasgehäuse, sodass du ihren Aufbau ohne weiteres erkennen könntest. Meistens sind sie in schwarzen Kunststoff eingegossen und haben als Richtungskennzeichen einen Ring (Bild 1).

V1 *Baue die Schaltung von Bild 2 auf.*
a) *Ändere die Stromrichtung, indem du die Batterie umpolst.*
Kehre dann auch die Einbaurichtung der Diode um.
b) *Überlege dir eine Merkregel zum Einbauen der Diode.*

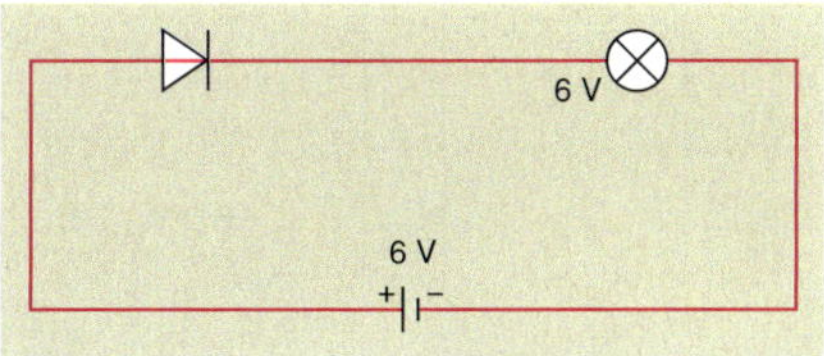

2

V2 *Was erwartest du, wenn du in Versuch 1 statt der Batterie einen Transformator (mit 6 V Wechselspannung) benutzt?*
Überprüfe deine Vermutung.

V3 *Schließe einen Spielzeugmotor (für Gleichstrom) an eine 4,5-V-Batterie an.*
Pole die Batterie um.
Ersetze die Batterie durch einen Transformator (4 V~).
Baue dann – zum Motor in Reihe geschaltet – eine Diode in den Stromkreis ein. Beschreibe und erkläre deine Beobachtungen.

Info: „Einbahnstraßen" für den elektrischen Strom

Die Diode ist ein Bauteil, dessen elektrischer Widerstand von der Stromrichtung abhängt.

Wenn der Strom in **Durchlassrichtung** fließt, ist der Widerstand gering (1 Ω bis 100 Ω).

In der anderen Richtung – in **Sperrrichtung** – ist der Widerstand sehr groß (ca. 1 000 000 Ω).

Mit Hilfe der Markierungen auf der Diode kann man erkennen, ob sie in ihrer Durchlassrichtung oder Sperrrichtung in einen Stromkreis eingebaut ist (Bild 3).

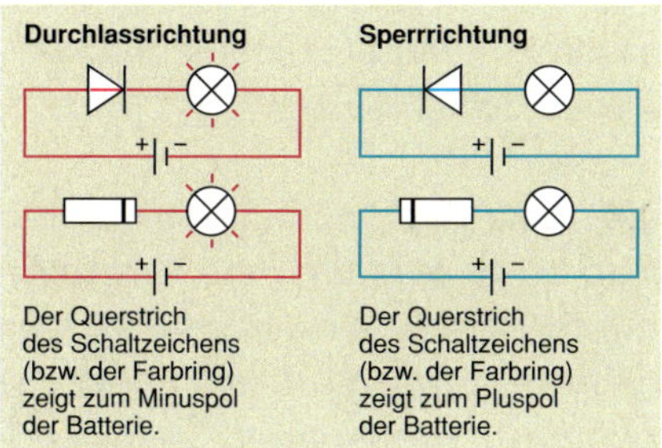

3

Wegen des hohen Widerstands in Sperrrichtung kann der Strom nur in *einer* Richtung durch die Diode fließen. Man vergleicht sie in ihrer Wirkung deshalb oft mit einer Einbahnstraße oder einem Klappenventil (Bild 4). *Eine Diode wirkt wie ein „elektrisches Ventil".*

Allerdings hat eine Diode innen keine bewegliche Klappe wie das Ventil auf Bild 4: Vielmehr bestehen sämtliche Dioden hauptsächlich aus zwei Schichten eines besonderen Halbleiterkristalls.

Kristalle aus Silicium (Si) oder Germanium (Ge) gehören zu den Halbleitern.

Als **Halbleiter** bezeichnet man Stoffe, deren elektrische Leitfähigkeit sich durch äußere Energiezufuhr (Wärme, Licht) verbessert.

Die Kristallschichten einer Diode lassen ab einer bestimmten Spannung die Elektronen durch: Diese **Schwellenspannung** beträgt in Durchlassrichtung bei einer Siliciumdiode 0,6 V. In Gegenrichtung bilden die Kristalle eine Sperre für die Elektronen.

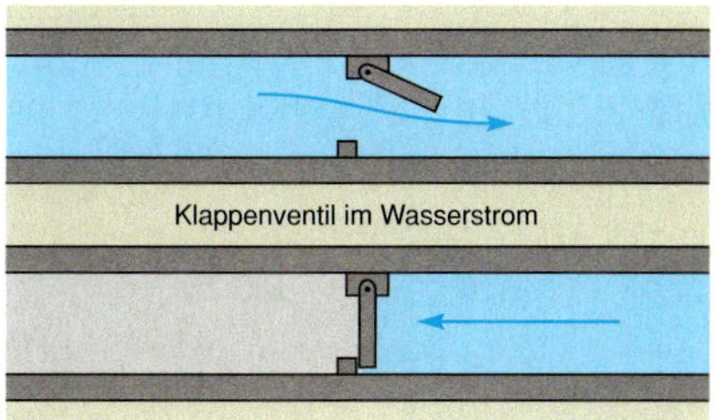

4

62372

Aus Umwelt und Technik: Wechselstrom wird „gleichgerichtet“

Für Interessierte zum Weiterlesen

Sämtliche elektronischen Geräte – vom Radio bis hin zum Computer – brauchen eine nur *geringe Gleichspannung.*

Aber natürlich will man diese Elektrogeräte auch an Steckdosen anschließen können. Im Gerät muss deshalb die Wechselspannung mit Hilfe eines *Transformators* vermindert und dann in Gleichspannung umgewandelt werden. **Für die Gleichrichtung von Wechselstrom sind Dioden geeignet.**

Auch ein *Stecker-Netzteil* ist im Prinzip so aufgebaut. Es enthält stets einen Transformator und mindestens eine Diode (Bilder 5 u. 6).

Ein **Gleichrichter**, der aus einer einzigen Diode besteht, besitzt einen wesentlichen Nachteil: Die Wechselspannung wird durch ihn nur zur Hälfte genutzt. Während einer Hundertstelsekunde können die Elektronen in eine Richtung strömen. In der nächsten Hundertstelsekunde ist der Strom aber unterbrochen, denn in der Gegenrichtung sperrt die Diode. Dann folgt wieder ein Strom, danach kommt wieder eine kurze „Pause“ usw.

Aus dem Wechselstrom wird durch den Einbau einer Diode ein *pulsierender Gleichstrom* (Bild 7).

5

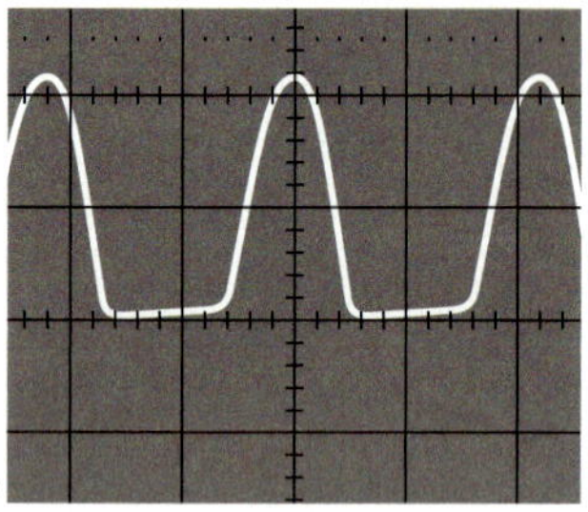
7

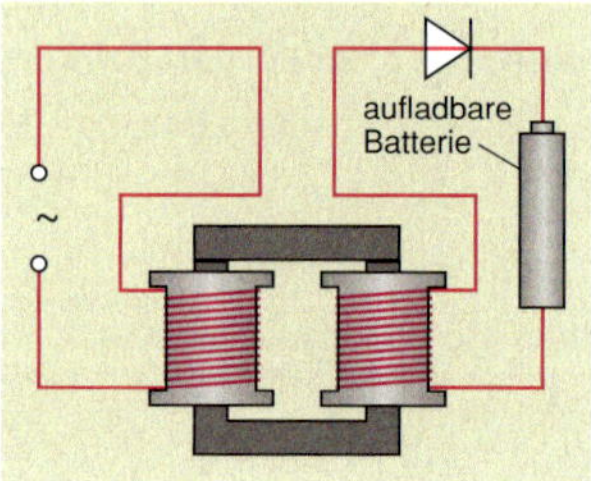

6

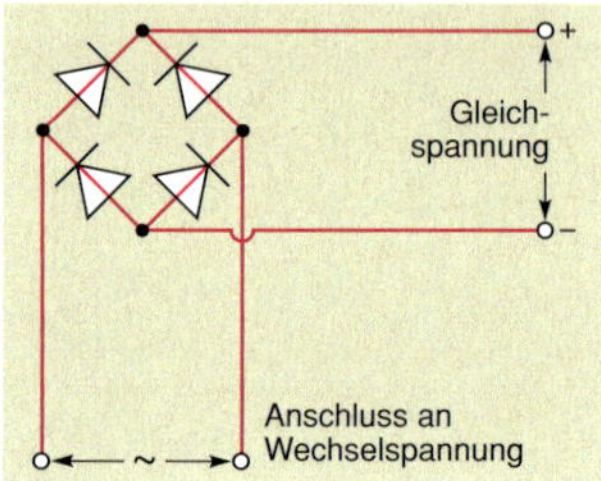

8

Für die meisten elektronischen Geräte ist dieser pulsierende Gleichstrom wegen der auftretenden Pausen ungeeignet; ein Kofferradio z. B. würde brummen.

Durch eine spezielle Schaltung mit vier Dioden (Bild 8) kann man die Pausen jedoch verkürzen. Es fließt dann ein Gleichstrom, ähnlich wie bei einer Batterie.

A1 *Die Diode wird auch als „elektrisches Ventil“ bezeichnet.*
Welche Gemeinsamkeiten haben Diode und Ventil?

A2 *Bei einer Diode ist der Farbring nicht mehr zu erkennen.*
Wie findest du die Durchlassrichtung der Diode heraus?

A3 *Die Bilder 9–12 zeigen verschiedene Schaltungen.*
In welchen Schaltungen leuchtet die Lampe? Begründe!

A4 *Baut man eine Siliciumdiode in einen Stromkreis ein, in dem sie an einer Gleichspannung von 0,3 V liegt, so sperrt sie immer – auch in Durchlassrichtung.*
Woran liegt das?

A5 *Mit drei farbigen Leuchtdioden soll das Modell einer Verkehrsampel aufgebaut werden (Bild 13).*
Wenn man die Kontakte 1–4 der Reihe nach berührt, sollen die Ampelfarben in der richtigen Reihenfolge aufleuchten.
Baue diese Schaltung in einem ***Versuch*** *auf.*
Probiere aus, ob deine Schaltung wie eine Verkehrsampel funktioniert. Findest du die richtige Lösung?

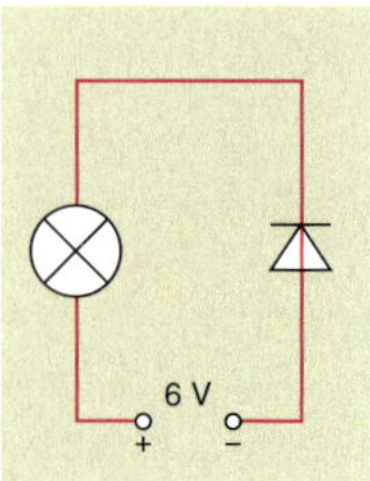

9

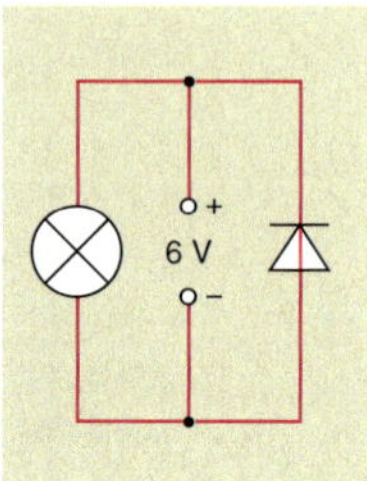

10

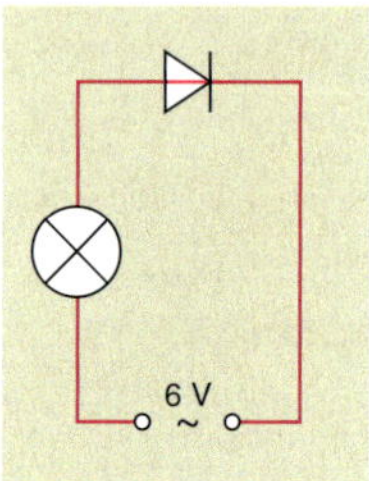

11

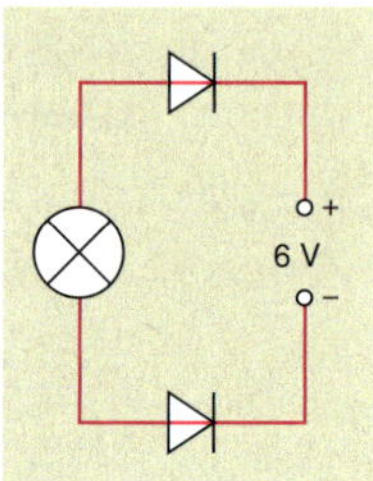

12

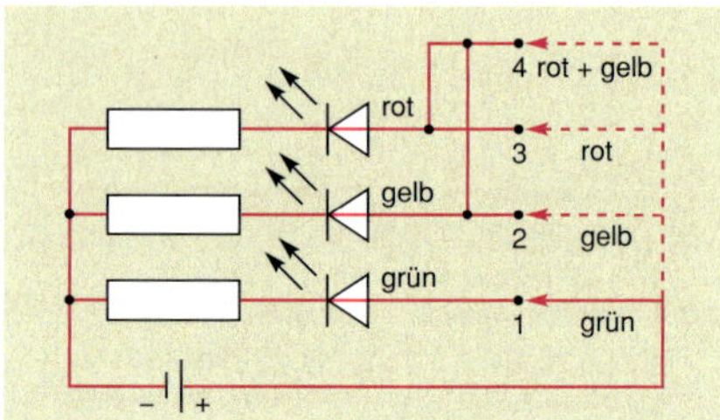

13

Signale verstärken – mit Transistoren

Du kennst nun schon viele Sensoren, die Signale aufnehmen können.
Oft sind aber die Signale so schwach,
dass sich damit keine Bauteile einschalten lassen.

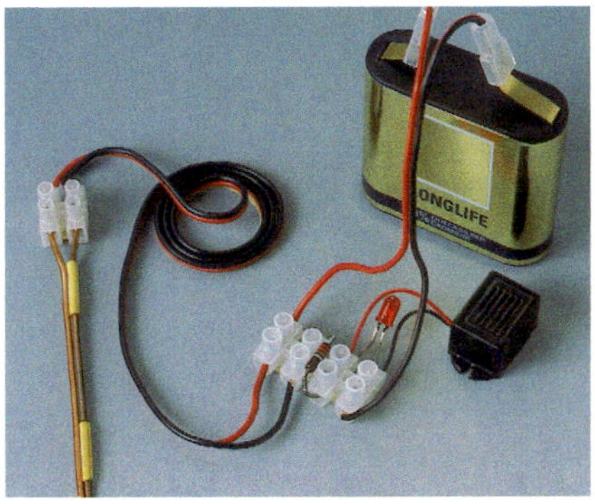
1

Die Ströme müssen zunächst noch **verstärkt** werden.

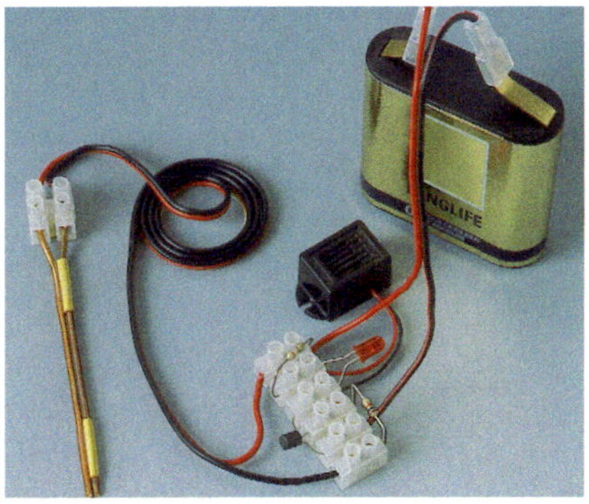
2

Der **Regenmelder** von Bild 1 z. B. soll so arbeiten: Eine Leuchtdiode und ein Summer melden, wann ein erster Regentropfen auf den Sensor fällt.

Das Modell von Bild 1 funktioniert aber nicht ordentlich, denn Regenwasser leitet den elektrischen Strom viel schlechter als alle Metalle. Der Strom in einem solchen „Regensensor" ist daher nur gering. Das Gerät von Bild 2 ist verbessert:

Hier ist ein **Transistor** als *Signalverstärker* eingebaut. Das ist ein elektronisches Bauteil mit drei Anschlussbeinen (Bild 3), das stets von zwei Strömen durchflossen wird (→ Info auf der rechten Seite).

V1 *Baue das vereinfachte Modell des Regenmelders auf (Bild 4). Zur Signalausgabe dient hier nur eine Leuchtdiode.*
Der Sensor besteht aus 2 blanken, 10 cm langen Kupferdrähten. Die Drähte sollen einen Abstand von 1 mm haben. Mit Resten der Isolierung kannst du erreichen, dass sich die Drähte nicht berühren.
Bild 4 zeigt auch die Schaltzeichnung. Der Widerstand (1 kΩ) vor der Transistorbasis schützt die Schaltung vor einem Kurzschluss; dieser kann auftreten, wenn sich die Sensordrähte gegenseitig berühren oder ein Metallstück auf den Sensor fällt.

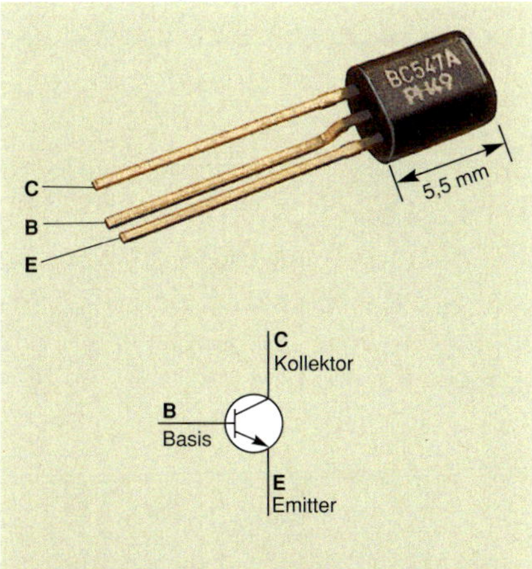

Transistoren haben drei Anschlüsse. Diese heißen Kollektor (C), Basis (B) und Emitter (E). In den Schaltzeichen ist der Emitter immer mit einem Pfeil gekennzeichnet. Für den Transistortyp BC 547 ist hier angegeben, welches Beinchen welchen Anschluss darstellt.
3

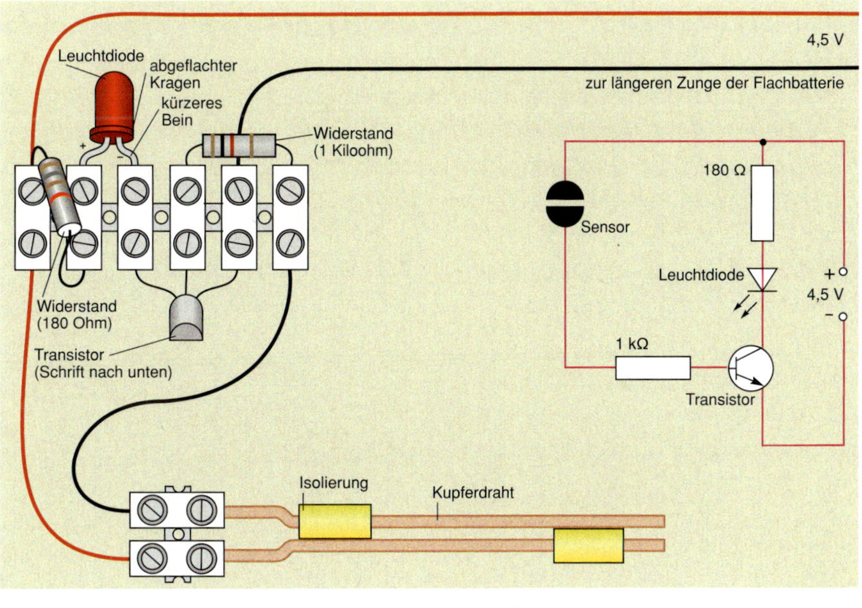

4

62374

Aus der Technik: Stromkreise umschalten

Eine einfache Alarmanlage zum Sichern von Wohnungen zeigt Bild 5. Die Schaltung besteht aus zwei voneinander getrennten Stromkreisen, die durch ein **Relais** umgeschaltet werden (Bild 6).

Wenn man am Abend alle Fenster und Türen schließt, schließt sich automatisch über Magnete und Reedschalter auch der Stromkreis durch die Relaisspule (man nennt ihn den *Steuerstromkreis*). Durch das *eingeschaltete* Relais wird über die Kontakte Nr. 4 u. 5 der Stromkreis mit der Alarmglocke *ausgeschaltet* (der so genannte *Laststromkreis*). Das Relais wirkt hier also als **Umschalter**.

Eine ähnliche Umschaltfunktion kann auch ein Transistor übernehmen (Bild 7). Probiere das aus!

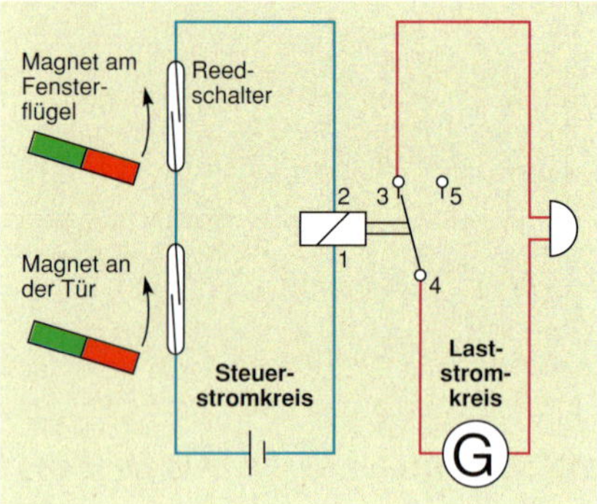

5

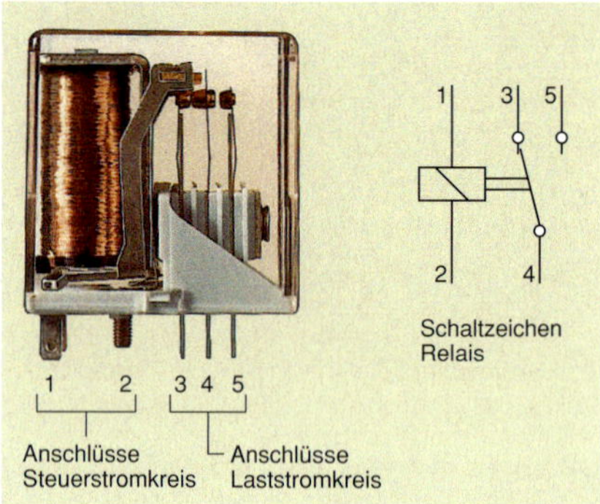

6

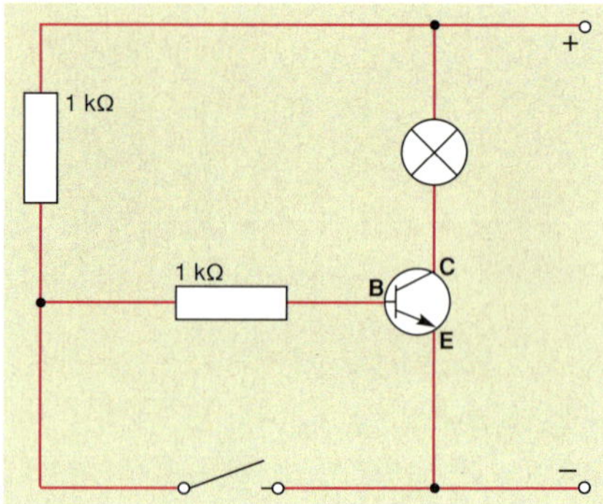

7

Info: Die Arbeitsweise des Transistors

Ein Transistor wird immer in zwei Stromkreise eingebaut – in den **Steuerstromkreis** (mit geringer Stromstärke) und in den **Laststromkreis** (mit einer oft 100-mal größeren Stromstärke).

Weil der Transistor drei Anschlüsse hat, sind die Stromkreise in seinem Innern nicht völlig getrennt. Den Emitteranschluss nutzen beide. Man kann die Stromkreise mit zwei Batterien oder mit einer gemeinsamen Batterie betreiben (Bilder 8 u. 9).

Wenn über den Basisanschluss kein Steuerstrom fließt, fließt über den Kollektoranschluss auch kein Laststrom: Der Transistor wirkt wie ein **Schalter**.

Wird der Steuerstrom etwas vergrößert, steigt der Strom im Laststromkreis erheblich an. *Ein schwacher Strom steuert also einen starken Strom.* Wegen dieses Verhaltens bezeichnet man den Transistor auch als **Verstärker**.

Die Energie zum Verstärken stammt aus der Energiequelle (Batterie) im Laststromkreis.

Falls die Verstärkung durch den Transistor zu groß ist, kann man einen Teil des Steuerstroms am Transistor „vorbeileiten“: Man kann in der Schaltung von Bild 10 den veränderbaren Widerstand auf einen kleinen Widerstandswert stellen. Dann fließt der Strom durch den Sensor direkt zum zweiten Pol der Batterie – und nicht mehr als Steuerstrom über die Basis. Der Transistor *sperrt*, wenn seine *Schwellenspannung* nicht mehr erreicht wird ($U_{BE} < 0{,}6$ V).

Mit dem veränderbaren Widerstand in der Schaltung von Bild 10 lässt sich also die Empfindlichkeit der Sensorschaltung einstellen – durch die Veränderung der Spannung an der Transistorbasis (U_{BE}).

Der Fachmann nennt dies die Einstellung des Arbeitspunktes beim Transistor.

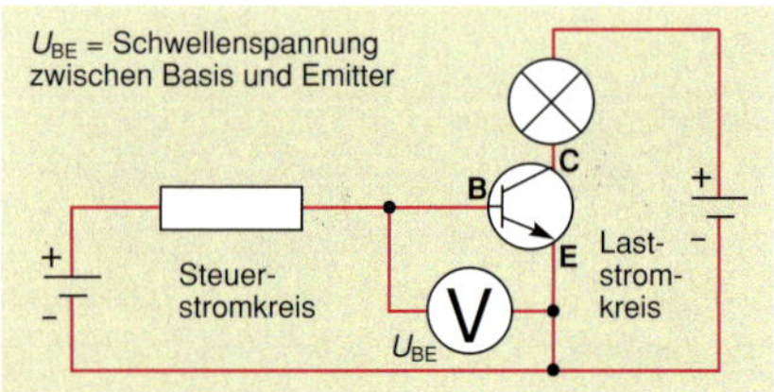

8

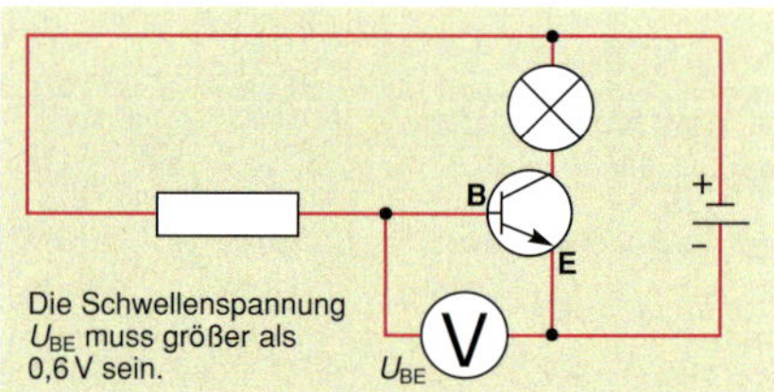

9

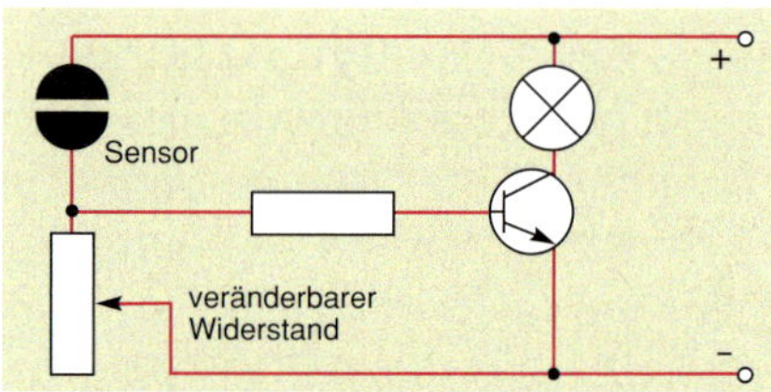

10

Wir bauen elektronische Alarmanlagen

1

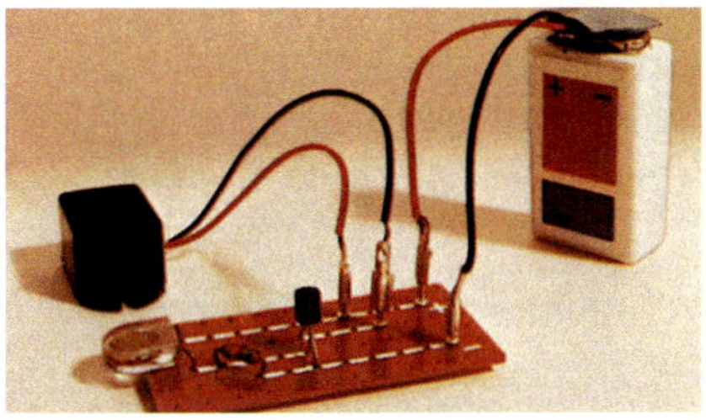
2

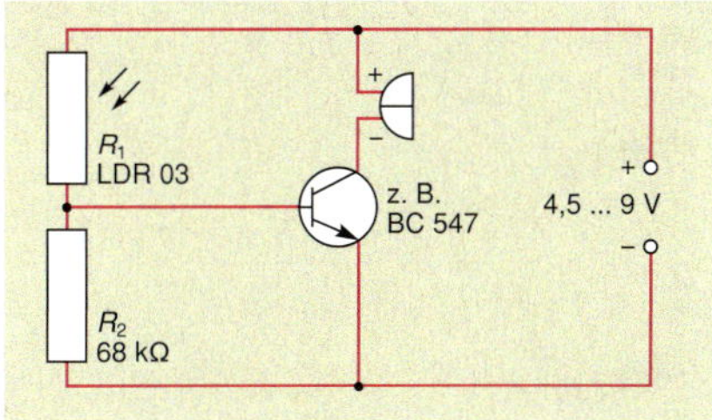

3

V1 *Im Aktenkoffer von Bild 1 ist die Schaltung der Bilder 2 u. 3 versteckt. R_2 schwächt die Verstärkerwirkung des Transistors ab.*
Baue die Schaltung auf. Ändere den Wert von R_2. Wann ist deine Anlage ganz besonders lichtempfindlich?

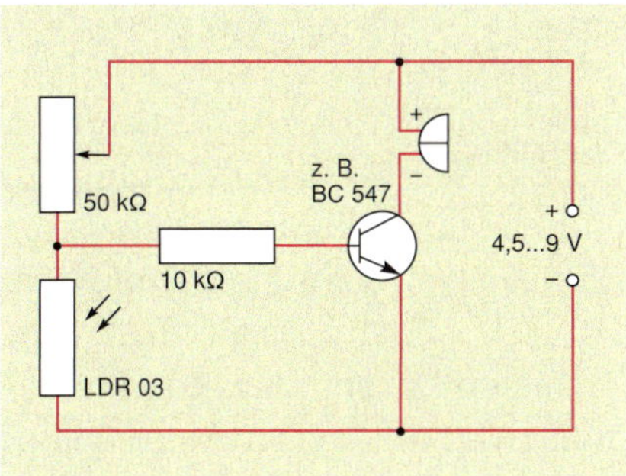

4

V2 *Eine weitere lichtgesteuerte Alarmanlage zeigt Bild 4. Ihre Empfindlichkeit wird mit dem Potentiometer eingestellt.*
Ertönt der Summer, wenn es hell oder wenn es dunkel wird?

V3 *Ersetze in der Schaltung von Bild 3 den Fotowiderstand durch einen NTC-Widerstand (Heißleiter) und den Widerstand R_2 durch ein Potentiometer. Erprobe diese Schaltung als Feuermelder.*

V4 *Türen und Fenster lassen sich gegen Einbrecher mit einem Reedschalter sichern.*
Die Alarmschaltung zeigt dir Bild 5. Baue die Schaltung auf.
Der Summer bleibt still, wenn der Magnet in der Nähe des Reedschalters liegt. Warum?

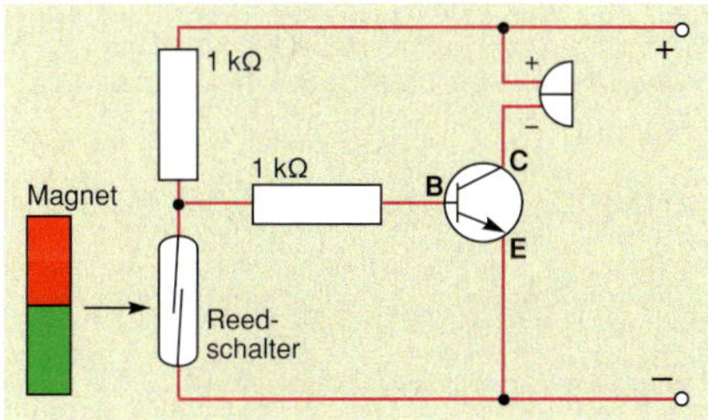

5

Aus Umwelt und Technik: Verschiedene Transistoren

Transistoren gibt es in verschiedenen Ausführungen (Bild 6). Manche schalten Ströme besonders schnell. Andere vertragen hohe Stromstärken im Laststromkreis. Wieder andere verstärken die Änderungen im Steuerstromkreis besonders stark. Fachleute sagen: Sie haben einen hohen *Verstärkungsfaktor*.

Manche Transistoren haben nur zwei Anschlussbeinchen (z. B. der rechte in Bild 6). Bei denen hat dann das *Metallgehäuse* einen Schraubanschluss.

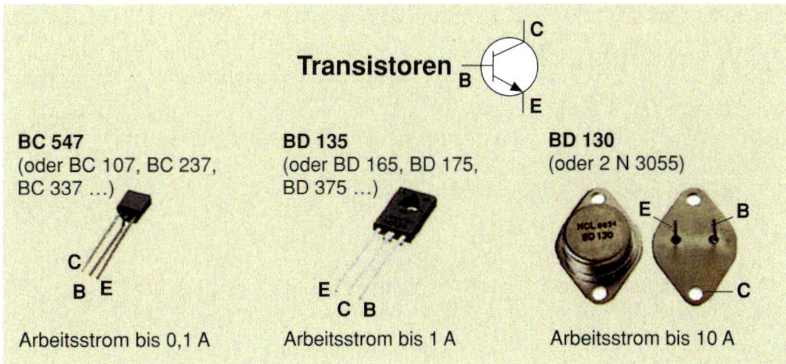

6

62376

Zusammenfassung

Sensoren

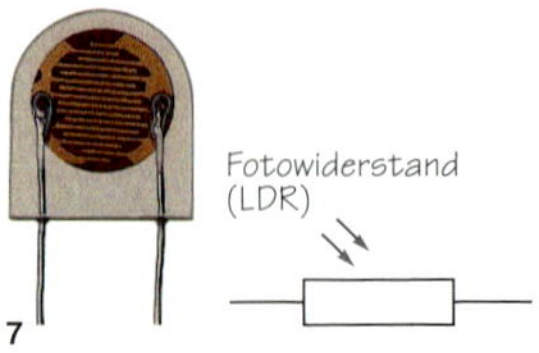

7

Sensoren sind technische „Fühler". Beispiele:
Der Widerstand des LDR (Bild 7) sinkt bei Beleuchtung.
Der Widerstand des Heißleiters (Bild 8) sinkt bei Erwärmung.

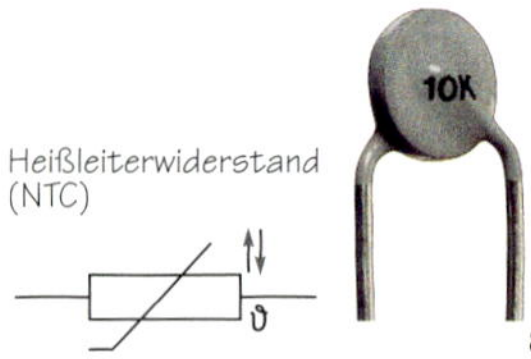

8

Dioden und Leuchtdioden

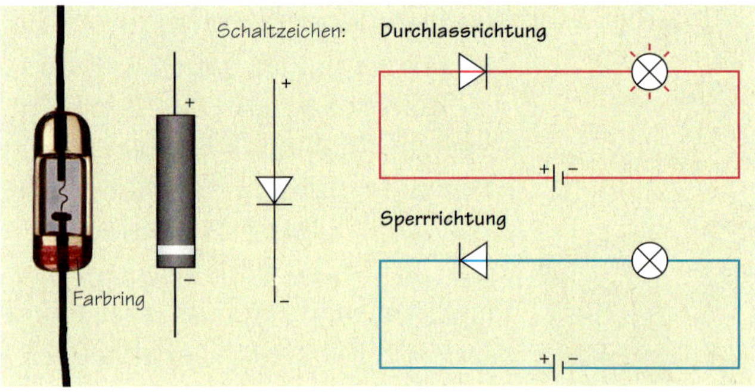

9

Transistoren

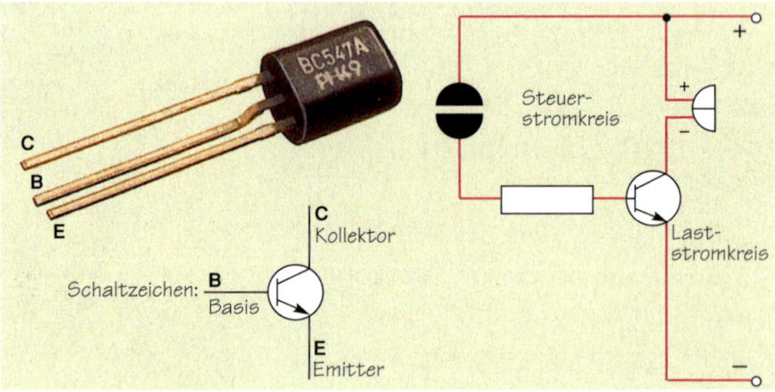

10

Dioden sind Bauteile aus Halbleiterkristallen (Silicium oder Germanium).

Die Dioden wirken wie „Einbahnstraßen"; sie lassen den elektrischen Strom nur in *einer* Richtung durch (Bild 9). Wenn Dioden in Gegenrichtung eingebaut sind, sperren sie den Strom.

Merkregel: In *Durchlassrichtung* zeigt der auf die Dioden aufgedruckte Ring zum Minuspol hin.

Manche Dioden senden in Durchlassrichtung farbiges Licht aus: Solche **Leuchtdioden** eignen sich besonders gut für die *optische* Ausgabe von Informationen. Sie sind klein, billig, stoßfest und langlebig. Zum Leuchten benötigen sie nur wenig Energie.

Transistoren sind wie die Dioden aus Halbleiterkristallen aufgebaut; sie besitzen drei Anschlüsse. Diese heißen *Emitter*, *Kollektor* und *Basis*.

Die Transistoren verknüpfen immer zwei Stromkreise miteinander, den *Steuerstromkreis* und den *Laststromkreis*.

Schon geringe Änderungen der Stromstärke im „Steuerstromkreis" bewirken starke Änderungen der Stromstärke im „Laststromkreis".

Man setzt Transistoren als *Verstärker* ein, wenn Sensoren nur schwache Signale liefern (Bild 10).

Transistoren nutzt man außerdem als verschleißfreie, schnelle *Ein-* und *Umschalter*.

Alles klar?

Lösungen → Anhang

1. *Lebewesen haben Sinnesorgane, Techniker benutzen Sensoren.*
a) *Welche Sensoren kennst du?*
b) *Nenne Sensoren für Signale, die Menschen mit ihren Sinnesorganen nicht empfangen können.*

2. *Fotowiderstände und Heißleiter sind zwei wichtige Sensoren. Ergänze die folgenden Sätze:*
a) *Je mehr Licht auf einen Fotowiderstand fällt, desto …*
b) *Je stärker man einen Heißleiter abkühlt, desto …*

3. *Gib an, welche Wirkung eine Diode hat, die in einen Gleichstromkreis eingebaut wird.*

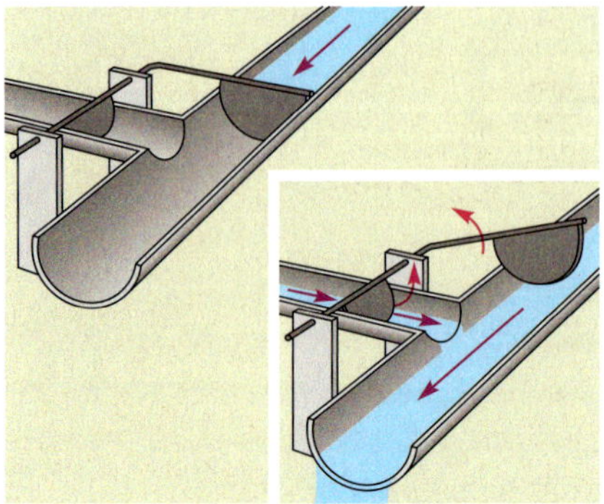
11

Welche Wirkung hat eine Diode in einem Wechselstromkreis?

4. *Techniker sagen: Transistoren wirken als „Verstärker". Was ist damit gemeint?*

5. *Die Vorgänge, die in einem Transistor ablaufen, sollen durch das Modell in Bild 11 veranschaulicht werden.*
Nenne die Gemeinsamkeiten von Modell und Transistor, die du erkennen kannst.

Speicherung von Informationen

Vom Kerbholz zum elektronischen Speicher

Erlebnisse, Gefühle, Bilder, Symbole, Töne, Texte, Formeln, Zahlen und noch viel mehr können wir im Gedächtnis behalten.

Man schätzt die Speicherfähigkeit unseres Langzeitgedächtnisses auf 10^{15} Bit. Das entspricht dem Inhalt von mehr als 1 Million CD-ROMs.

Jeden Tag gelangen neue Informationen in diesen „Speicher“. Manches geht über kurz oder lang wieder verloren – es wird in unserem Speicher „gelöscht“. Wir vergessen es einfach.

1

Papier ist als Speicher am meisten verbreitet. In Form von Texten und Noten, Formeln und Zahlen, Zeichnungen und Fotos speichert es das Wissen der Menschheit aus den vergangenen Jahrhunderten.

Inzwischen gibt es viele neue Speichermedien. Mal stecken die Daten in dünnen Magnetschichten, mal in kleinen Vertiefungen auf Kunststoffscheiben, mal in elektronischen Schaltkreisen (auf Chips, z. B. bei Scheckkarten).

Um dem Vergessen entgegenzuwirken, ersannen die Menschen schon früh andere Speichermöglichkeiten für Informationen. So gab es im Mittelalter z. B. für die Stammgäste in Wirtshäusern einen Holzstab, in den der Wirt für jeden geschuldeten Dukaten eine Kerbe schnitzte. Heute wird die Höhe der Zeche oft mit Strichen auf dem Bierdeckel gespeichert.

Einige Speicher kann man nach Belieben selber löschen. Bei anderen Speichern sind die Daten dagegen fest vorgegeben; sie können nicht verändert werden. Man spricht dann von *festen* Speichern.

Sie dienen z. B. als Speicher für Musik (CDs) oder für Programmsprachen und Rechenregeln im Computer (Chips). Man bezeichnet sie als *Nur-Lese-Speicher* oder kurz als *ROM* (engl. ***r**ead **o**nly **m**emory*).

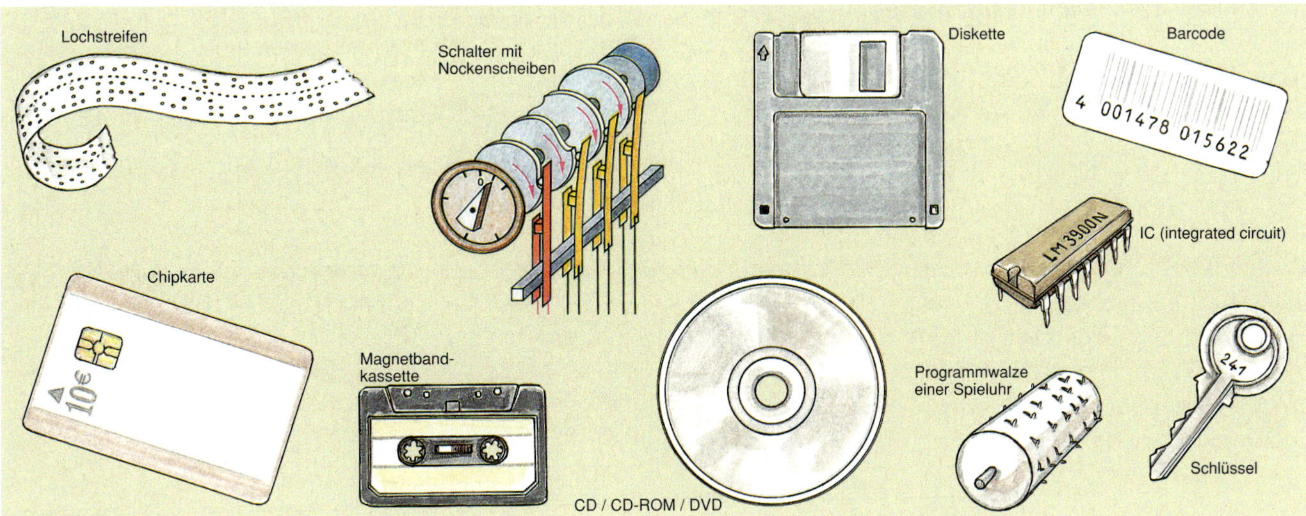

2

A1 *Bild 2 zeigt einige technische Speicher. Wo werden sie benutzt? In welcher Form sind die Informationen auf ihnen gespeichert?*

A2 *Zähle unterschiedliche Speicher auf, deren Daten vom Benutzer nur gelesen, aber nicht verändert werden können.*

A3 *Computer besitzen auch so genannte RAM-Speicher (engl. random access memory). Informiere dich über deren Eigenschaften.*

64344

Relais-Schaltungen mit Gedächtnis

3

Hat während meiner Abwesenheit jemand geklingelt?
War jemand in diesem Zimmer?
Wurde die Geheimschublade geöffnet und wieder geschlossen?

Zur Beantwortung dieser Fragen braucht man keinen Privatdetektiv.
Einfache Speicherschaltungen geben präzise und preiswert Auskunft.

4

V1 *Für die einfachste „Gedächtnisschaltung" benötigt man einen elektromagnetischen Schalter, ein Relais (Bild 5).*
In der Schaltung von Bild 6 wird der Steuerstromkreis mit einem Taster geschlossen. Deutlich kann man das „Klicken" des Relais hören. Außerdem leuchtet sofort die Lampe auf.
Danach wird der Taster losgelassen und dadurch der Steuerstromkreis unterbrochen …
Was geschieht?
Erkläre anschließend deine Beobachtung.

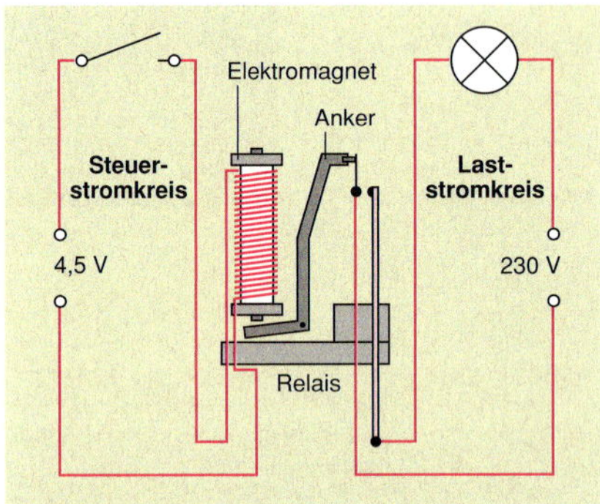

5 Ein Relais ist ein elektromagnetischer Schalter. Der Schalter schließt (oder unterbricht) den *Laststromkreis*. Um den Schalter zu betätigen, muß der *Steuerstromkreis* geschlossen werden. Dadurch wird im Relais ein Elektromagnet eingeschaltet, der einen Anker anzieht.

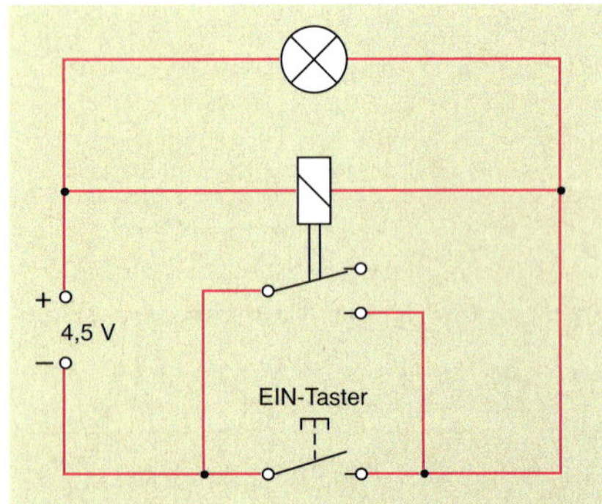

6 Hier sind Steuerstrom- und Laststromkreis parallel geschaltet; sie werden jeweils von der gleichen Energiequelle versorgt. Der von Hand betätigte EIN-Taster ist parallel zu den Einschaltkontakten des Laststromkreises geschaltet.

V2 *Bild 7 zeigt die Schaltung für eine Alarmanlage. Ein Dauermagnet, der z. B. auf eine Tür oder unter einen Schubkasten geklebt ist, kommt beim Öffnen der Tür oder Schublade kurz am Reedschalter vorbei.*

Durch das kurzzeitige und einmalige Schließen des Reedschalters soll dauerhaft Alarm ausgelöst werden. Baue die Schaltung auf.

Erkläre die Funktion der einzelnen Bauteile.

V3 *Die Schaltung von Bild 8 zeigt eine Alarmanlage, wie sie in Wohn- oder Geschäftshäuser eingebaut wird. Der Alarm wird nicht durch das Schließen des Reedschalters ausgelöst, sondern durch das Öffnen. Baue zunächst die Schaltung auf. Erprobe und erkläre sie anschließend.*
Wenn die Tür geöffnet wird, ertönt das Alarmsignal. Den Alarm würde natürlich auch der „Einbrecher" hören. Was geschieht, wenn er die Tür gleich wieder schließt?

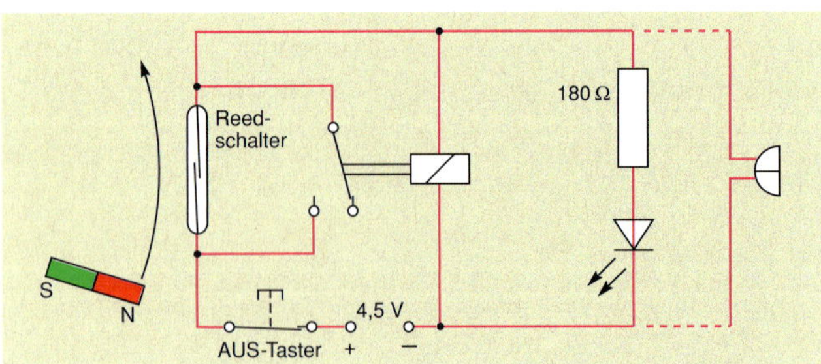

7

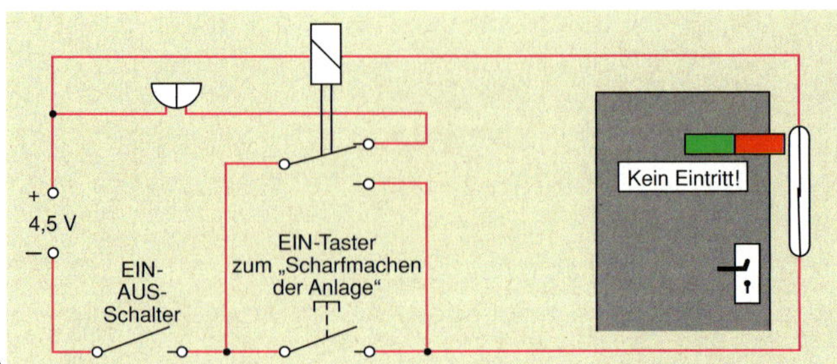

8

A1 *Nenne Speicher für Musik.*
Gib an, welche Speicher für stehende und für bewegte Bilder du kennst.

A2 *Was versteht man in der Technik unter einem festen Speicher?*
Nenne auch „flüchtige" Speicher.

A3 *Die Schaltung auf Bild 6 bezeichnet man als „Relais mit Selbsthaltung".*
Erkläre diesen Fachausdruck.

Signale speichern mit Kondensatoren

„Vorsicht, dort im Dunkeln steht ein Radfahrer." Diese Information gibt ein modernes Rücklicht an andere Verkehrsteilnehmer – auch wenn der Fahrraddynamo gar nicht läuft (Bild 1).

Der Speicher ist aber kein Akku, sondern ein **Kondensator** (Bild 2). Er kann eine Leuchtdiode für lange Zeit mit Energie versorgen. Die folgenden Versuche zeigen die Besonderheiten von Kondensatoren.

1

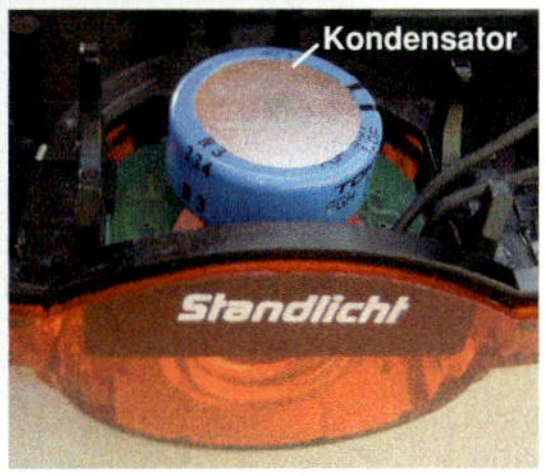

2

V1 *Untersuche den Kondensator (Bild 3) im Gleichstromkreis:*

a) *Was ist zu beobachten, wenn der Schalter in die Stellung 1 gebracht wird? Was geschieht, wenn du ihn anschließend in die Stellung 2 bringst?*

b) *Verwende nun Kondensatoren z. B. mit folgenden Aufschriften: „10 000 µF", „470 µF", „1 µF". Die Angabe „µF" wird „Mikrofarad" gesprochen (→ Info rechts).*

V2 *Miss die Spannung zwischen den Anschlüssen eines Kondensators vor und nach dem Aufladen. Was stellst du fest, wenn du die Messwerte mit der zum Laden benutzten Batterie vergleichst?*

V3 *Jetzt soll das Aufladen und das Entladen des Kondensators „in Zeitlupe" ablaufen. Tausche dazu die Glühlampe gegen einen Widerstand aus (Bild 4). Die Spannung am Kondensator wird beim Laden und beim Entladen alle 10 s gemessen. Notiere die Messwerte in einer Tabelle. Stelle sie dann auch grafisch dar (waagerechte Achse: Zeit; senkrechte Achse: Spannung).*

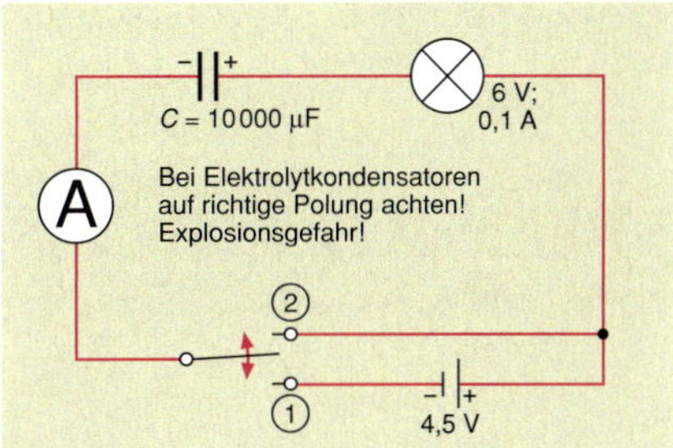

3

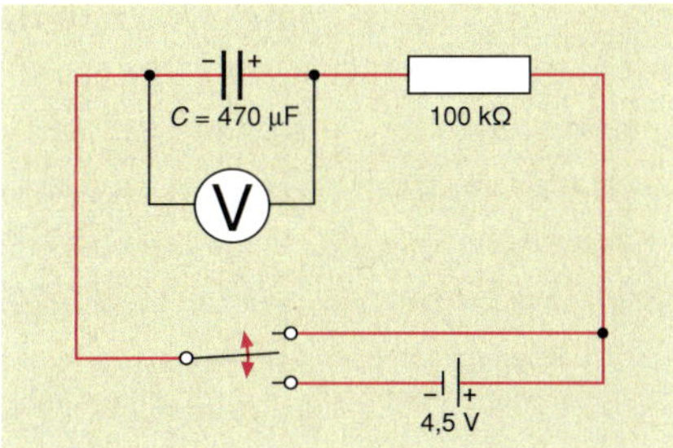

4

V4 *Baue das Fahrrad-Standlicht von Bild 1 in einem Modellversuch nach (Bild 5). Benutze dazu einen so genannten Gold-Cap-Kondensator mit einem „Fassungsvermögen" von einem Farad („1 F"). Lade deinen Kondensator 5 s lang auf. Wie lange leuchtet anschließend die LED?*

V5 *Mit einem aufgeladenen Kondensator kann man auch die Basis eines Transistors ansteuern. Baue die Schaltung von Bild 6 auf und probiere sie aus. Erkläre dann, wie die Schaltung funktioniert.*

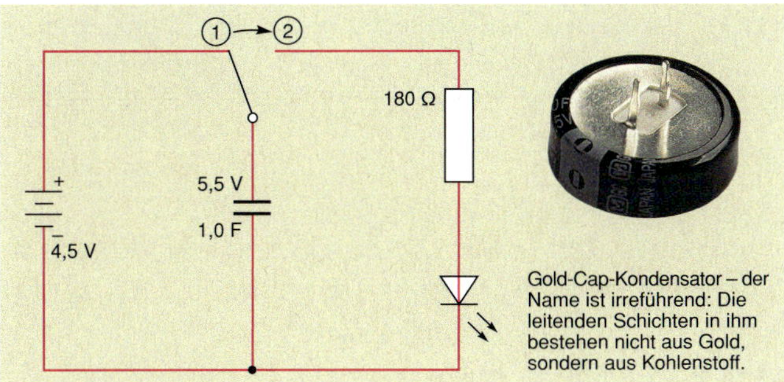

Gold-Cap-Kondensator – der Name ist irreführend: Die leitenden Schichten in ihm bestehen nicht aus Gold, sondern aus Kohlenstoff.
5

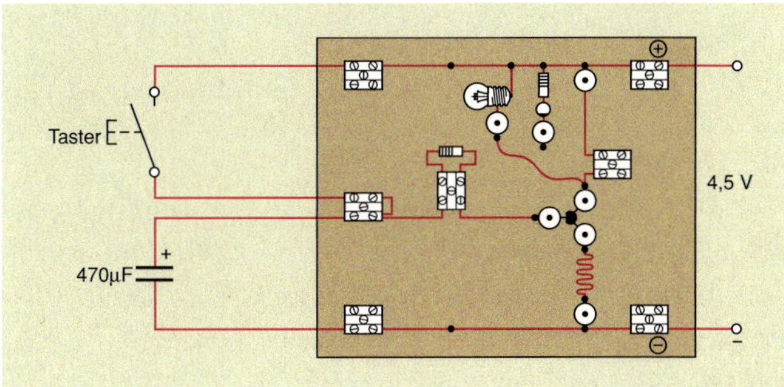

6

64346

Info: Kondensatoren

Der Aufbau eines Kondensators

Ein Kondensator besteht im einfachsten Fall aus zwei Metallplatten oder -folien, die gegeneinander isoliert sind. Bild 7 zeigt Kondensatoren in verschiedenen Bauformen.

Wenn man eine Batterie an einen Kondensator anschließt, strömt elektrische Energie in ihn hinein. Man sagt: *Der Kondensator wird geladen.*

Verbindet man die Platten danach z. B. über eine Lampe (wie in Bild 3), so entsteht ein Strom durch die Lampe. Man sagt: *Der Kondensator wird entladen.* Dabei leuchtet die Lampe auf. Die elektrische Energie dafür wird vom Kondensator geliefert.

In einem geladenen Kondensator ist elektrische Energie gespeichert.

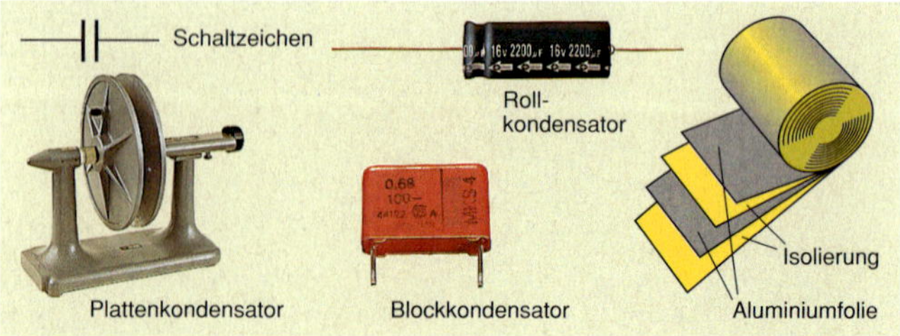

7

Bei vielen Kondensatoren ist einer der beiden Anschlüsse mit einem „–" gekennzeichnet. Beim Laden des Kondensators muss hier stets der Minuspol der Batterie angeschlossen werden.

Vorsicht! Beim Vertauschen der Polung kann der Kondensator explodieren.

Laden und Entladen eines Kondensators

Beim Laden eines Plattenkondensators treibt die Batterie *Elektronen* von einer Platte durch die Drähte hindurch auf die andere Platte. Die beiden Platten werden dadurch verschiedenartig elektrisch geladen; zwischen ihnen entsteht eine Spannung (Bild 8).

Diese ist umso größer, je stärker die Platten geladen sind. Die zunehmende Kondensatorspannung hemmt den Ladevorgang.

Wenn die beiden Spannungen gleich groß sind, wird der Kondensator nicht weiter aufgeladen. **Die Spannung am geladenen Kondensator ist höchstens so groß wie die zum Laden angelegte Spannung.**

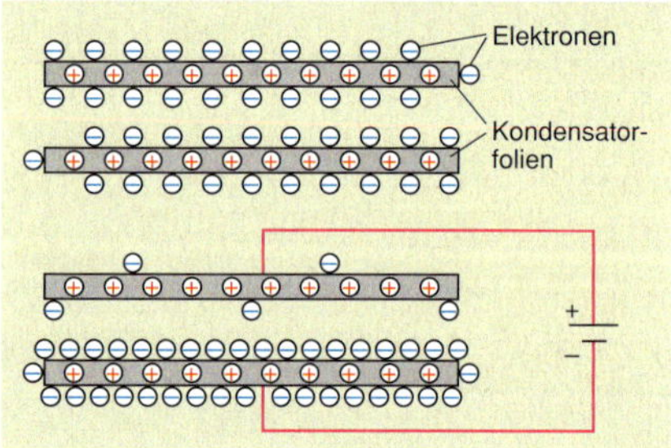

8

Beim Entladen fließen Elektronen von der negativ geladenen Platte durch die verbindenden Leiter zur positiv geladenen Platte. Dabei gibt der Kondensator die gespeicherte Energie wieder ab.

Wenn die Elektronen auf beiden Platten wieder gleich verteilt sind, ist der Kondensator „leer".

Die Kapazität

Verschiedene Kondensatoren lassen sich durch ein und dieselbe Batterie verschieden stark aufladen. Das liegt an ihrem unterschiedlichen Fassungsvermögen. Dieses bezeichnet man als ihre *Kapazität.*

Ein Kondensator mit größerer Kapazität kann bei gleicher Spannung mehr elektrische Energie speichern als ein Kondensator mit geringerer Kapazität.

Die Kapazität gibt man zu Ehren des Physikers *Michael Faraday* in der Einheit **1 Farad** (1 F) an.

Nur Gold-Caps (Bild 5) haben Kapazitäten von 1 F. Meist verwendet man in der Technik Kondensatoren mit sehr viel kleineren Kapazitäten.

Man gibt Kapazitäten auch in kleineren Einheiten an:

Millifarad (mF):	1000 mF = 1 F;
Mikrofarad (µF):	1000 µF = 1 mF;
Nanofarad (nF):	1000 nF = 1 µF;
Picofarad (pF):	1000 pF = 1 nF.

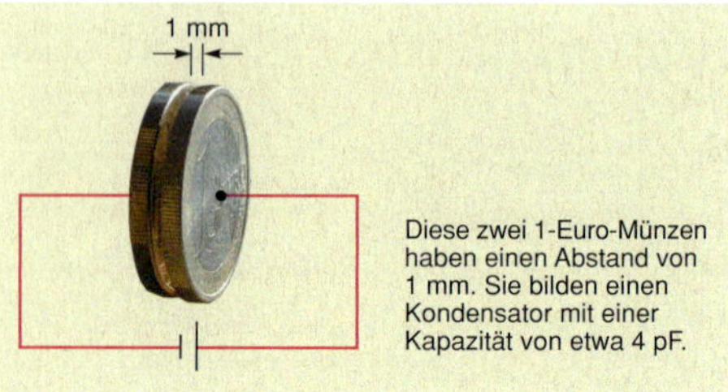

Diese zwei 1-Euro-Münzen haben einen Abstand von 1 mm. Sie bilden einen Kondensator mit einer Kapazität von etwa 4 pF.
9

Informationen speichern – mit Hilfe von Dioden

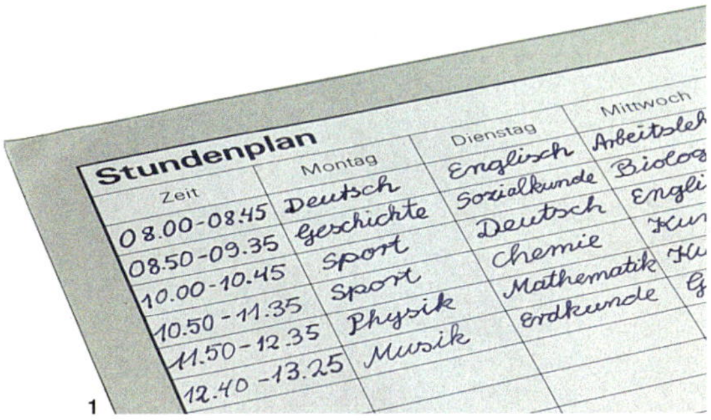

1

Vordrucke für Stundenpläne (Bild 1) gibt es zwar geschenkt – aber ein selbst gebauter elektronischer Stundenplan (Bild 2) ist doch viel viel „edler“ ...

Wenn das Kabel zu einem Wochentag gesteckt wird, zeigen rote Leuchtdioden die Fächer dieses Tages an.

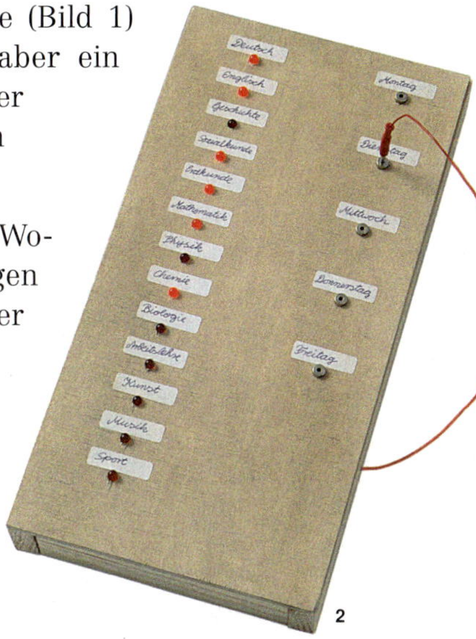
2

Um den elektronischen Stundenplan zu bauen, brauchst du das richtige Material, gutes Werkzeug, Zeit und Geduld.

Wenn du kaum Erfahrungen mit dem Löten hast, solltest du zuerst noch die Tipps zum richtigen Löten durchlesen (→ Anhang, S. 236).

Ihr könnt auch über die Möglichkeiten von *Arbeitsteilung* und *Serienfertigung* nachdenken.

Die „Hinweise zur Schaltung“ (unten) solltest du nicht überschlagen. Sie erklären einen ganz wichtigen Punkt des Bauplans.

Du brauchst folgende Materialien:
1 Sperrholzplatte (mindestens 35 cm · 14 cm, 3–4 mm dick),
2 Holzleisten (30 mm · 10 mm, 35 cm lang),
2 Holzleisten (30 mm · 10 mm, 12 cm lang),
so viele rote Leuchtdioden (5 mm ∅) und Widerstände (180 Ω; braun/grau/braun), wie du Schulfächer hast,
30 Silicium-Dioden (1 N 4148),
3 Riegel Lüsterklemmen (je 12 Stück; 2 mm ∅),
1 kleiner Bananenstecker (2,6 mm ∅),
für jeden Wochentag, an dem Unterricht stattfindet, eine Buchse (2,6 mm ∅),
1 Flachbatterie; Verbindungsdrähte und -litzen.

Hinweise zur Schaltung:
Den fertigen Stundenplan zeigt Bild 2. Wenn du den Pluspol der Batterie mit einem „Wochentag“ verbindest, sollen die „Fächer“ dieses Tages aufleuchten.

Weil du viele Fächer an mehreren Tagen hast, kannst du aber die „Tage“ und die „Fächer“ nicht einfach durch Drähte verbinden.

Bild 3 zeigt einen Plan mit Drahtverbindungen. Für Montag (Fächer: Deutsch und Geschichte) ist der gewünschte Stromkreis rot eingezeichnet. Über den Dienstag-Anschluss würde so aber auch Strom durch die Leuchtdiode für Englisch fließen. Der Draht zwischen den Anschlüssen Dienstag und Deutsch wird „rückwärts“ durchflossen.

Das „Zurückfließen“ des Stroms von den Fächern zu den Wochentagen muss durch „Einbahnstraßen“ verhindert werden. Dioden sorgen dafür, dass der Strom nur von den „Wochentagen“ zu den „Fächern“ fließt, aber nicht umgekehrt.

Bild 4 zeigt die richtige Schaltung. Von jedem Wochentag zweigt für jedes der Fächer, die du an diesem Tag hast, eine Diode ab.

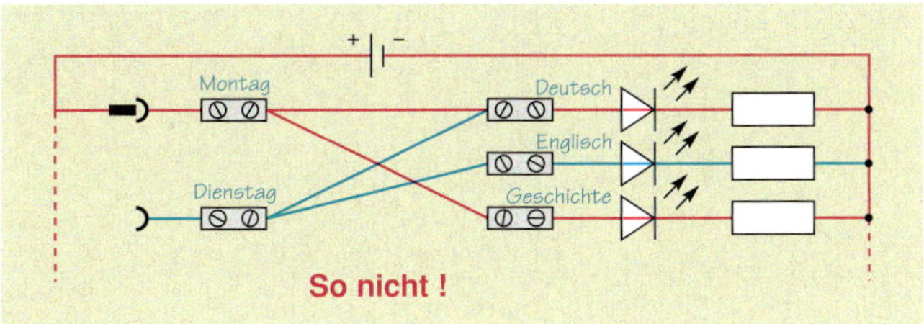

3

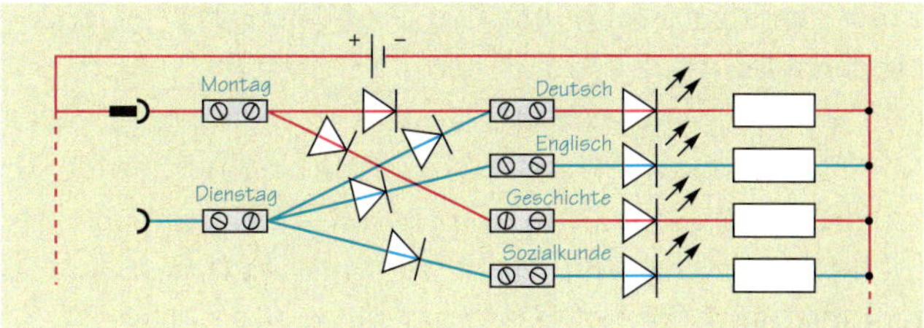

4

62378

Und so wird's gemacht:

Bild 5 zeigt dir die Rückseite des Sperrholzbrettchens.

Die Ziffern weisen auf die einzelnen Arbeitsschritte hin.

① Zeichne auf der Rückseite des Brettchens ein, wo später die Rahmenleisten hochkant angeleimt werden sollen.

Dieser 1 cm breite Randstreifen muss freigehalten werden.

② Befestige sechs Dioden mit ihrem Plus-Anschluss in jeder der fünf Lüsterklemmen für die Wochentage (evtl. die Diodenbeine mit Aderendhülsen zusammenhalten).

Spreize die Minus-Anschlüsse der Dioden (mit einem Ring gekennzeichnet) fächerförmig auseinander – so weit, dass sie in die Programmklemmen passen.

③ Löte an die Minus-Anschlüsse deiner Leuchtdioden (kurze Beinchen) je einen Widerstand (180 Ω, braun/grau/braun).

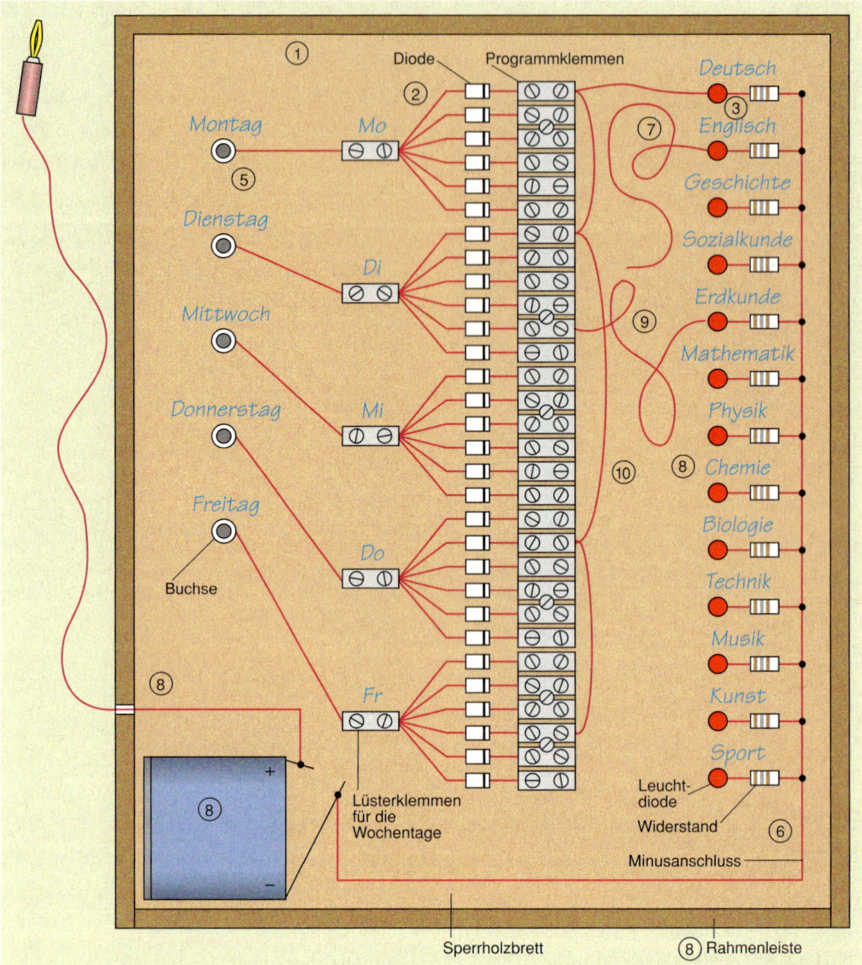

5 ① ... ⑩ Hinweise im Text zu den Arbeitsschritten. **Achtung, diese Darstellung ist nicht maßstabsgetreu!**

④ Lege alle Bauteile lose auf die Rückseite des Brettchens, damit du den Platz einteilen kannst.

Markiere alle Positionen und die Stellen, wo du die Löcher für die Buchsen und die Leuchtdioden bohren willst.

⑤ Schiebe die Bauteile beiseite, bohre die Löcher (5 mm ⌀) und säubere ihre Ränder. Schraube die Buchsen ein und klebe die Leuchtdioden fest. Befestige die 30 Programmklemmen (mit Heißkleber oder kurzen Schrauben).

Schraube die Dioden in den Programmklemmen fest.

Verbinde die Buchsen mit den Lüsterklemmen der Wochentage.

⑥ Löte alle Widerstände an einem langen, blanken Draht fest. Das ist die gemeinsame Minus-Leitung.

⑦ Löte an das Plus-Beinchen jeder Leuchtdiode ein 30 cm langes rotes Kabel.

⑧ Schreibe (auf die Rückseite des Brettchens) neben die Buchsen die Tage und neben die Leuchtdioden die Fächer.

Leime die Rahmenleisten auf das Sperrholz. Klebe die Batterie fest und schließe die gemeinsame Minus-Leitung an.

Vom Pluspol der Batterie muss eine flexible Leitung mit einem Stecker zur Vorderseite gehen.

⑨ Speichere deinen Stundenplan ein: Schließe die roten Leitungen der „Fächer"-Leuchtdioden je an *eine* der 30 Programmklemmen an, die zu *einem* passenden Wochentag gehört.

⑩ Falls du das Fach an mehreren Tagen hast, legst du weitere Verbindungskabel (möglichst in einer anderen Farbe).

Zum Verändern des Plans für das nächste Schuljahr brauchst du nur die Arbeitsschritte ⑨ und ⑩ zu wiederholen. Klebe auf die Vorderseite Schildchen für die Tage und Fächer. Lass „zum Bestaunen" die Rückseite des Plans offen.

Signale speichern mit Kippschaltungen

1

Du kennst schon *Alarmschaltungen* mit „Gedächtnis". Mit ihnen kann man z. B. eine Information wie diese speichern: „Jemand hat heimlich die Kellertür geöffnet und danach wieder geschlossen."

Als wichtigstes Bauteil einer solchen Alarmschaltung hast du ein Relais benutzt (→ S. 55).

Relais sind jedoch teuer und groß; Transistoren dagegen sind preiswert und klein.

Man braucht allerdings *zwei* Transistoren zum Aufbau einer Alarmschaltung, die man nicht „zurücksetzen" kann.

Eine solche Alarmanlage zeigen die Bilder 1–3.

So funktioniert die Schaltung

Wenn man in Bild 2 den Taster 2 schließt, sind Basis und Emitter des Transistors T2 direkt miteinander verbunden. Die Spannung U_{BE} beträgt 0 V; durch T2 fließt kein Steuerstrom. Der Transistor T2 sperrt; *der Summer ertönt nicht*.

Der Transistor T1 dagegen leitet: Da T2 sperrt, liegt die gesamte Spannung der Energiequelle an T2. Über den Summer fließt daher ein kleiner Strom durch den Widerstand R_1 sowie über Basis und Emitter von T1. Dies ist der Steuerstrom von T1. Der Transistor T1 wirkt wie ein geschlossener Schalter: *Die Leuchtdiode leuchtet*.

Wenn man den Taster 2 wieder loslässt, sperrt der Transistor T2 weiterhin: Seine Basis und sein Emitter sind immer noch über R_2 und den leitenden Transistor T1 miteinander verbunden.

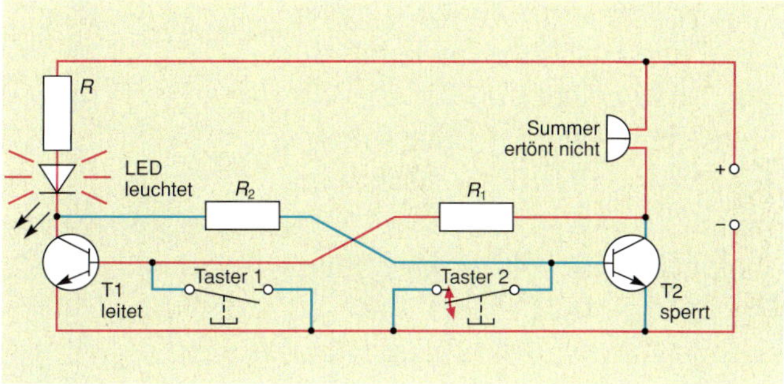

2

Durch T2 fließt daher auch jetzt kein Steuerstrom. *Die Schaltung befindet sich in einem stabilen Zustand.*

So kippt die Schaltung

Nun wird der Taster 1 kurz betätigt (Bild 2). Dadurch sind Basis und Emitter des Transistors T1 miteinander verbunden. Die Spannung U_{BE} beträgt 0 V; der Transistor T1 sperrt; *die LED geht sofort aus …*

Was daraus folgt, lässt sich auf die gleiche Weise wie oben beim Transistor T2 erklären. *Die Schaltung „kippt" in ihren zweiten stabilen Zustand.*

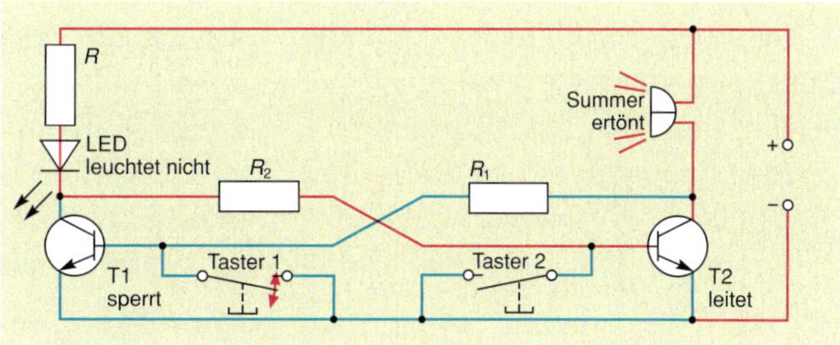

3

Die bistabile Kippschaltung

So nennt man die oben beschriebene Schaltung. Elektroniker haben ihr einen Namen mit mehr Klang gegeben: **Flipflop**. In diesem Wort hört man geradezu das „Umkippen" der Schaltung.

Flipflops sind von großer Bedeutung in der Computertechnik. Das Flipflop stellt nämlich ein „Gedächtnis" dar: In unserem Beispiel „speichert" es, ob man den Taster 1 betätigt hat – ob also das Alarmsignal eingeschaltet oder „gesetzt" wurde (engl. *set*).

Mit Hilfe von Taster 2 kann das Signal „zurückgesetzt" werden (engl. *reset*).

Kippschaltungen sind die kleinsten „Gedächtniszellen" von Computern. Sie können speichern: „Signal gesetzt" (ja oder 1) oder „Signal nicht gesetzt" (nein oder 0). Eine solche „Ja/Nein"-Möglichkeit bezeichnet man als **1 Bit** (Einheit: 1 bit).

In einem Speicher, der die Größe von 8 Bit hat, kann man gerade ein Zeichen einer Schreibmaschine speichern: Jeweils 8 Bit nennt man **1 Byte**.

64348

Bauanleitung:
Wir bauen einen „Stresstester"

Das in Bild 1 gezeigte Flipflop kann auch für verschiedene Spiele benutzt werden, weil es durch seine „Gedächtnis"-Schaltung mogelsicher ist. Ein solches Spielzeug ist z. B. der Stresstester (Bilder 4 u. 5).

Die Schaltung ist die gleiche wie in Bild 2. Der Summer wurde durch eine „nervenschonende" Leuchtdiode ersetzt. Ein Drahtring und ein gebogenes oder gewundenes Drahtstück bilden den „Taster 1".

Wenn sich die beiden Drähte berühren, kippt die Schaltung. Mit „Taster 2" wird ein RESET bewirkt (Bild 4).

Und so wird gespielt: Man fasst die beiden Kupferdrähte an den Isolierstücken an und versucht, den Ring möglichst weit über den gebogenen Draht zu bewegen – ohne den Draht mit dem Ring zu berühren.

Wer mit dem Ring das Drahtende erreicht, ohne dass die LED aufleuchtet, hat eine ruhige Hand – und wahrscheinlich gerade keinen Stress.

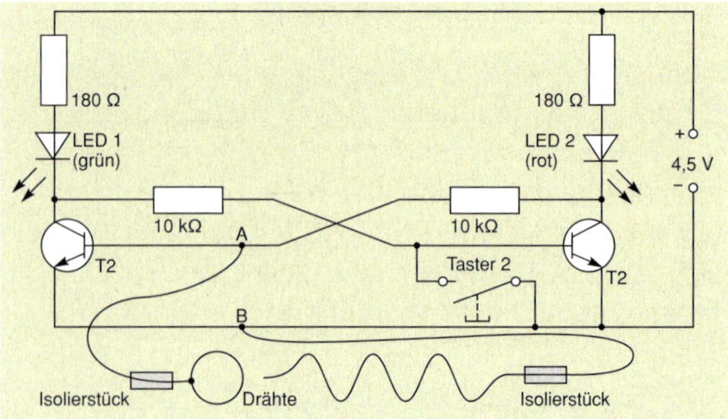

4

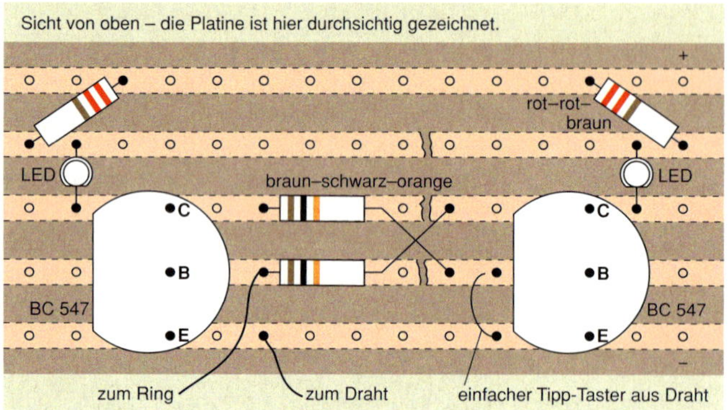

5

A1 *Welcher der Taster in Bild 2 löst den Alarm aus?*

A2 *Erkläre den Begriff „bistabile Kippschaltung".*

A3 *Schreibe ausführlich auf, wie das Flipflop (Bild 3) nach Betätigung des Tasters 1 kippt.*

A4 *Warum können bei einem Flipflop nach Bild 4 niemals beide Transistoren gleichzeitig durchsteuern, also beide LEDs gleichzeitig leuchten?*

A5 *Laura erzählt ihrem Vater, was sie heute im Informatikunterricht gelernt hat: „Um einen Buchstaben, eine Ziffer oder ein anderes Zeichen zu speichern, benötigt der Computer 1 Byte Speicherplatz. Ein R sieht z. B. so aus 0101 0010; hat also 8 Bit".*

„Und was ist ein Bit?", möchte ihr Vater wissen. Welche Erklärung würdest du geben?

A6 *„Ein Einbrecher öffnet gerade das Garagentor." Diese Information erregt besondere Aufmerksamkeit, wenn dadurch ein Blinklicht eingeschaltet wird.*

Das **Blinklicht** *gehört zu den „unstabilen" Kippschaltungen. Als wichtigsten Unterschied zum Flipflop erkennst zwei Kondensatoren (Bilder 6 u. 7) im Schaltplan des Blinklichts. Baue es auf.*

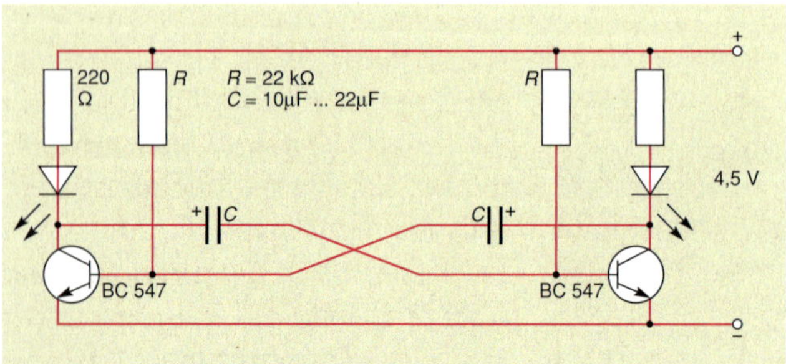

6

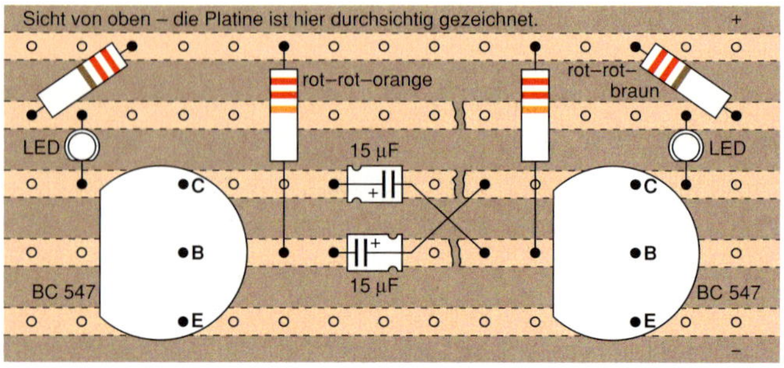

7

Schallplatte und CD als Informationsspeicher

Aus der Geschichte: So fing es an mit der Schallplatte

1

Solche **Tonschreiber** baute *Thomas Alva Edison* vom Jahr 1878 an.

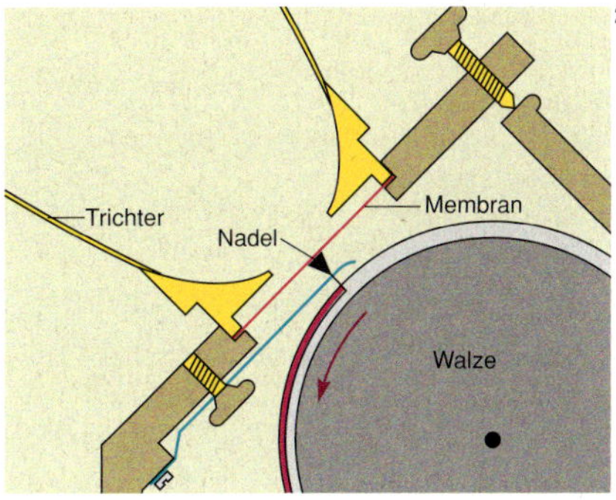

2

Wenn jemand in den Schalltrichter des Tonschreibers hineinsprach, geriet eine Membran zusammen mit einer Nadel ins Schwingen. Die Schallschwingungen wurden in Auf- und Abbewegungen der Nadel umgesetzt. Wurde die *Wachswalze* mit einer Kurbel gleichmäßig gedreht, so schnitt die Nadel eine Rille in das weiche Wachs (max. 0,003 mm tief).

Die Tiefe der Rille änderte sich genau im Rhythmus der Schallschwingungen *(Tiefenschrift)*.

Edisons Phonograph war nur als *Diktiergerät* für Büros gedacht. Die Walzen hatten eine Spieldauer von nur zwei Minuten. Sie wurden nach der Wiedergabe mit einem Messer glatt gestrichen und so gelöscht – bis zum nächsten Diktat.

3

1887 meldete *Emil Berliner* ein solches **Grammophon** und eine **Schallplatte** zum Patent an .

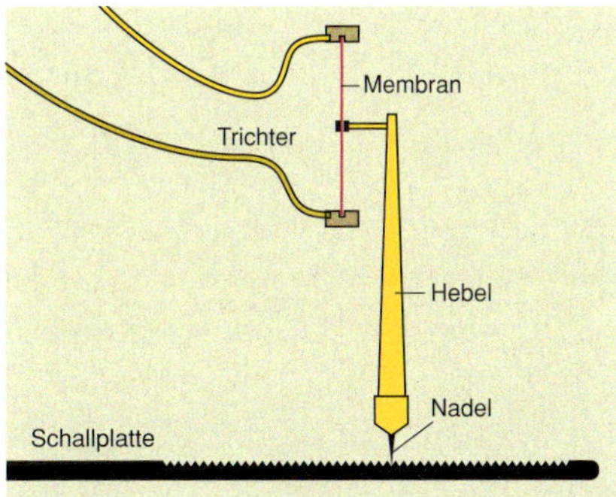

4

Bei der Tonaufnahme wurde die Nadel des Grammophons von einer Membran seitlich bewegt *(Seitenschrift)*. Zur Tonwiedergabe wurde ebenfalls eine Stahlnadel benutzt. Die Nadel nutzte sich schnell ab und wurde nach jedem Abspielen ausgewechselt.

Die ersten Schallplatten waren aus einem besonderen Lack hergestellt *(Schellack)*. Später presste man die Rillen in *Kunststoff*. Außerdem wurden die Nadeln durch Diamanten ersetzt, sodass sie nun viele hundert Abspielstunden lang hielten.

Hinzu kamen elektronische Verstärker für fast beliebige Lautstärken. Die Schallplatten (mit Spielzeiten von bis zu 30 Minuten pro Seite) wurden mit den Konzerten berühmter Musiker bespielt.

A1 *Wie stellte man bei den Geräten der Bilder 1 u. 3 Lautstärke und Abspielgeschwindigkeit ein?*

A2 *Schallplatten nutzen sich bei jedem Abspielen etwas ab (Bild 5). Suche dafür eine Begründung.*

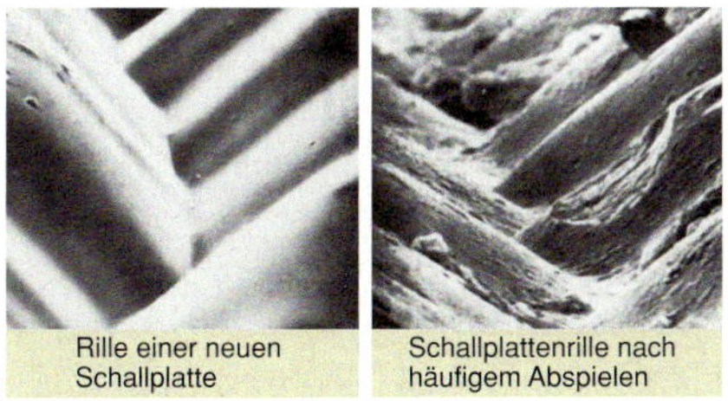

5 Rille einer neuen Schallplatte — Schallplattenrille nach häufigem Abspielen

A3 *Sogar Stahlnadeln und Diamanten nutzen sich beim Abspielen ab, obwohl sie viel härter sind als die Schallplatten. Ähnliches zeigt sich auch beim Bohren und Hobeln von Holz. Was ist dabei ähnlich?*

63902

Aus der Technik: Die CD – Musik aus Nullen und Einsen

6

Bild 6 zeigt (4000fach vergrößert) einen Ausschnitt aus einer CD.
Du erkennst verschieden geformte „Löcher" *(Pits)*.
Alle Pits sind gleich tief (0,0001 mm), aber unterschiedlich lang.

Schon seit vielen Jahren hat die **CD** (engl. *compact disc:* Kompaktschallplatte) die kratzempfindlichen Scheiben aus schwarzem Kunststoff abgelöst.

Wie ist in den Pits einer CD (Bild 6) die Musik gespeichert? Dafür wenden die Techniker einen Trick an: *Die Schallschwingungen werden in Zahlen umgewandelt, die nur aus Nullen und Einsen bestehen.*

Du kannst dir diesen Vorgang stark vereinfacht so vorstellen: Nimm an, Bild 7 zeigt – auf Millimeterpapier gezeichnet – einen Ausschnitt aus dem Schwingungsbild einer Blockflöte. (Eine solche Kurve nennt der Fachmann ein *analoges Signal.*) Die Höhe der Kurve wird nun in gleichen Zeittakten gemessen. Die Messungen erfolgen immer in ganzen Millimetern, Zwischenwerte sind nicht zugelassen. Zum Zeitpunkt A beträgt hier die Höhe 31 mm, bei B 22 mm, bei C …

Diese (Dezimal-)Zahlen werden in *Dualzahlen* umgewandelt (→ Tabelle rechts): Aus 31 wird dann die Dualzahl 011111, aus 22 die Dualzahl 010110.

Die mit der Flöte erzeugten Schallschwingungen können dadurch in eine Folge von Nullen und Einsen verwandelt werden. Diese lassen sich alle hintereinander auf einer Kunststoffscheibe speichern. Für jede Eins könnte man *ein* Pit hineinpressen, für jede Null *kein* Pit.

In Wirklichkeit ist die Speicherung der Musik auf einer CD allerdings viel komplizierter: Die Amplituden der Schwingungen werden z. B. in jeder Sekunde 44 100-mal gemessen und die Messwerte sind 16-stellige Dualzahlen.

Später beim Abspielen der CD gibt es noch mehrere Möglichkeiten zur **Fehlerkorrektur**: Wenn an verkratzten Stellen Dualzahlen unlesbar sind, berechnet der CD-Player die fehlenden Zahlen.

Beim Abspielen tastet ein *Laserstrahl* von unten die verspiegelte CD ab. Das Gerät „merkt", ob der Strahl ein Pit trifft oder nicht. Aus dem *digitalen Signal* wird wieder die ursprüngliche Schwingungskurve berechnet und dann der Flötenton elektronisch erzeugt – fast originalgetreu (→ auch S. 66).

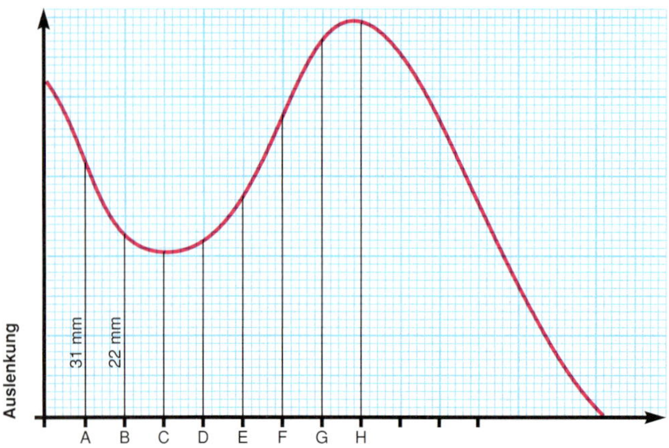

7 Zeitpunkte

A4 *Miss die Höhe der Kurve in Bild 7 zu den Zeitpunkten C bis H (in Millimetern).*
Wandle die Messwerte in Dualzahlen um.

A5 *Ergänze die Tabelle rechts um drei weitere Dualzahlen.*

A6 *Welche Vorteile hat eine CD gegenüber alten Schallplatten?*

Dezimalzahl	Dualzahl
0	000000
1	000001
2	000010
3	000011
4	000100
5	000101
6	000110
7	000111
8	001000
9	001001
10	001010
11	001011
12	001100
13	001101
14	001110
15	001111
16	010000
17	010001
18	010010
19	010011
20	010100
21	010101
22	010110
23	010111
24	011000
25	011001
26	011010
27	011011
28	011100
29	011101
30	011110
31	011111
32	100000
33	100001
34	100010
35	100011
36	100100
37	100101
38	100110
39	100111
40	101000
41	101001
42	101010
43	101011
44	101100
45	101101
46	101110
47	101111
48	110000
49	110001
50	110010

Daten umwandeln und verarbeiten

Tonsignale sehen – Lichtsignale hören

In allen Diskotheken (Bild 1) gibt es *Lichtorgeln*. Sie lassen die Glühlampen in den Scheinwerfern genau im Takt …

1

… der Musik aufleuchten und flackern. Hier kann man also **Tonsignale sehen**.

V1 *Die Tonsignale eines Radios werden untersucht (Bild 2). Wir benötigen einen passenden Stecker für den Ausgang des Radios (Anschluss für Kopfhörer). Damit wird der Telefonhörer angeschlossen.*
Schaltet man ein Oszilloskop zum Hörer parallel, werden die schnellen Spannungsschwankungen des Tonsignals sichtbar.
Handelt es sich um eine Gleich- oder Wechselspannung? Woran kannst du laute, leise, hohe und tiefe Töne erkennen?

V2 *In Bild 3 ist dargestellt, wie du mit der Transistor-Grundschaltung (→ S. 72) eine Mini-Lichtorgel aufbauen kannst.*
Stelle am Radio eine Sendung ein, in der ganz leise gesprochen wird. Der Transistor verstärkt die schwachen Eingangssignale. Im Telefonhörer, der zu der LED im Laststromkreis parallel geschaltet ist, kannst du die Sendung laut und deutlich hören.
Entferne den Hörer aus der Schaltung. Was ist jetzt an der Leuchtdiode zu beobachten?

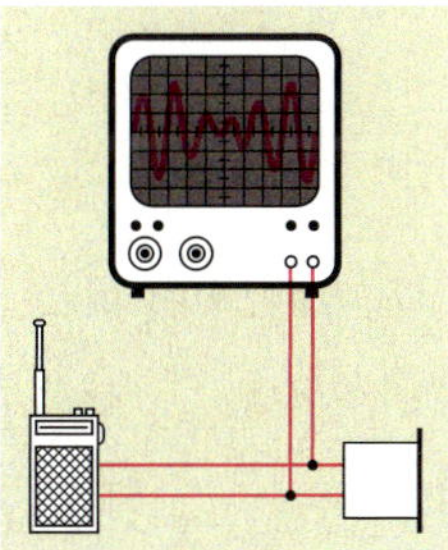
2

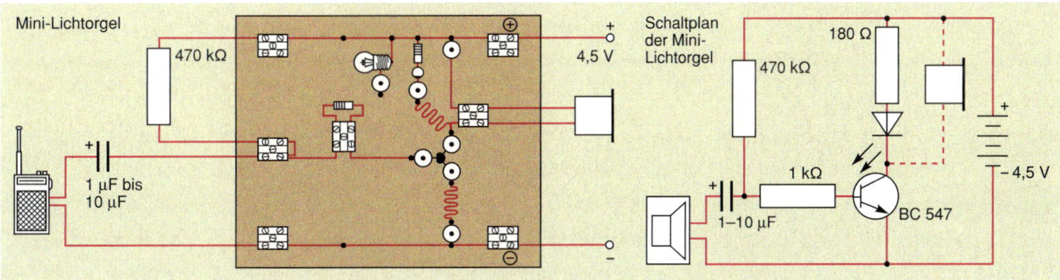

3

Info: Ein Kondensator im Wechselstromkreis

Welche Aufgabe hat der Kondensator in der Schaltung von Bild 3?

Er „trennt“ den Gleichstrom der Transistorschaltung vom Radio: Die Kondensatorplatten sind ja durch eine isolierende Schicht voneinander getrennt und lassen keinen *Gleichstrom* durch.

Er „verbindet“ aber die Transistorschaltung mit dem *Wechselstrom* der Tonsignale vom Radio. In Wirklichkeit fließen ja die Elektronen nicht „durch“ den Kondensator, sondern sie laden und entladen ihn nur im schnellen Wechsel.

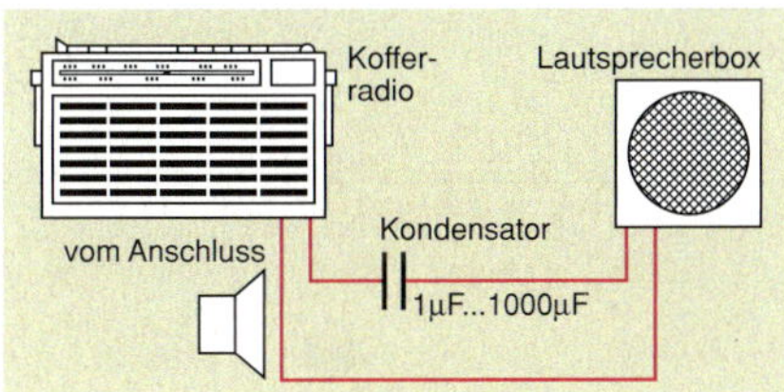

4

Die Elektronen pendeln dabei hin und her; dadurch kommt es in den Zuleitungen zum Kondensator zu einem Wechselstrom.

Dass Kondensatoren für Wechselstrom scheinbar durchlässig sind, zeigt auch ein **Versuch** nach Bild 4.

63302

Um **Lichtsignale hören** zu können, benötigen wir die Mini-Lichtorgel von Versuch 2. Im Flackern der Leuchtdiode stecken nämlich Informationen über die vom Radio kommenden Tonsignale (Bild 3). Ob man diese Informationen aus dem Flackern des Lichts zurückgewinnen kann?

V3 *Du brauchst zusätzlich eine zweite Transistor-Grundschaltung (→ S. 72).*

a) *Baue damit einen lichtempfindlichen Empfänger auf (Bild 5).*

b) *Jetzt musst du das Zimmer abdunkeln und das Licht ausschalten.*

c) *Stelle am Radio eine geringe Lautstärke ein. Die Leuchtdiode der Mini-Lichtorgel scheint für unser Auge immer gleich hell zu leuchten – ohne zu flackern. Verstelle das Potentiometer der Empfängerschaltung so lange, bis ihre LED gerade erlischt.*

d) *Nähere den Fotowiderstand des Empfängers der Leuchtdiode auf der Mini-Lichtorgel, bis du ihre „Sendung" empfängst.*

- *Wie lässt sich die Übertragung unterbrechen?*
- *Welche Töne werden nicht so gut übertragen?*
- *Beschreibe die Aufgabe aller in der Schaltung von Bild 5 benutzten Bauteile.*

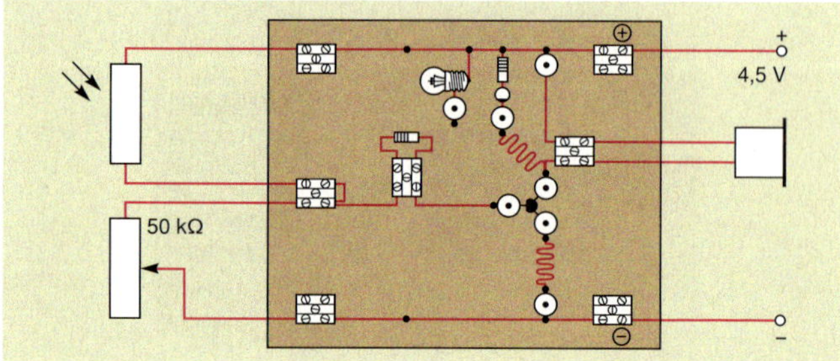

5

V4 *Die Übertragung von Tönen mit Lichtsignalen lässt sich verbessern, wenn du statt des Fotowiderstands eine* ***Fotodiode*** *(→ unten) verwendest. Beachte, dass sie immer in Sperrrichtung eingebaut werden muss. Die LED beim Empfänger leuchtet nicht, solange kein Licht auf die Fotodiode fällt.*

Du kannst zwischen Lichtsender und Lichtempfänger sogar ein aus Glasfasern bestehendes ***Lichtleiterkabel*** *einsetzen (Bild 6).*

V5 *Benutze die Fernbedienung eines Fernsehers oder Rekorders als Sender für „unsichtbares" Licht. Wie reagiert der Lichtempfänger aus Bild 6 auf die unsichtbaren infraroten Signale?*

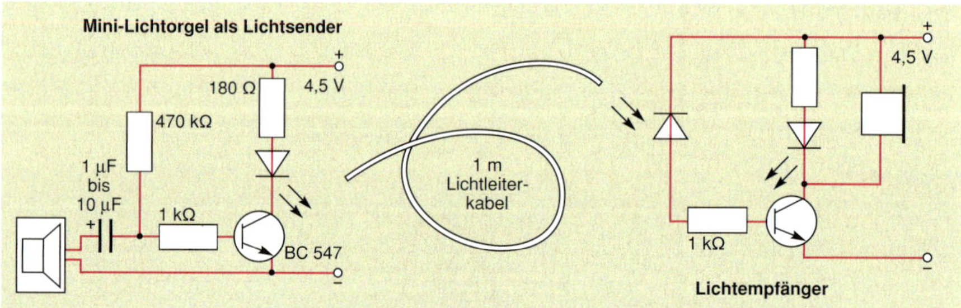

6

Info: Die Fotodiode

Links in Bild 7 siehst du die lichtempfindliche und bläulich schimmernde Fläche einer Fotodiode.

Fotodioden werden stets mit „falscher" Polung in Stromkreise eingebaut, also in Sperrrichtung. Sie sperren jedoch nicht immer, sondern nur im Dunkeln.

Wenn Licht auf die Fotodiode fällt, wird sie zum Leiter (Bild 7, rechter Teil). Die Fotodiode verhält sich dann ähnlich wie ein Fotowiderstand (LDR).

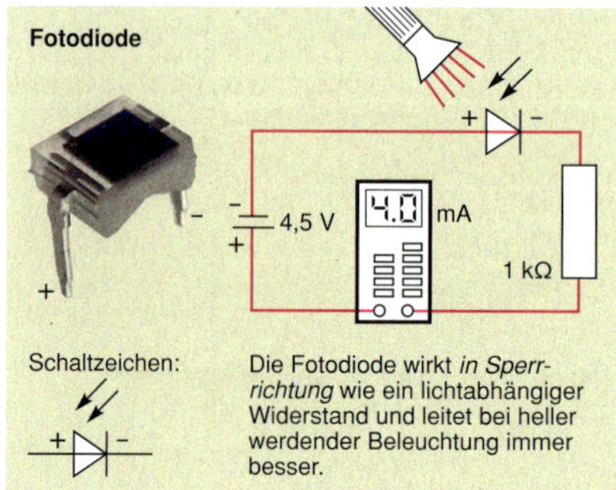

Die Fotodiode wirkt *in Sperrrichtung* wie ein lichtabhängiger Widerstand und leitet bei heller werdender Beleuchtung immer besser.

7

Ein Fotowiderstand ändert jedoch seinen elektrischen Widerstand bei schwankender Helligkeit nur langsam.

Dagegen reagiert eine Fotodiode auf Helligkeitsänderungen blitzschnell.

Analog – digital – binär[Z]

1

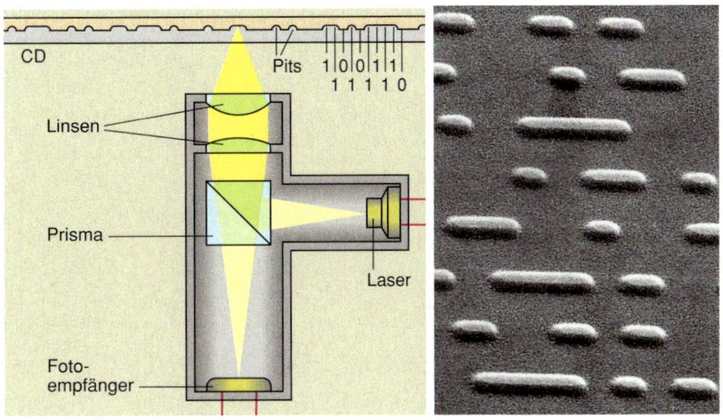

2

Anja singt in ein Mikrofon.
Dabei entstehen elektrische Signale (Bild 1).
Auf einer CD sind sie mit Hilfe winziger „Löcher" gespeichert (Bild 2).

Info: Analoge, digitale und binäre Signale

Das Oszilloskop zeigt den Verlauf der Spannung am Mikrofon an (Bild 1). Wird die Stimme lauter, so wird die Schwingungskurve auf dem Bildschirm höher. Nimmt die Tonhöhe zu, rücken die „Wellen" der Kurve enger zusammen.

Die Signale von Bild 1 sind Beispiele für **analoge Signale** (von griech. *analogos:* entsprechend). Sie ändern sich nämlich „entsprechend" der Stimme: Wenn sich die Tonhöhe und die Lautstärke *stufenlos* ändern, weist auch der Signalverlauf keine Sprünge auf.

Bild 3 zeigt den Ausschnitt aus einer solchen Tonschwingung. Die „Höhe" der Kurve kann in gleichen Zeitabständen elektronisch gemessen werden (z. B. 44 100-mal je s für eine CD-Aufnahme). Durch die taktweise Messung wird das analoge Signal nicht exakt erfasst; alle Messungen gemeinsam ergeben nämlich später nicht die ursprüngliche Signalkurve, sondern einen *stufenförmigen* Signalverlauf.

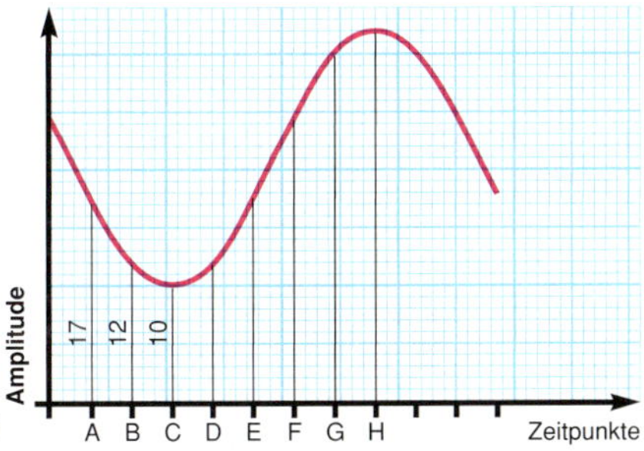

3

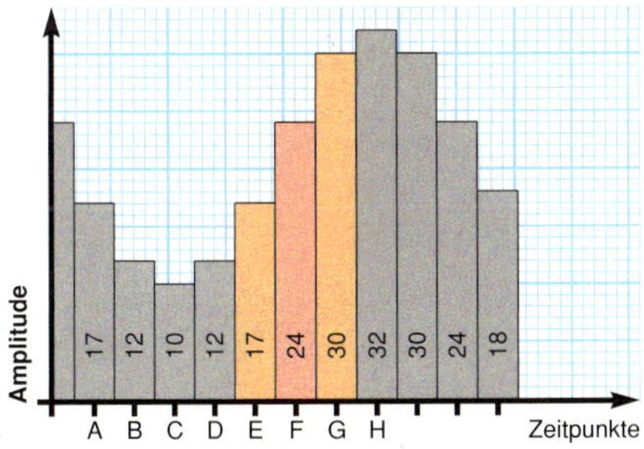

4

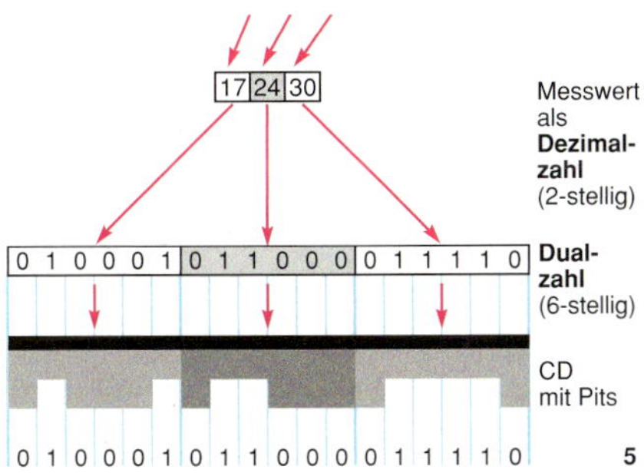

5

Bild 4 zeigt ein solches Signal vereinfacht. Der Fachmann nennt es ein **digitales Signal**.

Das lateinische Wort *digitus*, von dem das abgeleitet ist, heißt Finger. Kinder benutzen ihre Finger zum Zählen. Auch Erwachsene zeigen im Ausland mit den Fingern, ob sie z. B. drei oder vier Mangofrüchte kaufen wollen. Geknickte Finger für $3^1/_2$ oder $3^1/_4$ benutzt man nicht; sie würden nur Verwirrung stiften. Als Zeichen verwendet man nur ganze Finger.

Beim Ausmessen der Säulenhöhen von Bild 4 ist es ähnlich: Für die Amplitude sind nur *ganze* Zahlen erlaubt, keine mit Kommastellen. Wie Bild 4 auch zeigt, müssen bei einem digitalen Signal nicht alle Stufen gleich hoch sein, es gibt z. T. große Sprünge.

Das digitale Signal kann noch weiter umgewandelt werden: Die Messwerte werden nun nicht als Dezimalzahlen ausgegeben, sondern als **Dualzahlen** (Bild 5). Die

62380

nebeneinander geschriebenen Werte der Messungen bestehen nur noch aus vielen Nullen und Einsen, also aus nur *zweierlei* Zeichen. Ein solches Signal nennt man ein **binäres Signal** (vom lateinischen *bi-:* zweifach) oder **Bit** (von engl.: *binary digit*).

Vereinfacht kann man sich das weitere Vorgehen zur Musikspeicherung auf einer CD so vorstellen:

Für jede Eins wird in eine Scheibe aus Kunststoff ein winziges „Loch" geprägt. Es ist nur 0,0001 mm tief und erst unter speziellen Mikroskopen sichtbar. Für Nullen werden keine Löcher geprägt. Die Dualzahl 111111 ergibt ein „langes" Loch (Bild 2). Die Dualzahlen für eine echte CD-Aufnahme sind 16-stellig. Wenn der Laser später von unten her diese Dualzahl gelesen hat, wird daraus wieder das digitale Signal errechnet (Bild 4). Dann wird die stufenförmige Kurve „geglättet". Der Lautsprecher sendet am Ende ein analoges Signal wie in Bild 3 aus.

Nach dieser mehrfachen Signalumwandlung hörst du die Musik in bester Tonqualität – auch wenn die CD schon viele Male abgespielt wurde oder wenn sie inzwischen leicht verkratzt ist.

Aus der Technik: Digital in die Zukunft

Wer steht schon gerne aus dem Sessel auf um am Fernsehgerät das Programm einzustellen? Fernsehapparate, Videorekorder und Hi-Fi-Geräte haben daher **Infrarot-Fernbedienungen** (Bild 6).

Fernbedienungen enthalten Leuchtdioden, die infrarote (für uns unsichtbare) Lichtblitze ausstrahlen. Ein einzelner Blitz dauert nur 0,0006 s.

Die modernen Fernbedienungen blinken 16-stellige Hell-Dunkel-Folgen (Bild 7). Die kodierten Befehle für einen Videorekorder sehen als Dualzahlen z. B. folgendermaßen aus:

Vorlauf:	1000001011111111
Wiedergabe:	0000000101111111
Standbild:	1000000111111111
Stopp:	0000000001111111

In einer 16-stelligen Dualzahl (= 16 bit) können über 60 000 verschiedene Befehle kodiert werden. Wenn man eine Taste längere Zeit drückt, wird der kodierte Befehl elfmal pro Sekunde wiederholt.

Zum Empfang der gesendeten Befehle dient ein Fototransistor im Videorekorder (oder Fernseher). Die Bauteile reagieren auf die Befehle und wandeln sie wieder in elektrische Signale um. Eine elektronische Schaltung entschlüsselt die kodierten Informationen und überprüft sie auf Fehler. Danach führt sie die Befehle aus: Vorlauf, Wiedergabe, Standbild ... Der große Vorteil der Digitalisierung liegt darin, dass man die 0-1-Signale (die **Bits**) leicht übertragen und speichern kann.

Außer den eigentlichen Dualzahlen werden z. B. auch deren Quersummen mit übertragen. Tritt dann später beim Lesen der Informationen ein Fehler auf, kann man die richtige Dualzahl wieder aus der Quersumme errechnen. Diese Möglichkeit der **Fehlerkorrektur** nutzen heute schon CD-Player, Faxgeräte, Computermodems, Handys ...

Bald wird die gesamte Informationsübertragung *digital* ablaufen: Telefongespräche, Texte, Bilder, Filme, Radio, Fernsehen, Tele-Einkauf ...

Eine solche Übertragung vieler binärer Signale gleichzeitig erfolgt *schnell, störungsfrei* und *abhörsicher* über Laser-Lichtblitze in **Glasfaserleitungen**.

6

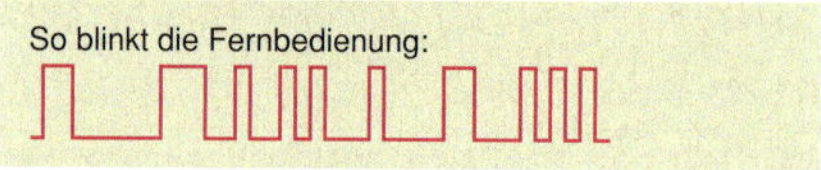

7

A1 *Auf Schallplatten ist die Musik analog gespeichert, auf CDs digital. Wo liegt der Unterschied?*

A2 *43 % der auf einer CD gespeicherten Informationen haben nichts mit der Musik zu tun. Viele dienen nämlich nur der „Fehlerkorrektur". Erkläre!*

A3 *Unsere Dezimalzahl 62 sieht als Dualzahl so aus: 111110. Wie sähen die Zahlen 63 und 64 aus?*

A4 *Schreibe auf, welche Geräte in eurer Wohnung oder eurem Haus heute schon mit digitalen Signalen arbeiten.*

Computer – „schnelle, schlaue Dummköpfe“?[Z]

Zahlen kodieren für den Computer

„Taschenrechner und Computer sind viel dümmer als Menschen, sie können ja nicht mal bis zwei zählen.“ Diese Aussage stimmt in gewisser Weise, denn tatsächlich benutzt der Rechner niemals die Ziffer 2. Er kennt nämlich nur die beiden Ziffern 0 und 1.

Das ist für den Rechner sehr vorteilhaft, denn er kann diese beiden Ziffern leicht und eindeutig unterscheiden und sich deshalb auch nie verrechnen.

Die 0 bedeutet für den Rechner z. B.: „Nein, kein Signal, keine oder nur eine niedrige Spannung *(low)*, kein Strom.“

Die 1 bedeutet für ihn das Gegenteil: „Ja, Signal vorhanden, die Spannung ist hoch *(high)*.“

Den Platz, den ein Computer in seinem Speicher benötigt, um sich eine 0 *oder* eine 1 zu merken, nennt man ein **Bit** (engl. ***bi**nary digi**t***: binäre Ziffer). Soll der Rechner sich z. B. die Zahl 101001 merken, so belegt er damit in seinem „Gedächtnis“ sechs Bit Speicherplatz.

Wir Menschen rechnen bekanntlich mit **Dezimalzahlen** (10 Ziffern von 0 bis 9), weil wir 10 Finger haben. Alle Computer können aber nur mit den beiden Ziffern 0 und 1 rechnen (Bild 1). Solche Zahlen nennt man **Dualzahlen** (lat. *duo:* zwei).

Das Rechnen mit Dualzahlen ist deshalb so einfach, weil es dafür nur *wenige Rechenregeln* gibt (Bild 2). Wenn du z. B. mit „unseren“ Dezimalzahlen multiplizierst, hast du es dann sehr leicht, wenn einer der Faktoren zufällig 10 oder 100 oder 1000 ist. Du verschiebst dabei einfach die Stellen beim anderen Faktor, z. B.: 345 · 1000 = 345 000.

Ein Computer rechnet im Grunde genommen ähnlich. Er kann aber das „Verschieben der Stellen“ viel häufiger anwenden, z. B. auch bei der Aufgabe 17 · 32. Für ihn sieht sie allerdings so aus: 10001 · 100000 (Bild 3).

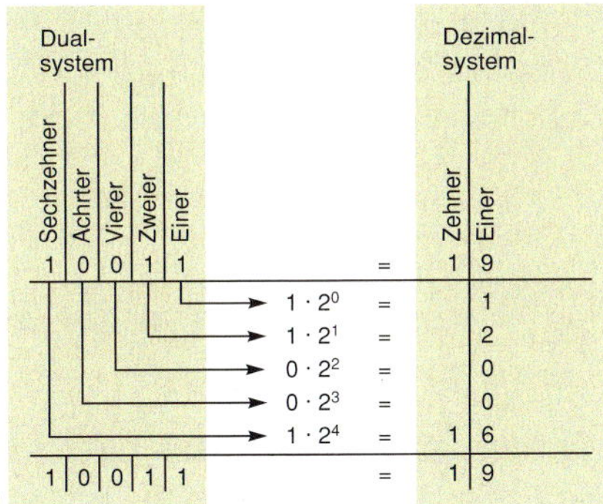

1

2

Rechnen durch
„Stellen verschieben“ im **Dezimalsystem**:
345 · 1000
Ergebnis: 345 000
↑ 10^3 = Tausender

Aufgabe im Dezimalsystem:
17 · 32
So lautet die gleiche
Aufgabe im **Dualsystem**:
1 0 0 0 1 · 1 0 0 0 0 0
Ergebnis: 1 0 0 0 1 0 0 0 0 0
2^9 = 512 ↑ ↑ 2^5 = 32
Ergebnis als Dezimalzahl: 544

3

Buchstaben kodieren für den Computer

Die ersten Computer waren reine Rechenmaschinen. Später fand man, dass es vorteilhaft wäre, sie auch zum Schreiben von *Texten* zu benutzen. Die Eingabe der Daten sollte über eine Tastatur wie bei einer Schreibmaschine erfolgen.

Im lateinischen Alphabet gibt es bekanntlich 26 Buchstaben, jeweils als Groß- und Kleinbuchstaben. Dazu kommen noch die 10 Ziffern und verschiedene Sonderzeichen wie z. B. Fragezeichen, Punkt, Komma, Wortzwischenraum, neue Zeile …

Man wählte zunächst sieben Bit als Speicherplatz für *ein alphanumerisches Zeichen* (das sind Buchstabe, Ziffer, Sonderzeichen). In diesen sieben Bit an Speicherplatz lassen sich nämlich 128 alphanumerische Zeichen unterbringen.

Auf den ersten Blick scheint das mehr als ausreichend zu sein. Allerdings gibt es in vielen Sprachen noch eine Reihe weiterer Sonderzeichen, im Deutschen etwa die Umlaute ä, ö und ü.

Außerdem ist die Zahl 7 ungerade und passt nicht so recht in das Dualsystem. Deshalb einigte man sich,

62382

für jedes Zeichen *acht Bit* zu reservieren.

Eine Gruppe von acht Bit bezeichnet man als ein **Byte** (sprich: *bait*). In jedem Byte kann *ein alphanumerisches Zeichen* gespeichert werden.

Du kannst dir die Vorgänge im Computer vereinfacht so vorstellen: Wenn du auf der Tastatur des Computers den Buchstaben B eintippst, wird das B im Computer in das Byte 01000010 kodiert. Man kann sagen: Der Computer öffnet sozusagen in seinem „Gedächtnis" eine Schublade, die acht gleiche Fächer enthält (Bild 4).

In jedes Fach „legt" er nun eine Null oder eine Eins: 01000010.

4

Buchstabe	ASCII-Kodierung
A	Ø1000001
B	Ø1000010
C	Ø1000011
D	Ø1000100
E	Ø10...........
a	Ø1100001
b	Ø1100010
c	Ø1100011

5

Die Schublade ist jetzt „voll" und wird „zugeschoben".

„Schaut" der Computer später in diese Schublade (= Speicheradresse) hinein, so findet er die Zeichenfolge 01000010.

Er dekodiert die Zeichen und gibt sie als B auf dem Monitor oder Drucker aus.

Weltweit durchgesetzt hat sich der **ASCII-Code** *(**A**merican **S**tandard **C**ode for **I**nformation **I**nterchange)*.

Im ASCII-Code belegt jedes Zeichen 1 Byte oder 8 Bit (Bild 5). Davon sind sieben Bit für den Code erforderlich; das achte Bit (Ø) kann als *Prüfbit* dienen um Übertragungsfehler zu erkennen.

Bilder kodieren in lauter Pixeln

Wenn du auf dem Computermonitor ein Bild mit der Lupe betrachtest, wirst du feststellen, dass es aus lauter winzig kleinen Punkten zusammengesetzt ist. Der Fachmann nennt einen solchen Bildpunkt **Pixel**.

Auch der etwas eckig geratene Elefant auf Bild 6 ist aus quadratischen Pixeln zusammengesetzt; sie sind entweder schwarz oder weiß. Das Bild besteht aus acht waagerechten Zeilen und acht senkrechten Spalten. Wenn man jedes einzelne weiße Quadrat mit einer Null kennzeichnet und jedes schwarze mit einer Eins, lässt sich das Elefantenbild zeilenweise in achtstellige Dualzahlen umwandeln.

Jede Zeile ergibt gerade ein Byte. In insgesamt acht Byte ist also das Elefantenbild kodiert. Es besteht aus 64 Pixeln.

Aus je mehr Pixeln ein Bild zusammengesetzt ist, desto weniger eckig wirkt es.

Computer erzeugen etwa eine Million Pixel auf dem Monitor. Wenn für jedes *einzelne* Pixel nur ein achtstelliges Byte reserviert ist, können damit schon 256 Farben dargestellt werden.

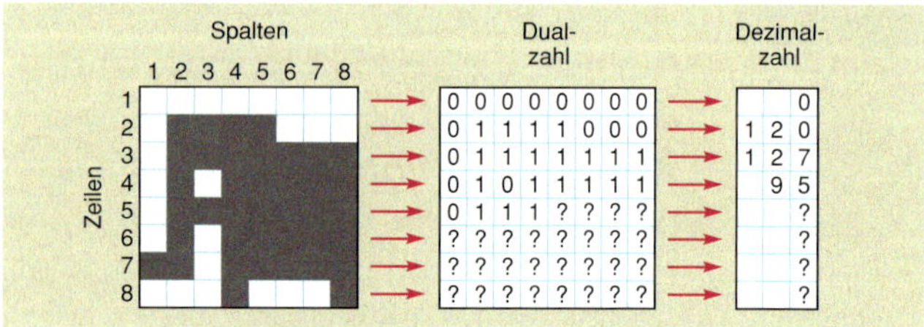

6

A1 *Der Computer auf Bild 2 rechnet: 1 + 1 = 10 …*
Erkläre das.

A2 *Wie rechnet ein Computer die Aufgabe 7 · 8 mit Dualzahlen?*

A3 *Ergänze zu Bild 5 jeweils drei weitere Buchstaben.*
Schreibe im ASCII-Code das Wort „Ade".

A4 *Erkläre den Unterschied zwischen einem Bit und einem Byte.*

A5 *Betrachte mit der Lupe das Bild eines Farbfernsehers.*
Was fällt dir auf?

A6 *In Bild 6 fehlen bei den Dezimalzahlen einige Werte.*
Ergänze die dort fehlenden Zeilen der Kodierung.

A7 *Unterteile ein Quadrat in 8 mal 8 gleich große Felder.*
Zeichne in dieses Quadrat ein Bild ein, das zeilenweise mit bestimmten Dualzahlen kodiert ist.
Die entsprechenden Dezimalzahlen dazu lauten:
199, 199, 239, 129, 71, 199, 215, 210.
Gib an, was auf dem Bild dargestellt ist.

Was macht ein Computer mit den Daten?[Z]

1 Dieser Prozessor kann in einer Sekunde 200 Millionen Rechenschritte erledigen.

2 Fertigungsanlage für die Herstellung von Chips: klimatisiert und vor allem staubfrei

3 Dieser RAM-Speicherchip für 64 MBit ist nur 10 mm x 18 mm groß.

Die Eingabe von Daten in einen Computer erfolgt über eine Tastatur, eine „Maus" oder einen Joystick – von einer Diskette, einer Festplatte oder einer CD-ROM. Die Dateneingabe kann auch über einen Scanner, eine Datenfernleitung oder einen Messfühler erfolgen.

Sämtliche Daten (Zahlen, Texte, Bilder, Videos) müssen an den Computer im **Dual-Code** geliefert werden; der Computer kennt ja nur die beiden Ziffern 0 und 1. Von diesen Nullen und Einsen kann er allerdings in jeder Sekunde mehrere Millionen verarbeiten – also mehrere MBit/s (sprich: *Megabit pro Sekunde*).

Zunächst legt der Computer die Flut von Dualzahlen in seinem Speicher unter bestimmten „Adressen" ab, damit er später jedes einzelne Bit wiederfinden kann. Man nennt einen solchen Speicher einen **RAM**-Speicher (engl. ***r**andom **a**ccess **m**emory:* Speicher mit wahlfreiem Zugriff). Der Inhalt eines solchen Speichers kann auf Wunsch auch gelöscht oder verändert werden.

Das Bauteil, das im Computer alle *Befehle* kennt und ausführt (z. B. „lies", „lösche", „addiere", „vergleiche"), ist der **Prozessor** (Bild 1). Dessen gesamtes Wissen steckt in einem **ROM**-Speicher (engl. ***r**ead **o**nly **m**emory*), den der Benutzer des Computers niemals löschen kann. Das ist auch gut so – sonst könnte ja die „schlaue" Kiste selbst ihre einfachen Rechenregeln vergessen (wie z. B. 1 + 1 = 10).

Die **Speicher** eines Computers – sein „Gedächtnis" – bestehen übrigens aus winzig kleinen Transistorschaltungen. Millionen Transistoren haben dabei Platz auf einem Schnipselchen (engl. *chip*; Bild 2), das kaum größer ist als ein Fingernagel (Bild 3).

Was der Prozessor mit den Daten machen soll, sagt ihm das jeweilige **Programm**, das gerade im Computer benutzt wird. *Die Daten können zum Beispiel mit anderen verglichen werden:* So erkennt der Computer Rechtschreib- und Trennungsfehler. *Die Daten können aber auch verändert werden:* So bekommen z. B. Flächen, die gezeichnet wurden, eine andere Farbe oder eine andere Form.

Aus bekannten Daten können neue berechnet werden: So können z. B. nach der Auswertung mehrerer realer Auto-Crashtests die Folgen eines Unfalls bei einer etwas veränderten Karosserieform vermutet werden. Die Autohersteller ersparen sich mit einer solchen **Simulation** viele neue Schrottautos.

A1 *Erkläre den Unterschied zwischen einem ROM- und einem RAM-Speicher.*

A2 *Man geht davon aus, dass eine Schreibmaschinenseite im Durchschnitt 2000 Buchstaben enthält (jeder benötigt 1 Byte = 8 Bit im Speicher).*
Wie viele Seiten passen in den „Chip" von Bild 3?

62384

Computer – Schaltstellen fürs Internet[Z]

Die ersten in Serie gebauten Computer der Welt (um 1970) waren reine Rechenanlagen und größer als Kleiderschränke. Sie wurden für militärische Zwecke und für Forschungsaufgaben an Universitäten eingesetzt.

Als Erstes kam das *Pentagon* (amerikanisches Verteidigungsministerium) auf die Idee, Computer miteinander zu *vernetzen* um das in den verschiedenen Rechnern gespeicherte „Wissen" zusammenzufassen. Bald waren 30 Rechner vernetzt. Erstmals wurden im Jahr 1972 zwischen ihnen elektronische Briefe *(E-Mails)* verschickt. Zum Empfangen braucht man eine *E-Mail-Adresse* und einen elektronischen Briefkasten, die *Mailbox*.

1973 kamen internationale Verbindungen nach England und Norwegen hinzu; bald verbanden sich auch andere Computernetze damit – das *Internet* entstand. Heute besteht das Internet aus 100 000 einzelnen Netzen in mehr als 100 Ländern.

Der bekannteste Teil des Internets ist das *WWW (world wide web)*. Das Besondere daran sind die Web-Seiten, auf denen man mit einem Mausklick markierte Bilder oder Begriffe, so genannte „**Links**" (engl. *Glieder*), auswählen kann um weitere Informationen zu bekommen.

So kann man ganz einfach von einer Web-Seite zur nächsten „surfen". Oft wird man dabei mit Computern am anderen Ende der Welt verbunden.

Das **Surfen** im Internet ist unabhängig von den dabei benutzten Computern. Es beruht auf einfachen, extra dafür entwickelten Programmiersprachen (wie z. B. HTML). Sie verbinden Texte mit Grafiken und lassen sie auf jedem Computer der Welt etwa gleich aussehen.

Die Daten werden im Internet nicht weitergeleitet wie ein Telefongespräch (auf einer dauernd bestehenden Verbindung). Vielmehr werden sie in viele einzelne *Datenpakete* zerlegt.

Diese Pakete (mit bis zu 1500 Byte Inhalt) laufen dann nacheinander einzeln zum Computer des Empfängers. Das geschieht oft sogar auf unterschiedlichen Wegen über Drahtleitungen oder per Funk. Im World Wide Web regelt ein besonderes Protokoll den Versand der Datenpakete – das *hyper text transfer protocol*, abgekürzt *HTTP*.

Die Verbindung vom Computer zum Internet stellt man über ein *Modem* oder einen *ISDN-Anschluss* her. Den Aufbau der Leitungsverbindung besorgt dann gegen Gebühr entweder ein *Online-Dienst* oder ein so genannter *Provider*.

A1 *Der Computer schafft neue Möglichkeiten der Kommunikation. Erkläre die Begriffe: E-Mail, Tele-Shopping, Tele-Arbeit, Tele-Banking, Tele-Jobsuche …*

A2 *Beschreibe das Prinzip des Internets anhand von Bild 4.*

A3 *http://www.schulweb.de*
Welche Infos gibt es hier wohl?

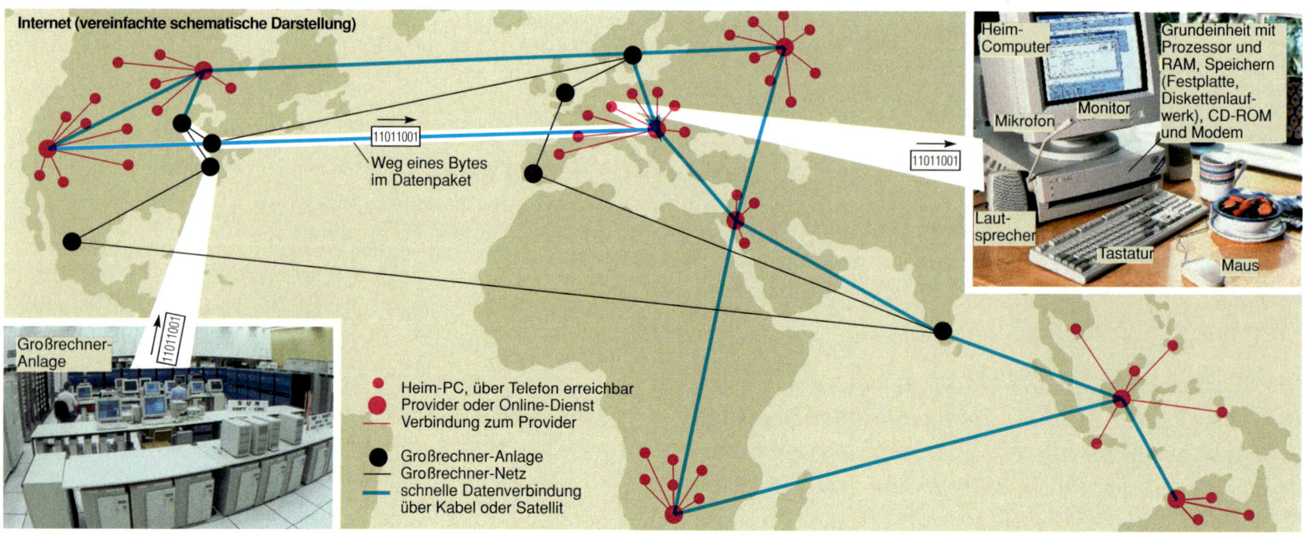

4

Projekt „Transistorschaltungen“

Eine Transistor-Grundschaltung

Bau der Transistor-Grundschaltung

Mit der Grundschaltung könnt ihr viele Versuche durchführen.

Materialien und Tipps:

Hinweise dazu findet ihr im Anhang dieses Buches.

So wird's gemacht:

① Befestigt 7 Lüsterklemmen, 7 Heftzwecken und 10 Lötnägel auf einem Holzbrett (18 cm · 15 cm).

② Stellt aus blankem Schaltdraht die (als rote Linien gezeichneten) Verbindungen her. Verschraubt oder verlötet sie mit den Klemmen, Heftzwecken oder Lötnägeln.

③ Lötet die Lampenfassung, die Leuchtdiode und ihren Schutzwiderstand $R_2 = 180\,\Omega$ fest (Bild 2).

④ Biegt die drei Beinchen des Transistors wie in Bild 3. Lötet ihn dann auf den Heftzwecken fest. (Sein „Gesicht“ mit dem Aufdruck muss nach links zeigen.)

Ein Transistor wird – wenn er zu heiß wird – zerstört. Deshalb solltet ihr ihn beim Löten mit einer Zange an einem Beinchen festhalten; dadurch wird die Wärme abgeführt.

⑤ Setzt den Schutzwiderstand $R_1 = 1\,\text{k}\Omega$ vor den Basis-Anschluss B des Transistors.

⑥ Verbindet die Lötnägel 1 und 2 mit einer flexiblen Leitung (X), die mit Steckschuhen versehen ist. Auch die Lötnägel 3 und 4 werden durch eine solche Leitung (Y) verbunden.

⑦ Befestigt nun die sechs flexiblen Anschlussleitungen. Mit Hilfe der Krokodilklemmen an ihren Enden könnt ihr die Schaltungen in den Versuchen schnell auf- und umbauen.

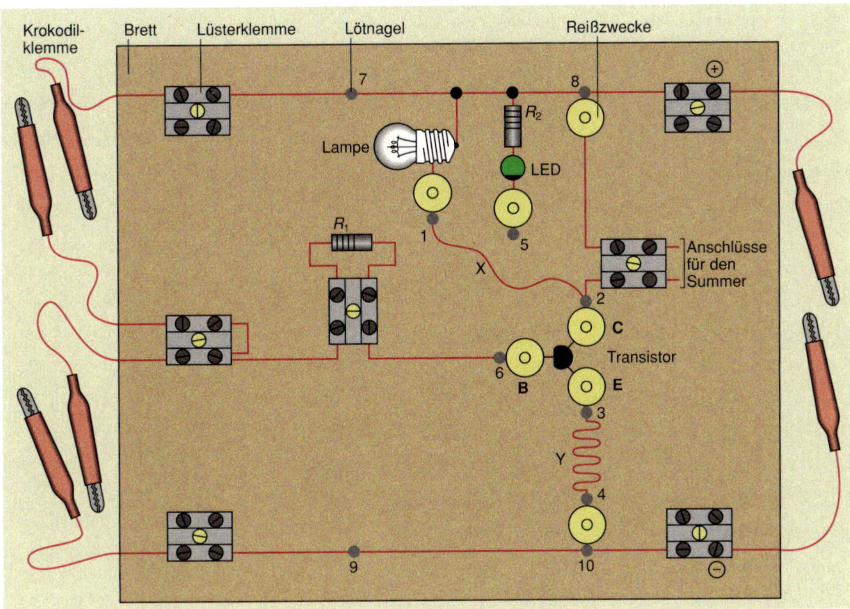

1

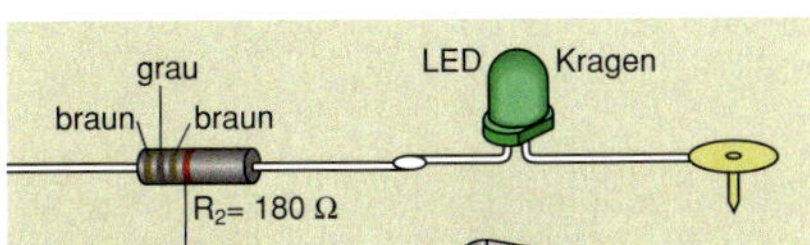

2

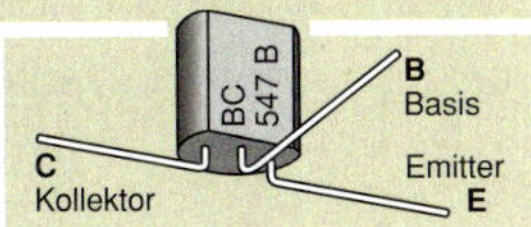

3

Test der Transistor-Grundschaltung

Schließt die fertige Transistor-Grundschaltung zum Funktionstest an eine 4,5-V-Batterie an. Wenn ihr eine zusätzliche 1,5-V-Batterie in die Strecke S einbaut, muss die Lampe aufleuchten (Bild 4).

Die 4,5-V-Batterie, die Lampe und der Transistor zwischen C und E bilden den ***Laststromkreis****. Der* ***Steuerstromkreis*** *besteht aus der anderen Batterie, dem Widerstand und dem Transistor zwischen B und E. Tragt die Begriffe in die Schaltskizze im Heft ein.*

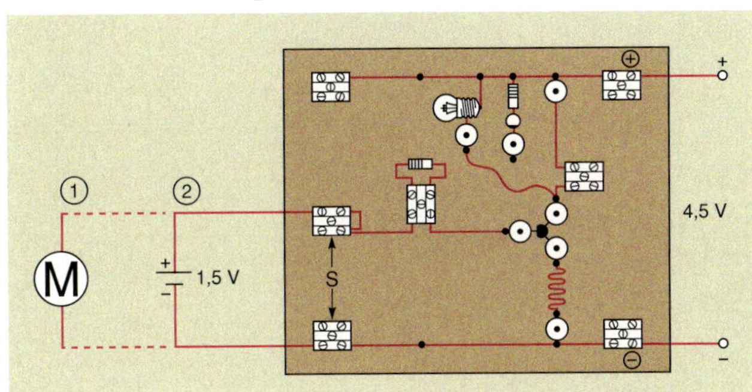

4

64340

Versuche mit der Transistor-Grundschaltung

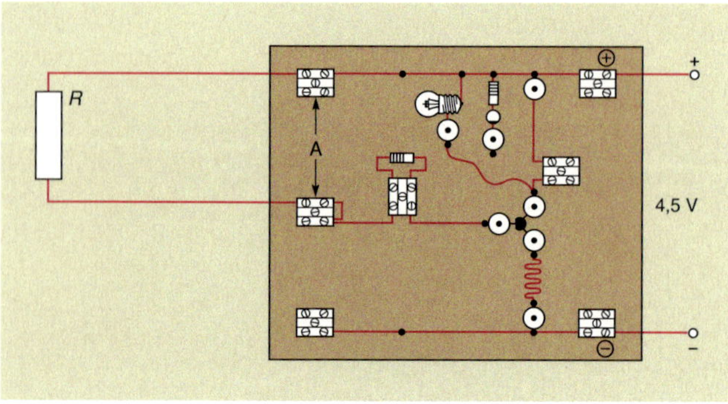

5

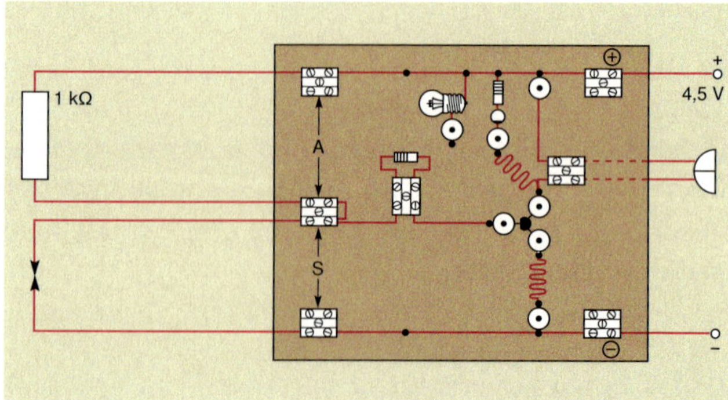

6

V1 *Mit einer neuen 1,5-V-Batterie in der Strecke S habt ihr die Schaltung getestet (Bild 4).*

a) *Gelingt euch der Versuch auch mit einer alten, bereits „erschöpften" 1,5-V-Batteriezelle?*

b) *Baut in die Strecke S einen kleinen Spielzeugmotor ein. Dreht seine Welle mit der Hand rechts- bzw. linksherum. (Der Motor wirkt hier als Dynamo und erzeugt eine elektrische Spannung.)*

Was für ein Ergebnis erhaltet ihr?

V2 *Für den Steuerstrom ist eine eigene Energiequelle nicht unbedingt erforderlich. Er kann auch von der „Hauptbatterie" des Laststromkreises angetrieben werden (Bild 5).*

a) *Baut dazu in die Strecke A unterschiedliche Widerstände R ein (100 Ω bis 1 MΩ). Verfolgt mit dem Finger Steuer- und Laststromkreis. Wo verzweigen und wo treffen sie sich?*

b) *Ersetzt die Glühlampe durch die Leuchtdiode und wiederholt die Versuchsreihe.*

Beschreibt den Unterschied.

V3 *Schließt im Laststromkreis parallel zur Leuchtdiode einen Summer an. Dabei müsst ihr die Polung des Summers beachten.*

Baut in die Strecke A einen Widerstand R = 1 kΩ ein. Verbindet die Klemmen von Strecke S im „Kurzschluss" miteinander (Bild 6).

Beschreibt eure Beobachtungen, wenn die Strecke S geöffnet oder geschlossen wird. Verfolgt in beiden Fällen den Steuerstromkreis.

Für welche Anwendung eignet sich die Schaltung?

V4 *Nun sollen in die Strecken A und S unterschiedliche Widerstandspaare eingebaut werden (Bild 7). Verwendet z. B. die Paare aus der folgenden Tabelle:*

R_1	1 kΩ	4,7 kΩ	1 kΩ	10 kΩ	4,7 kΩ	10 kΩ
R_2	4,7 kΩ	1 kΩ	10 kΩ	1 kΩ	10 kΩ	4,7 kΩ

Messt die Spannungen an den beiden Widerständen R_1 und R_2. Notiert, bei welcher Widerstandskombination die LED leuchtet. Was fällt euch auf?

V5 *Benutzt zur Spannungsteilung zwischen den Strecken A und S einen einstellbaren Widerstand (0–50 kΩ). Mit der Schaltung nach Bild 8 lässt sich die Helligkeit der Lampe oder der Leuchtdiode einstellen (wie mit einem Dimmer).*

Messt die Spannung U_{BE} zwischen Basis und Emitter. Wie hoch ist die „Schwellenspannung"?

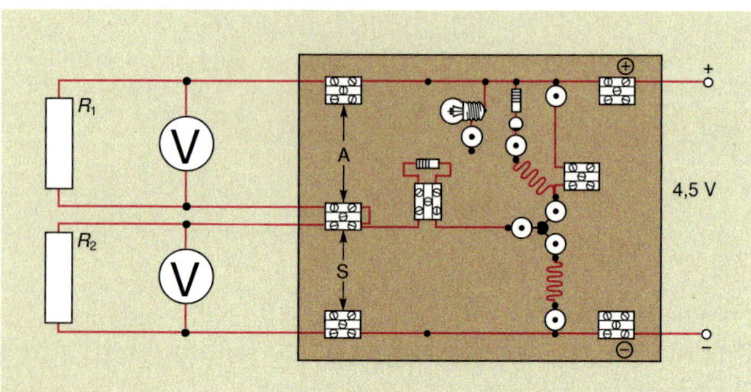

7

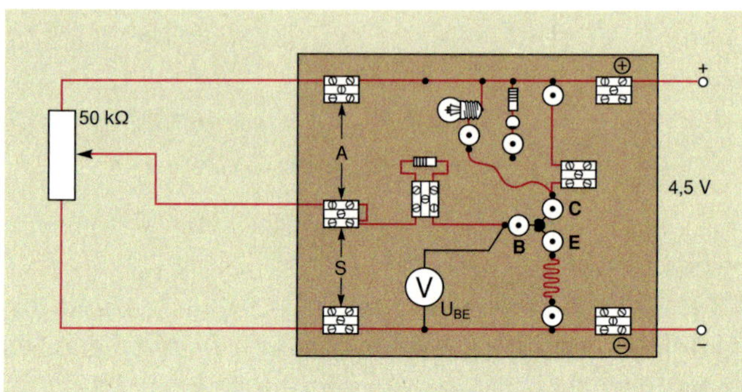

8

Der Transistor als Verstärker

Der Verstärkungsfaktor

V1 *Wir vergleichen in der Schaltung nach Bild 1 den Laststrom mit dem Steuerstrom.*

a) *Messt bei ganz schwach leuchtender Lampe die Stromstärke I_B im Steuerstromkreis. (Der Steuerstrom heißt auch „Basisstrom“; er fließt ja über die Basis des Transistors.)*

Bestimmt gleichzeitig die Stromstärke I_C im Laststromkreis (den „Kollektorstrom“).

b) *Berechnet anschließend das Verhältnis B dieser beiden Stromstärken:*

$$B = \frac{\textbf{Kollektor-Stromstärke}}{\textbf{Basis-Stromstärke}} = \frac{I_C}{I_B}.$$

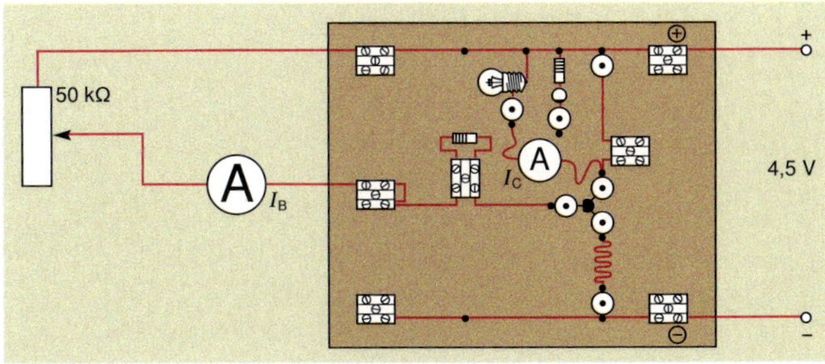

1

c) *Die Verhältniszahl B heißt* ***Verstärkungsfaktor der Schaltung.*** *Erklärt diesen Begriff.*

d) *Bestimmt den Verstärkungsfaktor, wenn die Lampe etwas heller leuchtet. Was fällt euch auf?*

Mehrfach verstärken: Die Darlington-Schaltung

Ihr könnt den Steuerstromkreis einer Transistor-Grundschaltung über euren Körper schließen. Dazu müsst ihr nur die Anschlüsse der Strecke A gleichzeitig mit beiden Händen berühren. Eine Lampe im Laststromkreis leuchtet dabei aber nicht auf.

Das liegt erstens an dem hohen elektrischen Widerstand eures Körpers. Zweitens liegt es daran, dass die Verstärkung der Schaltung nicht groß genug ist.

Bild 2 zeigt, mit welchem Trick die Elektroniker dieses Problem lösen: Sie benutzen zwei Transistor-Schaltungen. Der erste Transistor verstärkt den schwachen Steuerstrom I_1. Man erhält so den viel größeren Laststrom I_2.

Der Strom I_2 wird anschließend als Steuerstrom für den zweiten Transistor benutzt. Dieser verstärkt den bereits vom ersten Transistor verstärkten Strom noch einmal zu einem Strom I_3.

Eine solche Schaltung bezeichnet man als **Darlington-Schaltung**. Mit ihr erreicht man sehr große Verstärkungsfaktoren, z. B. für Sensorschaltungen.

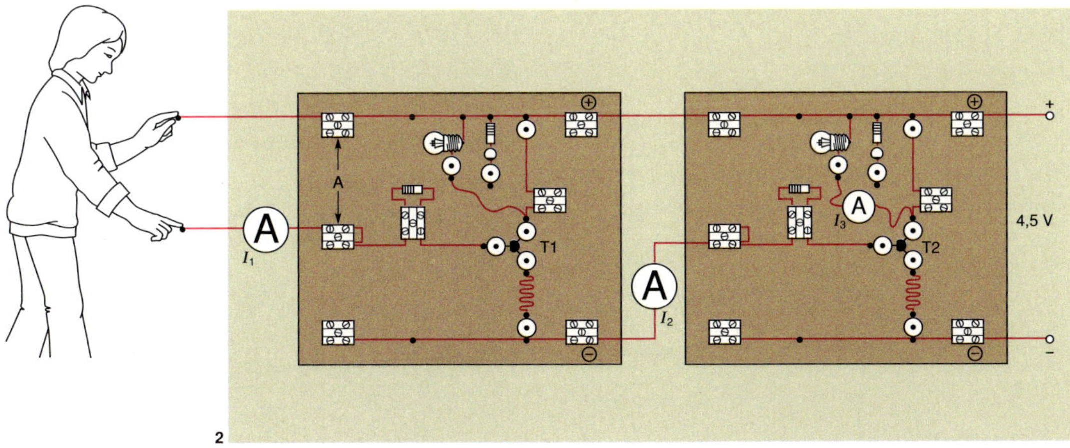

2

V2 *Führt einen Versuch nach Bild 2 durch. Messt die Stromstärken. Berechnet aus I_1 und I_3 den Gesamt-Verstärkungsfaktor der Darlington-Schaltung. Vergleicht ihn mit dem in V 1 bestimmten Wert. Wie kommt es zu dem hohen Verstärkungsfaktor der Darlington-Schaltung?*

64342

Tonsignale werden verstärkt

Wie das mit Hilfe von Transistoren geschieht, zeigen die folgenden Versuche.

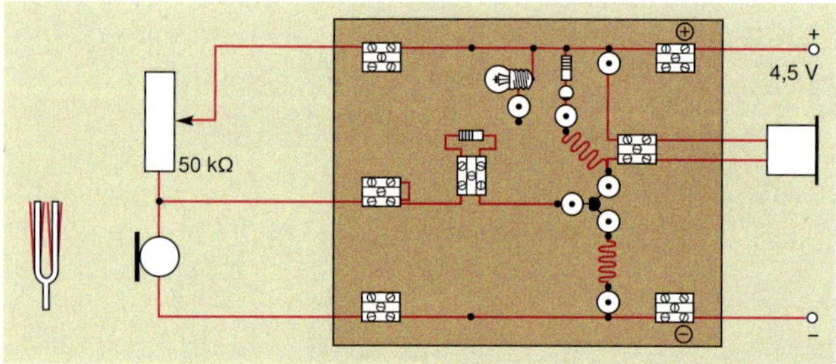

3

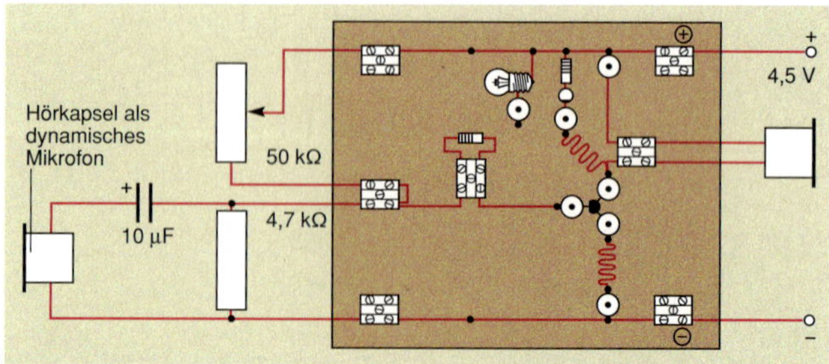

4

__V3__ Der Widerstand eines Kohlemikrofons ändert sich, wenn auftreffende Schallwellen die Kohlekörner unterschiedlich stark zusammendrücken.

a) *Baut die Schaltung von Bild 3 auf. Haltet eine Stimmgabel vor das Mikrofon oder pustet dagegen.*

b) *Stellt das Potentiometer so ein, dass die Lautstärke im Hörer besonders groß ist. Wie stark leuchtet dabei die LED?*

c) *Versucht mit dieser Schaltung geflüsterte Worte von einem Zimmer in ein anderes zu übertragen.*

__V4__ In der Schaltung von Bild 4 wird eine zweite Hörkapsel als Mikrofon verwendet. Wenn ein solches „dynamisches Mikrofon“ von Schallwellen getroffen wird, erzeugt es durch Induktion eine geringe Wechselspannung.

Welche Aufgabe der Kondensator in der Schaltung hat, ist auf Seite 56 f. beschrieben.

__V5__ Im Laststromkreis eines Transistors kann niemals ein Wechselstrom fließen; der Transistor leitet ja nur in einer Richtung.

In den bisherigen Versuchen wurden die Tonschwingungen im Hörer von einem Gleichstrom erzeugt. Allerdings änderte sich bei diesem Gleichstrom die Stromstärke.

Der Nachteil dabei ist, dass die Membran nicht um ihre Ruhelage herum schwingt.

Mit der Schaltung nach Bild 5 wird dieser Nachteil durch den 100-µF-Kondensator vermieden.

Welche Aufgabe hat der Kondensator?

__V6__ Bisher wurde das Signal mit nur einem Transistor verstärkt. Man spricht deshalb auch von einem „einstufigen Verstärker“.

Jetzt soll ein __zweistufiger Verstärker__ aufgebaut werden: Das bereits verstärkte Signal wird ein weiteres Mal verstärkt.

Die Schaltung besteht aus zwei Transistor-Grundschaltungen. Das Eingangssignal liefert ein Radio, das auf „ganz leise“ eingestellt ist.

a) *Baut die Schaltung nach Bild 6 auf.*

b) *Prüft, ob ihr den Hörer am Ausgang auch durch einen normalen Lautsprecher ersetzen könnt.*

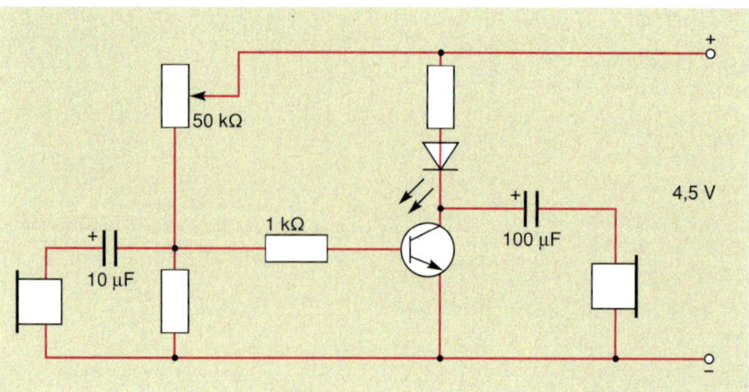

5

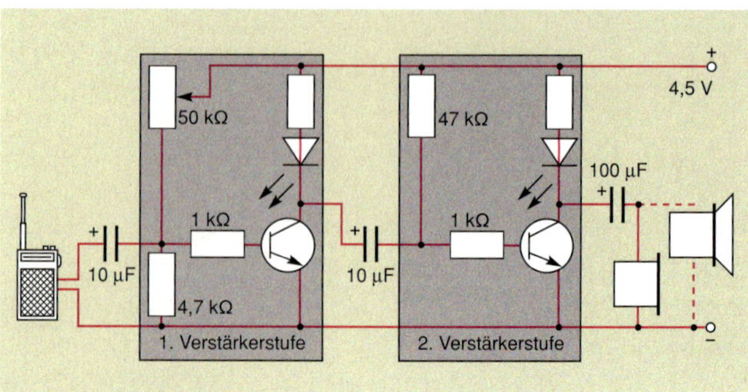

6

Weitere Versuche mit der Transistor-Grundschaltung findet ihr in diesem Buch auf den Seiten 50 ff. oder in dem Schulbuch „Technik für dich: Transistorschaltungen“.

Körper in Bewegung

Die Geschwindigkeit

1

Die Geschwindigkeit vorbeifahrender Autos oder Fahrräder selber messen!?
Überlegt euch ein Verfahren.

Vorbereitende Aufträge

1. *Überlegt euch, wie man die Geschwindigkeit von Autos messen kann. Probiert anschließend eure Verfahren aus.*
Dazu einige Tipps: Sucht euch eine geeignete Stelle aus. Wenn ein Auto vorbeifährt, gibt jemand unauffällig ein Zeichen (z.B. mit einer Taschenlampe). Strecken (Wege) messt ihr mit dem Bandmaß in Metern (m), Zeiten mit der Stoppuhr in Sekunden (s). Tragt eure Messergebnisse (und die der folgenden Versuche) in eine solche Tabelle im Heft ein:

	Weg	*Zeit*	*Geschwindigkeit*
Auto 1	*?*	*?*	*?*

2. *In welcher Zeit läufst du eine Strecke von 50 m (75 m, 100 m)?*
Probiere es aus, falls du es nicht mehr vom letzten Sportfest her weißt.

3. *Wie schnell ist ein Radfahrer auf einer 100-m-Strecke? Die Strecke soll mehrmals mit verschiedenen Gängen gefahren werden.*
Vergleiche seine Zeit mit deiner Laufzeit.

4. *Wie könnte man die Geschwindigkeit eines Fußballs (Handballs) mit Bandmaß und Stoppuhr bestimmen?*

V1 *Wie schnell sind eigentlich Spielzeugautos?*
Messt auf dem Flur eine gerade Strecke von 5 m bis 10 m ab.
Wie viel Zeit benötigen verschiedene Autos mit Elektro- oder Federantrieb für diese Strecke?
Wie groß ist jeweils ihre Geschwindigkeit?

2

V2 *Wir lassen einen Experimentierwagen (z.B. den von Bild 2) langsam über Tisch oder Fußboden fahren.*
a) *Schätze die Geschwindigkeit des Wagens.*
b) *Was musst du messen und berechnen, um die Geschwindigkeit zu bestimmen?*

62647

Info: Was versteht man unter „Geschwindigkeit“?

Beim Sportfest sind Markus und Bernd in verschiedenen Gruppen gestartet: Markus ist 100 m in 16 s gelaufen und Bernd 75 m in 11 s.

Nun möchten die beiden wissen, wer *schneller* gelaufen ist.

Aus ihren Ergebnissen ist das nicht ohne weiteres abzulesen. Sowohl ihre Strecken (die „Wege“) als auch ihre Zeiten sind ja unterschiedlich gewesen.

Um herauszubekommen, wer schneller war, müssen sie entweder *gleiche Zeiten* oder *gleiche Wege* vergleichen.

Sie können z. B. ausrechnen, wie viel Meter sie in einer Sekunde (also in gleicher Zeit) gelaufen sind.

Markus: In 16 s lief er 100 m;
in 1 s lief er also 100 m : 16 = 6,3 m.

Bernd: In 11 s lief er 75 m;
in 1 s lief er also 75 m : 11 = 6,8 m.

Bernd hat in einer Sekunde einen längeren Weg zurückgelegt als Markus. Er lief also schneller.

Seine *Durchschnittsgeschwindigkeit* betrug 6,8 Meter pro Sekunde: $6{,}8\,\frac{\text{m}}{\text{s}}$. Die Geschwindigkeit von Markus betrug $6{,}3\,\frac{\text{m}}{\text{s}}$.

3

Die Geschwindigkeit v gibt an, welchen Weg s man in einer bestimmten Zeit t zurücklegt.

$$\textbf{Geschwindigkeit} = \frac{\textbf{Weg}}{\textbf{Zeit}}; \qquad v = \frac{s}{t}.$$

Man misst sie in Metern proSekunde $\left(\frac{\text{m}}{\text{s}}\right)$ oder in Kilometern pro Stunde $\left(\frac{\text{km}}{\text{h}}\right)$.

$$1\,\frac{\text{m}}{\text{s}} = 60\,\frac{\text{m}}{\text{min}} = 3600\,\frac{\text{m}}{\text{h}} = 3{,}6\,\frac{\text{km}}{\text{h}}$$

Beispiele zur Umrechnung von Geschwindigkeiten:

$$18\,\frac{\text{km}}{\text{h}} \xrightarrow{:3{,}6} 5{,}0\,\frac{\text{m}}{\text{s}}; \qquad 6{,}8\,\frac{\text{m}}{\text{s}} \xrightarrow{\cdot 3{,}6} 24{,}5\,\frac{\text{km}}{\text{h}}.$$

Momentangeschwindigkeit

Bei vielen Fahrrädern kann man am *Tachometer* ablesen, wie groß die Geschwindigkeit *im Moment* ist (Bild 3). Der „Tacho“ zeigt die *Momentangeschwindigkeit* an (in Bild 3 z. B. 18 Kilometer pro Stunde).

Größe und Einheit

Die Geschwindigkeit ist wie Länge und Zeit eine *physikalische Größe*. Man gibt die Messwerte stets durch einen *Zahlenwert* und eine *Einheit* an.

Die Einheit der Länge ist das Meter (m), die der Zeit die Sekunde (s), die der Geschwindigkeit Meter pro Sekunde $\left(\frac{\text{m}}{\text{s}}\right)$.

A1 *Ergänze die folgenden Aussagen:*

a) *Je kürzer die* ***Zeit*** *ist, die ein Fahrzeug für einen 1 km langen Weg braucht, desto … ist seine Geschwindigkeit.– Je länger die* ***Zeit*** *ist, …*

b) *Bilde entsprechende Sätze für den* ***Weg****.*

A2 *Mit dem Fahrrad hatte Andrea eine Geschwindigkeit von 18 km/h. Dazu Bernd: „Da bin ich ja zu Fuß noch schneller. Ich bin beim Sportfest sechs Meter pro Sekunde gelaufen!“*
War er wirklich schneller?

A3 *Sandra fährt mit dem Rad von Bielefeld nach Detmold (30 km). Sie braucht 1 Stunde 40 Minuten.*

a) *Berechne die Geschwindigkeit in km/h.*

4

b) *Unterwegs hat sie einmal auf dem Tacho 35 km/h abgelesen. Kann das sein? Vergleiche mit der berechneten Geschwindigkeit und erkläre den Unterschied.*

A4 *Was bedeutet das Verkehrsschild „30“? Wo findest du es? Gibt es eine Durchschnitts- oder eine Momentangeschwindigkeit an?*

A5 *Bild 4 zeigt Radrennfahrer kurz vor dem Etappenziel. Jeder einzelne Fahrer fährt jetzt gerade mit einer Geschwindigkeit von 60 km/h.*
Wie groß ist die Geschwindigkeit der Rennfahrer in m/s?
Vergleiche diese Geschwindigkeit mit der eines sehr schnellen 100-m-Läufers. (Der Weltrekord steht zurzeit bei 9,7 s.)

Aus Umwelt und Technik: Wenn die Polizei „blitzt" …

Die Hauptursache für Verkehrsunfälle ist überhöhte Geschwindigkeit. Wer die zulässige Höchstgeschwindigkeit überschreitet, handelt verantwortungslos gegenüber anderen Verkehrsteilnehmern.

Doch auch mit der zulässigen Höchstgeschwindigkeit kann man noch viel zu schnell sein – etwa wenn ein Kind über die Straße läuft oder wenn die Sicht durch Nebel beeinträchtigt ist. *Die Geschwindigkeit muss immer der Verkehrssituation angepasst sein!*

Die Polizei kontrolliert gelegentlich, ob die zulässige Höchstgeschwindigkeit eingehalten wird, z. B. mit Hilfe der *Dreifach-Lichtschranke* (Bild 1).

Das Messprinzip ist einfach: Man misst, wie lange ein Fahrzeug benötigt, um eine bestimmte Strecke zurückzulegen. Dann errechnet ein Computer die Geschwindigkeit des Autos aus zurückgelegtem Weg und benötigter Zeit. Ist sie höher als erlaubt, werden Auto und Fahrer automatisch fotografiert („geblitzt"). Die Zeit wird automatisch gemessen: Wenn das erste schmale Lichtbündel, das die Straße kreuzt, unterbrochen wird, startet eine Uhr. Sie stoppt, wenn das Auto das dritte Lichtbündel unterbricht.

1

Da die Zeitmessung sehr genau ist, reicht eine Strecke von nur 50 cm für die Messung aus.

Durch die Lichtschranke in der Mitte wird die Strecke in Teilstrecken von 25 cm Länge unterteilt. Der Computer vergleicht die für die Gesamtstrecke und die Teilstrecken ermittelten Geschwindigkeiten. Wenn das Auto stark bremst, ist die Geschwindigkeit auf der zweiten Teilstrecke niedriger.

Aus der Geschichte: Von Handlogs, Loguhren und Knoten

Geschwindigkeit war für unsere Vorfahren kaum ein Thema. Zur Fortbewegung hatten sie nur Füße, Pferde und Kutschen. Wie weit man damit täglich kam, war jedem bekannt. Man gab deshalb Entfernungen in „Wegstunden" oder in „Tagesreisen" an.

Auf See war die Situation jedoch anders. Dort hing die Geschwindigkeit vom Wind ab (und von der Strömung des Wassers). Man musste die *Geschwindigkeit messen,* um dann aus dem Messwert die insgesamt zurückgelegte Entfernung ermitteln zu können.

Dazu dienten seit Ende des 16. Jahrhunderts *Handlogs* (Bild 2), mit denen Segelschiffe ausgerüstet waren. Ein Handlog bestand aus einem mit Blei beschwerten *Brett,* an dem die *Logleine* befestigt war. Dieses Brett wurde vom Schiffsheck aus ins Wasser geworfen. Während das Schiff sich weiter vorwärts bewegte, wurde das Brett vom Wasser zurückgehalten. Die Folge war, dass sich die Logleine abrollte – und das umso schneller, je schneller die Bewegung des Schiffs war.

2

An der Logleine befanden sich in bestimmten Abständen *Knoten.* Sie wurden gezählt, solange die *Loguhr* (eine Sanduhr für genau 15 s) lief.

Die Zahl der Knoten war ein Maß für die Geschwindigkeit.

In der Seefahrt werden Geschwindigkeiten heute noch in **Knoten** (kn) angegeben:

1 Knoten bedeutet „1 Seemeile pro Stunde".

$$1\,\text{kn} = 1\,\frac{\text{sm}}{\text{h}} = 1{,}852\,\frac{\text{km}}{\text{h}}.$$

62649

Aus Umwelt und Technik: Verschiedene Geschwindigkeiten

Geschwindigkeiten im Verkehr

Fußgänger	ca. 5 $\frac{km}{h}$
Radfahrer	ca. 15 $\frac{km}{h}$
Mofa (zulässige Höchstgeschwind.)	25 $\frac{km}{h}$
Autos in Wohngebieten	30 $\frac{km}{h}$
Autos (zulässige Höchstgeschwindigkeit in Ortschaften)	50 $\frac{km}{h}$
Autos (zulässige Höchstgeschwindigkeit auf Landstraßen)	100 $\frac{km}{h}$
Schnellzug (Intercity)	bis 200 $\frac{km}{h}$
Intercity-Express (ICE)	bis 280 $\frac{km}{h}$
Düsenverkehrsflugzeug	bis 1000 $\frac{km}{h}$

Geschwindigkeiten in der Natur

Schnecke	ca. 5 $\frac{mm}{s} = 0{,}005\ \frac{m}{s}$
mäßiger Wind (Stärke 4)	7 $\frac{m}{s}$
Schwalbe	ca. 17 $\frac{m}{s}$
Rennpferd	ca. 25 $\frac{m}{s}$
Falke	ca. 28 $\frac{m}{s}$
Gepard	ca. 34 $\frac{m}{s}$
Orkan (Windstärke 12)	60 $\frac{m}{s}$
Schall (in Luft)	330 $\frac{m}{s}$
Licht	300 000 $\frac{km}{s} = 300\,000\,000\ \frac{m}{s}$

Geschwindigkeiten im Weltall

Planeten und Monde (auch die Erde) bewegen sich mit hoher Geschwindigkeit durch den Weltraum.

Die Erde dreht sich um ihre eigene Achse. Für eine Umdrehung benötigt sie 24 Stunden (1 Tag).

Stell dir vor, du stehst irgendwo am Äquator (Bild 3). Dann würdest du mit diesem Punkt der Erdoberfläche in 24 Stunden eine Strecke von 40 000 km zurücklegen. Deine Geschwindigkeit wäre dann:

$$v = \frac{s}{t}; \quad v = \frac{40\,000\ \text{km}}{24\ \text{h}} = 1667\ \frac{\text{km}}{\text{h}}.$$

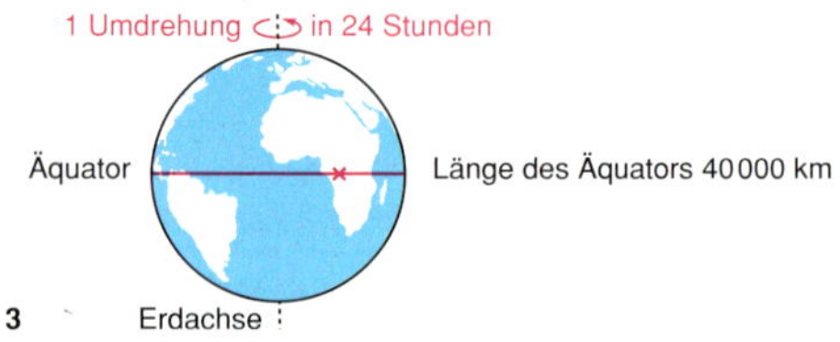

3

Die Erde bewegt sich um die Sonne (Bild 4). Sie braucht ein Jahr (365 Tage) für die 937 000 000 km lange Strecke. Auf ihrem Weg um die Sonne rast die Erde mit einer Geschwindigkeit von 107 000 km/h durch den Weltraum.

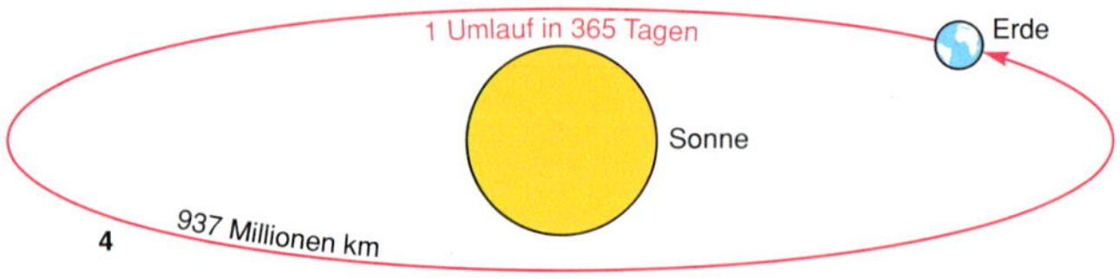

4

Der Mond bewegt sich um die Erde (Bild 5). Er benötigt dafür ungefähr einen Monat (27 Tage). Seine Geschwindigkeit beträgt 3600 km/h.

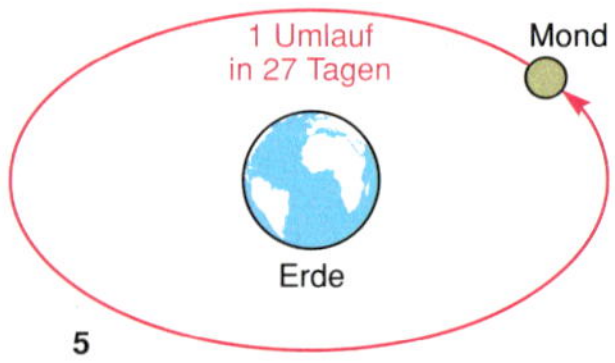

5

A6 *Rechne die Geschwindigkeiten der ersten Tabelle in $\frac{m}{s}$ und die der zweiten in $\frac{km}{h}$ um.*

A7 *Welche Strecke legt Licht in 1 Minute zurück?*
a) *Der Mond ist etwa 400 000 km von der Erde entfernt. Wie lange braucht das Licht für diese Strecke?*
b) *Wie lange würde ein Auto mit 100 km/h für eine gleich lange Strecke (ohne Pausen) benötigen?*
c) *Die Sonne ist 150 000 000 km von der Erde entfernt. Wie lange braucht Sonnenlicht bis zur Erde?*

A8 *Am Nordpol wird man von der Erde in 24 h einmal auf der Stelle gedreht. In Deutschland wird man mit einer Geschwindigkeit von etwa 1000 km/h gedreht. Am Äquator ist man schneller als der Schall. Weshalb spürt man nichts von der Bewegung? Warum ist die Geschwindigkeit am Äquator am größten?*

A9 *Mit welcher Geschwindigkeit umkreist die Erde die Sonne?*
Welchen Weg legt der Mond in 27 Tagen zurück?

Gleichförmige Bewegungen

1

Der Fahrradfahrer (Bild 1) ändert seine Geschwindigkeit laufend – einmal fährt er schnell, dann fährt er langsam und schließlich hält er an.
Die Bewegung der Flaschen auf dem Fließband (Bild 2) ist aber anders.

Beschreibe diese Bewegung.

2

V1 *Ein Elektrowagen fährt eine längere Strecke.*
a) *Beobachte, wie er sich bewegt.*
b) *Wir überprüfen, ob seine Geschwindigkeit sich wirklich nicht verändert: Am Elektrowagen wird ein 2 m langer Papierstreifen befestigt. Im 1-s-Takt eines Metronoms werden Punkte auf dem Streifen markiert. Der Stift wird dabei nicht mitbewegt. Der Versuch wird mit anderen Geschwindigkeiten wiederholt.*
c) *Die Papierstreifen werden an den markierten Stellen abgeschnitten, gemessen und an die Tafel geheftet. Trage Wege und Zeiten in Tabellen ein. Berechne den Quotienten (→ Muster im Info).*
d) *Stelle die Messwerte grafisch dar (wie in Bild 3).*
e) *Die Punkte liegen nicht alle auf einer Geraden. Woran könnte das liegen?*
f) *Ergänze: Je steiler die Gerade, desto ...*

Info: Was ist eine gleichförmige Bewegung?

Die Flaschen auf dem Fließband (Bild 2) oder ein batteriebetriebenes Modellauto bewegen sich **gleichförmig**. In dem Maß, wie die Zeit größer wird, nimmt auch der zurückgelegte Weg zu (doppelte Zeit → doppelter Weg, dreifache Zeit → dreifacher Weg).

Eine solche Beziehung zwischen zwei Größen heißt *proportional*. (Weg und Zeit nehmen immer in jeweils gleich großen „Portionen" zu.) Die Proportionalität kann man auf verschiedene Arten überprüfen.

- Zeichnerisch: Im Diagramm muss sich eine Gerade durch den Nullpunkt ergeben (Bild 3).
- Rechnerisch: Der Quotient aus den beiden Größen ist gleich groß.

Der Quotient hat häufig eine besondere Bedeutung. In unserem Beispiel ist der Quotient aus Weg s und Zeit t die Geschwindigkeit v: $v = \frac{s}{t}$.

Bei gleichförmigen Bewegungen ist die Geschwindigkeit immer gleich groß.

Fließband

Zeit t in s	Zurückgelegter Weg s in m	Quotient $\frac{s}{t}$ in $\frac{\text{m}}{\text{s}}$
1	0,13	0,13
2	0,27	0,14
3	0,40	0,13
4	0,54	0,14
5	0,68	0,14
6	0,81	0,14
7	0,95	0,14

Modellauto

Zeit t in s	Zurückgelegter Weg s in m	Quotient $\frac{s}{t}$ in $\frac{\text{m}}{\text{s}}$
1	0,21	0,21
2	0,43	0,22
3	0,64	0,21
4	0,86	0,22
5	1,09	0,22
6	1,32	0,22
7	1,54	0,22

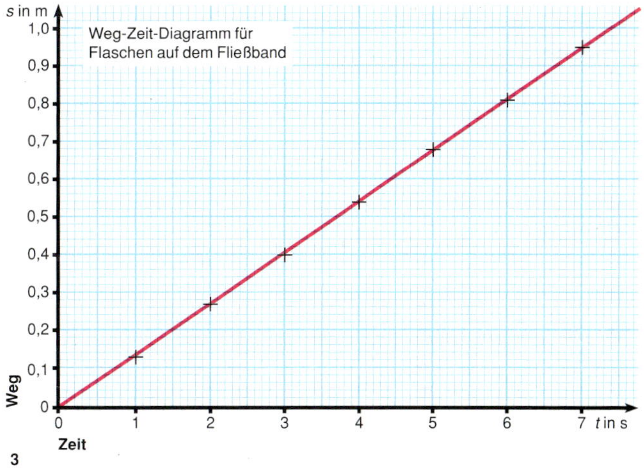

3

64371

Ungleichförmige Bewegungen

Ein ungleiches Rennen!
Wer wird gewinnen?

4

Die Versuche 1–3 werden im Freien durchgeführt. Ihr braucht eine 100-m-Strecke, ein Fahrrad mit Tacho und Gangschaltung und für V 3 eine Stoppuhr.

V1 *Auf der 100-m-Bahn macht ihr alle 10 m einen Strich. Neben jede Markierung stellt sich ein Helfer. Dann startet der Radfahrer. Immer wenn er einen Strich überfährt, ruft er laut seine Geschwindigkeit. Die Helfer tragen sie in eine Tabelle ein (→ Muster).*

Führt den Versuch mit verschiedenen Gängen durch. (Während der Fahrt nicht schalten!)

Tabelle für die Versuche 1 u. 2

Weg	*am Start*	*bei 10 m*	*bei 20 m*	…
Geschwindigkeit (1. Gang)	$0 \frac{km}{h}$	*?*	*?*	

V2 *Diesmal beschleunigt der Radfahrer möglichst stark bis zur 30-m-Marke. Danach lässt er sein Rad auslaufen ohne weiterzutreten.*
Ab der 30-m-Marke liest er wieder bei jedem Strich laut seine Geschwindigkeit ab.

V3 *Wie beschleunigt ein Fahrrad (Mofa)? Es soll die Zeit gemessen werden, in der das Fahrrad von 0 auf* $10 \frac{km}{h}$, *von 0 auf* $20 \frac{km}{h}$ *und von 0 auf* $30 \frac{km}{h}$ *beschleunigt. Wie müsst ihr vorgehen?*

Führt diesen Versuch mit verschiedenen Gängen durch. Legt zuerst wieder eine Tabelle an:

Geschwindigkeits-änderung	*von 0 auf 10 km/h*	*von 0 auf 20 km/h*	*von 0 auf 30 km/h*
Zeit (1. Gang)	*? s*	*? s*	*? s*

Praktikumsversuch

V4 *Wir untersuchen verschiedene Bewegungen.*
Versuchsmaterialien: *eine ca. 1,5 m lange U-förmige Aluminiumschiene, 1 Stahlkugel, Papierstreifen, Klebeband, Filzstift, Schere, 1 Metronom auf dem Lehrertisch (auf Sekundentakt eingestellt)*
Versuchsaufbau und -durchführung: *Bild 5 zeigt den Aufbau.*

a) *Führt den Versuch mit einer leicht schräg gestellten Schiene durch.*
b) *Ändert den Aufbau so, dass die Kugel nach dem Anstoßen weder langsamer noch schneller wird (sich also gleichförmig weiterbewegt).*
Führt wieder die Messung mit Metronom und Papierstreifen durch. Verfahrt dann so wie in Bild 6.

5

6

Info: Was ist eine ungleichförmige Bewegung?

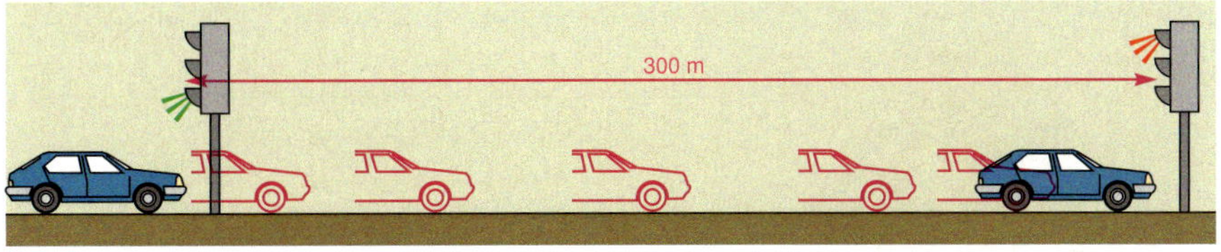

1

Das Auto legt die 300 m lange Strecke zwischen den beiden Ampeln in 25 s zurück (Bild 1). Für seine **Durchschnittsgeschwindigkeit** ergibt sich:

$$v = \frac{s}{t}; \qquad v = \frac{300\,\text{m}}{25\,\text{s}} = 12\,\frac{\text{m}}{\text{s}} = 12 \cdot 3{,}6\,\frac{\text{km}}{\text{h}} = \mathbf{43{,}2\,\frac{km}{h}}.$$

Würde das Auto mit konstant 43,2 km/h fahren, so würde es die gleiche Strecke in der gleichen Zeit zurücklegen. Tatsächlich zeigt aber sein Tacho keineswegs eine konstante Geschwindigkeit an. **Die Momentangeschwindigkeit ändert sich nämlich ständig.** Man sagt dazu: **Die Bewegung ist ungleichförmig.**

Beschleunigte Bewegung

Zunächst nimmt die Geschwindigkeit des Wagens dauernd zu; er wird beschleunigt (Bild 2).

Bei einer beschleunigten Bewegung nimmt die Geschwindigkeit zu.

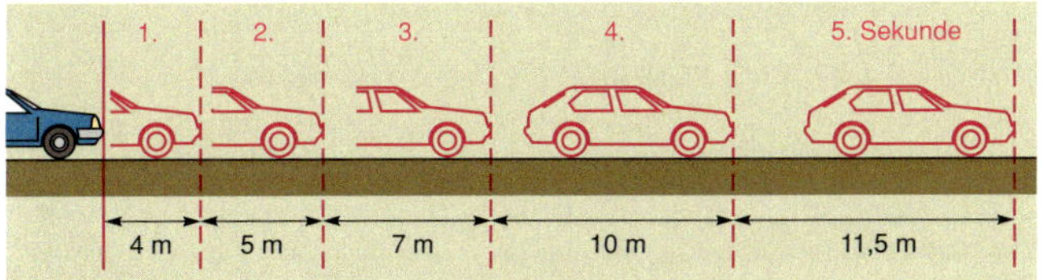

2 Beschleunigte Bewegung: immer längere Wege in gleichen Zeiten.

Verzögerte Bewegung

Dann wird die Geschwindigkeit des Wagens geringer; er wird abgebremst oder verzögert (Bild 3).

Bei einer verzögerten Bewegung nimmt die Geschwindigkeit ab.

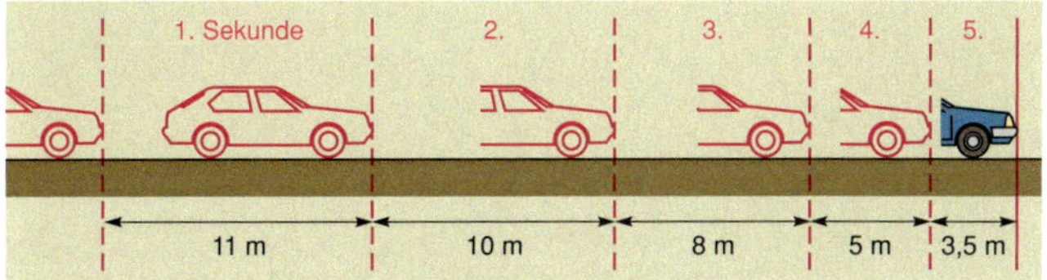

3 Verzögerte Bewegung: immer kürzere Wege in gleichen Zeiten.

A1 *Auf einem Papierstreifen ist markiert, wo sich eine rollende Kugel beim Start und nach 1 s, 2 s, 3 s … befand. Die Papierstreifen wurden auseinander geschnitten und aufgeklebt (Bild 4).*
Ordne den Ergebnissen die folgenden Begriffe zu: ungleichförmig (verzögert), ungleichförmig (beschleunigt), fast gleichförmig. Begründe die Zuordnungen.

A2 *Ordne folgende Bewegungen in gleichförmige und ungleichförmige: Auto im Straßenverkehr, Mofafahrer auf dem Schulweg, Minutenzeiger einer Uhr, Blech auf einem Fließband, Blumentopf fällt vom Balkon, Öltanker in ruhiger See, Sportlerin beim 100-m-Lauf.*

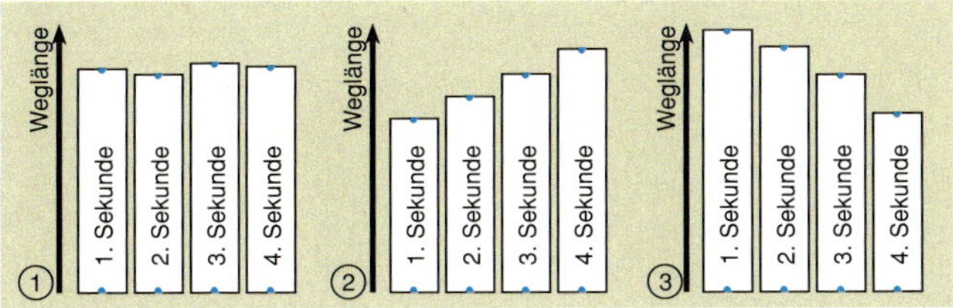

4

A3 *Auf welcher Rennstrecke von Bild 5 fuhr der Rennwagen, der zu dem Diagamm gehört?*

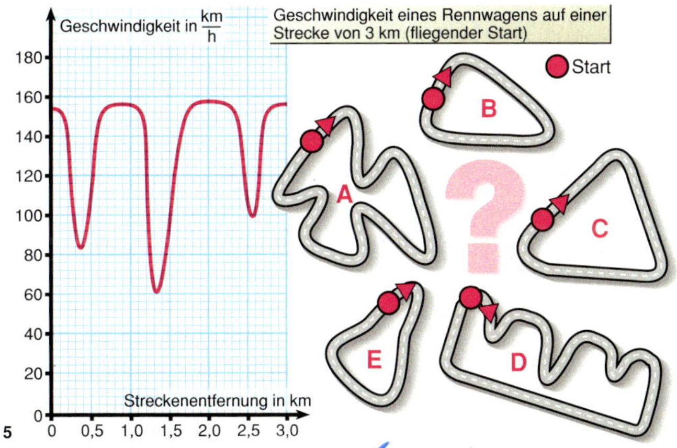

5

64373

Info: Die Beschleunigung

„Von 0 auf 100 in 10 Sekunden“

Diese Aussage bedeutet: Nach einer Fahrzeit von 10 s hat sich die Geschwindigkeit eines Fahrzeugs von 0 km/h (aus dem Stand) auf 100 km/h erhöht.

Wenn die Geschwindigkeit v des Fahrzeugs dabei völlig gleichmäßig zunimmt, beträgt die Geschwindigkeits*änderung* Δv (sprich: delta vau) in jeder Sekunde 10 km/h (Bild 6). Also:

in 10 s: Geschwindigkeitsänderung $\Delta v = 100$ km/h,
in 1 s: Geschwindigkeitsänderung $\Delta v = 10$ km/h.

Die Geschwindigkeits*änderung* in einer Sekunde nennt man *Beschleunigung* (Formelzeichen: a).

In unserem Beispiel beträgt also die Beschleunigung 10 km/h pro s oder umgerechnet in m/s:

$$a = 2{,}8\,\frac{\text{m}}{\text{s}} \cdot \frac{1}{\text{s}} = 2{,}8\,\frac{\text{m}}{\text{s}^2}.$$

Die Geschwindigkeit ändert sich also in jeder Sekunde um 2,8 Meter pro Sekunde. Zeit und Geschwindigkeit sind also zueinander proportional.

Die Beschleunigung ist eine physikalische Größe (wie der Weg, die Zeit und die Geschwindigkeit).
Gemessen wird die Beschleunigung a in der Einheit 1 m/s² – abgeleitet von den Einheiten m/s der Geschwindigkeit und s der Zeit.

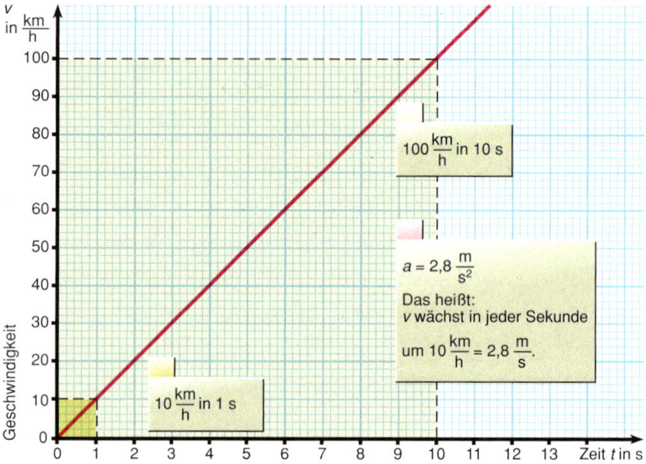

6

So können wir die einzelnen physikalischen Größen berechnen

1. Berechnen der Beschleunigung a
Ändert sich eine Geschwindigkeit (aus dem Stand) gleichmäßig, so kann man die Beschleunigung aus **Endgeschwindigkeit v** und **Zeit t** berechnen: $a = \frac{v}{t}$.

Beispiel:
Ein Auto erreicht aus dem Stand (bei gleichmäßiger Beschleunigung) nach 14 s eine Geschwindigkeit von 100 km/h.
Wie groß ist seine Beschleunigung?

$v = 100\,\frac{\text{km}}{\text{h}} = 27{,}78\,\frac{\text{m}}{\text{s}}$; $t = 14$ s

$$a = \frac{v}{t} = \frac{27{,}78\,\frac{\text{m}}{\text{s}}}{14\,\text{s}} = 1{,}98\,\frac{\text{m}}{\text{s}^2} \approx \mathbf{2{,}0\,\frac{m}{s^2}}$$

2. Berechnen der Geschwindigkeit v
Durch Umformen erhalten wir die Gleichung $v = a \cdot t$.

Beispiel:
Ein Motorrad beschleunigt aus dem Stand mit $4\,\frac{\text{m}}{\text{s}^2}$.
Welche Geschwindigkeit hat das Motorrad nach 10 s erreicht?

Lösung:

$a = 4\,\frac{\text{m}}{\text{s}^2}$; $t = 10$ s

$v = a \cdot t$

$$v = 4\,\frac{\text{m}}{\text{s}^2} \cdot 10\,\text{s} = 40\,\frac{\text{m}}{\text{s}} = \mathbf{144\,\frac{km}{h}}$$

3. Berechnen der Zeit t
Durch Umformen erhalten wir die folgende Gleichung: $t = \frac{v}{a}$.

Beispiel:
Ein Güterzug wird aus dem Stand gleichmäßig mit $0{,}1\,\frac{\text{m}}{\text{s}^2}$ beschleunigt.
Nach welcher Zeit erreicht der Zug eine Geschwindigkeit von 80 km/h?

$v = 80\,\frac{\text{km}}{\text{h}} = 22{,}22\,\frac{\text{m}}{\text{s}}$; $a = 0{,}1\,\frac{\text{m}}{\text{s}^2}$

$t = \frac{v}{a}$

$$t = \frac{22{,}22\,\frac{\text{m}}{\text{s}}}{0{,}1\,\frac{\text{m}}{\text{s}^2}} = 222\,\text{s} = \mathbf{3\,min\,42\,s}$$

A4 *Die Bilder 7 u. 8 nennt man Geschwindigkeit-Zeit-Diagramme.*
a) *Bild 7 stellt eine gleichförmige Bewegung dar und Bild 8 eine ungleichförmige. Begründe!*

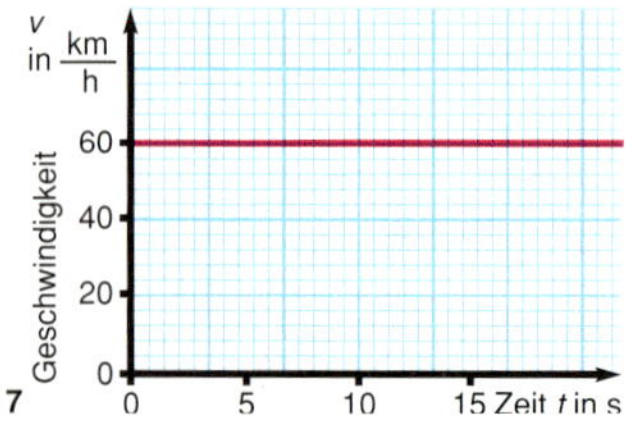

7

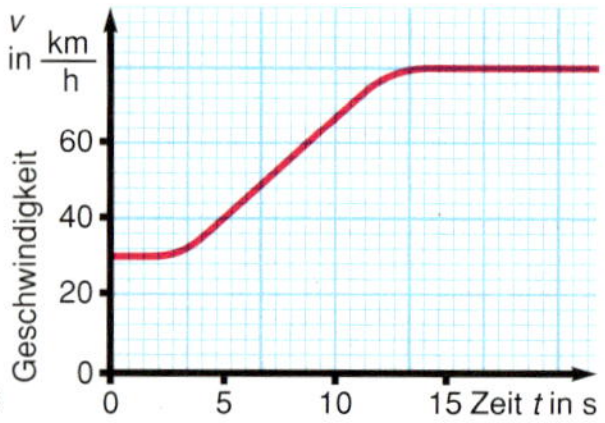

8

b) *Wie lange wurde in Bild 8 ungefähr beschleunigt?*
c) *Wie unterscheiden sich wohl die tatsächlichen Bewegungen von der Darstellung der Diagramme?*

A5 *Lies in Bild 6 ab, welche Geschwindigkeit das Fahrzeug nach 1 s (2 s, 4 s, 5 s, 8 s) hat.*

A6 *Mit einem Fahrrad kannst du in den ersten Sekunden 2,2 m/s² Beschleunigung erreichen.*
Welche Geschwindigkeit erreichst du nach 4 s?
Hast du in den 4 s mehr als 10 m zurückgelegt?

Der freie Fall

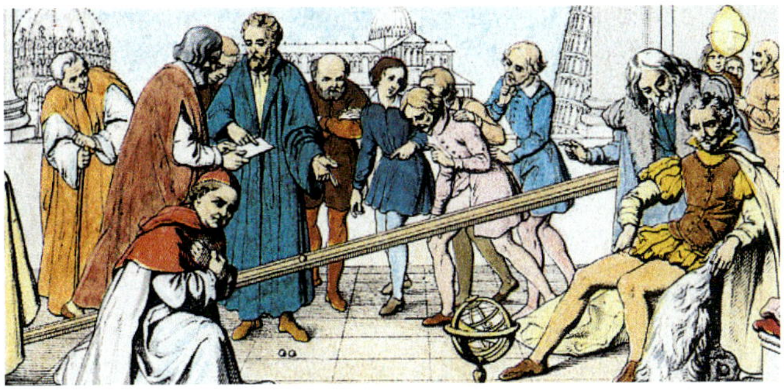
1

Schon der griechische Philosoph *Aristoteles* (384 bis 322 v. Chr.) beschäftigte sich mit der Bewegung von Körpern. Seiner Meinung nach bewegen sich schwere Körper aufgrund ihres „Gewichts" nach unten, leichte wegen ihrer „Leichtigkeit" nach oben. Daraus schloss er (ohne ein Experiment gemacht zu haben), dass schwere Körper schneller fallen als leichte.

Fast 2000 Jahre lang wurden seine Überlegungen kaum in Zweifel gezogen. Erst etwa Mitte des 16. Jahrhunderts wurde Kritik daran geübt.

Einer dieser Kritiker war der Italiener *Galileo Galilei* (1564–1642). Er versuchte dieses Problem nicht (wie bislang üblich) nur durch logische Überlegungen zu lösen, sondern auch durch geeignete Versuche – also experimentell. Galilei gilt damit als einer der ersten Experimentalphysiker.

Sein Problem: Es gab keine Uhren zur genauen Kurzzeitmessung. Deshalb musste Galilei die Fallbeschleunigung verringern. Wie er das tat, zeigt Bild 1.

Die Zeit wurde so gemessen: In einem Eimer mit Wasser war ein kleines Loch. Daraus lief das Wasser in einen Becher und wurde nach jedem Versuch mit einer empfindlichen Waage gewogen: gleiches Gewicht – gleiche Zeit; doppeltes Gewicht – doppelte Zeit …

Vorbereitende Aufträge

1. *Bist auch du (wie Aristoteles) der Meinung, dass schwere Körper schneller fallen als leichte?*
Plane einen Versuch, mit dem du das ausprobieren kannst.
Nimm dazu verschieden schwere Steine oder Kugeln, außerdem zwei gleich große Papierstücke, von denen eines zusammengeknüllt wird.

2. *Was meinst du: Bewegen sich fallende Körper gleichförmig oder werden sie beim Fallen immer schneller?*
Wie könnte man das herausbekommen?

3. a) *In eine 2,50 m lange Schnur knüpfst du fünf Schraubenmuttern im Abstand von jeweils 40 cm. Halte die Schnur hoch und lass sie in ein Blechgefäß fallen. Warum schlagen die Muttern nicht in gleichen zeitlichen Abständen auf?*
b) *In eine zweite Schnur von gleicher Länge knüpfst du wieder fünf Schraubenmuttern, nun aber in folgenden Abständen: 10 cm – 30 cm – 50 cm – 70 cm – 90 cm. Führe mit dieser Schnur den gleichen Versuch durch.*
c) *Vergleiche die Ergebnisse der beiden Versuchsteile. Suche eine Erklärung.*

V1 *Beschreibe den Versuch von Bild 2 zum freien Fall. Welches Ergebnis erwartest du?*

V2 *Lasst einen Tennisball aus verschiedenen Höhen herabfallen, z. B. im Treppenhaus eurer Schule. (Messt jeweils die Fallzeit. Die jeweilige Höhe bestimmt ihr mit einer Schnur und einem Maßband.)*
Beschreibt, wie der Versuch ablaufen soll. Wiederholt ihn und bildet Mittelwerte. Berechnet die Durchschnittsgeschwindigkeiten des Balles aus verschiedenen Höhen.

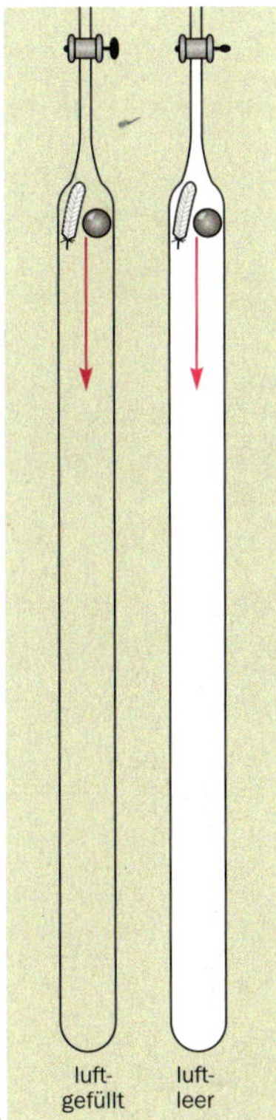

2

64375

Info: Eine gleichförmig beschleunigte Bewegung

Ein Stein fällt vom Dach eines Hochhauses. Er wird immer schneller; die Geschwindigkeit des Steins nimmt also zu (Bild 3).

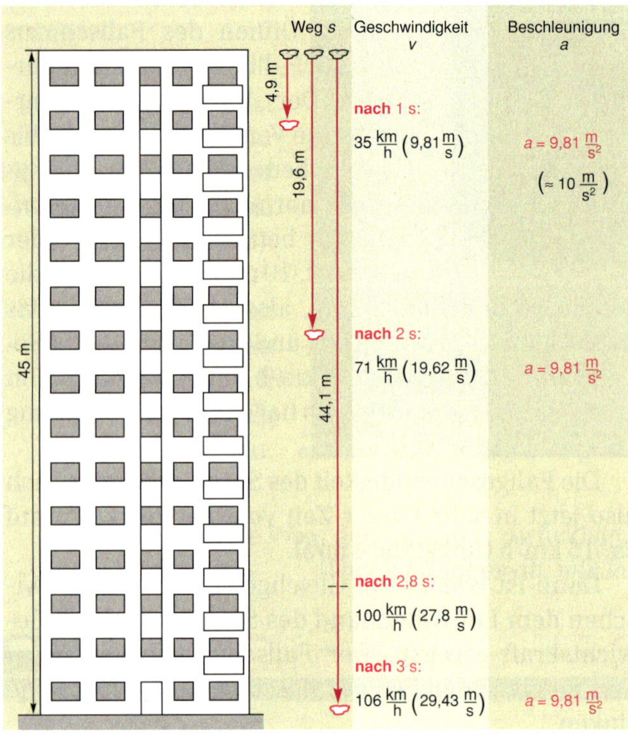

3

Bei einer Fallhöhe von 45 m (15 Stockwerke) dauert der *freie Fall* etwa 3 s. In dieser Zeit nimmt seine Geschwindigkeit von 0 km/h auf rund 100 km/h zu. Seine *Beschleunigung* ist also größer als die eines Autos.

Aus Bild 3 kannst du außerdem ablesen: Die Geschwindigkeit des Steins nimmt in jeder Sekunde um den gleichen Wert zu. (Das gilt nur für *kleine* Körper in Luft und für *alle* Körper im luftleeren Raum.) Man nennt das die **Fallbeschleunigung *g***.

Der Wert von g ist: $9{,}81\ \frac{\text{m}}{\text{s}^2}$ (also ca. $\mathbf{10\ \frac{m}{s^2}}$).

Der freie Fall ist ein Beispiel für eine **gleichmäßig beschleunigte Bewegung**.

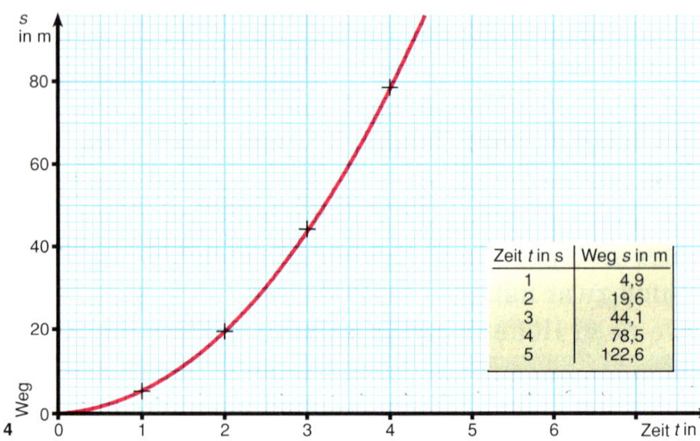

4

Wie hängen Zeiten und Wege bei gleichmäßig beschleunigten Bewegungen zusammen (Bild 3)?

Zeit: **1 s** → zurückgelegter Weg: **4,9 m**,
Zeit: **2 s** → zurückgelegter Weg: **19,6 m**,
Doppelte Zeit → vierfacher Weg.

Zeit: **1 s** → zurückgelegter Weg: **4,9 m**,
Zeit: **3 s** → zurückgelegter Weg: **44,1 m**,
Dreifache Zeit → neunfacher Weg.

Bei einer gleichförmig beschleunigten Bewegung wächst der Weg s quadratisch mit der Zeit t: $\boldsymbol{s \sim t^2}$.
Wenn man die Beschleunigung a eines bewegten Körpers kennt, kann man seinen Weg s berechnen:

$$\boldsymbol{s = \frac{1}{2} \cdot a \cdot t^2}.$$

Musteraufgabe

So ermittelt Katja die Tiefe s eines Brunnens: Sie lässt einen Stein in den Brunnen fallen und stoppt die Fallzeit $t = 4$ s.

$a = 10\ \text{m/s}^2$ (Fallbeschleunigung); $t = 4$ s

$$s = \frac{1}{2} \cdot a \cdot t^2 = \frac{1}{2} \cdot 10\ \frac{\text{m}}{\text{s}^2} \cdot (4\ \text{s})^2$$

$$s = 5\ \frac{\text{m}}{\text{s}^2} \cdot 16\ \text{s}^2 = 80\ \text{m}$$

A1 *In welchem Verhältnis stehen Zeiten und Wege bei einer gleichmäßig beschleunigten Bewegung?*

A2 *Eine Kugel rollt auf einer schiefen Ebene abwärts. Die Zeiten und Wege der Kugel werden gemessen:*

Zeit t (in s)	*0*	*1*	*2*	*3*	*4*	*5*
Weg s (in cm)	*0*	*3,1*	*12,1*	*27,4*	*49,6*	*77,1*

a) *Zeichne dazu ein Weg-Zeit-Diagramm.*
b) *Prüfe mit Hilfe der Gleichung $s \sim t^2$, ob es sich hierbei um eine gleichmäßig beschleunigte Bewegung handelt.*

Zusammenfassung

Die Geschwindigkeit

Wenn man unterschiedlich schnelle Bewegungen vergleichen will, muss man zwei physikalische Größen messen: den **Weg** und die **Zeit**.

Aus dem zurückgelegten Weg s und der benötigten Zeit t berechnet man die **Geschwindigkeit** v:

$$\textbf{Geschwindigkeit} = \frac{\textbf{Weg}}{\textbf{Zeit}}; \quad v = \frac{s}{t}.$$

Die Einheit der Geschwindigkeit ist $1\frac{\textbf{Meter}}{\textbf{Sekunde}}\left(1\,\frac{\mathrm{m}}{\mathrm{s}}\right)$.

Geschwindigkeiten werden auch in $\frac{\text{Kilometer}}{\text{Stunde}}\left(1\,\frac{\mathrm{km}}{\mathrm{h}}\right)$ angegeben. *Umrechnung:*

$$1\,\frac{\mathrm{m}}{\mathrm{s}} \xrightarrow{\cdot 3{,}6} 3{,}6\,\frac{\mathrm{km}}{\mathrm{h}}; \qquad 1\,\frac{\mathrm{km}}{\mathrm{h}} \xrightarrow{:3{,}6} 0{,}28\,\frac{\mathrm{m}}{\mathrm{s}}.$$

Gleichförmige Bewegung

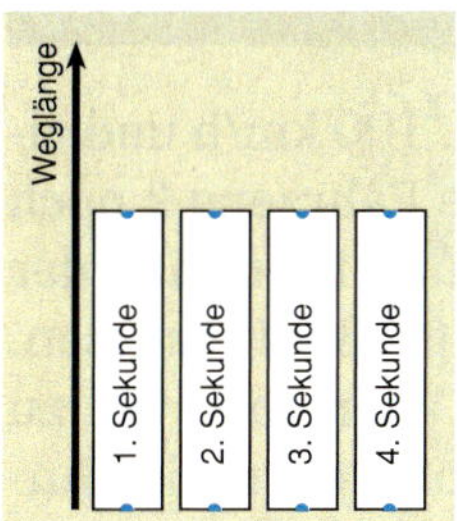

1

In gleichen Zeitabschnitten werden jeweils *gleich lange Wege* zurückgelegt.

Ungleichförmige Bewegungen

Beschleunigte Bewegung

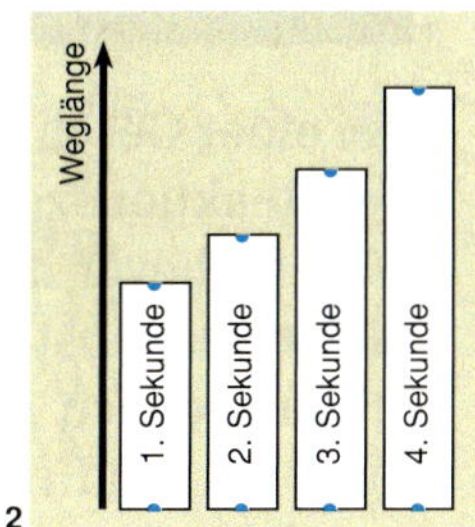

2

In gleichen Zeitabschnitten werden *immer längere Wege* zurückgelegt.

Verzögerte Bewegung

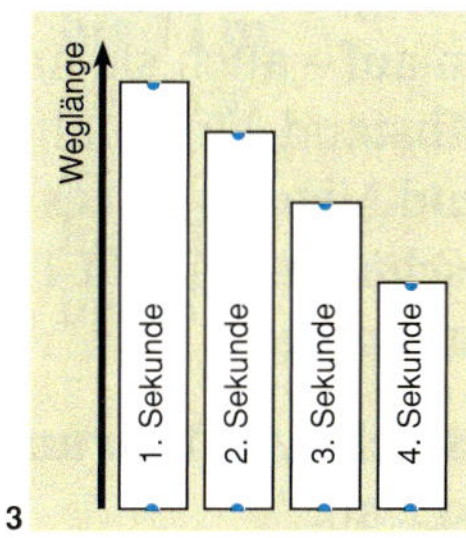

3

In gleichen Zeitabschnitten werden *immer kürzere Wege* zurückgelegt.

Durchschnittsgeschwindigkeit und Momentangeschwindigkeit

Die meisten Bewegungen, die im Straßenverkehr stattfinden, sind ungleichförmig. Wenn man ein längeres Wegstück betrachtet, bleibt die Geschwindigkeit nicht gleich, sondern ändert sich häufig.

Wenn man in solchen Fällen die Geschwindigkeit aus dem zurückgelegten Weg und der benötigten Zeit errechnet, erhält man einen Wert für die jeweilige **Durchschnittsgeschwindigkeit**.

Der Tacho (Tachometer) zeigt dagegen die jeweilige **Momentangeschwindigkeit** an. Unter *Momentangeschwindigkeit* versteht man die Geschwindigkeit, die im Moment des Ablesens gefahren wird.

Beschleunigung und freier Fall

„Von 0 km/h auf 100 km/h in 10 s" – so wird angegeben, wie rasch ein Auto beschleunigt.

Die Beschleunigung a ergibt sich aus der Geschwindigkeitsänderung Δv und der Zeit t.

$$\textbf{Beschleunigung} = \frac{\textbf{Geschwindigkeitsänderung}}{\textbf{Zeit}}$$

$$a = \frac{\Delta v}{t}$$

Einheit der Beschleunigung: $1\,\frac{\mathrm{m}}{\mathrm{s}} \cdot \frac{1}{\mathrm{s}} = 1\,\frac{\mathrm{m}}{\mathrm{s}^2}$

Das heißt: Bei einer Beschleunigung von $1\,\frac{\mathrm{m}}{\mathrm{s}^2}$ ändert sich die Geschwindigkeit in jeder Sekunde um 1 Meter pro Sekunde.

Bei einem Fahrzeug, das aus dem Stand in 10 s auf 100 km/h beschleunigt, beträgt die Geschwindigkeitsänderung ebenfalls 100 km/h. Bei ihm ist die Geschwindigkeitsänderung gleich der erreichten Endgeschwindigkeit. Dies gilt für alle Beschleunigungen aus der Ruhelage.

Solche Beschleunigungen kann man daher folgendermaßen berechnen: $a = \frac{v}{t}$

Der **freie Fall** eines kleinen Körpers ist ein Beispiel für eine gleichmäßig beschleunigte Bewegung.

Die Beschleunigung beträgt dabei rund $\mathbf{10\,\frac{m}{s^2}}$. Man bezeichnet diesen Wert als *Fallbeschleunigung*.

Statt eines a verwendet man für die Fallbeschleunigung meistens das Symbol g.

64381

Der Anhalteweg

Der **Anhalteweg** eines Fahrzeugs setzt sich aus dem **Reaktionsweg** und dem **Bremsweg** zusammen.

4
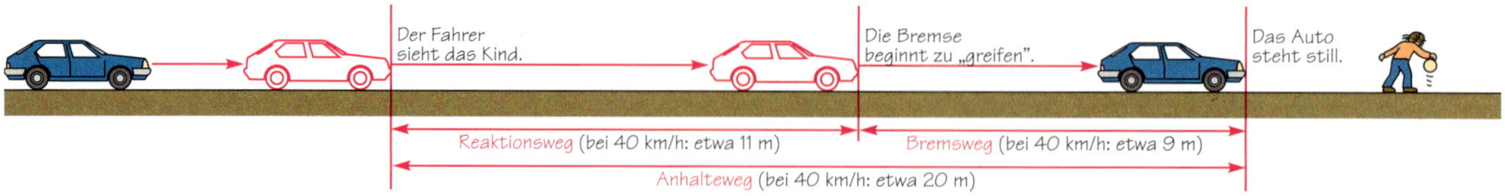

Der **Reaktionsweg** hängt ab von der *Reaktionszeit* des Fahrers und der *Geschwindigkeit*, die das Fahrzeug gerade hat.

Der **Bremsweg** hängt ab vom Zustand der *Fahrbahn*, der *Reifen* und der *Bremsen* sowie der *Geschwindigkeit* des Fahrzeugs.

Der Bremsweg wächst proportional mit dem Quadrat der Geschwindigkeit des Fahrzeugs:

Doppelte Geschwindigkeit
→ vierfacher Bremsweg,
dreifache Geschwindigkeit
→ neunfacher Bremsweg.

Alles klar?

Lösungen → Anhang

1. *Petra fährt mit dem Fahrrad zu ihrer Freundin. Sie benötigt für die 36 km lange Strecke genau $1\frac{1}{2}$ Stunden.*

a) *Berechne die Geschwindigkeit, mit der Petra gefahren ist.*

b) *Wieso kann der Tacho unterwegs einmal „30" angezeigt haben?*

c) *Erkläre an dem Beispiel, was man unter einer Momentan- und einer Durchschnittsgeschwindigkeit versteht.*

2. *Aus einem Loch im Kühler eines Autos tropft etwas Wasser. Ordne den Tropfenspuren von Bild 5 folgende Begriffe zu: gleichförmig (schnell), gleichförmig (langsam), beschleunigt, verzögert.*

5
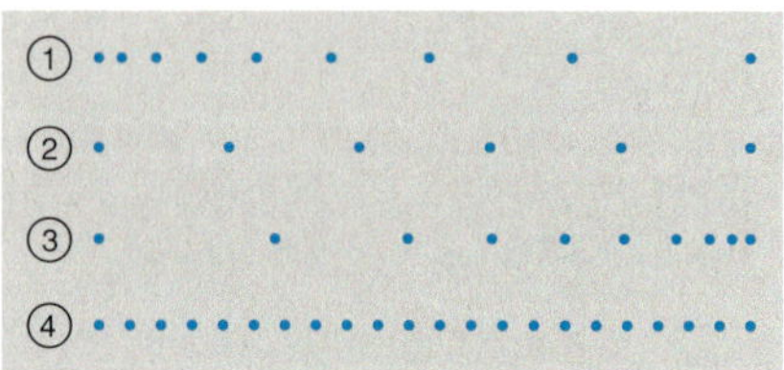

3. *Im Straßenverkehr gibt es Geschwindigkeitsbegrenzungen. Welche kennst du? Warum sind sie wichtig?*

4. *Die Kurven von Bild 6 gehören zu zwei Bewegungen: Ein Lkw fährt auf der Autobahn. Ein Pkw fährt auf die Autobahn und ordnet sich in den Verkehr ein.*

6
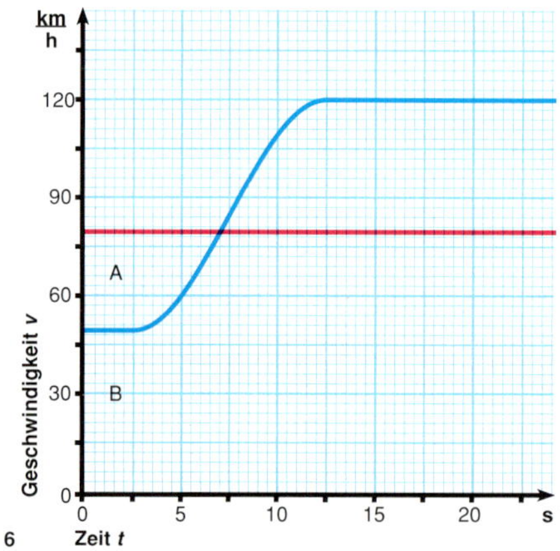

Welche Kurve von Bild 6 gehört zu welchem Fahrzeug? Beschreibe die Bewegungen.

5. *Wie lange braucht ein Mopedfahrer für eine 500 m lange Strecke, wenn er genau 40 km/h fährt?*

6. *Stefanie lässt eine Glaskugel (10 g), eine Bleikugel (20 g) und eine Holzkugel (8 g) gleichzeitig aus dem 2. Stock eines Hauses fallen. Welche Kugel kommt wohl zuerst unten an?*

7. *Ein Sportwagen beschleunigt in 4 s von 0 km/h auf 100 km/h. Ein fallender Stein hat eine Beschleunigung von rund 10 m/s². Welche dieser Beschleunigungen ist größer? (Schätze zuerst!)*

8. *Im Straßenverkehr ist der Anhalteweg wichtig.*

a) *Aus welchen Teilwegen setzt sich der Anhalteweg eines Fahrzeugs zusammen?*

b) *Die Reaktionszeit beträgt etwa 1 s. Welche Strecke legt ein Auto mit 50 km/h in 1 s zurück?*

c) *Abgenutzte Bremsbeläge, hohe Geschwindigkeit, schlechte Sicht, abgefahrene Reifen, Regen, Müdigkeit, Alkohol im Blut: Worauf wirken sich die genannten „Mängel" aus – auf den Brems- oder den Reaktionsweg?*

d) *Bei 40 km/h beträgt der Bremsweg eines Autos 9 m (auf trockenem Asphalt). Wie lang ist er bei 80 km/h: 12 m, 18 m, 25 m, 36 m?*

Trägheit und Masse

Körper sind unterschiedlich träge

1

2

Sieh dir diese Bilder an.

- Welche Gemeinsamkeit bei den Situationen der Bilder 1 u. 2 stellst du fest?
- Hast du eine Erklärung für das Geschehen?

Vorbereitende Aufträge

1. *Lege ein Blatt Papier unter einen Pappbecher, der am Tischrand steht. Gelingt es dir, das Papier wegzuziehen, ohne dass der Becher umkippt oder vom Tisch fällt? Er soll einmal leer und einmal gefüllt sein.*

2. *Ein Paket Zucker hängt an einem Wollfaden (Bild 3). Wo wird er wohl reißen, wenn man unten am Faden zieht: über oder unter dem Paket?*
So kannst du es selber ausprobieren:

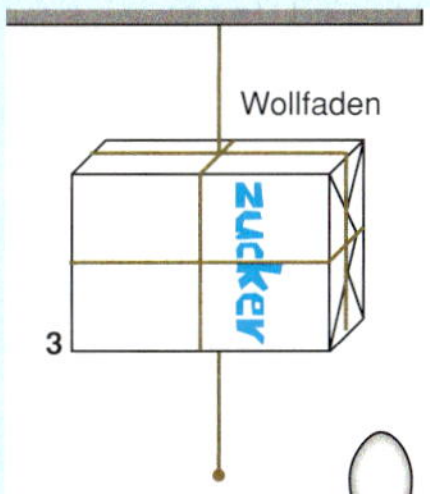

3

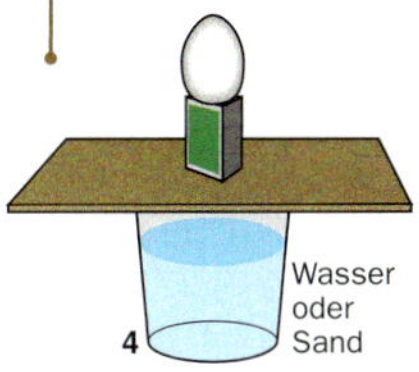

4

a) *Ziehe einmal ruckartig und einmal nur langsam und vorsichtig.*
b) *Ersetze den unteren Wollfaden durch einen Bindfaden.*
c) *Wiederhole alles mit einem Styroporblock statt der Zuckertüte.*

3. *Was wird passieren, wenn du das Brettchen schnell zur Seite wegziehst (Bild 4)?*
Vielleicht übst du zuerst lieber mit einem Apfel statt mit einem Ei.

V1 *Zur Änderung der Geschwindigkeit oder Bewegungsrichtung eines Körpers benötigt man eine Kraft. Das kannst du an einem Wagen beobachten, auf dem ein Holzklotz liegt.*
Beschreibe jeweils die Bewegungen von Holzklotz und Wagen. Erkläre, wie sie zustande kommen.
a) *Gib dem Wagen einen Stoß, sodass er ruckartig anfährt.*
b) *Lass den Wagen auf ein Hindernis prallen. Wiederhole den Versuch mit einem Gummiband als „Sicherheitsgurt" (Bild 5).*
c) *Ziehe den Wagen samt dem Klotz mit gleich bleibender Geschwindigkeit geradeaus. Lass ihn dann eine enge Kurve durchfahren.*

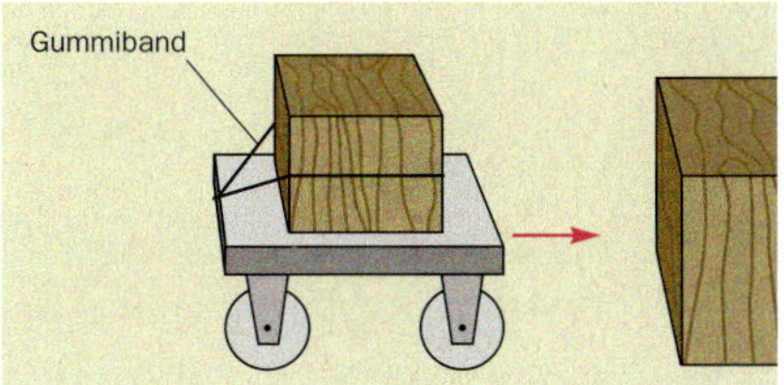

5

V2 *Zwei unterschiedlich große Stahlkugeln werden mit gleicher Kraft ruckartig angestoßen. Welche Kugel erreicht die größere Geschwindigkeit?*

64353

Info: Trägheit und Masse

Die Trägheit

In allen Beispielen und Versuchen spielen plötzliche *Bewegungsänderungen* eine Rolle. Meist sind bei diesen Vorgängen *zwei* Körper beteiligt. Dabei zeigt sich, dass der eine Körper die Bewegungsänderung des anderen nicht ohne weiteres mitmacht:

- Wenn ein Auto schnell um eine Kurve fährt, kann schlecht befestigtes Gepäck vom Autodach fallen (Bild 1): Die Kiste geht nicht – wie das Auto – in die Kurve, sondern „fliegt" geradeaus weiter. *Sie verharrt im Zustand der „Geradeausfahrt".*
- Prallt ein Fahrzeug gegen ein Hindernis, bewegt sich der Fahrer zunächst mit unverminderter Geschwindigkeit weiter (Bild 2): *Er verharrt im Zustand der Bewegung.*
- Wenn ein Auto abgeschleppt wird, kann das Abschleppseil reißen, weil das hintere Auto nicht *ruckartig* auf die gleiche Geschwindigkeit wie das vordere kommt. *Es verharrt im Zustand der Ruhe.*

Körper widersetzen sich also einer Änderung ihres Bewegungszustands. **Jeder Körper „will" seinen Bewegungszustand beibehalten. Diese Eigenschaft bezeichnet man als *Trägheit*. Alle Körper sind also – physikalisch gesehen – träge**.

Aber nicht alle Körper sind in gleichem Maß träge. Denke nur an die unterschiedlich beladenen Wagen von V 2. **Die Trägheit eines Körpers ist von seiner *Masse* abhängig.** (In der Umgangssprache sagen wir für Masse auch *Gewicht*.) Dabei gilt folgender Zusammenhang:

- große Masse → große Trägheit,
- kleine Masse → kleine Trägheit.

Umgekehrt können wir auch von der Trägheit eines Körpers auf seine Masse schließen:

- große Trägheit → große Masse,
- kleine Trägheit → kleine Masse.

6

Die Masse und ihre Einheit

Die Masse *m* ist eine physikalische Größe, die die Trägheit und die Schwere eines Körpers beschreibt.

Je schwerer ein Körper ist, desto träger ist er und desto größer ist seine Masse.

Die Masse eines Körpers ist unveränderlich. Sie ist überall gleich groß – egal, wo sich der Körper gerade befindet.

Die *Einheit der Masse* ist das **Kilogramm** (1 kg). Sie ist festgelegt durch einen Vergleichskörper: das *Urkilogramm* (Bild 6). Dieser wird in der Nähe von Paris aufbewahrt. Sämtliche Staaten, die das Kilogramm als Masseneinheit eingeführt haben, besitzen eine genaue Nachbildung des Urkilogramms.

Größere Massen werden in **Tonnen** (t) oder in **Megatonnen** (Mt) angegeben, kleinere Massen in **Gramm** (g) oder in **Milligramm** (mg).

1 Mt = 1000000 t; 1 kg = 1000 g;
1 t = 1000 kg; 1 g = 1000 mg.

A1 *Zwanzig gleiche Münzen sind übereinander gestapelt. Die unterste soll entfernt werden, ohne dass man den Stapel anhebt oder umkippt (Bild 7).*

a) *Mit welchem Trick schaffst du das?*

b) *Wenn der Stapel kleiner ist, wirst du es kaum noch schaffen. Warum nicht?*

A2 *Neben einem Busfahrer steht ein Becher mit Kaffee.*
Wohin schwappt der Kaffee, wenn der Bus ruckartig anfährt?

A3 *Wenn bei einem Hammer der Kopf nur noch lose auf dem Stiel sitzt, stößt man das Griffende des Stiels kräftig auf den Boden – und schon ist der Schaden behoben.*
Erkläre diese Vorgehensweise physikalisch.

7

A4 *Ein mit Wasser gefüllter Teller wird ruckartig angeschoben bzw. mit gleich bleibender Geschwindigkeit bewegt und abrupt angehalten. Überlege, nach welcher Seite das Wasser jeweils überschwappt.*

A5 *Wenn ein Teller auf einen Steinfußboden fällt, zerbricht er bestimmt. Auf einem Teppichboden vielleicht nicht ... Warum? Begründe deine Antwort.*

Aus dem Alltag: Nie ohne Sicherheitsgurt!

Was bei einem Zusammenstoß passieren kann, zeigt Bild 1. In dem folgenden Zeitschriftenartikel ist es anschaulich beschrieben.

1

Sie fliegen noch, wenn der Wagen schon steht

Nehmen wir an, Sie sitzen in einem Mittelklassewagen und fahren mit 50 km/h gegen einen Baum. Dann wird das Vorderteil des Wagens um ca. 60 cm zusammengedrückt. Auf diesen 60 cm „Bremsweg“ kommt das Auto zum Stehen.

Sie haben zum Zeitpunkt des Aufpralls die gleiche Geschwindigkeit wie das Fahrzeug. Ohne Gurt schießen Sie also mit 50 km/h weiter nach vorn.

Gut, die Reibung auf dem Sitz bremst Sie geringfügig ab. Und vielleicht haben Sie den Unfall kommen sehen und können sich 60 Millisekunden lang abstützen.

Doch das hilft auch nicht viel – Sie fliegen unaufhaltsam weiter. Sie treffen erst dann auf das Armaturenbrett, wenn der Wagen schon zerknautscht und zum Stehen gekommen ist. Ihr Bremsweg ist daher nicht länger als 4 cm – so weit beult sich ein Armaturenbrett ein.

Der Aufprall ist so stark, als habe eine 4–5 Tonnen schwere Keule zugeschlagen. Und wenn Ihr Kopf gegen den unnachgiebigen Dachrahmen prallt, ist der Schlag noch viel stärker und auf jeden Fall tödlich.

Anders mit Gurt. Hier werden Sie aufgefangen, *bevor* Sie das Armaturenbrett, den Dachrahmen oder die Windschutzscheibe erreichen. Sie werden abgebremst, weil der Gurt sich 20–25 cm dehnt. Und Sie werden zusätzlich abgebremst, weil Sie von Anfang an mit dem Fahrzeug verbunden sind. *Deshalb können Sie an der Verzögerung des Wagens teilnehmen und so von der Knautschzone profitieren.* Und deshalb müssen Sie Sicherheitsgurte anlegen – und zwar immer!

Autos werden – außer mit Sicherheitsgurten – auch mit **Airbags** ausgerüstet. Auf der Fahrerseite stecken sie im Mittelteil des Lenkrads. Bei einem Auffahrunfall wird der Airbag innerhalb von nur 0,03 s aufgeblasen. Er bremst dann Kopf und Brust der Insassen ab und verringert so die Verletzungsgefahr.

Aus dem Alltag: Die Balkenwaage ist „out“

Das Bestimmen der Masse mit einer Balkenwaage ist umständlich und zeitaufwendig. Daher wurden Waagen konstruiert, bei denen die „Balken“ ungleich lang sind und bei denen der Wägesatz durch fest angebrachte Wägestücke ersetzt ist. Beispiele dafür sind die Briefwaagen (Bild 2) und die Schnellwaagen (Bild 3).

In Geschäften wie Metzgereien und in Labors werden Massen heute mit elektronischen Waagen gemessen (Bild 4).

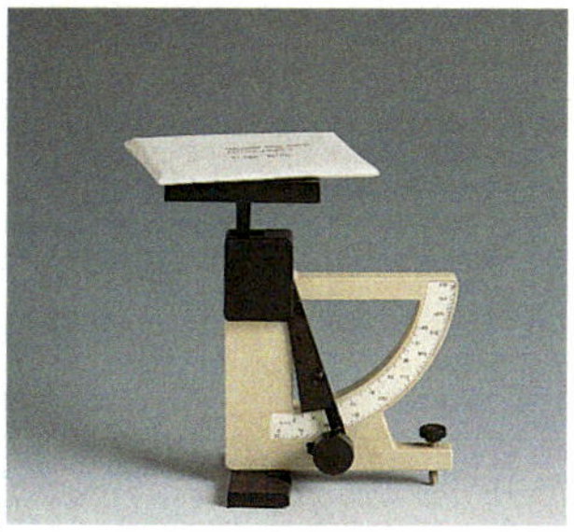
2

3

4

64355

Zusammenfassung

Trägheit und Masse

Ein Körper behält seinen Bewegungszustand bei, solange er daran nicht gehindert wird.

Ein Körper, der in Ruhe ist, bleibt in Ruhe.

Ein Körper, der sich gleichförmig bewegt, bleibt in gleichförmiger Bewegung (Bild 5).

Ein Körper, der sich geradeaus bewegt, bewegt sich weiterhin geradeaus (Bild 6).

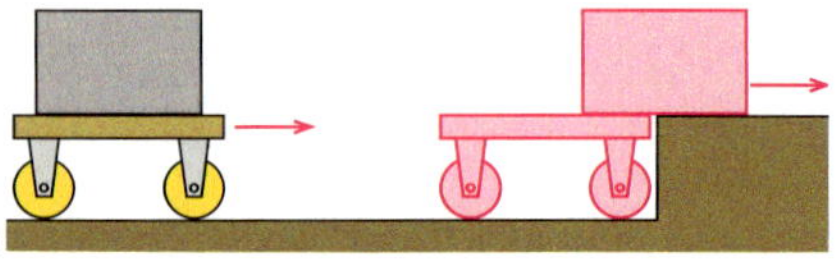
5

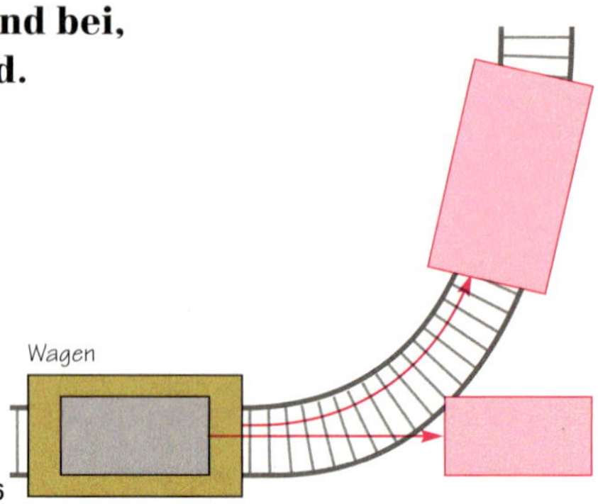

6

Jeder Körper „widersetzt sich" dem Versuch seinen Bewegungszustand zu ändern. Diese Eigenschaft der Körper nennt man *Trägheit*. Jeder Körper ist träge.

Die Trägheit eines Körpers hängt davon ab, wie groß seine *Masse* (sein „Gewicht") ist: **Je größer die Masse des Körpers, desto größer seine Trägheit.**

Jeder Körper hat eine Masse.

Diese Körpereigenschaft ist unabhängig davon, wo sich der Körper gerade befindet.

Die Masse wird in der Einheit Kilogramm (1 kg) gemessen.

Beispiel: Eine Tüte Zucker, die auf der Erde 1 kg Masse hat, hätte auch auf dem Mond – und überall sonst – 1 kg Masse (Bilder 7 u. 8).

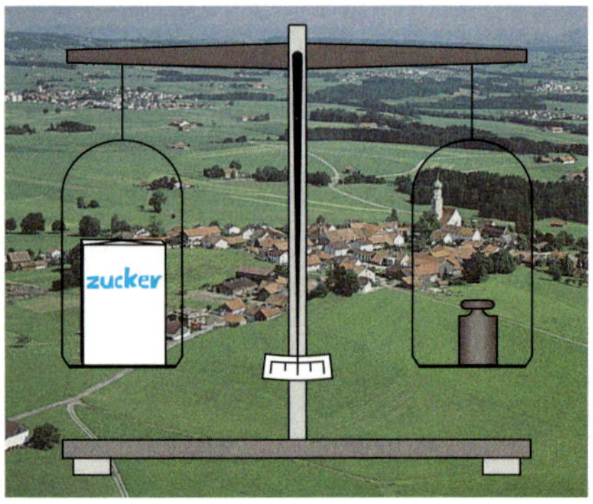

7

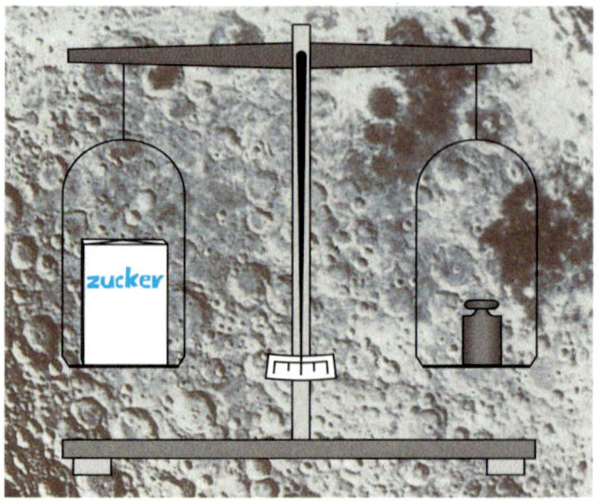

8

Alles klar?

Lösungen → Anhang

1. *In einem kleinen Wagen mit einem Drahtgestell ist eine Metallkugel frei beweglich aufgehängt (Bild 9).*
Wie bewegt sich die Kugel, wenn der Wagen …
a) *angestoßen wird?*
b) *gleichförmig weiterrollt?*
c) *plötzlich auf ein Hindernis aufprallt?*
d) *auf einmal nach links in die Kurve geht?*

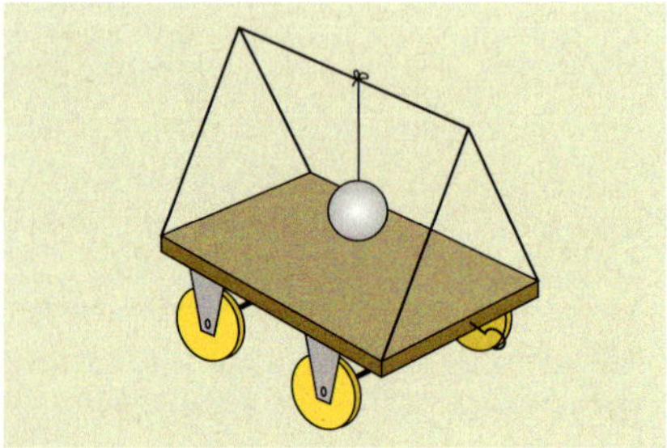
9

2. *In Bild 10 siehst du einen „Supertanker".*
Wenn er in voller Fahrt ist, muss er schon 5–10 km vor seinem Ziel zu bremsen beginnen. Die Maschinen werden auf „rückwärts, volle Fahrt" geschaltet – sonst kommt der Tanker nicht rechtzeitig zum Stehen.
Warum ist das so?

3. *Stehende Fahrgäste müssen sich in einem Bus gut festhalten. Begründe das.*

4. *Jeder Körper ist schwer und träge. Wie nennt man diese Eigenschaft? Wie wird sie gemessen?*

10

Die Kraft

Kräfte und Kraftwirkungen

1

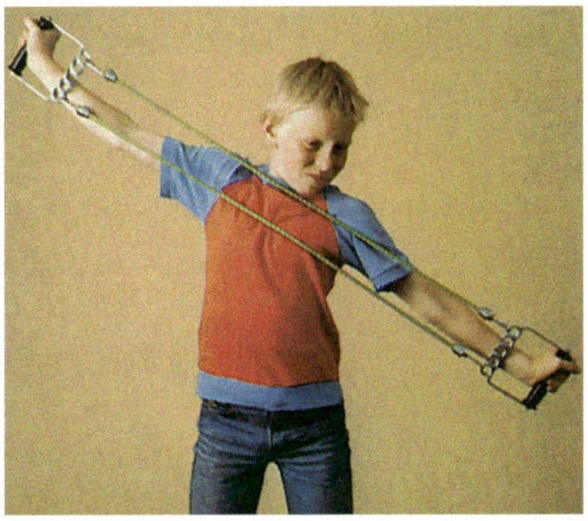
2

3

4

5

6

Vorbereitende Aufträge

1. *Die Bilder 1–6 zeigen Situationen, in denen Kräfte wirken. Notiere in einer Tabelle in deinem Heft, auf welche Körper jeweils eine Kraft ausgeübt wird. Schreibe auch dazu, welche Wirkung sie hat.*

Bild	*Körper, auf den die Kraft wirkt*	*Wirkung der Kraft*
1	*Volleyball*	*Der Ball wird in eine andere Richtung gelenkt.*
2	*?*	*?*

2. *In welchen der Bilder 1–6 beeinflussen Kräfte die* Bewegung *der Körper?*
Auch auf den übrigen Bildern bewirken Kräfte Änderungen *an Körpern. Was ändert sich?*
Wie könnte man die Kraft von Bild 5 nennen? Was bewirkt sie?

7

3. *Bringe ein Spielzeugauto ohne deine Muskeln auf einem Tisch in Fahrt. Bindfaden und Wägestück sind erlaubt. Welche Kraft wirkt dabei?*
Beobachte die Bewegung des Spielzeugautos genau. Beschreibe, wie sich die Bewegung ändert.

4. *Bringe zwei Spielzeugautos so wie in Bild 7 auf die gleiche Geschwindigkeit.*
a) *Beschreibe ihre Bewegung bis zum Stillstand.*
b) *Durch welche Kraft werden die Spielzeugautos in Bewegung gesetzt?*
c) *Durch welche Kraft werden die Autos schließlich gebremst?*

5. *Plane Versuche, die zeigen, dass auch der Wind und ein Magnet Kräfte ausüben.*
Tipp: Wind mit Föhn erzeugen.

63704

Info: Was Physiker unter „Kraft“ verstehen

Der Begriff *Kraft*
wird in der Umgangssprache anders als in der Physik gebraucht.

8 *Wirkung der Kraft:* Motorrad fährt an; d. h., seine Geschwindigkeit ändert sich **(Beschleunigung).**

10 *Wirkung der Kraft* (Luftwiderstand und Reibung zwischen Reifen und Straße): Das Auto wird langsamer **(Verzögerung).**

12 *Wirkung der Kraft:* Die Bäume werden verbogen und geknickt **(Verformung).**

In der *Umgangssprache* spricht man z. B. von „Urteilskraft“ oder von „Waschkraft“. Was man in der *Physik* unter „Kraft“ versteht, ist in den Bildern 8–13 dargestellt.

Auf einen Körper wirkt dann eine Kraft, wenn sich seine Geschwindigkeit oder seine Bewegungsrichtung ändert.

Auch wenn sich die Form eines Körpers verändert, wirken auf ihn Kräfte.

Für die physikalische Größe Kraft benutzt man das Formelzeichen F.

In den Bildern 9–11 wird die Bewegung durch Reibung geändert. Die Reibung ist also eine Ursache für Kräfte: *Reibungskräfte.*

In Bild 13 wird ein Körper durch die *Gewichtskraft* verformt. Ursache für Gewichtskräfte ist die Anziehung durch die Erde.

9 *Wirkung der Kraft:* Lastwagen bremst; d. h., seine Geschwindigkeit ändert sich **(Verzögerung).**

11 *Wirkung der Kraft:* Skifahrer fährt in eine Kurve; d. h., seine Bewegungsrichtung ändert sich **(Richtungsänderung).**

13 *Wirkung der Kraft:* Der Stab wird nach unten gebogen **(Verformung).**

A1 *In welcher der folgenden Situationen spielen „physikalische Kräfte“ eine Rolle? Begründe!*

a) *Im Laufe der Jahre lässt die Sehkraft nach.*

b) *Ein Autofahrer gibt Gas und überholt einen Lastwagen.*

c) *Ein Schlitten fährt abwärts und kommt dann zum Stehen.*

d) *Lanin hat starke Waschkraft.*

e) *Ein Apfel fällt vom Baum.*

f) *Ein Mann versucht einen Nagel aus der Wand zu ziehen.*

g) *Max bläst einen Luftballon auf.*

A2 *Beim Curling (Bild 14) wird ein blanker „Stein“ über eine Eisbahn geschleudert. Er soll nahe an ein Ziel herankommen.*

a) *Wozu dienen die Besen? (Tipp: Reibe einmal auf einem Eisstück!)*

b) *Schließlich kommt der Stein zur Ruhe. Hier müssen also Kräfte wirken.*
Welche Kräfte sind das wohl?

14

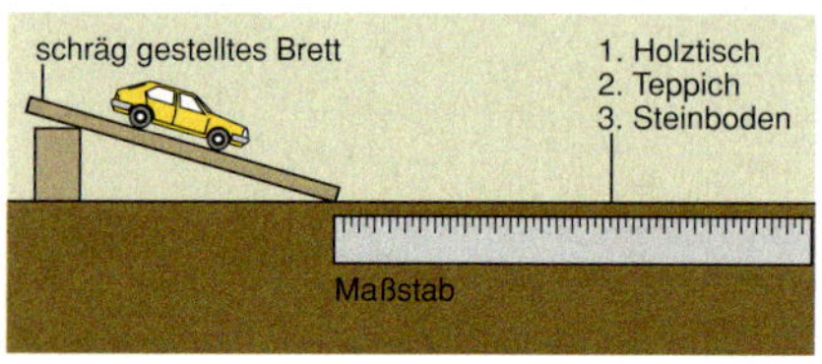

15

A3 *Bild 15 zeigt eine Anordnung für einen* ***Versuch****. Es soll gemessen werden, wie weit das Auto auf verschiedenen Unterlagen rollt.*

a) *Überlege zuerst: Welche Versuchsbedingungen müssen jeweils gleich bleiben?*

b) *Miss, wie weit das Auto auf verschiedenen Unterlagen rollt.*

c) *Versuche zu erklären, weshalb die Autos nicht gleich weit rollen.*

d) *Stell dir einmal vor, nach dem Verlassen der Rampe würden keine Kräfte mehr auf die Autos einwirken. Was würde passieren?*

Aus der Raumfahrt: Einmal in Bewegung – immer in Bewegung

Im Juli 1969 ging ein Traum der Menschheit in Erfüllung – die *Mondlandung* (Bild 1; → auch S. 184).

Durch eine riesige Rakete war das Raumschiff *Apollo* zunächst in eine Erdumlaufbahn befördert worden. Um es anschließend auf Kurs zum Mond zu bringen, wurde die letzte Raketenstufe noch einmal kurz gezündet – schließlich aber abgestoßen.

Erst in der Nähe des Mondes zündeten die Astronauten wieder für kurze Zeit eine Rakete. Das diente aber nicht zum Antrieb, sondern um das Raumschiff *abzubremsen*. Sonst wäre es am Mond vorbeigeflogen.

Während das Raumschiff den Mond umkreiste, landeten zwei Astronauten mit der Mondlandefähre.

Den Weg von der Erdumlaufbahn zum Mond legte das Raumschiff *ohne Antrieb* zurück (→ S. 93). Es kam also ohne Treibstoff aus – und das bei einer Geschwindigkeit von etwa 40 000 km/h!

1

Seit der ersten Mondlandung sind noch viele andere Himmelskörper mit unbemannten Raumfahrzeugen erforscht worden. So wurde z. B. *Voyager 2* (Bild 2) 1977 gestartet.

Nach vier Jahren erreichte die Raumsonde den Planeten *Saturn*. Nach acht Jahren flog sie am *Uranus* vorbei, nach 12 Jahren am *Neptun*. Damit hatte die Sonde das Sonnensystem verlassen. Seit dieser Zeit bewegt sich *Voyager* in die Weiten des Weltalls.

Auch *Voyager* wurde mit einer Rakete gestartet und auf hohe Geschwindigkeit gebracht. Für den Rest der unvorstellbar langen Reise brauchte *Voyager* keinen Antrieb mehr!

2

Bei Flügen im Weltall werden große Strecken ohne Antrieb zurückgelegt. Treibstoff braucht man nur zum Starten, Beschleunigen oder Abbremsen sowie zum Ändern der Flugrichtung – also immer nur dann, wenn eine Geschwindigkeits- oder Richtungsänderung stattfinden soll.

Auf der Erde ist das jedoch anders: Ein Auto benötigt dauernd Benzin zum Vorwärtsfahren; sein Motor muss laufen, sonst bleibt das Auto nach kurzer Zeit stehen. Der Grund dafür ist die **Reibung**.

Bei Bewegungen auf der Erde sind stets Reibungskräfte im Spiel – im luftleeren Weltraum dagegen spielen Reibungskräfte praktisch keine Rolle.

Solange keine Kraft auf einen Körper wirkt, gilt: *Einmal in Bewegung – immer in Bewegung.*

A4 *Warum fliegen Raumschiffe im Weltraum ohne Treibstoff mit unverminderter Geschwindigkeit weiter?*

A5 *In welchen Situationen wird Treibstoff verbraucht?*

A6 *Der Satz „einmal in Bewegung – immer in Bewegung“ gilt nicht für Bewegungen auf der Erde. Warum nicht?*

3

A7 *Mit diesem Fahrrad (Bild 3) kann ein trainierter Fahrer durchschnittlich 65 km/h schnell fahren. Mit einem ganz normalen Rennrad könnte der Fahrer aber höchstens 40 km/h schaffen.*
Weshalb dieser Unterschied?

64384

Wir vergleichen Kräfte und messen sie

V1 *So könnt ihr die Kräfte miteinander vergleichen, die eure Muskeln ausüben (Bild 4).*
Statt des Expanders könnt ihr auch – wie hier abgebildet – einen Fahrradschlauch nehmen.
Im Bild sind einige Sicherheitsmaßnahmen beschrieben worden. Sie müssen beim Versuchsaufbau unbedingt eingehalten werden.
a) *Wann sind zwei Kräfte, die man so miteinander vergleicht, gleich groß?*
b) *In welcher Einheit könnte man in diesem Versuch die Kräfte messen?*
Wäre diese Einheit zum Messen von Kräften sinnvoll?

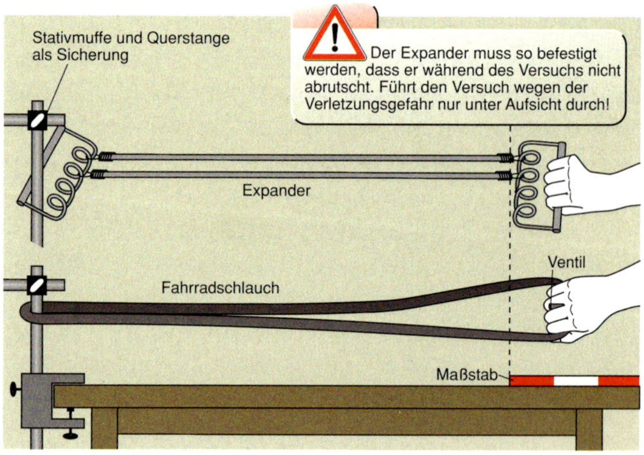

4

Praktikumsversuch

V2 *An eine Stahlfeder und dann auch an ein Gummiband werden mehrere gleich schwere Wägestücke gehängt.*
Überprüft, ob folgender Zusammenhang gilt:
zwei Wägestücke → doppelte Verlängerung;
drei Wägestücke → dreifache Verlängerung;
vier Wägestücke → vierfache Verlängerung …

Versuchsmaterialien: *1 Schraubenfeder, 1 Gummiband, mehrere gleich schwere Wägestücke, 1 Meterstab*

Versuchsaufbau und -durchführung: *Hängt zuerst ein, dann zwei, drei … Wägestücke an die Feder (Bild 5). Messt jedes Mal die Verlängerung und tragt die Messwerte in eine Tabelle ein (→ Muster).*
Wiederholt die Messungen anschließend mit dem Gummiband.

Anzahl der Wägestücke	*Verlängerung der Feder*	*Verlängerung des Gummibandes*
0	*0 cm*	*0 cm*
1	*z. B. 2,0 cm*	*z. B. 2,5 cm*
2	*?*	*?*
3	*?*	*?*

Versuchsauswertung:
1. Überprüft anhand eurer Messergebnisse, ob die links stehenden Behauptungen stimmen.
2. Welche Unterschiede erkennt ihr zwischen den Ergebnissen des Versuchs mit der Stahlfeder und dem Gummiband?
3. Zeichnet eure Messwerte von Stahlfeder und Gummiband in ein Diagramm ein.
4. Welcher mathematische Zusammenhang ist zu erkennen?

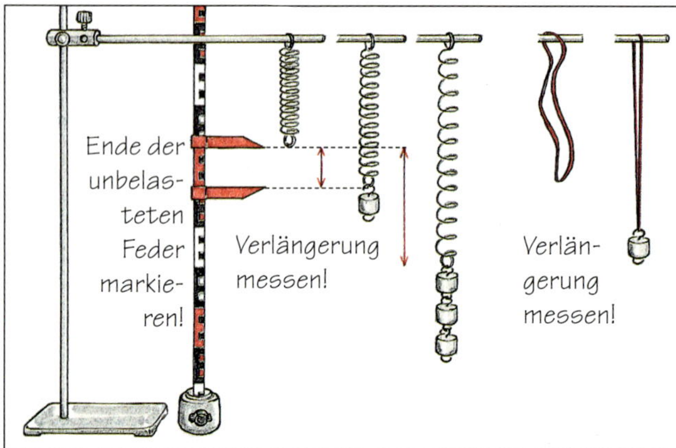

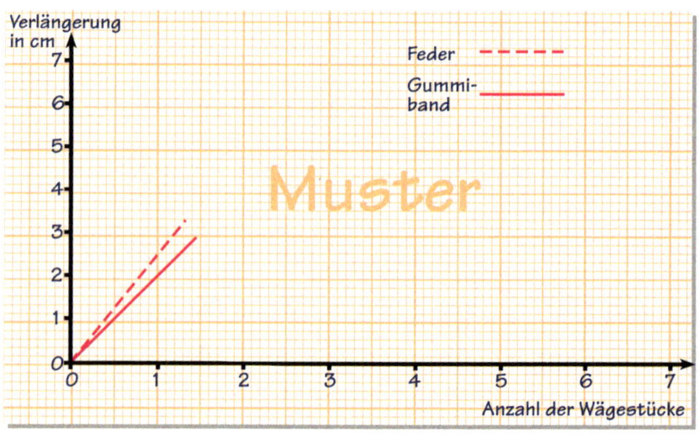

5

Info: So werden Kräfte gemessen und dargestellt

Einheit und Messgerät der Kraft

Die physikalische Größe Kraft *(F)* misst man in der Einheit *Newton* (1 N). Ein Newton ist die Gewichtskraft, die auf eine 100-g-Tafel Schokolade wirkt (Bild 1). Die Einheit 1 Newton ist nach dem englischen Physiker *Isaac Newton* (1643–1727) benannt.

Kräfte werden mit Hilfe von *Kraftmessern* gemessen. Deren Gehäuse enthält eine Schraubenfeder, die durch die Kraft verformt wird (Bild 2).

Die Kräfte, die man messen will, müssen innerhalb des *Messbereichs* des Kraftmessers liegen.

Messvorschriften

- Beachte den Messbereich! Zu große Kräfte beschädigen die Feder.
- Vor dem Messen musst du manche Kraftmesser erst noch justieren („auf null" stellen). Schiebe dazu den Nullpunktschieber auf die Null.

Das hookesche Gesetz

Schraubenfedern sind gut zum Messen von Kräften geeignet. Bei ihnen sind nämlich Kraft und Verformung proportional: doppelte Kraft → doppelte Verlängerung, dreifache Kraft → dreifache Verlängerung …

Diesen Zusammenhang bezeichnet man als das *hookesche Gesetz*.

So werden Kräfte dargestellt

Die Kräfte in Bild 3 sind gleich groß. Man sagt, sie haben den gleichen *Betrag*. Trotzdem sind ihre Wirkungen unterschiedlich. Es reicht also nicht aus, nur den Betrag einer Kraft anzugeben.

Kräfte sind durch Betrag, Richtung und Angriffspunkt festgelegt. Man stellt sie durch *Pfeile* dar (Bild 4). Dabei muss vorher festgelegt werden, wie Pfeillänge und Betrag zusammenhängen.

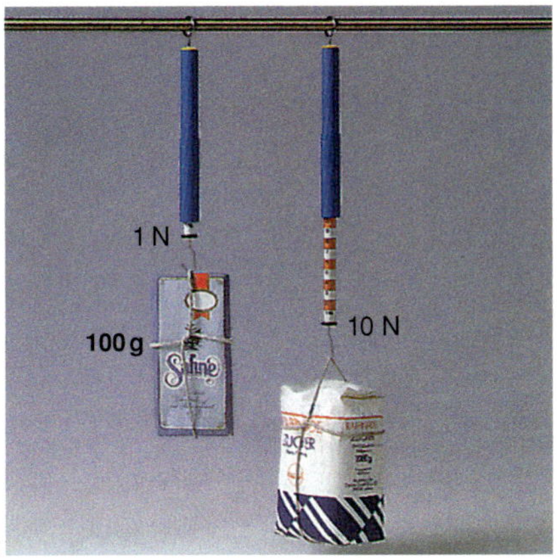

1

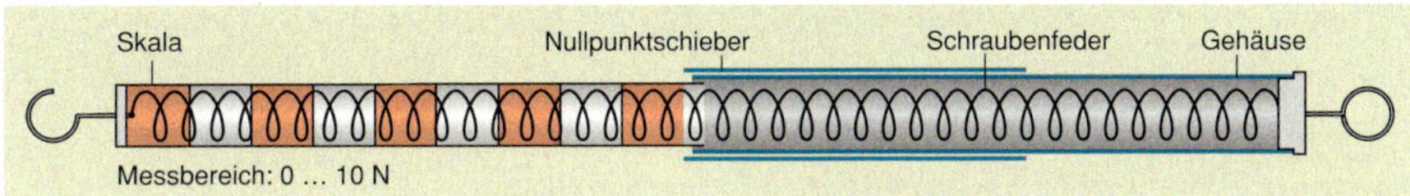

2

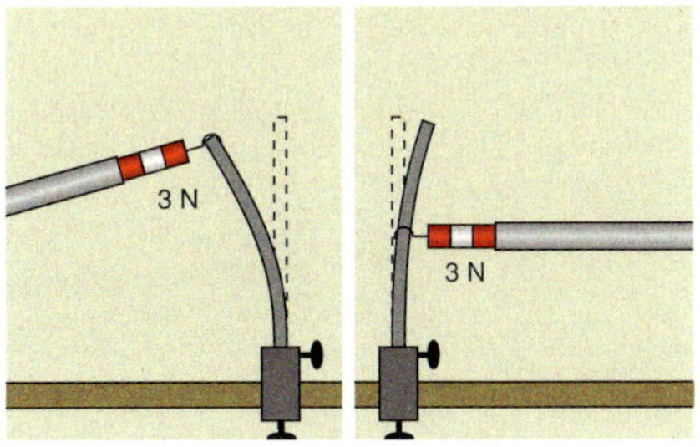

3

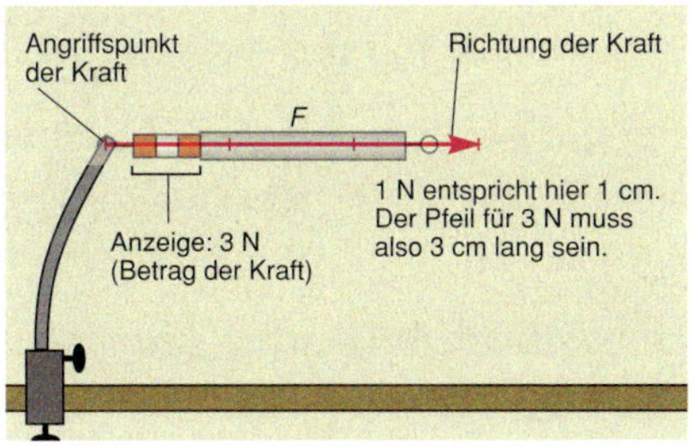

4

A1 *Welche Gewichtskräfte würde man bei folgenden Gegenständen messen? ① 2 Tafeln Schokolade (je 100 g), ② 1 Stück Butter (250 g), ③ 1 Tüte Salz (500 g), ④ 2 Tüten Zucker (je 1 kg).*

A2 *In welcher Stellung muss man die größte Kraft aufbringen um das Stativ zu kippen (Bild 5)?*

A3 *Sieh dir noch einmal V2 der Vorseite an. Bei seiner Durchführung hat eine Schülergruppe die Ergebnisse der rechts stehenden Tabelle erhalten.*

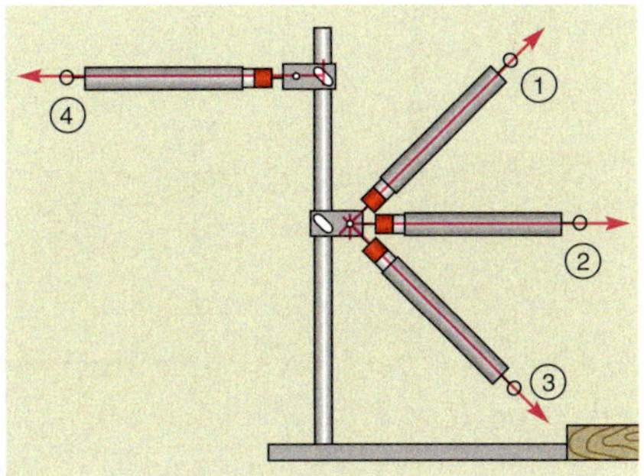

5

a) *Stelle die Messergebnisse der Tabelle unten grafisch dar.*

b) *Woran erkennt man im Diagramm, welche Feder stabiler („stärker") ist?*

Anzahl der Wägestücke	*Verlängerung in cm*		
	Feder 1	*Feder 2*	*Gummiband*
0	*0*	*0*	*0*
1	*4,2*	*2,7*	*2,5*
2	*8,5*	*5,6*	*5,8*
3	*12,7*	*8,4*	*9,8*
4	*16,8*	*11,1*	*13,6*

64386

Das Kräftegleichgewicht

6

7

Die Gewichtheberin hält die Hantel, die Radfahrerin wird weder schneller noch langsamer.

Wirken hier überhaupt Kräfte? Oder wirken sogar mehrere Kräfte? (Es wird doch nichts verformt und auch die Geschwindigkeit bleibt gleich ...)

Info: Das Kräftegleichgewicht

Wenn man einen Holzklotz über den Tisch zieht, muss man dauernd eine Zugkraft ausüben – auch wenn die Geschwindigkeit des Klotzes gleich bleibt (Bild 8).

Auf den Klotz wirkt nämlich noch eine Reibungskraft (→ S. 106 ff.).

Beide Kräfte sind gleich groß und entgegengesetzt gerichtet. Sie heben sich in ihrer Wirkung auf, man sagt, es herrscht ein *Kräftegleichgewicht.*

Der Radfahrer von Bild 7 fährt mit gleich bleibender Geschwindigkeit, obwohl er dauernd in die Pedale tritt und eine Antriebskraft auf das Fahrrad wirkt.

Der Grund: Auf Fahrer und Fahrrad wirkt außerdem eine Reibungskraft (vor allem aufgrund der Luftreibung). Sie ist der Bewegung entgegengerichtet. Es besteht Kräftgleichgewicht.

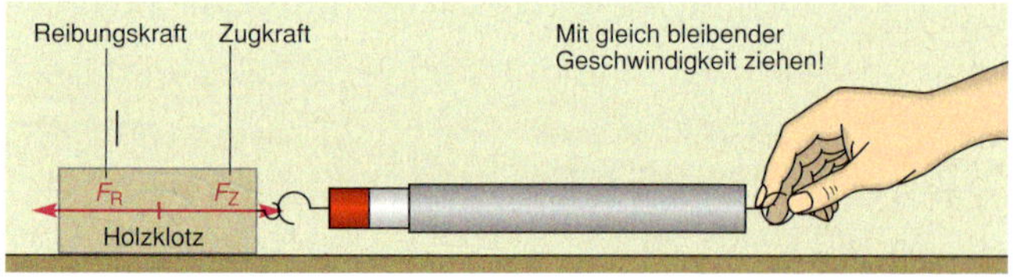

8

Auch die Hantel der Gewichtheberin von Bild 6 ist im Kräftegleichgewicht. Auf die Hantel wirkt senkrecht nach unten die Gewichtskraft und senkrecht nach oben eine gleich große Kraft, die die Gewichtheberin ausübt.

Ein Körper ist im Kräftegleichgewicht, wenn auf ihn zwei gleich große Kräfte in entgegengesetzten Richtungen wirken. Die Kräfte heben sich in ihren Wirkungen auf.

A1 *Auf ein am Kraftmesser hängendes Wägestück wirken zwei Kräfte: die Gewichtskraft und die Rückstellkraft der Feder.*

a) *Sieh dir noch mal die Fotos in diesem Kapitel an. Auf welchen Fotos entdeckst du ebenfalls „Kräftepaare", die auf ein und denselben Körper wirken? Lege dazu eine Tabelle wie die folgende an.*

Foto	*1. Kraft*	*2. Kraft*
Junge mit Expander	*Kraft des Jungen*	*Rückstellkraft der Gummiseile*
...	...	...

b) *In welchen Beispielen herrscht Kräftegleichgewicht?*

c) *Bei welchen Beispielen überwiegt eine Kraft? Was ist die Folge?*

Gewichtskraft und Massenanziehung

1
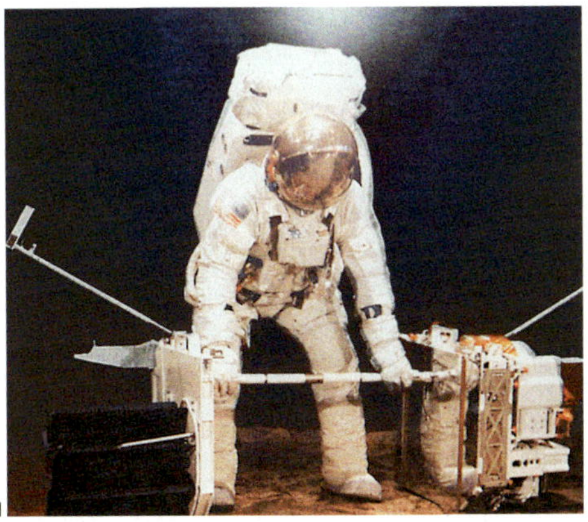

2

Auf der Erde:
Der Astronaut kann seine Ausrüstung kaum tragen.

Auf dem Mond:
Die gleiche Ausrüstung trägt er jetzt offenbar mühelos …

Info: Wie entstehen Gewichtskräfte?

Wenn man einen Körper an verschiedene Orte oder auf andere Himmelskörper bringt und die Gewichtskraft misst, erhält man unterschiedliche Ergebnisse:

Auf dem Mond würde eine Tüte Zucker (Masse: 1 kg) nur 1,6 N am Kraftmesser anzeigen.

Auf der Erde würde man aber bei derselben Tüte Zucker 10 N ablesen (Bilder 3 u. 4).

Die Gewichtskräfte, die auf die gleiche Masse von 1 kg wirken, sind also auf der Erde etwa 6-mal so groß wie auf dem Mond. Das heißt: **Gewichtskräfte sind von dem Ort abhängig, an dem sich der Körper befindet.**

Wie entstehen eigentlich Gewichtskräfte? (Siehe dazu auch „Warum fällt ein Apfel zur Erde?“ auf der Nachbarseite.) **Ursache für die Gewichtskräfte sind Anziehungskräfte zwischen den Massen – die *Massenanziehung* oder *Gravitation*.**

Nicht nur Körper mit großer Masse (z. B. die Erde und der Mond) üben eine solche Massenanziehung aus. Auch Körper mit geringer Masse üben (geringe) Anziehungskräfte aus. Das bewies der Engländer *Henry Cavendish* durch einen Versuch mit einer empfindlichen Drehwaage (Bild 5):

Als er die großen Bleikugeln den kleineren näherte, erkannte er mit Hilfe seiner Messvorrichtung, dass sich die Stange mit den kleinen Kugeln verdrehte. Die kleinen Kugeln hatten sich offenbar auf die großen Kugeln zubewegt.

Damit hatte er bewiesen: **Alle Körper üben eine Massenanziehung aus.**

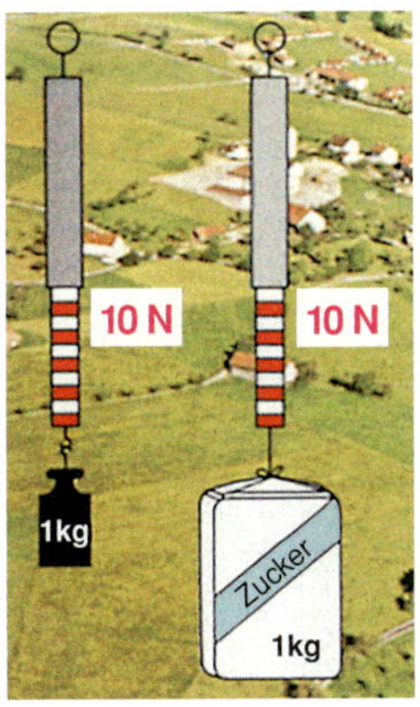

3

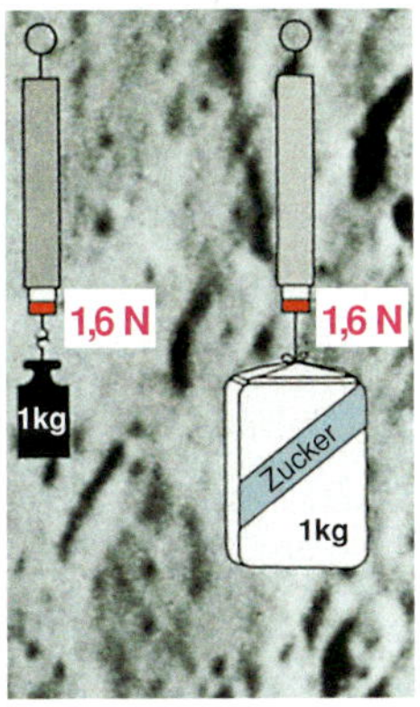

4

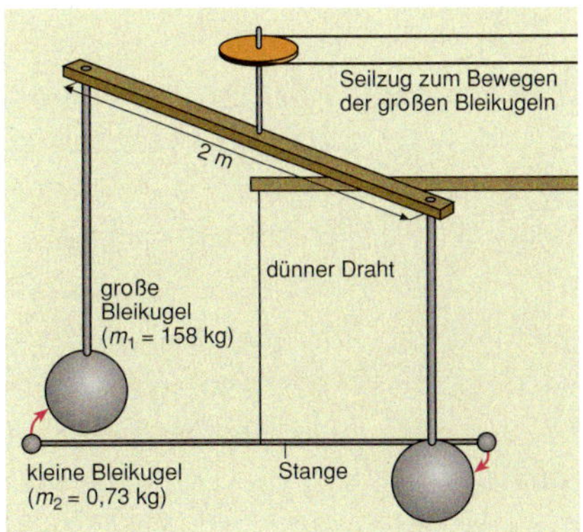

5

64388

A1 *Die Ausrüstung eines Astronauten wiegt ca. 84 kg.*

a) *Welche Gewichtskraft würde ein Kraftmesser auf dem Mond anzeigen, wenn man dort die Ausrüstung anhängen würde?*
Wie viel zeigt der Kraftmesser auf der Erde an?

b) *Welche Kraft muss ein Astronaut auf der Erde ausüben, um seine Ausrüstung zu tragen?*
Welche Kraft braucht er dafür auf dem Mond?

A2 *Stell dir einmal vor, es gäbe keine Anziehungskräfte.*
Was würde geschehen, wenn du …
… einen Ball wirfst?
… hochspringst?
… ein Tablett mit Geschirr trägst und dann loslässt?

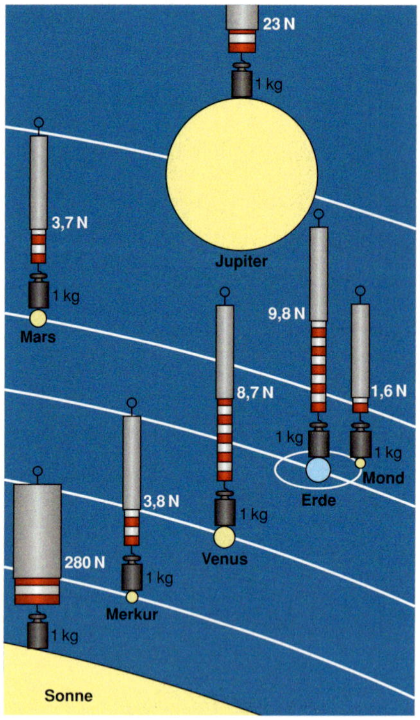

6

A3 *Bild 6 zeigt die Anziehungskräfte auf ein 1 kg Wägestück an der Oberfläche von verschiedenen Himmelskörpern.*

a) *Ordne die Himmelskörper nach der Größe der Anziehungskräfte.*

b) *Wo ist die Anziehungskraft etwa so groß wie auf der Erde?*

c) *Woran könnte es liegen, dass Himmelskörper einen Gegenstand verschieden stark anziehen?*

A4 *Welcher der folgenden Sätze ist richtig?*
1. Alle Körper üben gleich starke Anziehungskräfte auf andere Körper aus. 2. Nur sehr große Körper üben Anziehungskräfte aus. 3. Je größer die Masse eines Körpers ist, desto größer ist die Anziehungskraft, die er ausübt.

Aus der Geschichte: Warum fällt ein Apfel zur Erde?

Vor ca. 300 Jahren lebte der englische Naturforscher *Isaac Newton*. Von ihm wird die folgende Geschichte erzählt:

An einem Herbstabend sitzt Isaac Newton in seinem Garten. Der Mond leuchtet durch die Äste eines Apfelbaums. Da löst sich ein reifer Apfel vom Baum und fällt genau neben Newton ins Gras.

„Warum fällt eigentlich der Apfel zur Erde?“, fragt sich Newton. „Der Mond dagegen steht doch scheinbar regungslos am Himmel. Warum fällt *der* nicht ebenfalls zur Erde? …“

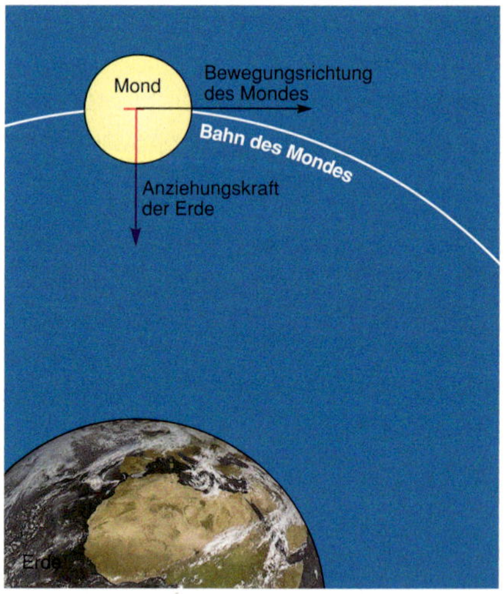

7

Die Antwort ist: Der Apfel fällt zur Erde, weil auf ihn die *Anziehungskraft der Erde* wirkt.

Auch auf den Mond wirkt die Anziehungskraft der Erde – trotz der riesigen Entfernung zwischen Erde und Mond. Der Mond stürzt aber nicht zur Erde, weil er diese ständig *umkreist* (mit einer Geschwindigkeit von 3600 km/h). Die Anziehungskraft, die die Erde ausübt, „zwingt“ ihn lediglich auf seine Bahn (Bild 7).

Newton erkannte: Die Kräfte, die einen Apfel zur Erde fallen lassen, verhindern auch, dass sich der Mond von der Erde entfernt – die **Anziehungskräfte zwischen den Körpern**. Man nennt das **Gravitation**.

Newton kam zu folgenden weiteren Ergebnissen:

1. *Alle* Körper ziehen einander an. (Physiker wiesen nach, dass das auch für kleine Körper gilt.)
2. Wie stark die Anziehungskraft ist, hängt von der *Masse* der Körper ab. Die Erde z. B. hat eine größere Masse als der Mond; deshalb übt sie auch eine größere Anziehungskraft aus. (Beispiel: Um vom Mond zurück zur Erde zu gelangen, benötigen die Astronauten eine Rakete mit viel geringerer Schubkraft als beim Start von der Erde.)
3. Je weiter Körper voneinander entfernt sind, desto geringer sind die Anziehungskräfte.

Zusammenfassung

Woran man Kräfte erkennt

Das Wirken von Kräften erkennt man …

… daran, dass sich Geschwindigkeit oder Bewegungsrichtung eines Körpers ändert (sein Bewegungszustand) … (Bilder 1 u. 2).

… oder daran, dass ein Körper verformt wird (Bild 3).

1 Der Junge übt eine Kraft auf den Schlitten aus. Sie ändert die Geschwindigkeit des Schlittens.

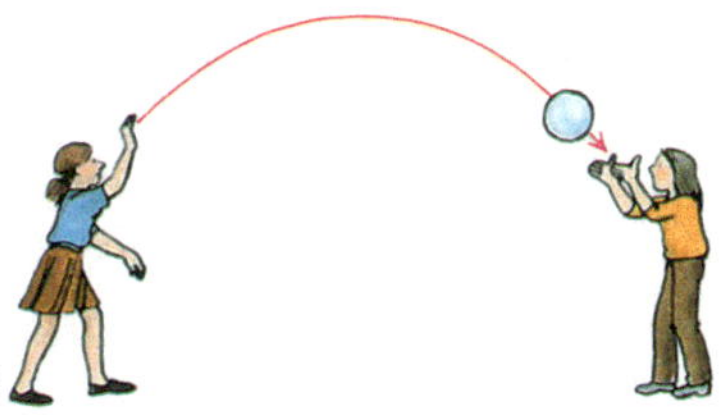

2 Auf den Ball wirkt die Anziehungskraft der Erde. Sie ändert die Bewegungsrichtung des Balles.

3 Der Junge übt auf beide Griffe des Expanders Kräfte aus. Der Expander wird verformt.

Für Kräfte benutzt man das Formelzeichen F (von engl. *force*).

Auf alle Körper wirkt eine **Gewichtskraft**, weil die Körper von der Erde angezogen werden.

Auf Körper, die sich auf der Erde bewegen, wirken **Reibungskräfte**. Sie bremsen die Bewegung, die sonst unaufhörlich andauern würde.

Messung und Darstellung von Kräften

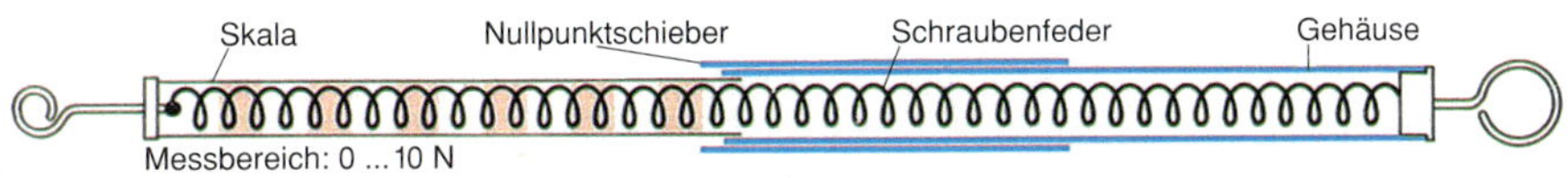

4

Der Kraftmesser ist das Messgerät zur Kraftmessung.
Sein wichtigster Bestandteil ist eine *Schraubenfeder* (Bild 4). Sie wird durch Kräfte verformt.

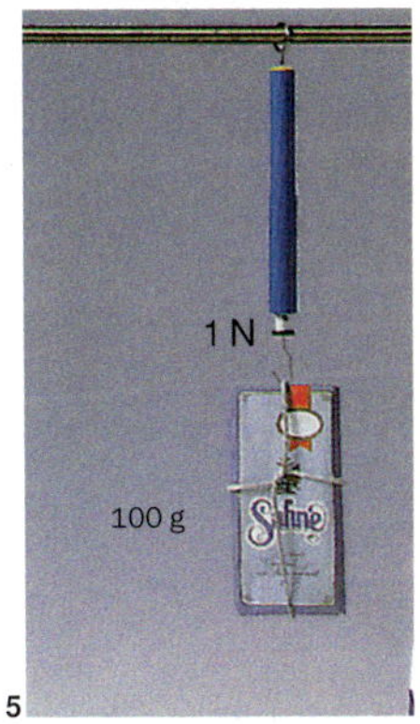

5

Die Einheit der Kraft ist 1 Newton (1 N).
Die Kraft 1 N ist nötig um eine Tafel Schokolade (100 g) zu heben.

Bei der Schraubenfeder sind Kraft und Verlängerung proportional *(hookesches Gesetz)*:
Einfache Kraft → einfache Verlängerung der Feder;
doppelte Kraft → doppelte Verlängerung der Feder usw.

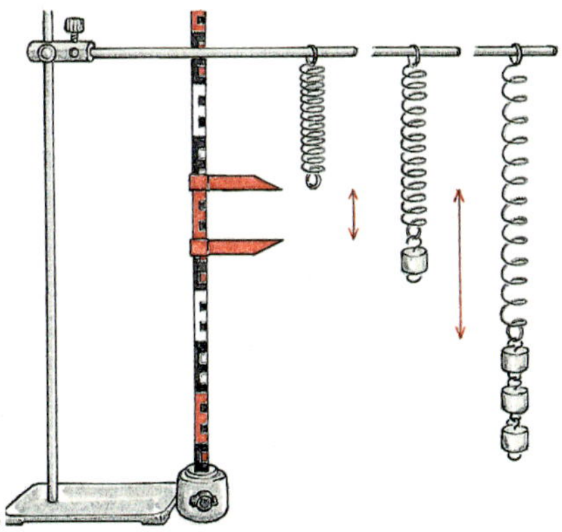

6

Eine Kraft ist durch Betrag, Richtung und Angriffspunkt festlegt.

Kräfte werden durch Pfeile dargestellt.

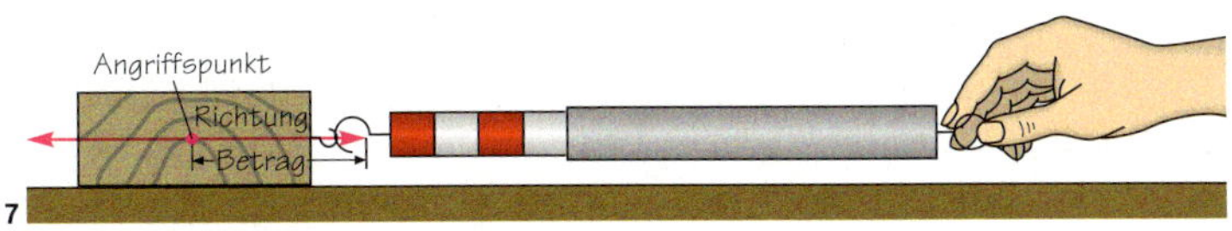

7

64390

Das Kräftegleichgewicht

8

Wenn auf einen Körper zwei gleich große Kräfte in entgegengesetzter Richtung wirken, herrscht *Kräftegleichgewicht*.

Bei einem Kräftegleichgewicht ändert sich die Bewegung dieses Körpers nicht.

Beim Kräftegleichgewicht wirken die beiden Kräfte auf ein und denselben Körper (Bild 8).

Masse und Gewichtskraft

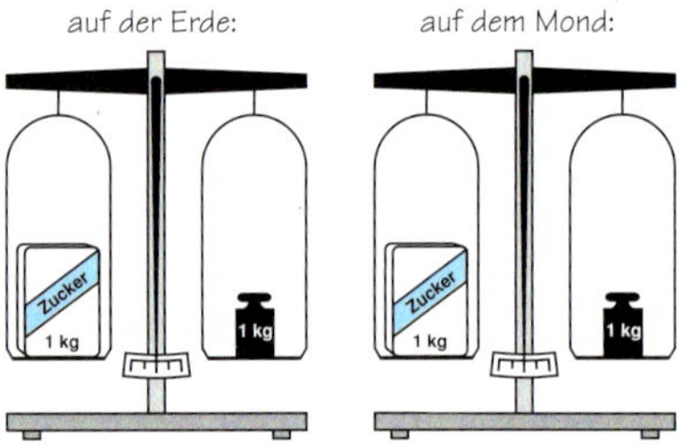

9

Die Masse *m* eines Körpers gibt an, wie träge oder schwer der Körper ist. Die Masse eines Körpers ist überall gleich groß.

Die Gewichtskraft F_G, die auf einen Körper wirkt, ist abhängig vom Ort. Auf der Erde ist sie etwa 6-mal so groß wie auf dem Mond.

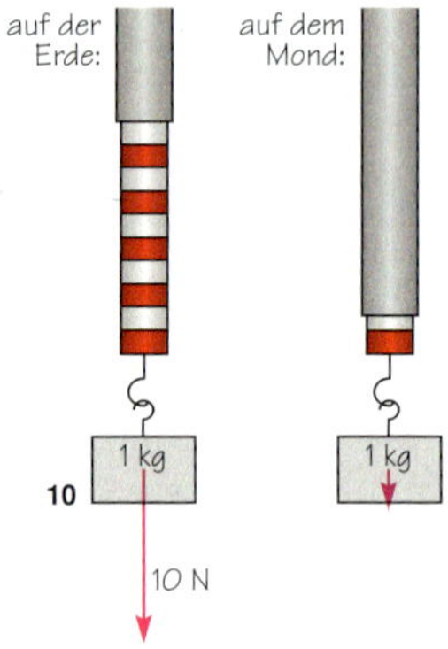

10

Alles klar?

Lösungen → Anhang

1. *Woran erkennt man Kräfte? Nenne Beispiele.*

2. *Ein Auto fährt auf gerader und ebener Strecke. Es ist windstill. Plötzlich setzt der Motor aus. Durch welche Kraft kommt das Auto zum Stehen, obwohl der Fahrer nicht bremst?*

3. *Am Kraftmesser hängt ein Gegenstand ($F_G = 2$ N). Die Feder wurde um 3 cm länger. Um wie viel wird sie bei 1 N (4 N, 5 N)* länger?

4. *Drei gleich lange Kraftmesser haben verschiedene Messbereiche: 0–1 N, 0–10 N, 0–100 N.*

a) *Welcher hat die härteste Feder?*

b) *Bei einer Kraft von 1 N verlängert sich die Feder im Kraftmesser um 1 mm (1 cm, 10 cm). Welche Verlängerung gehört zu welchem Kraftmesser?*

5. *Zeichne einen Kraftmesser, an dem eine 350-g-Kugel hängt. Trage Kraftpfeile für die Gewichtskraft und die Rückstellkraft ein (1 N entspricht 2 cm). Trage auch Betrag und Richtung und Angriffspunkt ein.*

11

6. *Erkläre am Beispiel von Bild 11, was man unter einem „Kräftegleichgewicht" versteht.*

7. *In den folgenden Beispielen befindet sich ein Körper im Kräftegleichgewicht. Der Körper, der gemeint ist, wurde durch die gerade stehende Schrift gekennzeichnet. Benenne die Kräfte, die auf diesen Körper wirken.*

a) *Eine* Kiste *steht auf dem Tisch.*

b) *Ein* Hund *zerrt an der Leine.*

c) *Ein* Traktor *zieht einen Anhänger mit konstanter Geschwindigkeit.*

8. *Ein Raumschiff bewegt sich im Weltraum, ohne dass es noch angetrieben wird.*

a) *Wie ist die Bewegung ohne jeden Antrieb möglich?*

b) *Warum muss dagegen ein Flugzeug dauernd angetrieben werden?*

9. *Was versteht man unter der Gravitationskraft? Wovon hängen die Gravitationskräfte zwischen zwei Körpern ab?*

Reibung und Verkehrssicherheit

Vorsicht, Rutschgefahr!

1
Kurvenfahren – kein Problem! Die Reifen haften einwandfrei auf der Fahrbahn.

2
Trotz gleicher Geschwindigkeit haben die Reifen diesmal die Haftung verloren …

V1 *Wie gut haftet ein Reifen auf unterschiedlichen Fahrbahnen (trocken, nass, Kies, Sand …)?*
Bild 3 zeigt, wie du die „Haftung" messen kannst. Ziehe am Kraftmesser erst mit geringer Kraft, dann immer stärker (aber nicht ruckartig!).
In welche Richtung wirkt die Kraft, die den Reifen am Wegrutschen hindert?

3

Kurz bevor der Reifen zu rutschen beginnt, ist diese Kraft am größten. Bestimme ihren Wert.
Man nennt diese Kraft die ***Haftreibungskraft*** *(→ das Info auf der rechten Seite).*

b) *Wiederhole das auf verschiedenen Unterlagen (z.B. Asphalt, Wasserpfütze, Sand, Kies …).*
c) *Verwende auch einen alten Reifen ohne Profil.*

V2 *Ob die Haftreibungskraft davon abhängt, mit welcher Kraft der Reifen auf die Unterlage gepresst wird? Um das zu untersuchen, benötigst du ein Stück Fahrradreifen.*
a) *Verändere die Anpresskraft durch Wägestücke (Bild 4).*
Miss jeweils die Anpresskraft (Gewichtskraft) und die Haftreibungskraft. Notiere alle Messwerte in einer Tabelle. Was stellst du fest?

V3 *Ziehe einen Holzblock mit einem Kraftmesser gleich bleibend schnell über den Tisch. Die Zugkraft ist dann genauso groß wie die* ***Gleitreibungskraft****.*
a) *Wie wird sich diese Reibungskraft ändern, wenn du den Holzblock auf eine kleinere (größere) Seitenfläche legst? Schätze zuerst und überprüfe es dann.*
b) *Miss auch die Anpresskraft des Klotzes.*
Bestimme das Verhältnis von Reibungskraft zur Anpresskraft. Den so errechneten Dezimalbruch nennt man die „Gleitreibungszahl" μ_{Gleit} *(sprich: mü-gleit).*

V4 *Wiederhole V3, lege den Holzblock aber diesmal auf mehrere runde Filzstifte.*
Jetzt zeigt der Kraftmesser beim Ziehen eine Kraft an, welche die ***Rollreibungskraft*** *überwindet.*
a) *Was kannst du über diese Kraft aussagen?*
b) *Berechne auch die „Rollreibungszahl"* (μ_{Roll})*.*

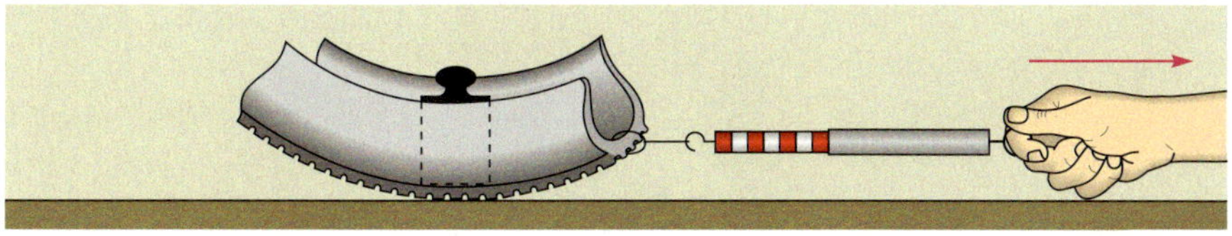
4

63645

Info: Reibungsarten und Reibungskräfte

Die Oberfläche eines Körpers ist nie vollkommen glatt. Das gilt auch, wenn sie geschliffen oder poliert wurde. Unter dem Mikroskop erkennt man immer noch Unebenheiten (Bild 5). Sie sind die Ursache für Reibungskräfte beim Fortbewegen des Körpers.

Jeder Körper wird durch seine Gewichtskraft auf die Unterlage gepresst *(Anpresskraft)*. Er „haftet" dort, wenn man an ihm zieht *(Haftreibung)*.

Die Haftreibung spielt selbst bei der Fortbewegung eine große Rolle. Sie verhindert, dass unser Fuß nach hinten wegrutscht oder ein Reifen durchdreht. Laufen und Fahren werden durch die Haftreibung überhaupt erst möglich. Wie wichtig sie ist, merkt man z. B. bei Glatteis.

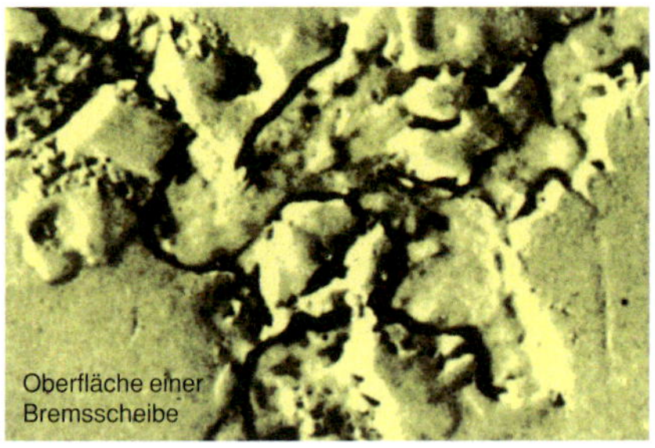

5

Wenn ein Körper auf der Unterlage rutscht oder gleitet, wird seine Bewegung immer durch Reibung gehemmt. Seine raue Oberfläche „verhakt" sich nämlich ständig mit der Unterlage und „reißt" sich dann wieder von ihr los. Man spricht hier von einer *Gleitreibung*.

Die Bewegung wird wenig gehemmt, wenn der Körper auf der Unterlage rollt. Diese Reibungsart bezeichnet man als *Rollreibung*.

Man unterscheidet zwischen 3 Reibungsarten: *Haftreibung*, *Gleitreibung* und *Rollreibung*.

Haftreibung

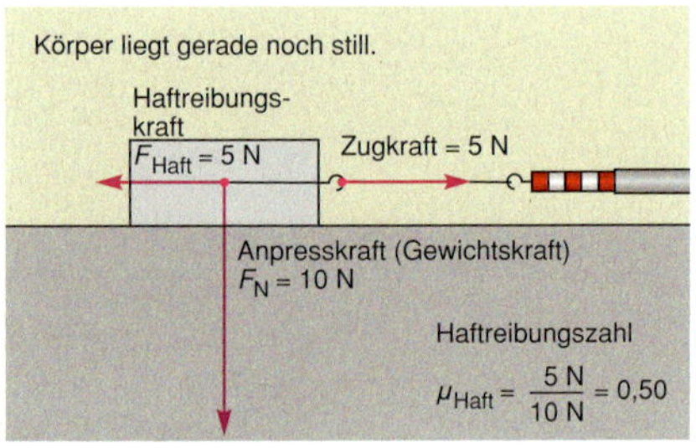

6

Wenn man an einem Körper zieht, bleibt er zunächst liegen, weil sich seine Unterseite mit der Auflagefläche „verhakt".

Kurz bevor der Körper zu rutschen beginnt, ist die Zugkraft am größten. Die Kraft, die der Zugkraft in diesem Augenblick entgegenwirkt, nennt man die **Haftreibungskraft** (Bild 6).

Ihr Verhältnis zur Anpresskraft ist die *Haftreibungszahl*.

Gleitreibung

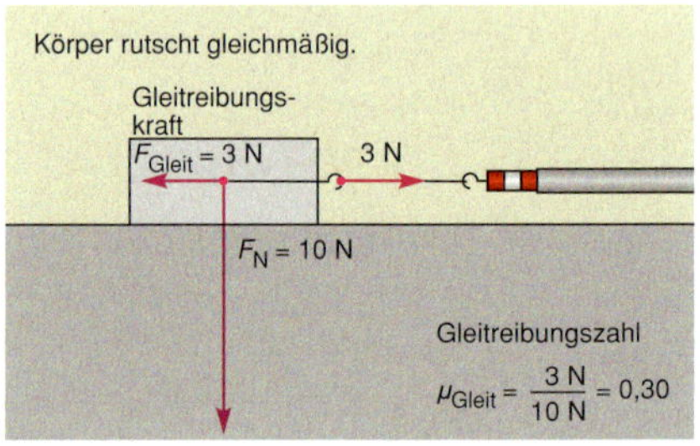

7

Ein Körper, der auf der Unterlage bereits rutscht, wird durch die **Gleitreibungskraft** gebremst.

Wenn er weiterrutschen soll, muss die Kraft durch eine Zugkraft überwunden werden (Bild 7).

Zum Messen der Gleitreibungskraft zieht man den Körper mit gleich bleibender Geschwindigkeit. Das Verhältnis von Gleitreibungskraft zur Anpresskraft ist die *Gleitreibungszahl*.

Rollreibung

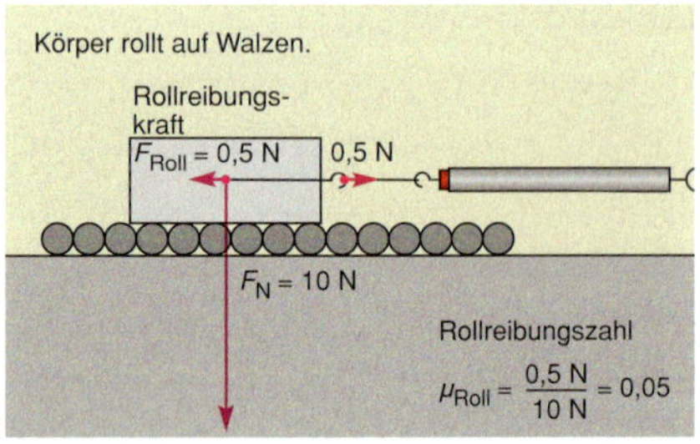

8

Am leichtesten lässt sich ein Körper fortbewegen, wenn er auf Rollen liegt oder wenn er Räder besitzt. Seine Bewegung wird dann nur durch die sehr kleine **Rollreibungskraft** gebremst. Bild 8 zeigt, wie man sie misst und wie man die *Rollreibungszahl* berechnet.

Rollreibungszahlen sind immer kleiner als Gleitreibungszahlen, Haftreibungzahlen sind stets größer (→ Anhang).

A1 *Manchmal ärgert man sich über die Reibungskräfte, manchmal wünscht man sie sich noch größer.*
a) *Nenne Beispiele für „unerwünschte" Reibung.*
b) *Nenne Beispiele für „erwünschte" Reibung.*

A2 *Warum benutzt man in der Technik fast immer Rollen oder Räder zur Fortbewegung?*

A3 *Um die Reibung zu verringern, setzt man in der Technik meist Schmiermittel ein. Nenne Beispiele.*

A4 *Jan zieht seine Schwester (20 kg) auf Schlittschuhen übers Eis. Er muss dabei eine Kraft von 4 N aufbringen.*
Berechne die Gleitreibungszahl für „Stahl auf Eis".

Aus der Geschichte: Vom Schlitten zum Rad

Vor 4000 Jahren in *Ägypten*, dem Reich der Pharaonen: Handwerker haben gerade eine Statue vollendet. Sie ist acht Meter hoch und wiegt 60 Tonnen. Nun muss sie vom Steinbruch zu ihrem Aufstellungsort gebracht werden – 40 km quer durch die Wüste.

Keine leichte Aufgabe! Trotzdem schaffen es die Ägypter – mit dem ältesten „Fahrzeug" der Menschheit, dem *Schlitten*. (Schlitten werden schon seit etwa 7000 Jahren benutzt.)

Der hölzerne Schlitten, auf dem die Statue festgebunden ist, wird von 172 Männern an vier Seilen gezogen (Bild 1). Vorn auf dem Schlitten steht ein Mann und gießt Wasser vor die Kufen, um die **Gleitreibung** zu verringern und das Kufenholz zu kühlen.

Auch in *Assyrien* transportierte man schwere Lasten auf Schlitten. Hier erleichterte man sich das Ziehen, indem Sklaven Rundhölzer (Baumstämme) vor den Schlitten legten; auf diesen *Walzen* rollte der Schlitten weiter (Bild 2).

Zu jener Zeit kannte man auch schon das Wagenrad. Man hatte es aus einem rollenden Baumstamm entwickelt. *Wagenräder* eigneten sich aber nur zum Transport von geringen Lasten, weil sonst die Achsen oder die Räder zerbrachen.

Das *Rad* hat gegenüber dem Schlitten der Ägypter einen großen Vorteil: Während der rollenden Fortbewegung ist nur die **Rollreibung** zu überwinden. Rollreibungskräfte sind meist sehr viel kleiner als Gleitreibungskräfte.

Mit der Fortentwicklung der Technik wurden immer bessere Räder gebaut. Heute rollen alle Räder mit Hilfe von *Kugellagern* auf ihren Achsen (Bild 3).

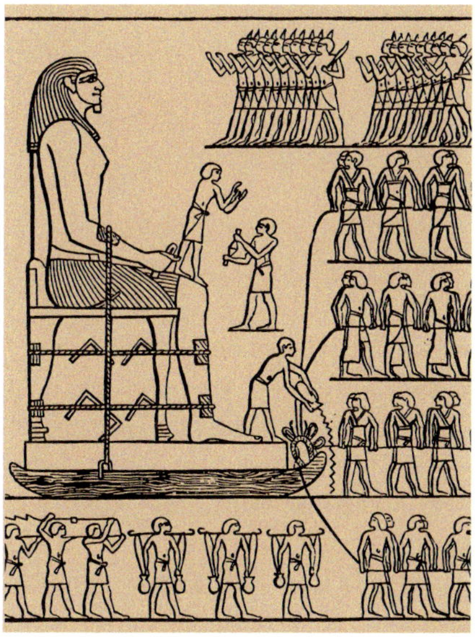
1

2 Die Rundhölzer lagen quer zu den Schlittenkufen. Räumliche Darstellungen (so wie *wir* sie kennen) waren damals unbekannt; heute hat man daher den Eindruck, das Bild sei falsch.

3

A5 *Warum gossen die Ägypter Wasser vor die Schlittenkufen (Bild 1)?*

A6 *Mit welchen Hilfsmitteln wird in Bild 2 die Reibung verringert?*

A7 *Für welche Gebiete der Erde sind Räder und Reifen nicht geeignet? Welche Fahrzeuge haben sich dort jeweils durchgesetzt?*

A8 *Zwischen Rad und Achse werden heutzutage Kugellager eingebaut (Bilder 3 u. 4). Welchen Vorteil haben sie?*

A9 *Die Rollreibungskräfte eines Eisenbahnrads auf einer Stahlschiene sind noch rund zehnmal geringer als die eines Autoreifens auf einer Straße. Woran könnte das liegen?*

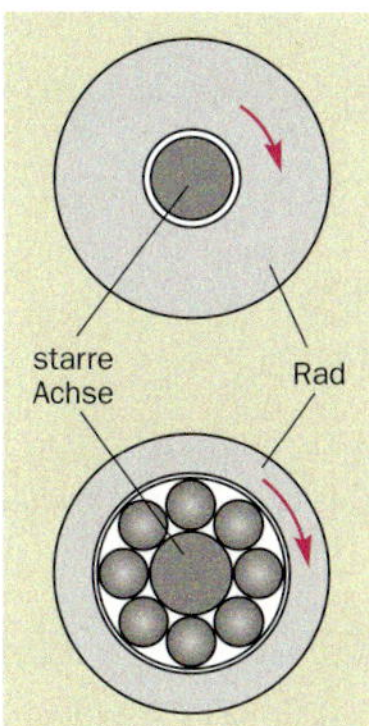

4

63647

Aus der Technik: Reibung in Luft und Wasser

Reibung gibt es nicht nur zwischen festen Körpern. *Reibung tritt auch auf, wenn feste Körper in Gasen oder Flüssigkeiten bewegt werden.*

Fahrräder und Autos bewegen sich nicht nur auf der Straße, sondern sind auch von Luft umgeben. Flugzeuge müssen den Bedingungen der Luft und Schiffe denen des Wasser angepasst werden.

Luft bremst alles ab

Für die *Reibung fester Körper in Gasen* gelten eigene Gesetze: Der **Luftwiderstand** oder die **Luftreibungskraft** entsteht, weil Luftmassen in der Umgebung des Fahrzeugs verschoben werden müssen und sich in diesen Luftmassen Wirbel bilden.

Für die Größe des Luftwiderstands spielen neben der Dichte der Luft die Querschnittsfläche des bewegten Fahrzeugs, seine Form, seine Geschwindigkeit und die Oberflächenbeschaffenheit eine Rolle. Um den Benzinverbrauch zu senken, bemüht man sich die Autos so zu formen, dass der Luftwiderstand möglichst klein ist.

5

Im Windkanal wird deshalb die Autokarosserie getestet, um so zu einer möglichst windschlüpfigen Form zu kommen (Bild 5).

Die Messzahl für diese Windschlüpfigkeit ist der *Luftwiderstandsbeiwert* (c_W-Wert). Er wird oft in der Autowerbung herausgestellt. Autos können heute c_W-Werte von weniger als 0,30 aufweisen. Auch Radrennfahrern sieht man es an ihrer Ausrüstung an, dass sie einen niedrigen c_W-Wert anstreben (Bild 6).

Der c_W-Wert ist aber eine Größe, die nur den Luftwiderstand bestimmt. Ganz wichtig für den c_W-Wert ist die *Querschnittsfläche* des Fahrzeugs. Ein hohes und breites Fahrzeug hat einen größeren Luftwiderstand als ein schmäleres, flaches Fahrzeug.

Neben dem c_W-Wert ist die *Geschwindigkeit* des Fahrzeugs von Bedeutung: *Der Luftwiderstand vervierfacht sich bei der Verdopplung der Geschwindigkeit.* Der Treibstoffverbrauch lässt sich also sehr viel mehr durch niedrigere Geschwindigkeiten verringern als durch eine Optimierung der Karosserie.

6

Auch Wasser bremst

Die Regeln für den Luftwiderstand gelten in ähnlicher Form auch für *Bewegungen im Wasser.*

Bei Schiffen versucht man durch ihre Bauweise den Widerstandswert zu vermindern (Bild 7).

Fische sind in ihrer Form dem Lebensraum Wasser in idealer Weise angepasst (Bild 8).

7

8

64358

Aus Umwelt und Technik: Reifenprofil und Verkehrssicherheit

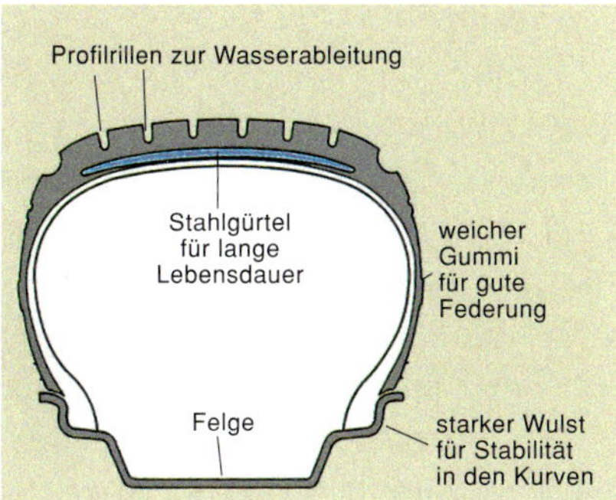

1

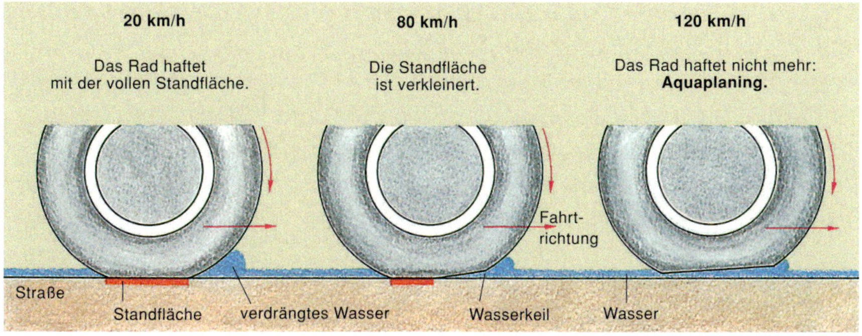

2

An einen Autoreifen (Bild 1) werden viele Anforderungen gestellt. Er soll …

- die Unebenheiten der Fahrbahn „schlucken“ und zu einer weichen Federung beitragen;
- Antriebs-, Brems- und Lenkkräfte gut übertragen;
- gut auf der Straße haften, besonders in Kurven;
- bei Nässe, Matsch und Schnee Sicherheit bieten;
- beim Fahren möglichst leise sein und sich nur wenig erwärmen;
- wenig kosten und lange halten, d. h., er soll sich nur langsam abnutzen und möglichst nie platzen;
- geringe Rollreibung haben, um Benzin zu sparen.

Damit Autoreifen stets verkehrssicher sind, muss man auf **Reifendruck** und **Reifenprofil** achten. So ist z. B. für jeden Fahrzeugtyp vorgeschrieben, wie groß der Luftdruck im Reifen sein soll.

Ist der Druck höher, wird die Standfläche des Reifens auf der Straße kleiner. Eine möglichst große Standfläche ist aber wichtig: In V 3 konntest du zwar feststellen, dass die Reibungskraft *nicht* von der Größe der reibenden Fläche abhängt. Dies gilt jedoch nur für starre, feste Körper (z. B. für einen Holzklotz). *Der biegsame, weiche Reifengummi „klebt“ dagegen umso besser auf der Straße, je größer seine Standfläche ist.* Bei Autorennen setzt man deshalb (bei trockner Straße) profillose Reifen ein.

Damit ein Auto auch bei Regen sicher zu lenken und zu bremsen ist, muss das Wasser zwischen Reifen und Fahrbahn nach außen abgeleitet werden. Diese wichtige Aufgabe übernehmen die **Profilrillen**.

Besonders gefährlich wird es, wenn Wasser in großen Pfützen auf der Fahrbahn steht. Fährt dann ein Auto zu schnell oder mit zu wenig Reifenprofil, bildet sich zwischen den Reifen und der Fahrbahn ein Wasserkeil (Bild 2). Das Auto schwimmt dann sozusagen auf einer Wasserschicht und lässt sich weder bremsen noch lenken. Man nennt diesen äußerst gefährlichen Zustand *Wasserglätte* oder **Aquaplaning**.

A10 *Die Profilrillen von Reifen sollen an jeder Stelle der Lauffläche mindestens 3 mm tief sein. Warum ist das so wichtig?*

A11 *Ist bei niedrigem Luftdruck im Reifen die Haftung auf der Straße besser? (Eine Hilfe für deine Antwort liefert dir Bild 3.)*

A12 *Rennreifen haben oft gar keine Profilrillen. Nenne Vor- und Nachteile solcher Reifen. Warum sind sie im Verkehr verboten?*

A13 *Was ist Aquaplaning? Wann tritt es auf? Wie lässt es sich vermeiden?*

A14 *Weshalb sind die in den Bildern 4–6 gezeigten Fahrbahnoberflächen gefährlich?*

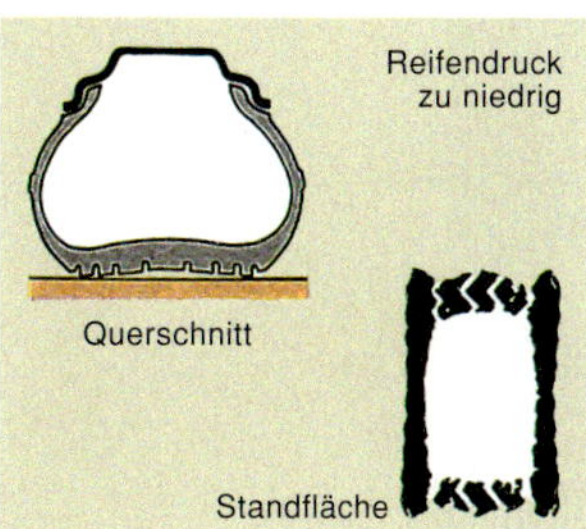

3

4

5

6

64359

Aus der Technik: Am wichtigsten sind die Bremsen

Alle Autos haben vom TÜV geprüfte Bremsen, Knautschzonen und Sicherheitsgurte – viele haben einen Airbag.

Und ein *Radfahrer*? Wenn der mit 30 km/h gegen einen Baum prallt, entspricht das einem Sturz aus 3,50 m Höhe (Bild 7). Hoffentlich kann er noch vorher bremsen …

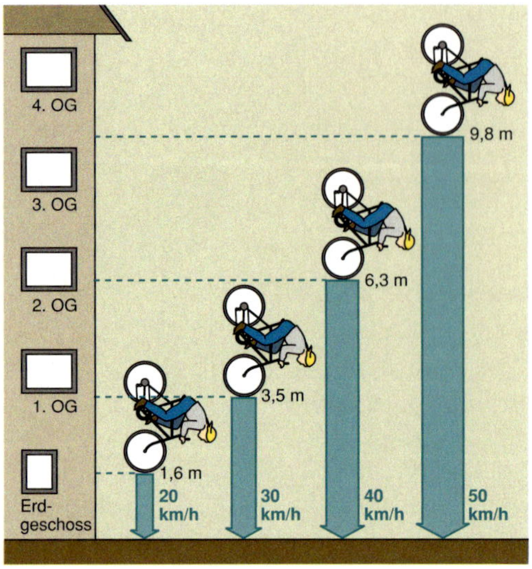

7

Beim Bremsen sind *Gleitreibung* (zwischen Bremsbelägen und Bremstrommel; Bild 8) oder *Haftreibung* (zwischen Reifen und Fahrbahn) wichtig.

Dabei wird das Vorderrad stark belastet. Das Hinterrad dagegen wird entlastet. Es wird dadurch nicht mehr so stark wie vorher gegen die Straße gepresst. Das heißt, die Anpresskraft wird geringer. Die Reibungskraft ist deshalb hinten geringer als vorn. (*Tipp:* Nimm beim Bremsen auf jeden Fall auch die Vorderradbremse!)

In Deutschland werden zwar sehr viele Räder mit **Rücktrittbremsen** verkauft (meist in Kombination mit Nabenschaltungen) – die Rücktrittbremsen haben aber erhebliche Nachteile: Bei längeren Abfahrten werden sie heiß und dadurch unwirksam. Die Wirkung der Bremse hängt von der Pedalstellung und dem eingelegten Gang ab.

Für alle Fahrräder mit Kettenschaltung gibt es **Trommelbremsen** (Bild 8), außerdem **Felgenbremsen** (Bilder 9–11) sowie **Scheibenbremsen**. Ohne störende Reibungsverluste in den Bowdenzügen arbeiten die modernen **Hydraulikbremsen** (Bild 11).

(*Tipps:* Die Bedienhebel der Bremsen sowie die *Bowdenzüge* muss man regelmäßig schmieren; dabei darf aber an die Bremsbeläge und Felgen kein Öl kommen. Die Bowdenzüge dürfen nie geknickt werden. *Bremsklötze* müssen richtig ausgerichtet sein und gleichmäßig von beiden Seiten zugreifen. Ihr Material muss zu dem der Felgen passen.)

Trommelbremsen

Vorteile	Nachteile
robust, gut geschützt gegen Regen, Schnee und Matsch, gute Bremswirkung, auch bei Nässe, pflegeleicht	schlechtere Wärmeabführung als bei Felgen- oder Scheibenbremsen, Austausch der Bremsbacken nur in Werkstatt, nicht für jede Gabel von Vorderrädern geeignet

Felgenbremsen

Vorteile	Nachteile
einfache Hebelmechanik, Bremsklötze leicht auszutauschen, gute Bremswirkung bei Trockenheit; bremsstark und wartungsarm sind *Hydraulik*bremsen	Bremswege können sich bei Nässe verdoppeln; bei Stahlfelgen ist der Bremsweg länger als bei Aluminiumfelgen, regelmäßige Einstellarbeiten (außer bei *Hydraulik*)

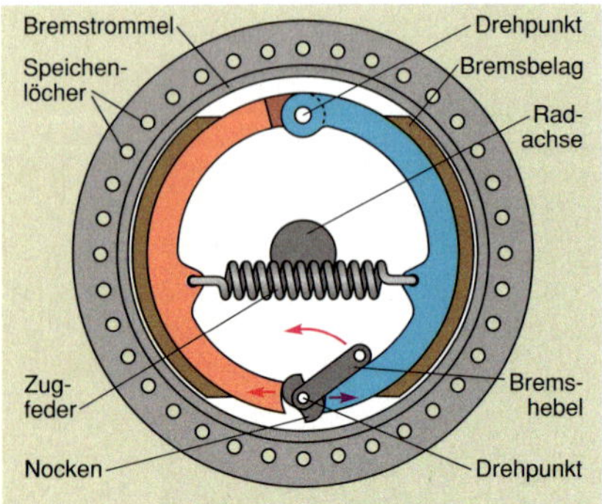

8 Trommelbremse

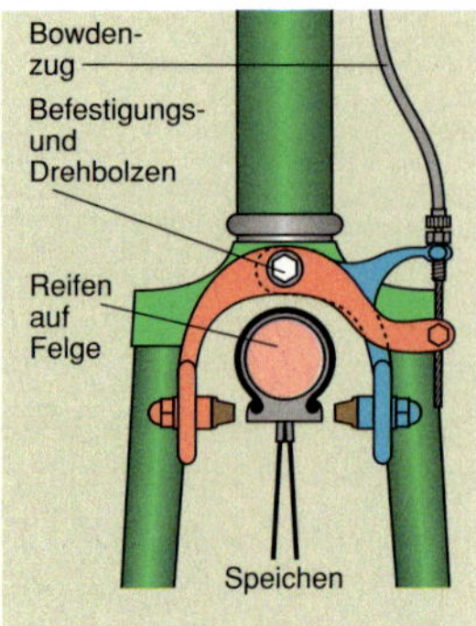

9 Seitenzugbremse

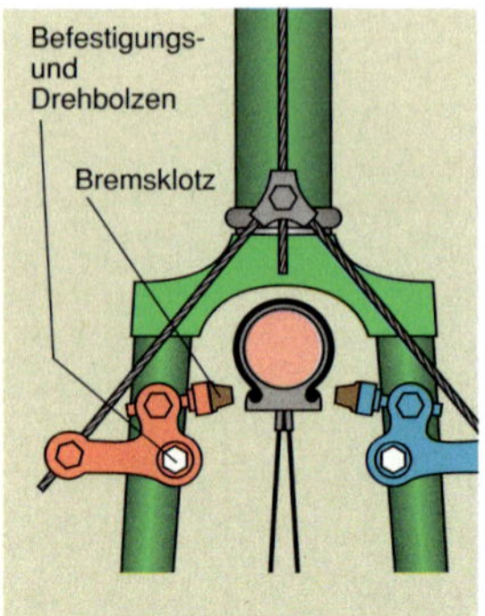

10 Cantilever-Bremse

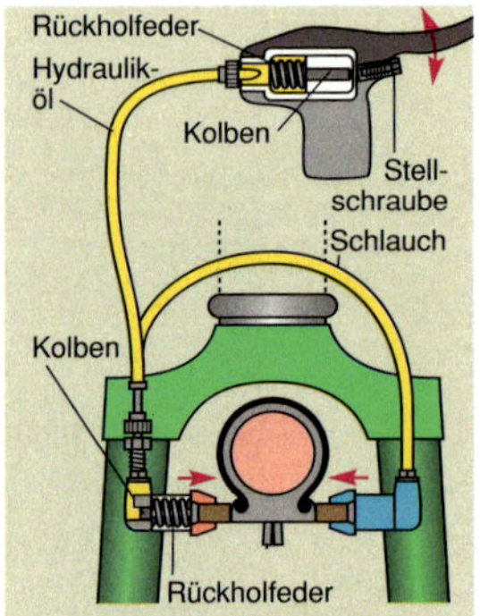

11 Hydraulikbremse

Aus der Technik: Was Bremsen leisten können

„Dieser Turbo-Motor hat eine Leistung von 250 kW. Er beschleunigt den Sportwagen in 7 Sekunden von 0 auf 100 km/h", sagt der Verkäufer zu Lenas Vater.

„Hat er auch Turbo-Bremsen?", will Lena wissen. „Aber sicher – in 3 Sekunden zurück von 100 km/h auf 0." – „Dann leisten die Bremsen also mehr als der Motor?"– „Na klar, das ist bei jedem Auto so."

Wenn der Fahrer aufs Bremspedal drückt, wirken Anpresskräfte bis zu 20 000 N zwischen den *Bremsbelägen* und der *Bremsscheibe*. Zwischen beiden kommt es durch Gleitreibungskräfte zum Verzögern des Rades. Die Bremsscheibe kann bei **Scheibenbremsen** glühend heiß werden (siehe Bild 6).

Trommelbremsen sind anders konstruiert, funktionieren aber ähnlich. Bild 1 zeigt beide Typen.

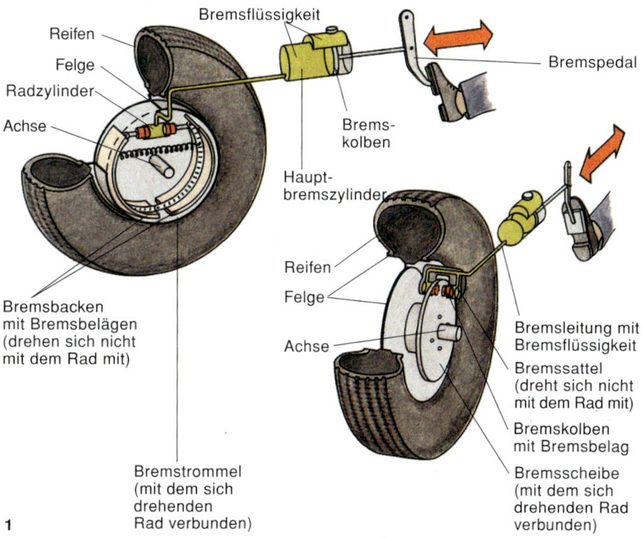

1

Aus dem Alltag: Räder dürfen beim Bremsen nicht blockieren

Die Situation in Bild 2 kommt leider oft vor: Ein Fahrzeug schert ohne Vorwarnung aus einer Reihe parkender Autos aus. Der Fahrer auf der Straße versucht eine Vollbremsung. Doch die Reifen greifen nicht optimal, weil die Straße nass ist. Bremsen und gleichzeitig ausweichen – ob das wohl gut geht?

Wer bei Gefahr voll „in die Bremsen steigt", muss damit rechnen, dass die Räder sich nicht mehr drehen – sie *blockieren*. Die Reifen „radieren" dann über die Straße und das kann böse Folgen haben:

- Das Fahrzeug lässt sich nicht mehr lenken.
- Die Reifen nutzen sich stark und ungleichmäßig ab.

Hier hilft nur das **ABS (Anti-Blockier-System)**: Die Drehzahl der Räder wird ständig an einen Bordcomputer gemeldet. Sobald bei einem Rad Blockiergefahr besteht, verringert das ABS für ganz kurze Zeit den Druck in dessen Bremsleitung.

Anschließend geht die Bremsung mit voller Kraft weiter. Bis zu 10-mal pro Sekunde vollzieht sich dieses Wechselspiel einer „elektronischen Stotterbremse". So schnell kann kein Fahrer selber reagieren.

A1 a) *Bremsen und gleichzeitig ausweichen – das gelingt mit ABS. Beschreibe, wie das funktioniert.*
b) *Viele meinen, durch ABS würden die Bremswege grundsätzlich kürzer. Ein Irrtum! …*

2

63649

Zusammenfassung

Reibungskräfte

3

Bei jeder Fortbewegung spielt die Reibung eine große Rolle (Bild 3). Sie hat ihre Ursache in der Rauheit der Oberflächen. Beim Gehen, Rutschen, Fahren, Beschleunigen und Bremsen sind mal große, mal kleine Reibungskräfte erwünscht. Das Verhältnis zwischen Reibungskraft und Anpresskraft nennt man die *Reibungszahl* μ (Bild 4).

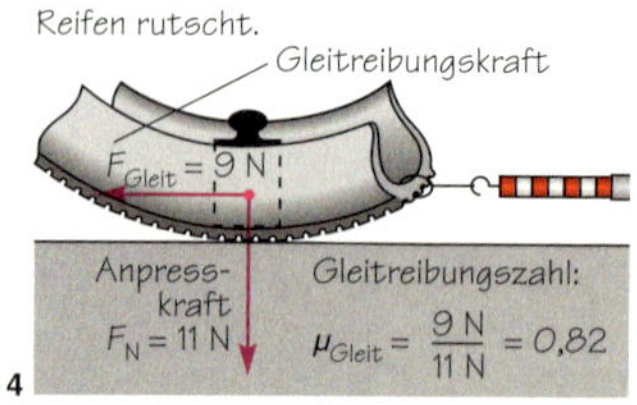

4

Haftreibung

Möglichst große Haftreibungskräfte wünscht man sich z. B. beim Beschleunigen und beim Fahren in einer Kurve (Bild 5).

Je weicher der Reifengummi ist, desto besser haftet das Fahrzeug auf der Straße.

Haftreibungszahl $\mu_{Haft} = 1{,}0$

5

Gleitreibung

Ganz kleine Gleitreibungskräfte wünscht sich ein Eisschnellläufer:

Gleitreibungszahl $\mu_{Gleit} = 0{,}01$.

Große Gleitreibungskräfte sind z. B. erwünscht zwischen Bremsbelag und Bremsscheibe. Die sollte aber nicht glühen (Bild 6).

Gleitreibungszahl $\mu_{Gleit} = 0{,}4$

6

Rollreibung

Bei vielen geradlinigen Fortbewegungen ist Reibung unerwünscht, weil sie Energie verschwendet.

Nur sehr kleine Reibungskräfte treten bei der Rollreibung auf. Man nutzt sie bei Rollen, Rädern und Kugellagern (Bild 7).

Rollreibungszahl $\mu_{Roll} = 0{,}001$

7

Alles klar?

Lösungen → Anhang

1. *„Ohne Reibung hält kein Nagel in der Wand." Was meinst du dazu? Welche Rolle spielt die Reibung bei Dübeln und Schrauben?*

2. *„Bei Reibung entsteht unerwünschte Wärme." Nenne Beispiele. Stimmt der Satz immer?*

3. *Wo tritt beim Bremsen eines Fahrrads überall Reibung auf? Welche Reibungsarten spielen dabei eine Rolle?*

4. *Mit Bleistift oder Kreide kann man nicht auf einer Glasscheibe schreiben. Warum?*

5. *Wie verlängert sich der Bremsweg bei doppelter Geschwindigkeit? Eine Hilfe bei der Antwort gibt auch die Tabelle unten.*

6. *Eine alte Autofahrerregel lautet: „Bei Straßenglätte Stotterbremse." Was ist damit gemeint? Begründe die Regel physikalisch.*

7. *Beide Fahrer auf Bild 8 begannen am Stoppschild eine Vollbremsung. Die Räder des weißen Autos blockierten, seine Reifen rutschten statt zu haften. Beschreibe die Folgen. Abhilfe?*

Bremswege für Pkws

Geschwindigkeit	Trockener Asphalt	Nasser Asphalt	Vereiste Fahrbahn
20 km/h	bis 2,2 m (Mofa: 4 m!)	bis 3,1 m	bis 11 m
40 km/h	bis 9 m (Mofa: 15 m!)	bis 12 m	bis 41 m
50 km/h	bis 14 m	bis 19 m	bis 93 m
60 km/h	bis 22 m	bis 28 m	unberechenbar
100 km/h	bis 55 m	bis 77 m	unberechenbar

8

Hebel und Rollen

Hebel machen's möglich

1

Diese Werkzeuge erleichtern uns das Leben. Physikalisch gesehen handelt es sich um *Hebel*.

Welche Werkzeuge eignen sich zum Radwechsel?

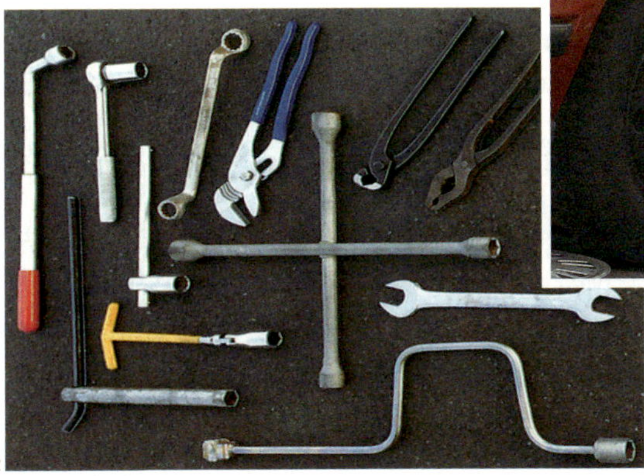
2

3

Vorbereitende Aufträge

1. *Farbdosen kann man z. B. mit einem Schraubendreher öffnen (Bild 4).*

a) *Übertrage den Schnitt durch den Dosenrand vergrößert in dein Heft.*
Zeichne den richtig angesetzten Schraubendreher ein.

b) *Zeichne den Angriffspunkt der Kraft ein, die die Hand auf den Schraubendreher ausübt.*
Zeichne auch ein, wo die Kraft auf den Deckel angreift.

c) *In welche Richtung bewegt sich die Hand, in welche der Deckel?*

d) *Kennzeichne die Stelle an der Dose, über die der Schraubendreher gekippt wird, mit einem Punkt.*

2. *Bild 5 zeigt die Handbremse eines Fahrrads. Auch mit ihr kannst du einfache „Hebelversuche" durchführen: Wie wirkt die Bremse, wenn du zuerst innen, dann weiter außen an dem Bremshebel ziehst?*

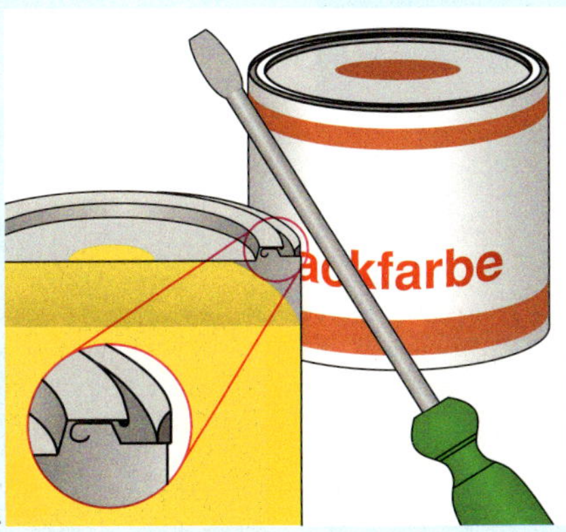

4

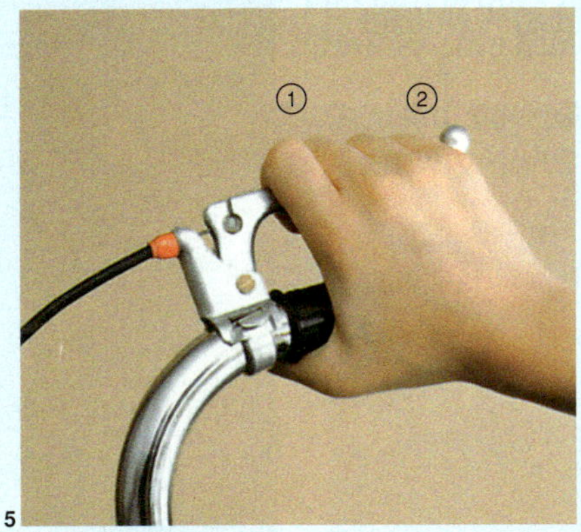

5

63950

Info: Hebel und Hebelarme

Bei vielen einfachen Geräten nutzt man die Hebelwirkung. Der Name „Hebel“ ist vom Wort *heben* abgeleitet.

Die beiden „Arme“ a_1 und a_2 bezeichnet man als *Hebelarme*. Sie liegen in Bild 6 vom Drehpunkt aus gesehen auf *zwei* verschiedenen *Seiten* des Hebels. Man spricht von einem *zweiseitigen Hebel*.

Auch in Bild 7 wird ein Balken als Hebel benutzt. Die beiden Hebelarme befinden sich vom Drehpunkt aus auf *einer Seite*: *einseitiger Hebel*.

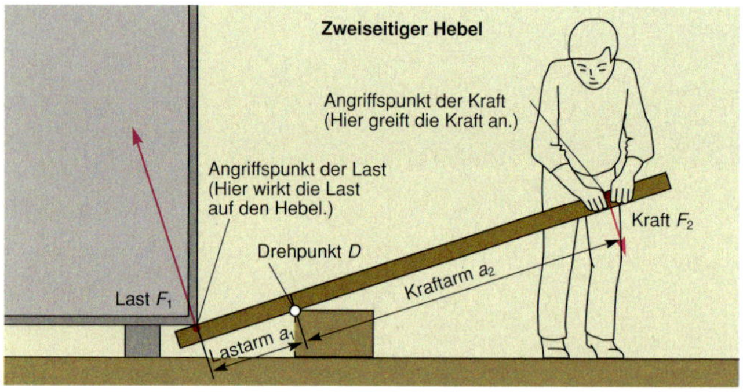

6

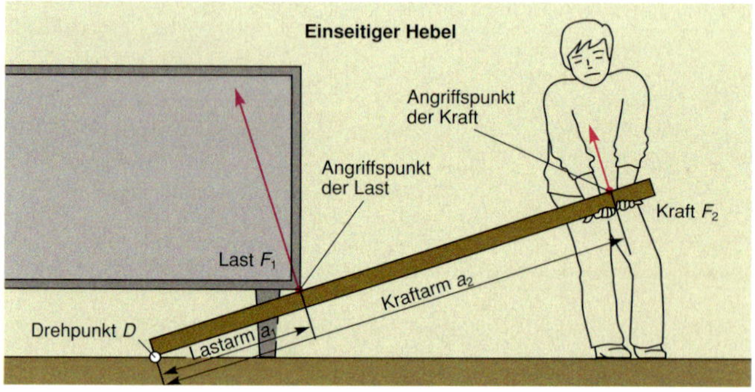

7

Ein Hebel ist im einfachsten Fall ein Balken, der um einen Punkt *D* gedreht werden kann. Die Abschnitte des Balkens zwischen dem Drehpunkt und den Angriffspunkten der beiden Kräfte F_1 und F_2 heißen *Hebelarme* (Lastarm a_1 und Kraftarm a_2).

A1 *Bild 8 zeigt, wie man einen Nagel mit einer Zange durchkneifen kann. Dabei kann man messen, wie groß die Kraft ist, die zum Durchkneifen des Nagels benötigt wird.*

a) *Überlege: Wo wird die größte und wo die kleinste Kraft benötigt – bei A, B oder C?*

b) *Ergänze: „Je länger die Griffe einer Zange (einer Schere) sind, desto …“*

c) *Führt den **Versuch** durch und messt die Kräfte zum Durchkneifen des Nagels.*

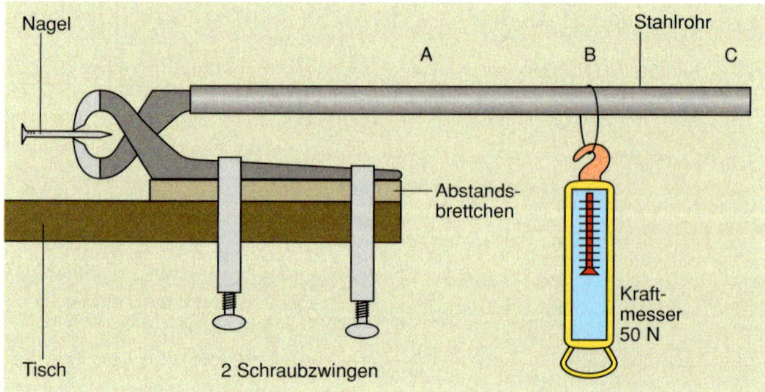

8

A2 *In den Bildern 9–11 sind Hebel zu erkennen.*

a) *Gib an, ob es ein- oder zweiseitige Hebel sind.*

b) *Erkläre, warum man damit Kräfte sparen kann.*

c) *Suche in deiner Umgebung nach Hebeln.*

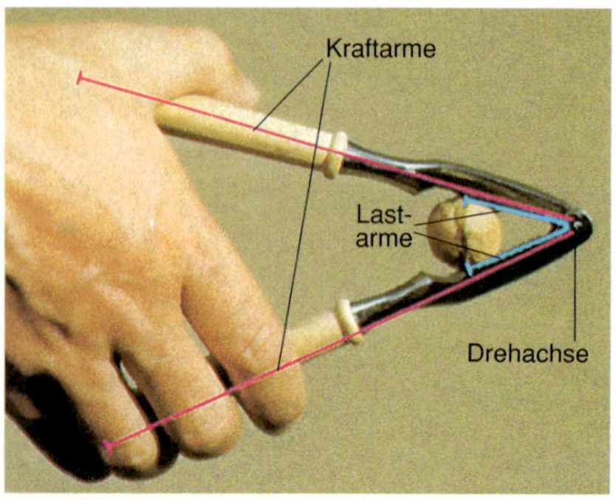

9 Der Nussknacker besteht sogar aus zwei Hebeln mit gemeinsamem Drehpunkt.

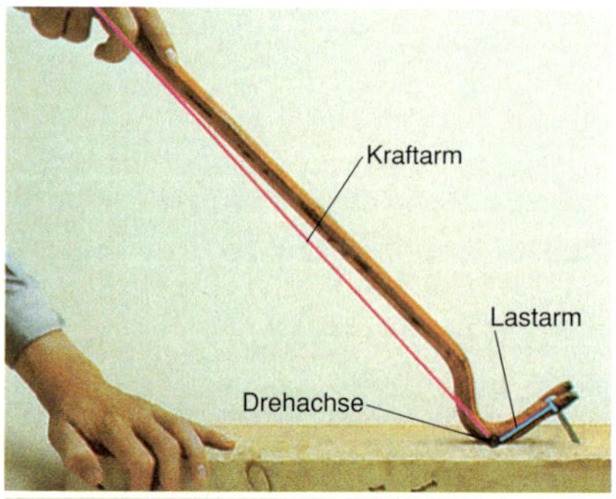

10 Mit dem Winkelhebel kann man Nägel herausziehen und Kisten öffnen.

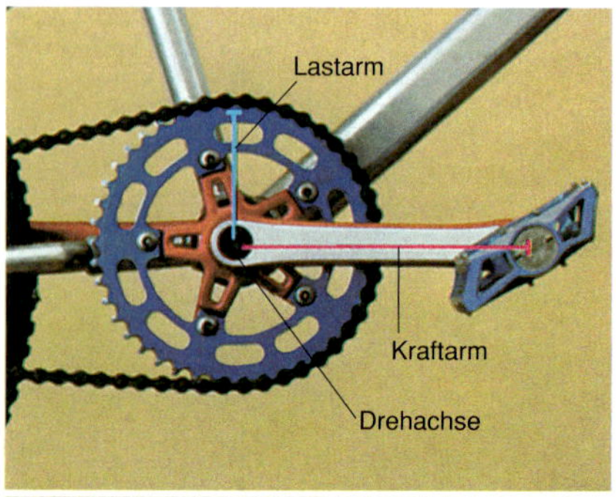

11 Tretkurbel und Kettenrad des Fahrrads sind ein Hebel. Der Radius des Kettenrads ist der Lastarm.

Das Hebelgesetz

Wie kann das kleine Mädchen seine Mutter noch höher heben?

Wann ist die Wippe im Gleichgewicht?

1

Praktikumsversuche

V1 *Zweiseitiger Hebel: Wir untersuchen, wie die Wippe ins Gleichgewicht kommt.*
Versuchsmaterialien: *Hebel, Wägestücke mit unterschiedlicher Masse*
Versuchsaufbau u. -durchführung: *Hängt links ein Wägestück ein (Bild 2) und überlegt: Wo müsst ihr rechts ein zweites Wägestück einhängen um Gleichgewicht zu erhalten?*
Probiert es aus. Tragt die Werte in eine Tabelle ein. Wer schafft es, spätestens nach dem dritten Probieren richtig vorherzusagen, wohin die Wägestücke jeweils gehängt werden müssen?

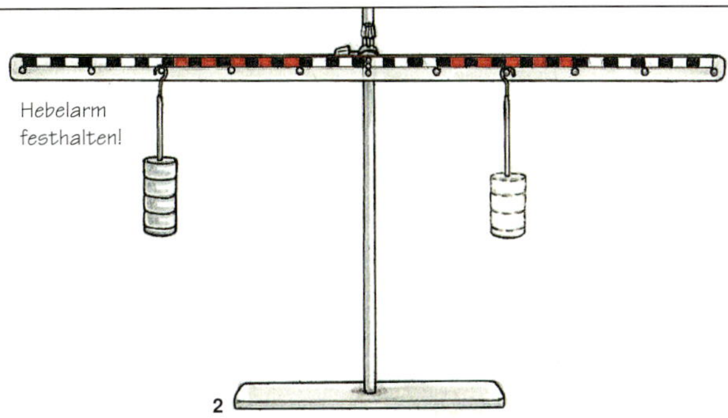

2

linke Hebelseite			*rechte Hebelseite*		
Wägestücke	*Kraft* F_1	*Abstand* a_1	*Wägestücke*	*Kraft* F_2	*Abstand* a_2
200 g	2,0 N	20,0 cm	?	?	10,0 cm

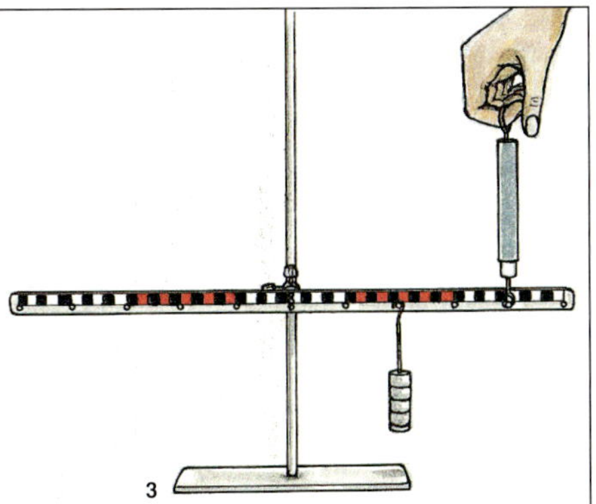

3

V2 *Wann ist ein einseitiger Hebel im Gleichgewicht?*
Versuchsmaterialien: *zusätzlich 1 Kraftmesser*
Versuchsaufbau u. -durchführung: *Hängt Wägestücke ein (Bild 3) und messt die Kraft, die nötig ist, um den Hebel im Gleichgewicht zu halten.*
Haltet die Ergebnisse in einer Tabelle fest.
Hängt den Kraftmesser in verschiedene Löcher. Versucht die Ergebnisse jeweils vorherzusagen.

A1 *Was fällt euch bei den Tabellenwerten aus V1 auf? Versucht eine Gesetzmäßigkeit zu finden.*

A2 *Die Frau in Bild 1 wiegt 50 kg und ist 1,2 m vom Drehpunkt entfernt. Welchen Abstand muss das Kind (30 kg) bei Gleichgewicht haben?*

A3 *Welche der folgenden Kräfte und Kraftarme gehören jeweils zur gleichen Seite eines zweiseitigen Hebels? Tragt die Werte in eine geeignete Tabelle ein.*

a) *3 N, 2 N; 6 cm; 4 cm.*
b) *5 N, 3 N; 3 cm; 5 cm.*
c) *10 N, 6 N; 5 cm; 3 cm.*

63952

Info: Das Hebelgesetz

Die Wippe von Bild 1 ist im Gleichgewicht, wenn das Kind am längeren Hebel sitzt – also weiter hinten als die Erwachsene.

Im Gleichgewicht ist das Produkt aus Kraft und Hebelarm gleich groß: $F_1 \cdot a_1 = F_2 \cdot a_2$; dabei müssen die Kräfte senkrecht zum Hebel wirken *(Hebelgesetz)*.

Mit Hebeln kann man Kräfte verstärken: Je länger der Kraftarm, desto größer ist die Kraft, die man mit dem Hebel ausübt (bei gleichem Lastarm).

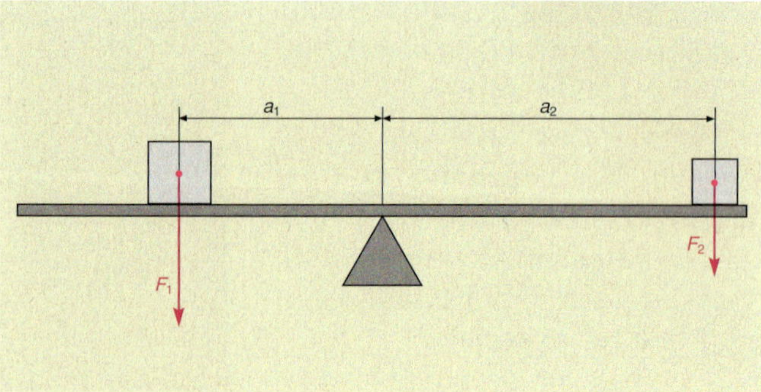

4

Aus der Technik: Der Drehmomentschlüssel

Frau Merk will die Räder an ihrem Auto wechseln – der Wetterbericht hat glatte Straßen vorhergesagt. Doch die Radmuttern sitzen fest. Ihre Nachbarin bringt ihr einen langen Radmutterschlüssel. „Das habe ich für alle Fälle im Kofferraum“, sagt sie.

Frau Merk probiert ihn sofort aus. Und tatsächlich – die Radmuttern lassen sich ohne Mühe lösen!

„Sie dürfen die Muttern aber auf keinen Fall mit dem Radmutterschlüssel *fest*drehen!“, sagt die Nachbarin noch. „Am besten fahren Sie in eine Werkstatt; dort kann man prüfen, ob die Muttern richtig sitzen.“

Frau Merk beherzigt ihren Rat. Der Mechaniker in der Werkstatt setzt bei seiner Arbeit einen **Drehmomentschlüssel** ein (Bild 5). An ihm kann er für jeden Kraftfahrzeugtyp vorher einstellen, wie stark er die Muttern anziehen muss, damit sie nicht überdreht werden. Wenn beim Anziehen der Muttern das richtige „Drehmoment“ erreicht ist, dreht der Schlüssel durch. Die Radmutter kann dann nicht noch fester gedreht werden.

Das „Drehmoment“ beschreibt die Drehwirkung einer Kraft. Beim Hebel ist die Drehwirkung umso größer, je größer der Hebelarm und je größer die Kraft ist. Deshalb gilt für das Drehmoment: $M = F \cdot a$.

Radmuttern werden z. B. mit einem Drehmoment von 120 N m angezogen. Bei einem 50 cm langen Drehmomentschlüssel ist eine Kraft von 240 N nötig: $M = 240\,\text{N} \cdot 0{,}5\,\text{m} = 120\,\text{N m}$.

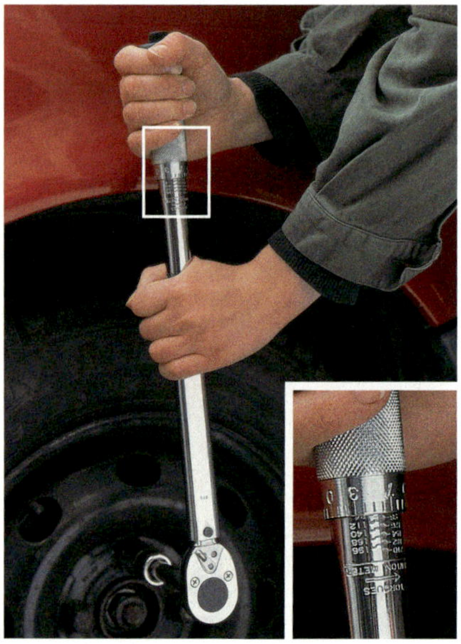
5

A4 *Frage an einer Tankstelle oder in einer Werkstatt nach, ob du einen Drehmomentschlüssel ausprobieren kannst. Berichte!*

A5 *Wenn man Radmuttern mit einem Kreuzschlüssel nicht lösen kann, hilft ein Metallrohr. Wie geht man vor? Begründe! Warum darf man Schrauben so nicht festziehen?*

A6 *Radmuttern sollen mit einem Drehmoment von 140 N m angezogen werden. Welche Kraft muss am Griff des 60 cm langen Schlüssels ausgeübt werden?*

Aus der Umwelt: Hebel in der Pflanzenwelt

Eine Pflanze kann nur Früchte und Samen entwickeln, wenn ihre Blüten *bestäubt* werden.

Dafür sorgen in vielen Fällen Insekten, die von Blüte zu Blüte fliegen – auf der Suche nach dem süßen Blütensaft (Nektar). Dabei tragen sie den Blütenstaub von einer Blüte zur anderen.

1

Der **Salbei** (Bild 1) ist eine Heilpflanze, die man auf Wiesen findet. Bei ihr spielt ein *Hebel* eine wichtige Rolle. Ihr Staubfaden, der den Staubbeutel mit dem Blütenstaub trägt, liegt meist dicht am Blütenblatt an (Bilder 1 u. 2). Eine Platte am Ansatz des Staubfadens versperrt dem Insekt den Weg in die Blüte.

Wenn nun z. B. eine Hummel an den Nektar heran will, drückt sie mit ihrem Kopf die Platte nach hinten. Dadurch klappt der Staubfaden in der Blüte nach unten (Bilder 3 u. 4). Jetzt berührt der Staubbeutel den haarigen Rücken der Hummel und Blütenstaub bleibt „kleben".

Wenn die Hummel wieder zurückkriecht, nimmt auch der Staubfaden der Blüte seine ursprüngliche Lage ein. Die Hummel fliegt bald zur nächsten Blüte und der Blütenstaub bleibt dort zurück.

A7 *Beschreibe, wie der Hebel bei der Salbeiblüte funktioniert.*

a) *Handelt es sich beim Salbei um einen einseitigen oder einen zweiseitigen Hebel?*

b) *Ob der Zweck dieses Hebels darin besteht, Kraft zu sparen?*
Was wird mit diesem Hebel bewirkt?

2

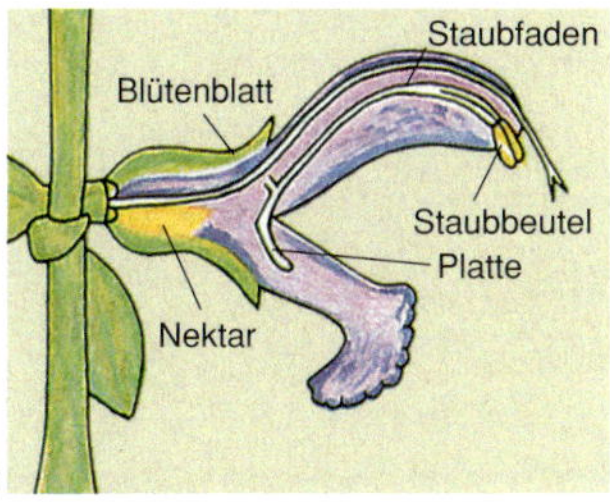

3

4

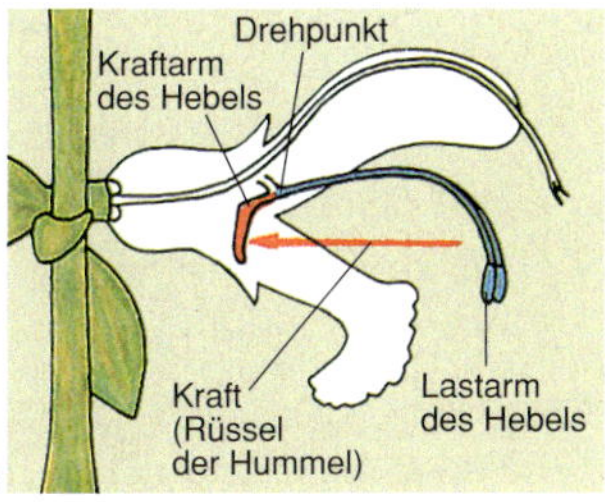

5

Aus der Umwelt: Wie die Kreuzotter ihren Giftzahn aufrichtet

Auch bei Tieren findet man *Hebel* in vielerlei Formen, z. B. bei der **Kreuzotter**. Diese Schlange hat mächtige Giftzähne. Sie richten sich erst dann drohend auf, wenn das Maul geöffnet wird (Bild 6).

Bei geschlossenem Maul sind die Giftzähne nach innen gegen den Oberkiefer geklappt (Bild 7). Sonst würden sie das Tier ja verletzen.

Und so funktioniert die „automatische" Giftzahnaufrichtung (Bild 8):

Der Giftzahn steckt bei B drehbar im Oberkiefer. Wenn die Kreuzotter ihr Maul öffnet, hebt sich der Schädelknochen. Die Folge ist, dass der Giftzahn nach vorne kippt. Schließt die Schlange ihr Maul wieder, so senkt sich der Schädelknochen, und der Zahn kippt nach innen.

6

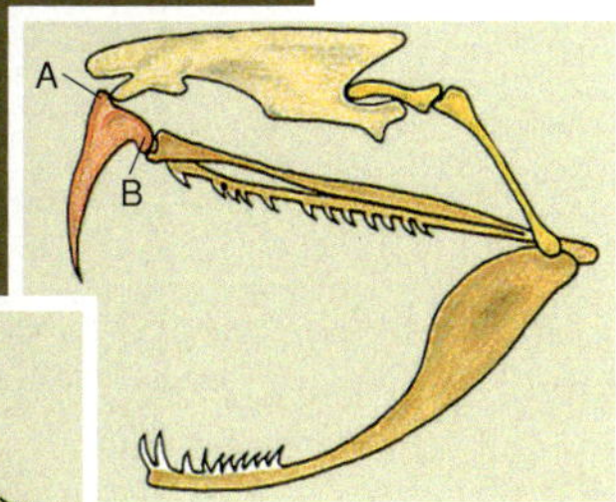

8

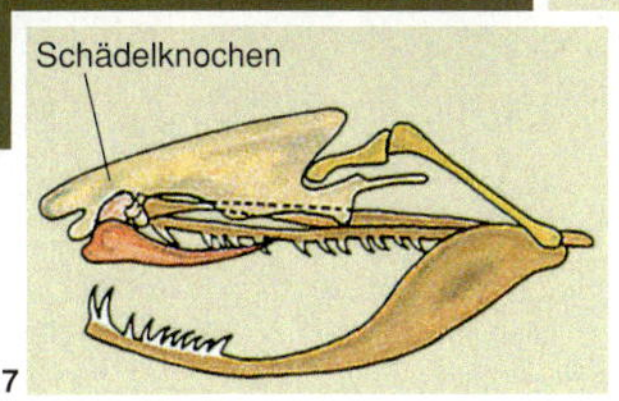

7

62267

Aus der Umwelt: Hebel am menschlichen Körper

Wenn du etwas anhebst oder einen Ball wirfst, ist ein *Hebel* im Spiel. Auch im menschlichen Körper werden Hebelwirkungen genutzt.

Beim Heben von Lasten wirkt dein Unterarm wie ein einseitiger Hebel.

Die Kraft, die der Beuger (Bizeps) ausübt, und die Last greifen auf derselben Seite vom Drehpunkt (Ellenbogengelenk) an.

Der Lastarm ist etwa fünfmal so lang wie der Kraftarm (Bild 9). Deshalb muss dein Beuger z. B. zum Heben einer 10-kg-Last (100 N Gewichtskraft) die fünffache Kraft aufbringen, nämlich 500 N.

Der Hebel *Unterarm* ist also kein „Kraftverstärker“. Dafür bringt er aber einen anderen Vorteil mit sich: Während sich der Beuger nur ein ganz kurzes Stück bewegt, wird die Last über eine viel größere Strecke gehoben. Deshalb gilt für diesen Hebel: *Mit dem Hebel Unterarm kann man keine Kraft sparen, man kann aber Weg gewinnen.*

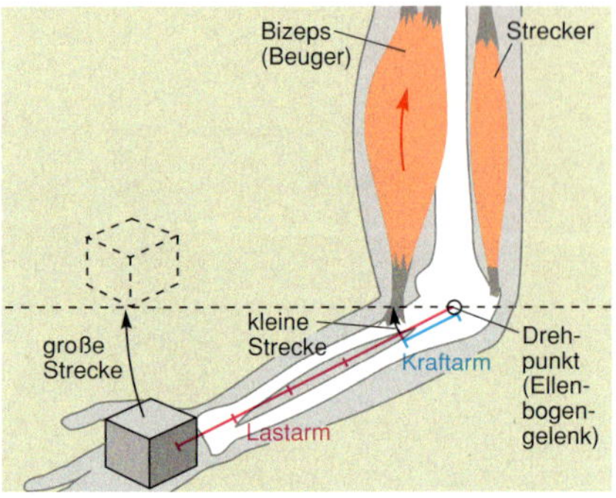

9

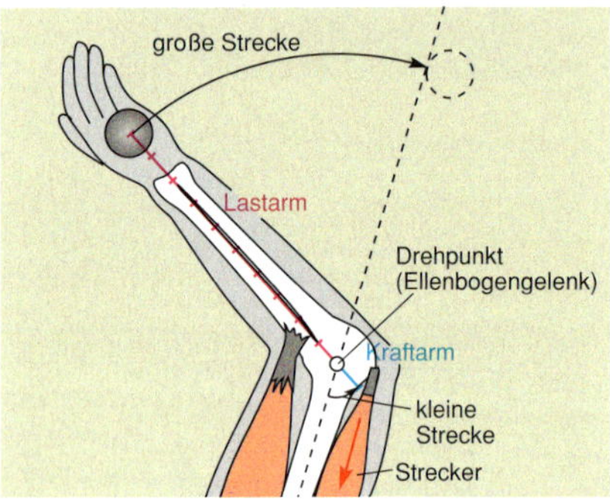

10

Beim Werfen wirkt der Strecker des Arms. Der Unterarm ist nun ein zweiseitiger Hebel.

In diesem Fall ist der Lastarm sogar zehnmal so lang wie der Kraftarm (Bild 10).

Beim Ballwerfen streckt der Strecker den Unterarm blitzschnell. So legt der Unterarm mit dem Ball einen verhältnismäßig langen Weg in ganz kurzer Zeit zurück. Der Ball wird dadurch sehr schnell. Er kann z. B. bei einem 80-m-Wurf eine Geschwindigkeit von 100 km/h erreichen. Kraft wird auch hier nicht gespart. Man erreicht aber durch die Verlängerung des Weges eine hohe Geschwindigkeit und damit eine große Weite.

A8 *Ein **Modell** des Hebels „Arm“ kannst du dir aus fester Pappe oder dünnem Sperrholz bauen (Bild 11). So funktioniert das Modell: Das Ziehen am „Beuger“-Faden entspricht dem Zusammenziehen des Beugermuskels.*

a) *Hänge in das Loch der „Hand“ ein 500-g-Wägestück ein. Miss am Beugerfaden, wie groß die Kraft zum Heben des Wägestücks ist. Kannst du das Ergebnis erklären?*

b) *Miss auch die zurückgelegten Wege: Um wie viel Zentimeter wurde das Wägestück gehoben? Wie weit hast du den Beugerfaden gezogen? Erkläre!*

A9 *Auch von der Salbeiblüte (→ linke Seite) kannst du ein **Modell** herstellen. Zeichne die Blüte vergrößert auf festes Papier (Bild 12). Schneide den Hebel „Staubfaden“ aus fester Pappe oder Sperrholz aus und befestige ihn drehbar auf der Blüte.*

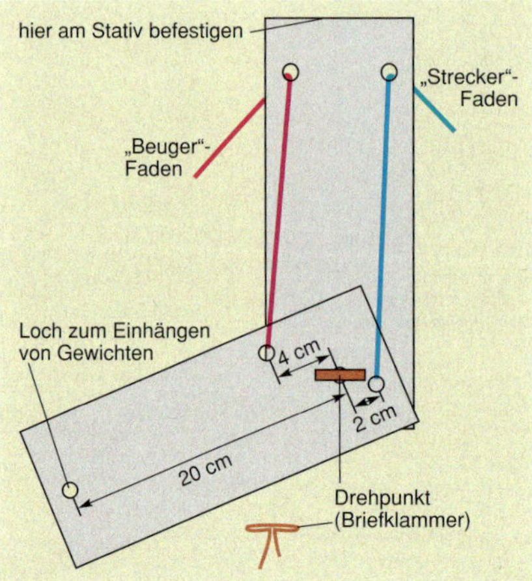

11

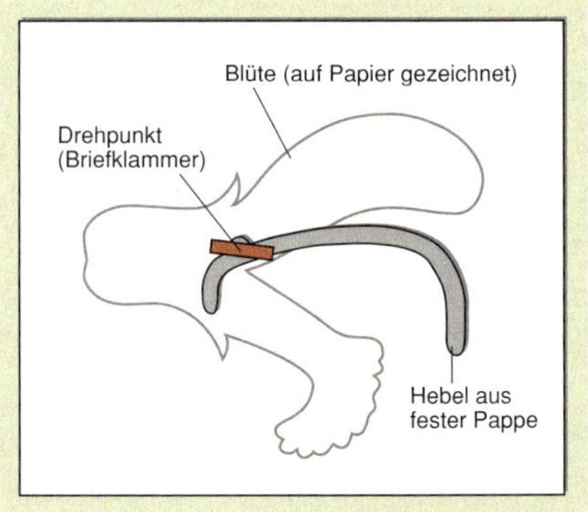

12

Rollen und Seile

1

Das Mädchen wiegt nur 29 kg und die Sportlehrerin 62 kg …

V1 *Hier siehst du vier Möglichkeiten, eine Last nach oben zu ziehen (Bilder 2–5).*

a) *Welchen Einfluss haben die Vorrichtungen jeweils auf den Betrag, die Richtung und den Angriffspunkt der Zugkraft?*

b) *Plane zu jedem der vier Bilder einen Versuch (Skizze!).*
Nimm als Last z. B. ein 500-g-Wägestück.
Lege eine Tabelle nach dem unten stehenden Muster an. Fülle zuerst die 2. und 3. Spalte aus.
Überprüfe dann deine Vermutungen durch Messungen. Trage beides in die Tabelle ein.

c) *Versuche die unterschiedlichen Ergebnisse zu erklären.*

d) *Welchen Vorteil hat das Verfahren von Bild 4 und welchen hat das von Bild 5?*
Erfinde eine Vorrichtung, die beide Vorteile vereint (Skizze!).

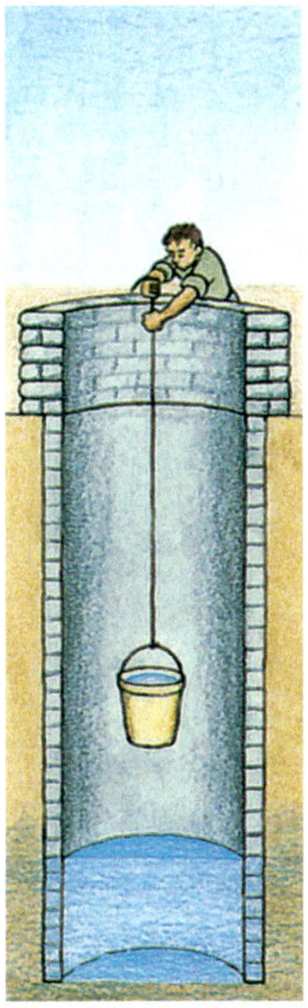
2

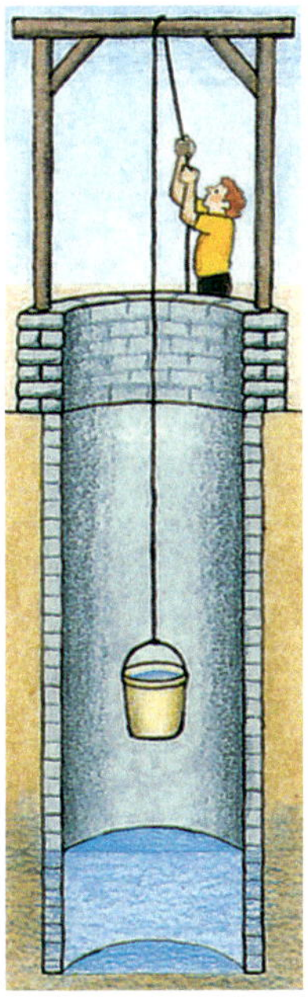
3

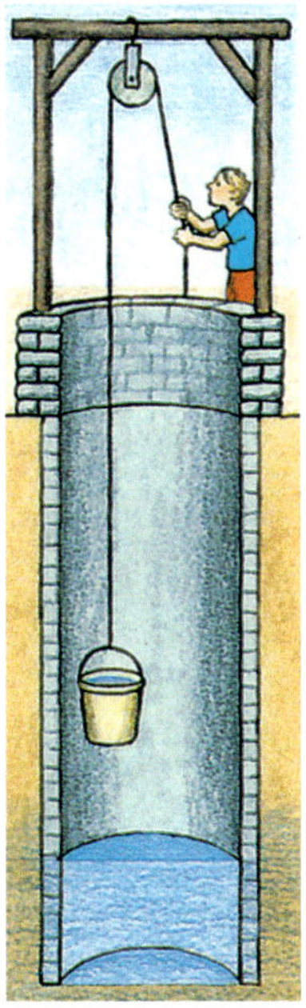
4

5

Versuchsaufbau nach …	*Auf die Last wirkende Gewichtskraft in* N	*Vermutete Zugkraft in* N	*Gemessene Kraft in* N
Bild 2	?	?	?

63131

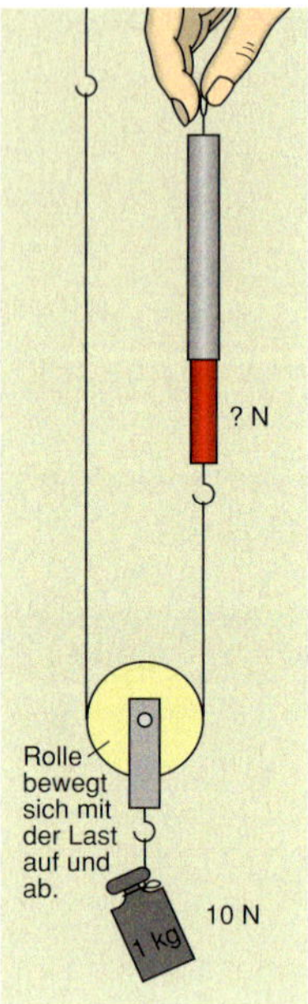

6

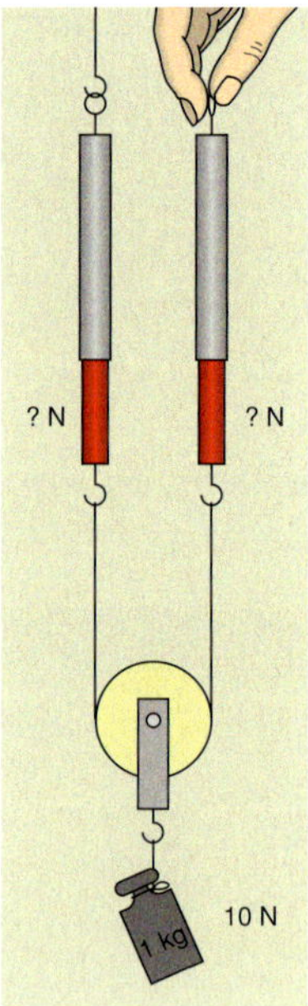

7

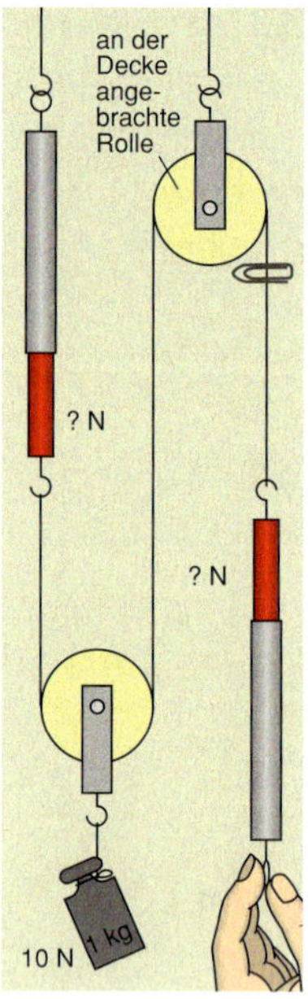

8

V2 *Die Bilder 6–8 zeigen die Versuchsaufbauten für diesen Versuch.*

a) *Wie groß sind die Kräfte, die die Kraftmesser bei Gleichgewicht anzeigen? Schätze zunächst.*

b) *Welchen Zweck hat die zusätzliche Rolle in Bild 8?*

c) *Wenn man Kraft spart, muss man einen Nachteil in Kauf nehmen …*
Zieh die Last um 10 cm (20 cm) hoch. Wie viel Seil musst du ziehen? Markiere dazu das Zugseil mit einer Büroklammer.

d) *Wie groß sind die Kräfte an den Haken?*

e) *Nimm an, eine Rolle hätte eine Masse von 200 g. Wie würde sich die Anzeige der Kraftmesser ändern?*

Info: Der Flaschenzug – eine Kombination aus Rollen und Seilen

Mit Hilfe eines Seils und einer Rolle kann man Kraft sparen. So hängt z. B. in den Bildern 6 u. 7 (oben auf dieser Seite) die Rolle und damit die Last an *zwei* Seilstücken. Die Gewichtskraft verteilt sich auf die beiden Seilstücke. Die andere Hälfte der Last wird von der Aufhängung an der Decke getragen.

Man spart sogar noch mehr Kraft, wenn man die Last auf noch mehr Seilstücke verteilt. Dazu befestigt man an der Last und an der Decke mehrere Rollen.

Eine solche Vorrichtung heißt *Flaschenzug*. Der Name kommt von der äußeren Form (in Bild 9 rot gezeichnet).

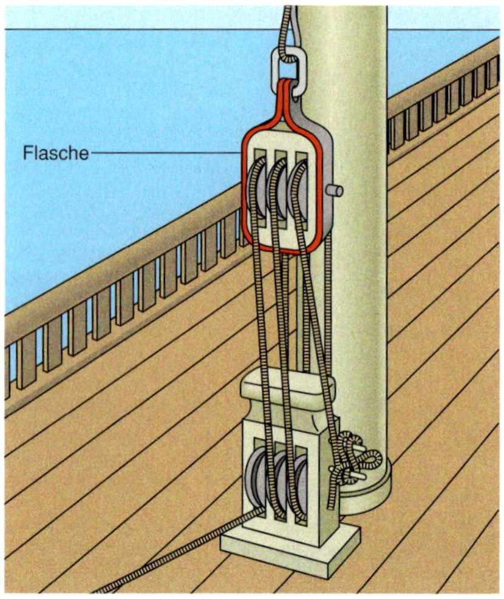

9

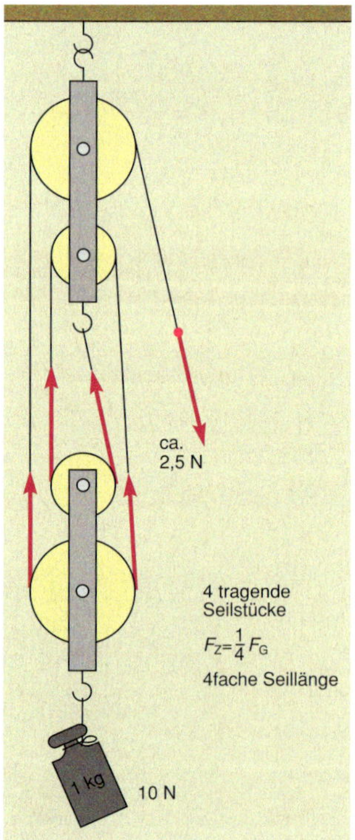

10

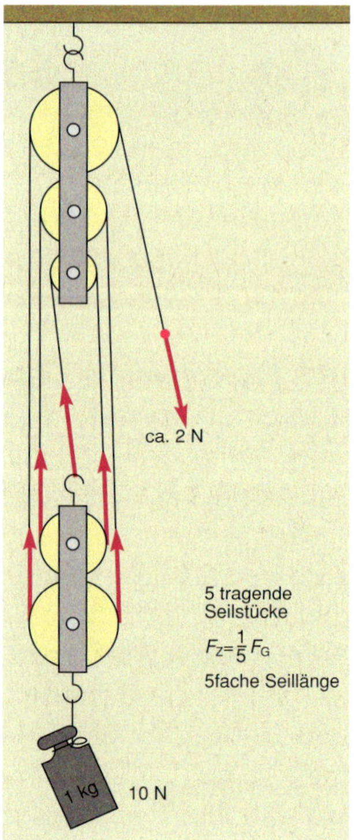

11

Für den Flaschenzug gilt (Bilder 10 u. 11):

Je mehr Seilstücke die Last tragen, desto geringer ist die erforderliche Zugkraft, desto mehr Seil muss man aber ziehen. (Beispiel: fünf tragende Seilstücke → Zugkraft $F_Z = \frac{1}{5} F_G$ und 5fache Seillänge.)

A1 *In den Bildern 1–3 werden Seile und Rollen eingesetzt.*
a) *In welchen Fällen wird Kraft gespart? Begründe!*
b) *Welche Aufgabe hat das Seil von Bild 1?*
c) *Welchen Zweck erfüllen die Rollen (Bilder 2 u. 3)?*

A2 *Mit einer Anordnung wie bei Bild 4 kannst du im Tauziehen jeden schlagen – aber nur wenn du am richtigen Seil ziehst …*
Welches Seil ist gemeint und warum gerade dieses?

A3 *Das Mädchen von Bild 1 der vorherigen Doppelseite schaffte ihren „Kraftakt" natürlich nur mit einem Flaschenzug. Die Lehrerin wurde von fünf tragenden Seilen gehalten. Das Seil mit der Lehrerin hing an der untersten Rolle.*
a) *Zeichne den Flaschenzug auf.*
b) *Wie groß ist die Kraft, die das Mädchen ausübt?*

A4 *Wie groß ist die Kraft, die erforderlich ist, um bei den Bildern 5 u. 6 Gleichgewicht herzustellen?*

1

2

3

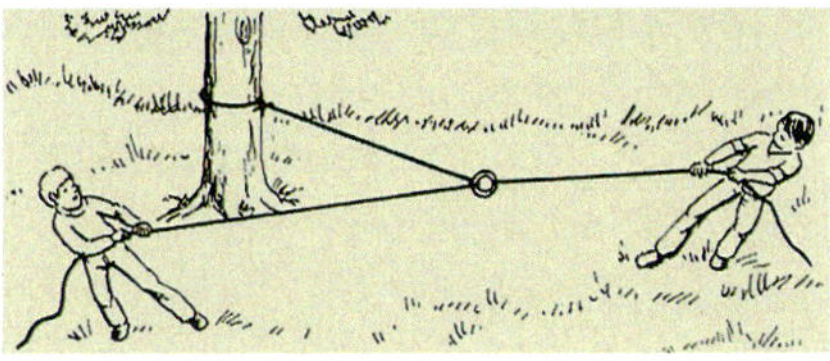
4

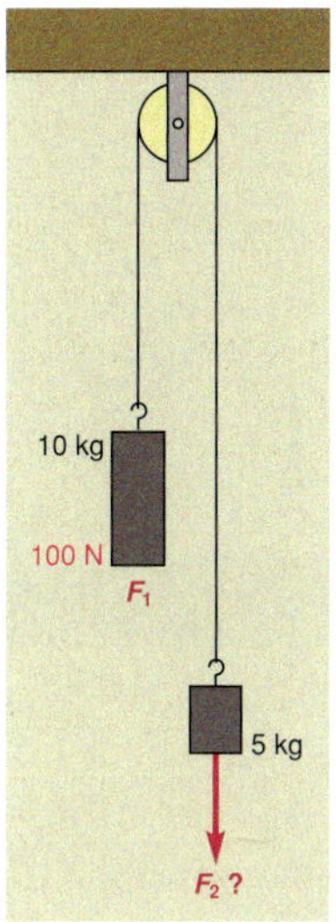

5

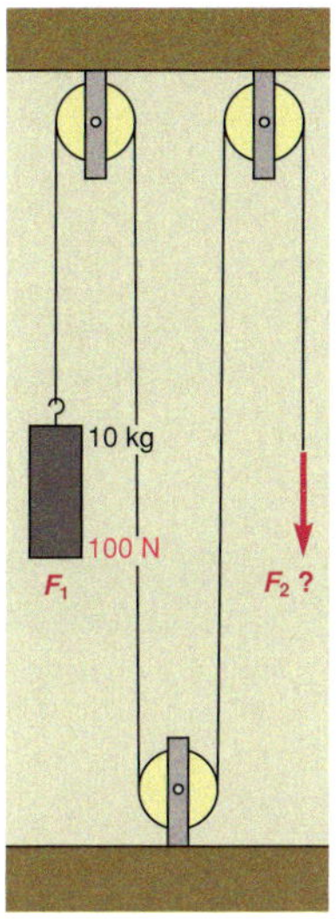

6

Aus der Umwelt: Flaschenzüge zur Bergung von Waggons

Der *Eisenbahnkran* von Bild 7 ist mit zwei Hubwerken ausgestattet (A und B). Mit dem Haupthubwerk A hebt er Lasten bis zu 150 t, das entspricht 150 Autos. Die Last wird auf 12 Seilstücke verteilt.

Bei seiner größten Reichweite von 16 m (Bild 8) verringert sich die Tragfähigkeit auf 45 t. Bei größeren Lasten würde er kippen.

Das Seil des Haupthubwerks ist 263 m lang; es hat einen Durchmesser von 32 mm. Trotz dieser Länge kann der Kran die Lasten nur 20 m hochziehen. Das liegt daran, dass alle 12 Seilstücke, auf die sich die Last verteilt, um 20 m hochgezogen werden.

Beim Hilfshubwerk B verteilt sich die Last auf 6 Seilstücke. Es kann Lasten von bis zu 32 t tragen. Der Kran dient der Bergung von verunglückten Waggons. Er wird auch zum Verladen eingesetzt.

7

A5 *Welche Zugkraft ist mindestens nötig, wenn der Kran eine Last von 120 t hebt? Wie viel Seil muss er aufrollen, wenn die Last um 10 m gehoben wird?*

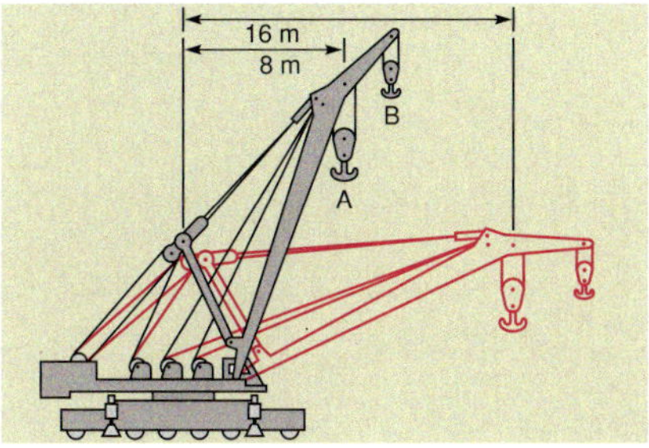

8

64392

Zusammenfassung

Hebel und ihre Wirkung

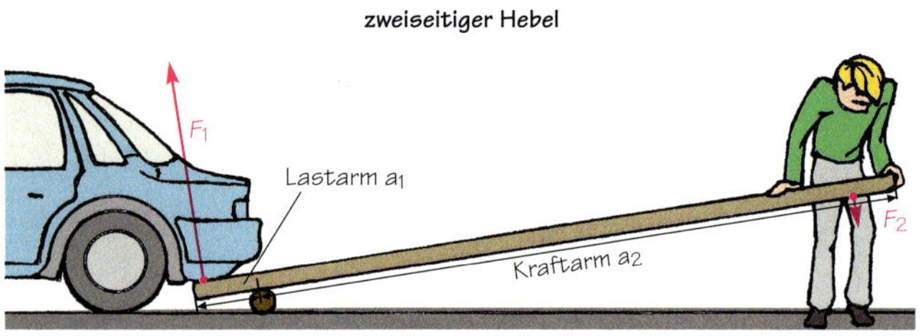

9

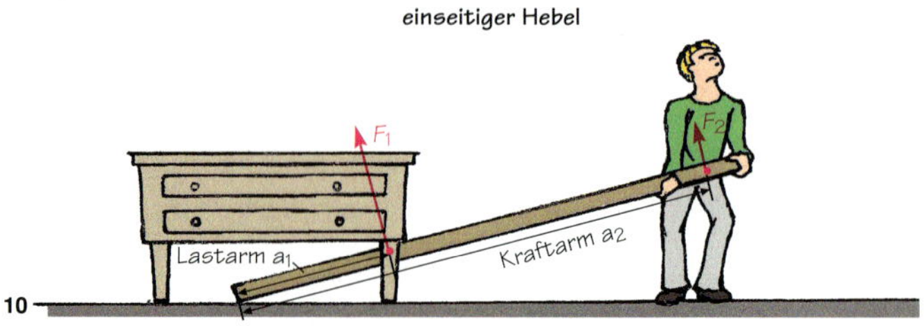

10

Man unterscheidet *zweiseitige Hebel* (Bild 9) und *einseitige Hebel* (Bild 10). Je länger der Kraftarm eines Hebels ist, desto weniger Kraft ist nötig, um mit ihm die gleiche Last zu heben (bei gleichem Lastarm).

Kraftarm doppelt so lang wie der Lastarm → doppelte Kraftwirkung.
Kraftarm zehnmal so lang wie der Lastarm → zehnfache Kraftwirkung.

Bei einem Hebel im Gleichgewicht ist das Produkt aus Kraft und Länge für beide Hebelarme gleich groß: $F_1 \cdot a_1 = F_2 \cdot a_2$. Dabei müssen beide Kräfte senkrecht zum Hebel sein (Bild 11).

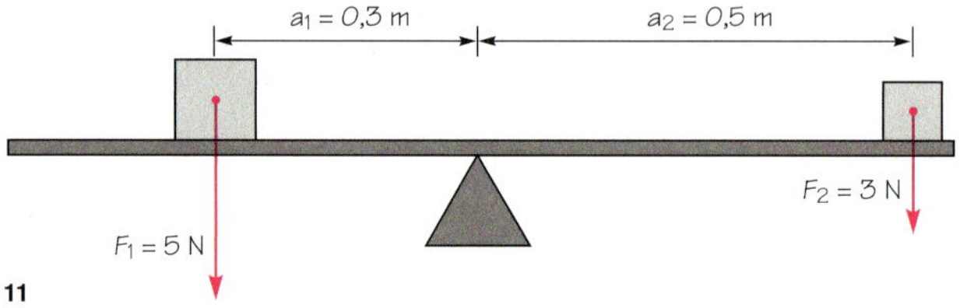

11

Seile – Rollen – Flaschenzüge

Durch Rollen wird die Gewichtskraft F_G, die auf die Last wirkt, gleichmäßig auf die tragenden Seilstücke verteilt.

Bei n tragenden Seilstücken gilt für die Zugkraft: $F_Z = \frac{F_G}{n}$.

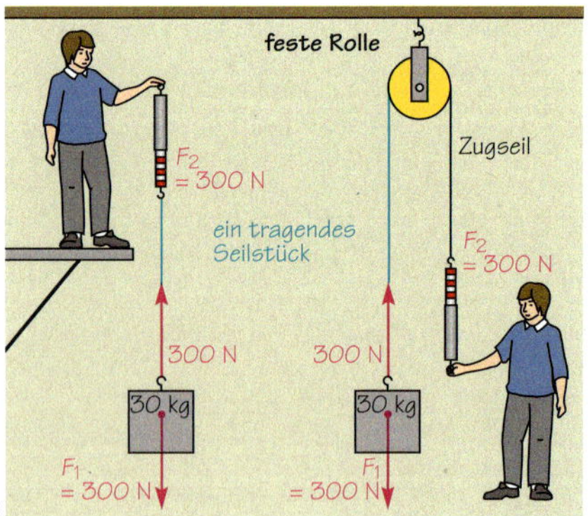

12

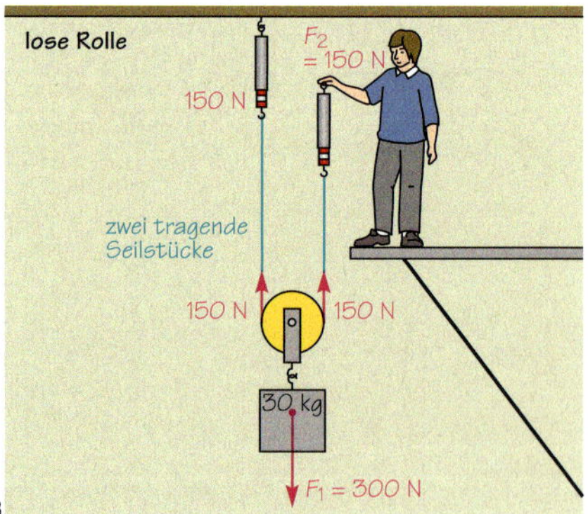

13

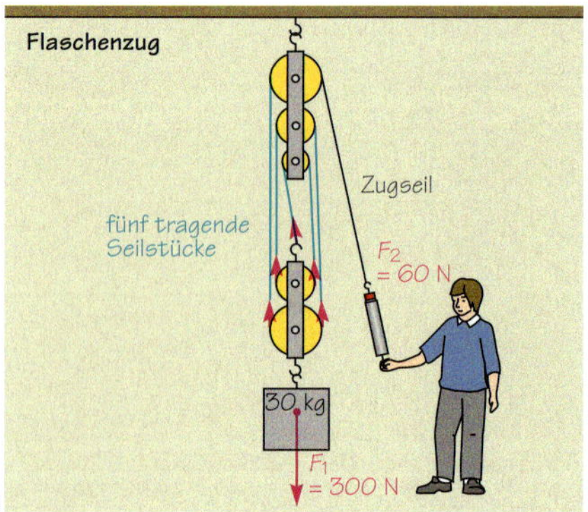

14

Bei dieser *festen Rolle* hängt die Last an *einem* Seilstück (Bild 12). Die Zugkraft muss genauso groß sein wie die Last, damit Gleichgewicht herrscht.

Kraft = Last.

Die Last verteilt sich bei der *losen Rolle* auf *zwei* tragende Seilstücke (Bild 13). Eine Hälfte der Last wird von der Decke getragen, die andere von der Person.

Kraft = $\frac{1}{2}$ Last.

Beim *Flaschenzug* verteilt sich die Last auf *fünf* Seilstücke (Bild 14). Jedes Seilstück trägt nur ein Fünftel der Last. Als Zugkraft ist ein Fünftel der Last nötig.

Kraft = $\frac{1}{5}$ Last.

Die Arbeit

Wer arbeitet hier?

Herr Marten ist Lehrer. Er korrigiert gerade Hefte.

Im physikalischen Sinn verrichtet er *keine Arbeit*.

1

2

Hier geht Herr Marten seinem Hobby nach: Bergsteigen.

Im physikalischen Sinn verrichtet er dabei *Arbeit*.

Vorbereitende Aufträge

1. *Beschreibe, was man in der Umgangssprache unter „Arbeit" versteht.*
Im Gegensatz dazu gehören im physikalischen Sinn immer ***zwei Merkmale*** *zur Arbeit. Welche beiden könnten es sein? (In Bild 2 sind sie zu erkennen.)*

2. *Nicht in jeder der in den Bildern 3–6 dargestellten Situationen wird im physikalischen Sinn gearbeitet. Suche die richtigen Beispiele heraus.*
(Wenn du Hilfe brauchst, lies im Info auf der rechten Seite nach.)

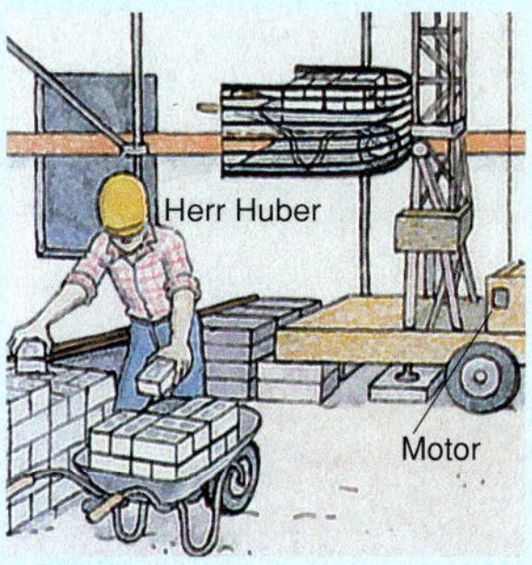

3

4

5

6

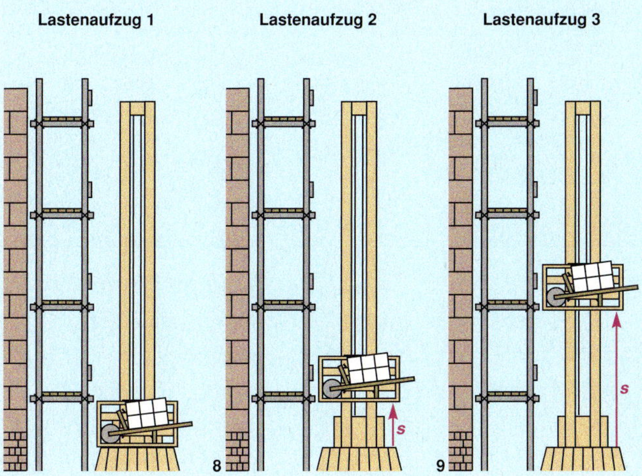

7 8 9

3. *Steine nach oben zu schaffen ist physikalische Arbeit.*
In den Bildern 7–9 wird sie vom Motor eines Lastenaufzugs verrichtet.
Wann verrichtet der Motor besonders viel Arbeit?
Tipp: Der Motor hebt die Steine mit der nötigen Kraft (Bild 10). Er setzt sie mal auf einem kürzeren, mal auf einem längeren Weg ein – je nachdem, in welches Stockwerk er fährt.

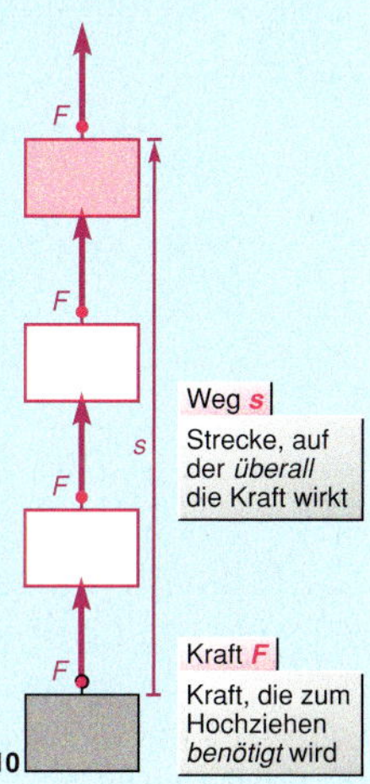

10

62246

Info: Wenn man die Arbeit berechnen will …

Wenn der Physiker von *Arbeit* spricht, spielen die Größen *Kraft* und *Weg* eine Rolle. Physikalisch wird nur dann eine Arbeit verrichtet, wenn ein Körper *auf einem Weg befördert* wird und dabei ständig *eine Kraft in Richtung dieses Weges* wirkt.

Eine Arbeit ist umso größer, je größer die Kraft ist oder je länger der Weg ist, den der Körper dabei zurücklegt.

Man kann die Arbeit mit Hilfe folgender Formel berechnen:

Arbeit = Kraft · Weg; $W = F \cdot s$.
Das gilt aber nur dann, wenn die Kraft gleichbleibend in Wegrichtung wirkt.

Die Arbeit wird mit dem Formelzeichen W abgekürzt (von engl. *work*).

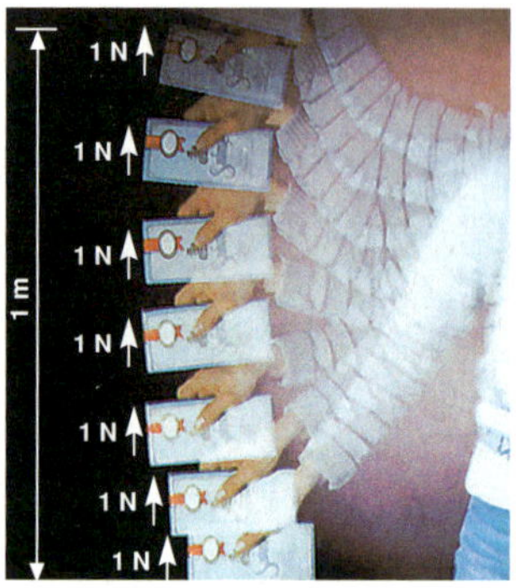

11

Aus der Gleichung $W = F \cdot s$ ergibt sich als Einheit der Arbeit: 1 N · 1 m = 1 Nm (Newtonmeter).

Die Einheit der Arbeit hat einen besonderen Namen, sie heißt *1 Joule* (1 J). 1 J = 1 Nm.

Die Einheit „Joule" (sprich: dschūl) ist nach dem englischen Physiker *James Prescott Joule* (1818–1899) benannt. Eine Arbeit von 1 J oder 1 Nm wird dann verrichtet, wenn *ein Gegenstand auf einem 1 m langen Weg befördert wird* und wenn *dabei ständig eine Kraft von 1 N in Wegrichtung wirkt.*

Du verrichtest eine Arbeit von 1 Nm, wenn du eine 100-g-Tafel Schokolade um 1 m hebst (Bild 11).

A1 *Ein Eimer (5 kg) wird um den Weg 1 m gehoben. Wie viel Kraft ist dafür nötig? Und wie viel, um ihn um 2 m zu heben? Überprüfe das in einem Versuch.*

A2 *In Bild 12 zieht ein Kran Steine nach oben.*
a) *Stimmt es, dass bei B und D doppelt so viel Arbeit verrichtet wird wie bei A? Begründe!*
b) *Vergleiche auch die Arbeit bei C mit der bei A.*
c) *Wo ist die Arbeit größer: bei C oder bei D?*
d) *Vergleiche die Arbeiten bei E und F mit der bei A.*
e) *Der Kran soll 6-mal so viel Arbeit verrichten wie bei A. Das ist der Fall, wenn …*

A3 *Ergänze: 1. „Bei gleichem Weg ist die Arbeit umso größer, je …", 2. „Bei gleicher Kraft …".*

A4 *Bisher hast du Arbeiten verglichen. Mit der oben stehenden Formel kannst du sie auch* **berechnen***:*

Last	*Erforderliche Kraft F*	*Weg s*	*Arbeit W*
100 g	*1 N*	*1 m*	*1 Nm = 1 J*
500 g	*5 N*	*1 m*	*5 J*
500 g	*?*	*2 m*	*?*
1 kg	*?*	*2 m*	*?*
3 kg	*?*	*6 m*	*?*

Berechne nach dieser Formel die Arbeiten des Kranes von Bild 12 bei A–F. Trage deine Ergebnisse in eine Tabelle ein. Folgende Angaben brauchst du:
Last einer einfachen Palette mit Steinen: 600 kg;
zum Heben nötige Kraft: 6000 N;
Weg von einem Stockwerk zum nächsten: 3 m.

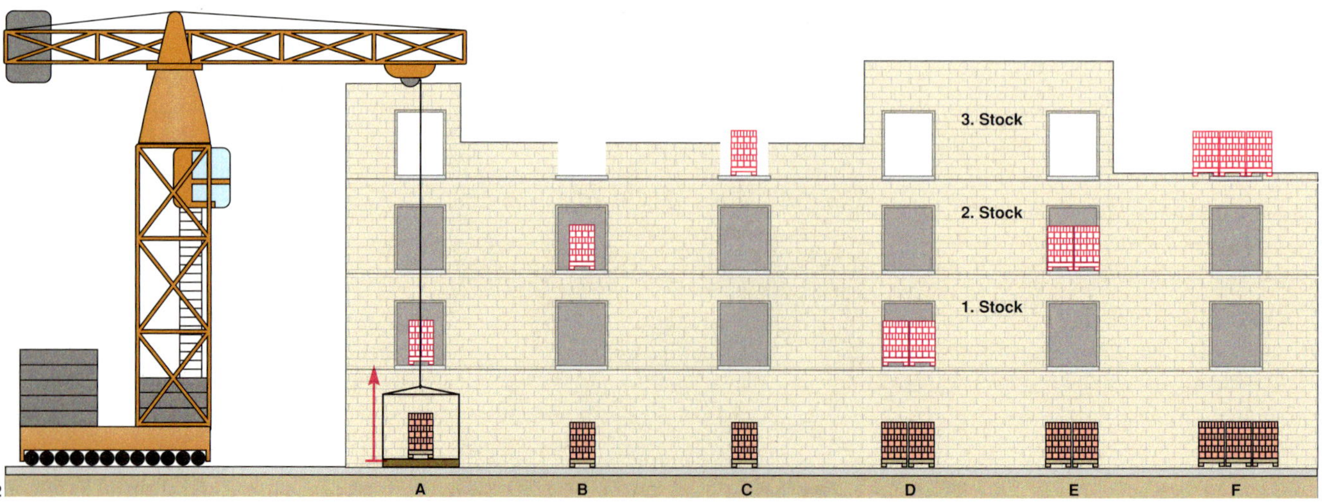

12

Info: Verschiedene Formen mechanischer Arbeit

1

2

3

Beim Lastenaufzug, beim Kran und beim Treppensteigen wird **Hubarbeit** verrichtet. Man berechnet sie aus der zum Heben nötigen Kraft und der Hubhöhe:

$$W = F \cdot s.$$

Es gibt noch andere Formen von Arbeit. Dabei wirken jeweils Kräfte entlang von Wegen.

Verformungsarbeit tritt beim Verformen eines Körpers auf (Ton kneten, Papier zerreißen).

Durch **Spannarbeit** werden elastische Körper verformt und gespannt (Gummi, Stahlfeder).

Wenn man die Geschwindigkeit eines Körpers erhöht, verrichtet man **Beschleunigungsarbeit**.

Zur Überwindung der Reibung ist **Reibungsarbeit** nötig.

4

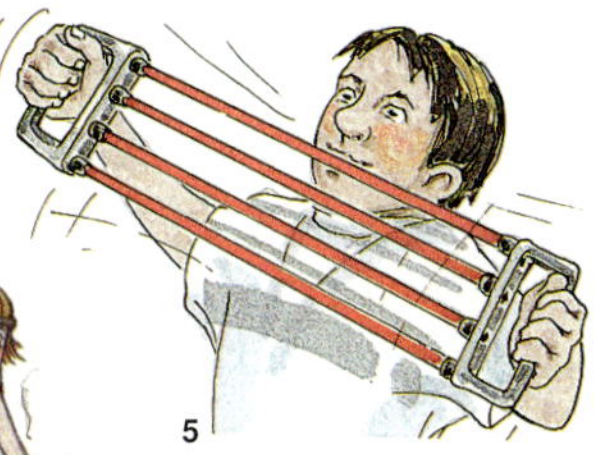
5

6

A5 *Die Bilder 1–6 zeigen Formen von Arbeit.*

a) *Ordne die Begriffe „Hubarbeit", „Verformungsarbeit", „Reibungsarbeit", „Spannarbeit" und Beschleunigungsarbeit" den Bildern zu.*

b) *Wo greift jeweils die Kraft an? Wo ist der Weg?*

c) *Bei welchen Vorgängen haben die Kräfte nicht ständig den gleichen Betrag?*

A6 *Von welchen Bedingungen wird es abhängen, ob die Reibungsarbeit auf Bild 4 groß oder klein ist?*

A7 *Arbeit können nicht nur Menschen, sondern auch Tiere oder Maschinen verrichten. Beispiel: Die Scheibenbremse verrichtet Reibungsarbeit.*
Schreibe zu jeder Arbeitsform zwei Beispielsätze auf.

Aus der Technik: Reibungsarbeit beim Radfahren

Beim Bahnfahren in Hallen legen Radrennfahrer in einer Stunde über 55 km zurück. Ihre Räder sind extrem leicht und besitzen keine Bremsen (Bild 7). Mit deinem Fahrrad musst du aber oft stark bremsen – mit der Kraft der Hände, indem du die Bremshebel über einen kleinen Weg ziehst.

Reibungskräfte wirken dann zwischen Bremsbelägen und Felgen sowie zwischen Reifen und Straße. Es wird dabei *Reibungsarbeit* verrichtet, denn *Kräfte* wirken entlang von *Wegen*.

7

Bei allen Bewegungen auf der Erde spielen Reibungskräfte eine große Rolle. Manchmal sind sie erwünscht – wie z. B. beim Bremsen – oftmals sind sie störend.

Wenn der Fahrer von Bild 7 nach dem Beschleunigen mit gleichbleibender Geschwindigkeit fährt, verrichtet er nur noch Reibungsarbeit – hauptsächlich gegen den Luftwiderstand.

64021

Kann man Arbeit einsparen?

8

Der Rollstuhlfahrer benutzt hier eine Rampe.
Sie ist viel länger als die Treppe ...

Praktikumsversuch

V1 *Wir prüfen, ob man durch eine Rampe (schiefe Ebene) Arbeit sparen kann.*
Versuchsmaterialien: *Experimentierwagen, Kraftmesser, Holzklotz oder Bücherstapel von 10 cm Höhe, glattes Brett (etwa 50 cm lang), Maßstab*
Versuchsaufbau und -durchführung: *Der Experimentierwagen wird auf verschiedene Weise um 10 cm angehoben, und zwar*

- *direkt senkrecht nach oben (Bild 9),*
- *mit einer 20 cm langen schiefen Ebene (Bild 10),*
- *mit einer 40 cm langen schiefen Ebene (Bild 11).*

Der Kraftmesser muss immer in Richtung des Weges gehalten werden!
Messt jeweils die Kraft und tragt die Ergebnisse in eine Tabelle ein (s. Muster).
Berechnet für alle drei Fälle die Arbeit.

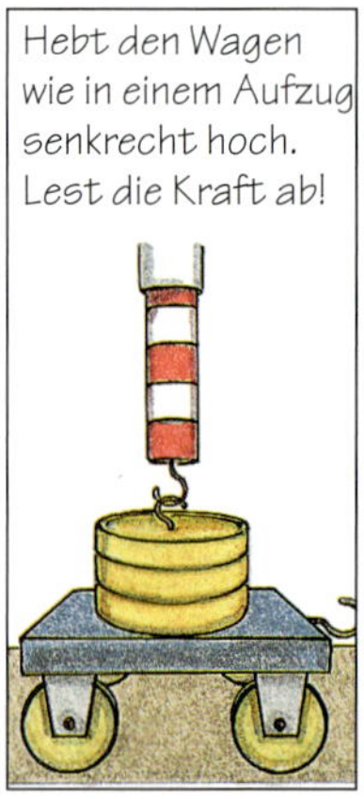

9

10

11

12

Mustertabelle

	Weg s *in* m	*Kraft* F *in* N	*Arbeit* $W = F \cdot s$ *in* J
senkrechtes Hochheben	0,10	?	?
kurze schiefe Ebene	?	?	?
lange schiefe Ebene	?	?	?

Neben der Rampe gehören auch Hebel, Zahnradgetriebe, Rollen und Flaschenzüge zu den Geräten, mit denen man *Kraft* einsparen kann. Man nennt diese Geräte auch *einfache Maschinen*.

Ob man mit den Rollen oder Getrieben *Arbeit* einsparen kann?

V2 *Überprüfe deine Vermutung mit Hilfe von Versuchsaufbauten, wie sie die Bilder 1 u. 2 zeigen. Berechne die jeweilige Arbeit.*
Lege eine Tabelle an und werte sie aus.

V3 *Getriebe verbinden z. B. einen Automotor mit Rädern oder einen Mixermotor mit Quirlen.*

a) *Baue das Getriebe von Bild 3 auf. Das Zahnrad auf Welle A hat doppelt so viele Zähne wie das auf Welle B.*

b) *Vergleiche die Drehzahlen der Wellen.*

c) *An den Seiltrommeln (C und D) sind Schnüre befestigt. An welcher Schnur würdest du die Last aufhängen und an welcher den Kraftmesser befestigen und ziehen? Begründe!*

d) *Hebe eine Last an. Vergleiche die Arbeit zum Heben der Last mit der Arbeit zum Ziehen der Schnur.*

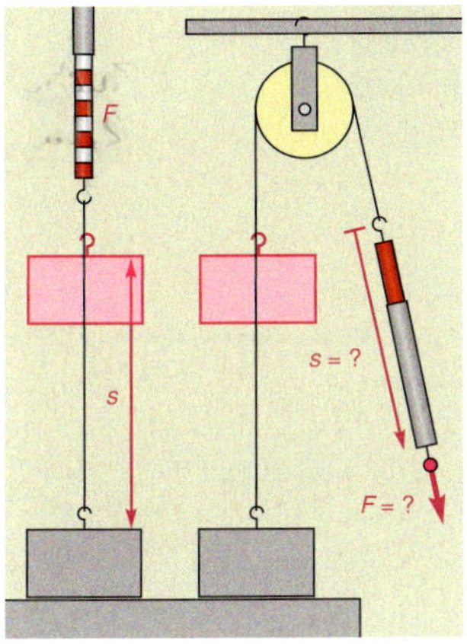

1

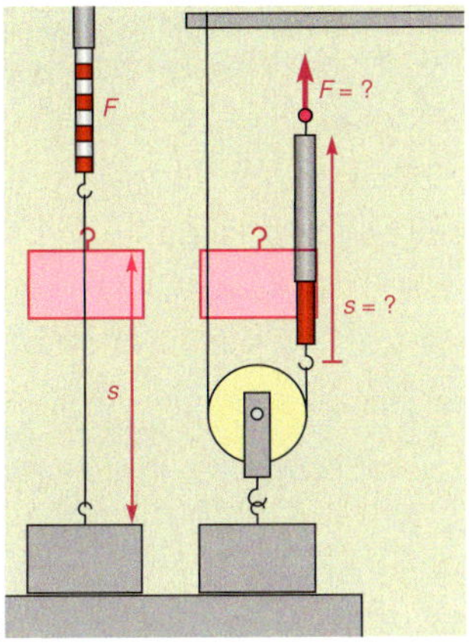

2

3 Modell eines Zahnradgetriebes zur Veränderung von Kräften

Info: Die „goldene Regel" der Mechanik

Versuche mit einfachen Maschinen zeigen:

Mit Hilfe von schiefen Ebenen, Flaschenzügen, Hebeln und Getrieben kann man zwar Kraft sparen, die Wege werden aber größer (Bild 4).

Man „erkauft" sich also eine Krafteinsparung mit der Verlängerung des Weges, über den die Kraft wirkt.

So muss man bei dem Flaschenzug rechts in Bild 4 viermal so viel Seil aufwickeln wie bei der Rolle links. Dafür ist die beim Flaschenzug benötigte Kraft auch viermal kleiner. Die verrichtete Arbeit (das *Produkt aus Kraft und Weg*) ist in beiden Fällen gleich. Daraus folgt: **Arbeit kann man nicht einsparen.**

Diese Erfahrung kannst du auch beim Radfahren mit einer Gangschaltung machen. Du musst zwischen einem Berggang und einem Schnellgang wählen.

Wenn du beim Berggang *Kraft einsparst*, musst du viel häufiger treten; deine Beine auf den Tretkurbeln legen dann einen *großen Weg* zurück.

Wenn du beim Schnellgang weniger trittst (also etwas von diesem Weg einsparst), ist die Kraft größer, die du zum Treten der Tretkurbeln benötigst.

Diesen Zusammenhang nennt man *„goldene Regel" der Mechanik*:

Was man bei der Kraft spart, muss man beim Weg zulegen. Was man beim Weg spart, muss man bei der Kraft zulegen.

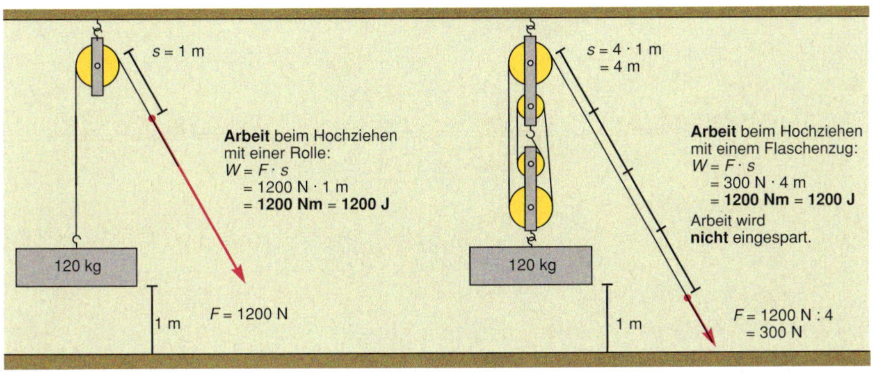

4

64022

Aus Alltag und Technik: Viel Kraft oder viel Weg – der Fahrradantrieb

Für Interessierte zum Weiterlesen

24 Gänge – bei Sporträdern gar keine Seltenheit! Und Mountainbikes haben sowieso drei Kettenräder vorn und sechs bis neun Zahnräder hinten. *Welchen Sinn haben diese vielen Zahnräder?*

Tretkurbeln und Kettenrad haben eine feste Verbindung. Die Kette überträgt den Antrieb auf die Zahnräder an der Hinterachse.

Sieh dir die Bilder 6 u. 7 an: Das Tretrad hat einen viel größeren Radius als das Zahnrad an der Hinterachse; es hat 52 Zähne, das kleine Zahnrad dagegen nur 13.

Da sie durch die Kette miteinander verbunden sind, dreht sich das Zahnrad *viermal*, während sich das Tretrad nur *einmal* dreht. Man sagt dazu: „Die Übersetzung beträgt 1 : 4." (Damit dreht sich auch das Hinterrad *viermal* bei nur *einer* Drehung des Tretrads.)

5

Was bedeutet das für ein Fahrrad, das „27er-Räder" mit einem Umfang von 215 cm hat? Du siehst es an Bild 8: Bei einer einzigen Kurbeldrehung („Tretrunde" von 1,07 m) legt es einen Weg von 4 · 2,15 m = 8,60 m zurück. Für schnelles Fahren auf ebener Strecke oder bergab ist dieser „Schnellgang" mit der 1 : 4-Übersetzung gerade richtig.

Wenn du aber mit diesem Gang einen Berg hinauffahren willst, wird das Treten zur Qual. Du musst die Gangschaltung betätigen um überhaupt noch vorwärts zu kommen. Das heißt: Du musst ein anderes Zahnrad mit dem Kettenrad verbinden, also den „Berggang" mit der Übersetzung 1 : 2 einlegen (Bilder 9 u. 10). Der Vergleich auf ebener Straße zeigt: **Im „Schnellgang" reicht ein kürzerer Weg der Tretkurbeln aus (weniger treten); aber es ist mehr Kraft zum Treten nötig. Mit dem „Berggang" kann man zwar Kraft einsparen, dafür wird aber der Weg länger (häufiger treten).**

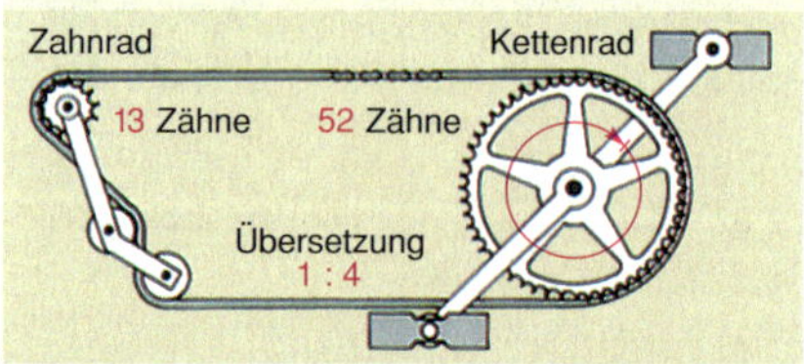

6

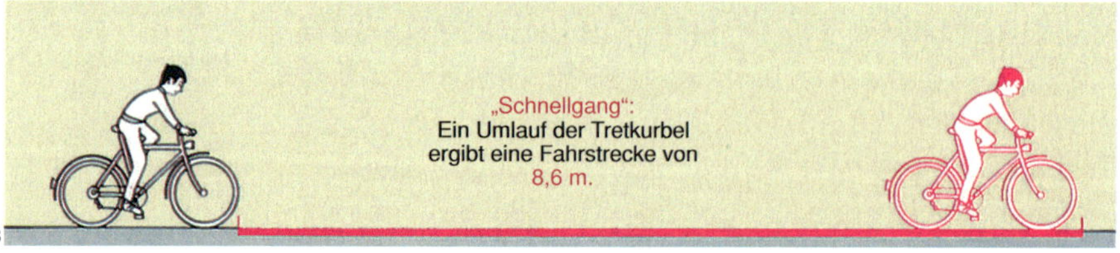

8

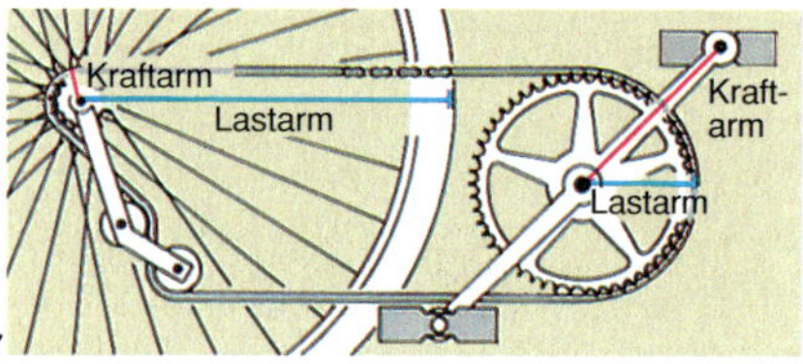

7

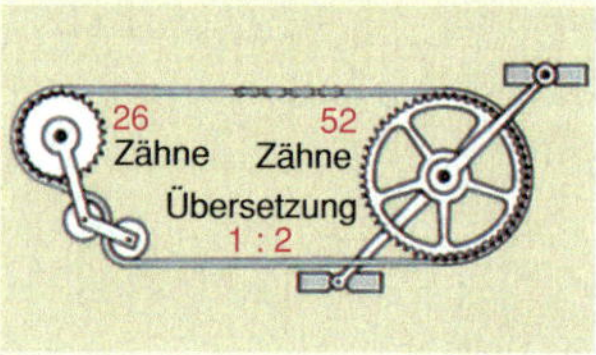

9

10

A1 *Prüfe die Wirkung von Fahrradgängen nach:*
a) *Wie viele „Tretrunden" (Kurbelumdrehungen) benötigst du bei deinen verschiedenen Gängen für 50 m? (Nicht den Freilauf benutzen!)*
Wann musst du jeweils eine große und wann eine geringe Kraft einsetzen?
b) *Schiebe das Fahrrad und drehe dabei die Tretkurbel einmal herum. Wie viele Meter schaffst du?*
c) *Stelle das Fahrrad auf Sattel und Lenkstange. Drehe das Kettenrad einmal herum: Zähle, wie oft sich dabei das Hinterrad dreht (ohne Freilauf). Wiederhole das mit anderen Gängen.*

A2 *Welche Vorteile und welche Nachteile haben Berggang und Schnellgang?*

A3 *Die meisten Pkws haben ein 5-Gang-Getriebe. Welche Aufgabe hat das Getriebe beim Auto?*

V4 *Bei gleicher Tretkraft unterschiedlich große Antriebskräfte am Reifen hervorzurufen – die Gangschaltung macht's möglich.*
In der Anordnung von Bild 1 wird die Tretkraft durch einen Eimer mit 5 l Wasser (oder ein 5-kg-Wägestück) ersetzt. Auf das Pedal wirkt so eine Kraft von 50 N.
Wie groß die Kraft ist, die auf den Reifen wirkt, hängt vom eingelegten Gang ab. Bestimmt die Kräfte mit einem Kraftmesser. Notiert sie in einer Tabelle.

Gang	*Kraft am Reifen* *F*	*Am Reifen gemessener Weg* *s*	*Arbeit* *W*
?	?	?	?

V5 *Wenn in Bild 1 die Pedalkurbel 17,5 cm lang ist, legt das Pedal bei jedem Umlauf einen 1,1 m langen Weg zurück. Tritt man mit einer Kraft von 50 N, so beträgt die Arbeit während eines Umlaufs 55 Nm.*
a) *Bestimmt, um welchen Weg s sich bei einem Pedalumlauf der Reifen weiterbewegt.*
b) *Berechnet aus dem Weg s und der in V4 gemessenen Kraft F die Arbeit. Vergleicht!*

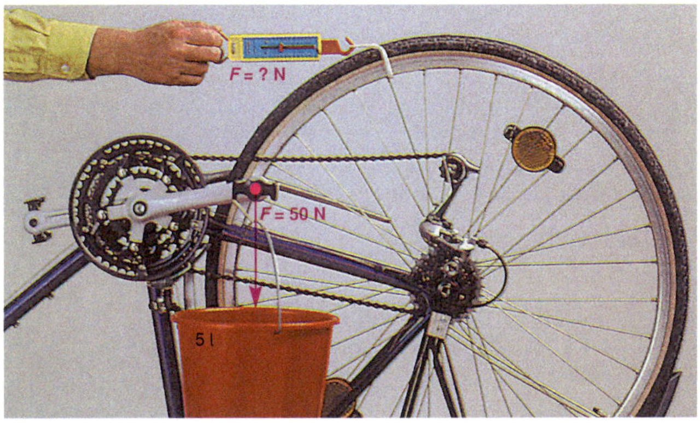

1

Aus der Geschichte: Der Vorläufer des Fahrrads

In der Physik spricht man dann von „Arbeit", wenn eine Last befördert wird. Sicher haben schon unsere Vorfahren gemerkt, dass sogar der eigene Körper diese Last sein kann – etwa dann, wenn man ihn beim Treppensteigen oder Klettern hochbewegen muss.

Doch auch beim Gehen oder Laufen auf ebener Strecke verrichtet ein Mensch Arbeit:

Bei jedem Schritt hebt man den eigenen Körper ein kleines Stück weit an (Bild 2). Die Beine ermüden zusätzlich durch das Tragen des Körpergewichts – selbst wenn man still steht.

3

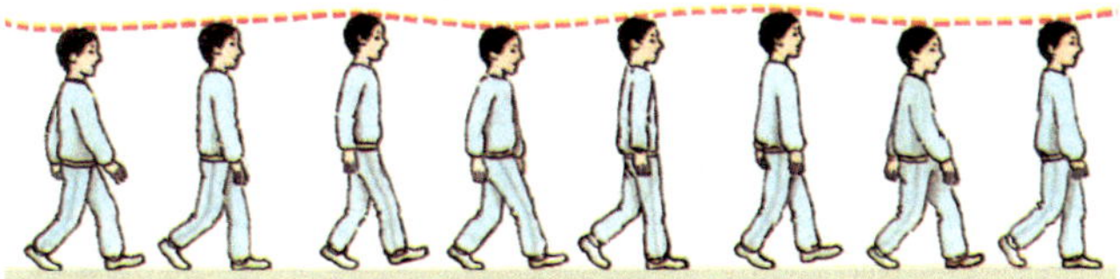
2 Beim Gehen wird **auch** Hubarbeit verrichtet.

Da ist es keineswegs erstaunlich, dass sich zu Beginn des 19. Jahrhunderts der *Freiherr Karl von Drais* folgende Fragen stellte:

„Gibt es irgendeine Möglichkeit, die Beine vom Körpergewicht zu entlasten?

Ließe sich damit Kraft einsparen? Und könnte man die eingesparte Kraft vielleicht dafür nutzen, längere Wege zurückzulegen?"

Drais fand darauf tatsächlich eine Antwort. Und er setzte die gefundene Lösung gleich in die Tat um: Der Vorläufer unseres Fahrrads wurde geboren.

In Mannheim führte Drais dann im Jahr 1817 sein erstes **Laufrad** vor (Bild 3).

So wie ein Reiter sein Pferd besteigt, schwang sich Drais auf sein Laufrad. Dann stieß er sich mit beiden Füßen vorwärts. Dabei zeigte sich, dass sein Laufrad auf ebenen Strecken (und erst recht bergab) sogar schneller war als Ross und Reiter.

63564

Aus der Geschichte: Vom Hochrad zum Liegefahrrad

Bald gab es weitere Erfindungen: Etwa um 1850 kamen Tretkurbeln und Pedale an die Achsen der Vorderräder. Nun brauchte sich der Fahrer nicht mehr von den oft verschmutzten Wegen abzustoßen.

Zur Fortbewegung war nur noch eine geringe Kraft nötig, wenn das Fahrzeug erst einmal rollte. Die Räder liefen oft sogar viel zu schnell: Der Fahrer war dann nicht mehr in der Lage, so schnell zu treten, wie die Tretkurbeln sich drehten.

4

Das änderte sich, als man die Vorderräder vergrößerte. Bald wurden sie mit Durchmessern von bis zu 2,50 m gebaut. Solche **Hochräder** (Bild 4) legten mit einer einzigen Raddrehung 5 bis 8 m zurück. Nun konnte der Fahrer wieder kräftig in die Pedale treten. Aber er musste lange üben, bis er auf dem Hochrad das Gleichgewicht halten und es lenken konnte.

Die Räder des Fahrrads baute man dann gleich groß und vor allem kleiner als zuvor. Damit wurde das Fahrrad zu einem weniger gefährlichen Verkehrsmittel. Die Tretkurbel lag nun zwischen den Rädern. Solche **Niederräder** (Bild 5) gibt es seit 1888. Sie wurden als „Sicherheitsräder" angepriesen.

Seither hat sich die Grundform des Fahrrads kaum mehr verändert. Der Komfort wurde aber immer weiter erhöht: Luftgefüllte Gummireifen, Freilauf für die Fahrt bergab und Rücktrittbremse kamen hinzu. Die Gangschaltung ermöglicht ein fast perfektes Zusammenspiel von Mensch und Technik.

Eines aber ist gleich geblieben: Je schneller das Fahrrad wird, umso stärker bremst es die Luft ab. Nur wer ein voll verkleidetes **Liegefahrrad** benutzt, ist hier besser dran (Bild 6).

5

6

A1 *Karl von Drais nannte seine Erfindung eine „Laufmaschine". Erkläre, wieso es eine „Kraft sparende Maschine" war.*

A2 *Stürze vom Hochrad führten zu schweren Verletzungen und verliefen oft tödlich. Warum war das Fahren mit diesen Rädern so gefährlich?*

A3 *Die ersten Räder hatten keinen „Freilauf". Was ist damit gemeint? Beschreibe die Folgen für die Fahrt bergab.*

A4 *Wie erreichte das Niederrad trotz der kleineren Räder die gleiche Fahrgeschwindigkeit wie ein Hochrad?*

A5 *Mit Liegefahrrädern wurden schon Geschwindigkeiten von mehr als 100 km/h erreicht.*
Gib dafür eine Begründung.

A6 *Beschreibe, welche Teile heute zu einem verkehrssicheren und gleichzeitig komfortablen Fahrrad gehören.*

Zusammenfassung

Die Arbeit und ihre Einheit

Arbeit wird verrichtet, wenn ein Körper einen Weg zurücklegt und wenn dabei eine Kraft in Richtung des Weges wirkt.

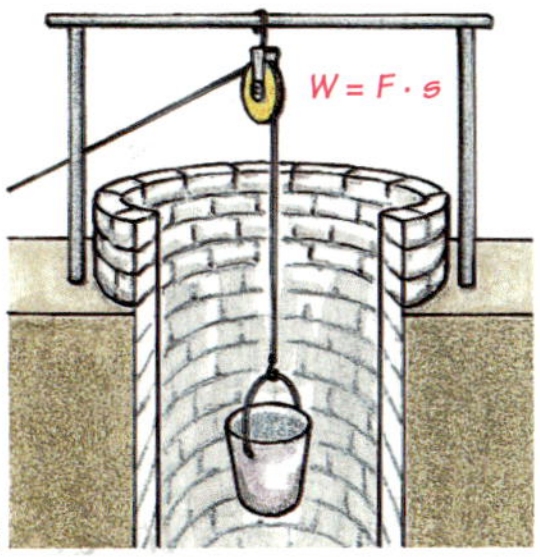

1

Um die Arbeit zu bestimmen, misst man die Kraft F in Wegrichtung und den zurückgelegten Weg s. Für gleichbleibende Kräfte in Wegrichtung gilt:

Die Arbeit ist gleich dem Produkt aus Kraft und Weg.
$$W = F \cdot s.$$

Die Einheit der Arbeit ist 1 Joule (1 J).
$$1\,J = 1\,N \cdot 1\,m = 1\,Nm.$$

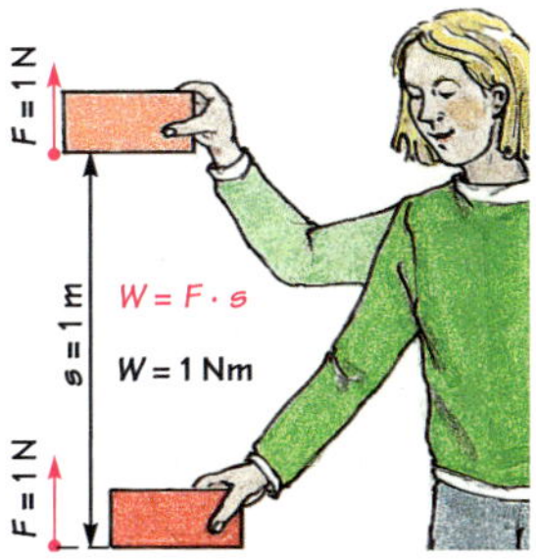

2

Verschiedene Formen der Arbeit

3

5

Hubarbeit wird beim Heben einer Last verrichtet (Bild 3).

Verformungsarbeit tritt beim Verformen oder Zerbrechen eines Körpers auf (Bild 4).

Durch **Spannarbeit** werden elastische Körper verformt und gespannt (Bild 5).

Die Geschwindigkeit eines Körpers nimmt zu, wenn an dem Körper **Beschleunigungsarbeit** verrichtet wird (Bild 6).

Zur Überwindung der Reibung ist **Reibungsarbeit** erforderlich (Bild 7).

4

6

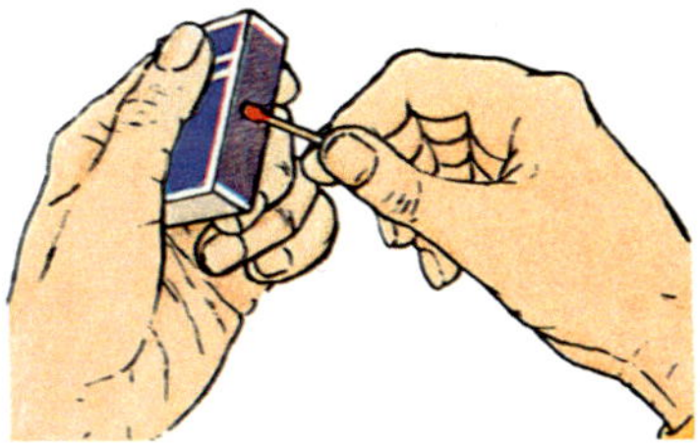
7

Die goldene Regel der Mechanik

Hebel, Rollen, Flaschenzüge, Getriebe, Fahrräder, schiefe Ebenen … nennt man *einfache Maschinen.* Meist setzt man sie ein um Kraft zu sparen.

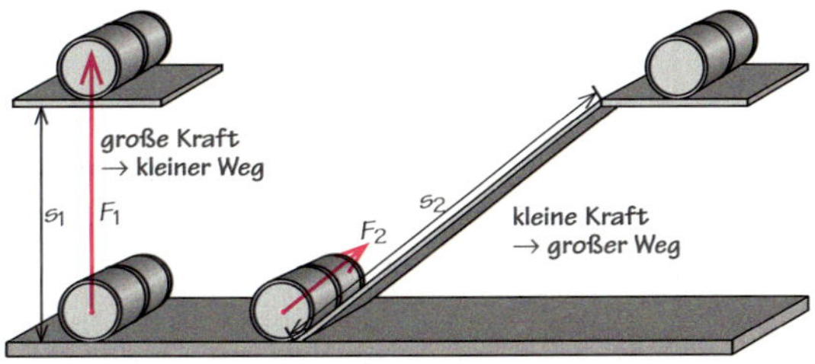

8

Wenn man bei der Kraft spart, muss man beim Weg zulegen.
Wenn man beim Weg spart, muss man bei der Kraft zulegen.

Das Produkt aus Kraft und Weg (die Arbeit) bleibt jeweils gleich groß.

64023

Alles klar?

Lösungen → Anhang

9

10

11

12

1. *Wann spricht man in der Physik von Arbeit?*

2. *Die Beispiele der Bilder 9 bis 11 zeigen verschiedene Formen physikalischer Arbeit.*

a) *Begründe, wieso hier gearbeitet wird.*

b) *Welche Formen von Arbeit sind dargestellt?*

3. *Für die Arbeit gibt es keinerlei Messgerät (wie z. B. für die Temperatur das Thermometer).*
Wie kann man den Betrag der Arbeit feststellen?

4. *Beschreibe, welchen Gegenstand du wie hoch heben musst, damit du gerade 1 J Arbeit verrichtest. (Nenne mehrere Möglichkeiten.)*

5. *Wer verrichtet in Bild 12 mehr Arbeit? Begründe!*

6. *Frank und Michael gelangen auf verschiedenen Wegen nach oben (Bild 13). Kann ihre Arbeit trotzdem gleich sein? Begründe!*

7. *Stelle fest, welche Gewichtskraft auf deinen Körper wirkt. (1 kg entspricht einer Kraft von 10 N.)*

a) *Wie viel Arbeit verrichtest du, wenn du vom Keller (ohne etwas zu tragen) 3 m hoch nach oben in die Wohnung steigst?*

b) *Überlege, welche Rolle dabei die „Steilheit" der Treppe spielt.*

c) *Wie groß ist die Arbeit, wenn du beim Hochsteigen einen 25 kg schweren Koffer trägst?*

8. *Beim Radfahren will die Benutzung einer Kettenschaltung gelernt sein.*
Welchen Fehler zeigt Bild 14? Begründe deine Antwort.

9. *Bild 15 zeigt eine Straße, wie es sie im Gebirge recht häufig gibt. Die Straße schlängelt sich in Serpentinen den Berg hinauf.*
Welchen Sinn hat es, dass man solche Serpentinen baut?

13

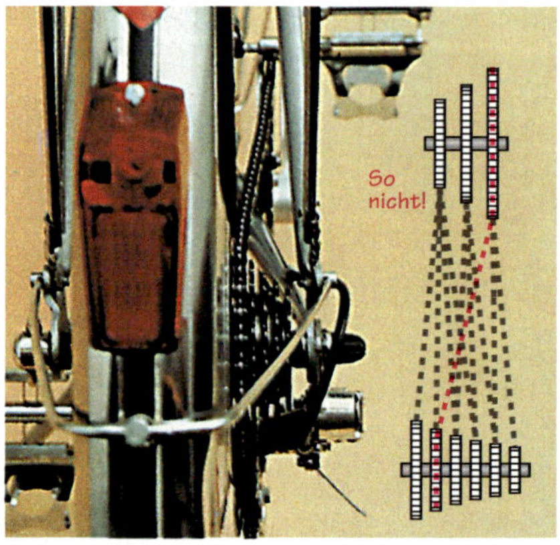

14

15

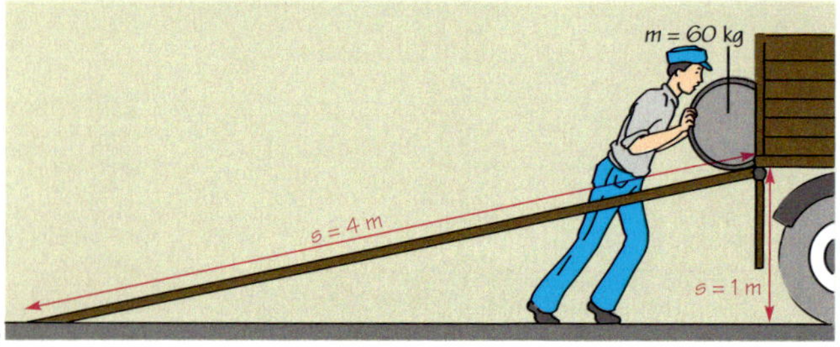

16

10. *Ein Fass wird auf einen Lastwagen geladen.*

a) *Das Fass wird senkrecht nach oben auf den Lkw gehoben. Wie groß ist die Kraft, wie groß die Arbeit?*

b) *Das Fass wird auf einer Leiter (einer 4 m langen Rampe) hochgerollt (Bild 16). Welchen Vorteil und welchen Nachteil hat dieses Verfahren?*

c) *Gib an, wie groß die Kraft mindestens sein muss, die man zum Hochrollen braucht.*

Die Leistung

Was bedeutet *Leistung*?

„Notenturnen" in der Schule. Jörg und Gerd klettern um die Wette. „Auf die Plätze – fertig – los", heißt es und schon geht's los (Bild 1). Beide benötigen genau 7 s um die 5 m nach oben zu klettern.

„Gut war's", sagt der Sportlehrer. „Ihr kriegt beide eine Zwei!"

Gerd freut sich, Jörg dagegen protestiert:

„Das finde ich ungerecht. Ich gönne zwar Gerd seine Zwei, aber *meine Leistung war viel besser als die von ihm.* Ich müsste glatt eine Eins bekommen ..."

1

Vorbereitende Aufträge

1. *Was versteht man im Alltag unter „Leistung"?*

2. *Zu Bild 1: Wie kommt Jörg wohl darauf, dass seine Leistung besser war als die von Gerd?*

3. *Zur Situation der Bilder 2–4: Leistung hat hier offensichtlich etwas mit Arbeit zu tun!*
a) *Wer verrichtet gerade die größte Arbeit: Sabine, Stefan oder Andreas?*
b) *Stefans Wagen ist schwerer beladen als Sabines. Er lässt sich schwerer schieben als ihrer. Trotzdem leisten Stefan und Sabine gleich viel. Wieso?*
c) *Andreas hat seinen Wagen so voll geladen wie Stefan, aber er schiebt ihn auch nur halb so weit wie Stefan. Wie groß ist seine Arbeit im Vergleich zur Arbeit von Stefan?*
Andreas leistet aber mehr! Wie erklärst du das?
d) *Welcher Zusammenhang besteht zwischen den Größen „Kraft" – „Weg" – „Zeit" und der Leistung? Auf welche Weise könnte man die Leistung berechnen? (Sieh dir dazu das folgende Info an.)*

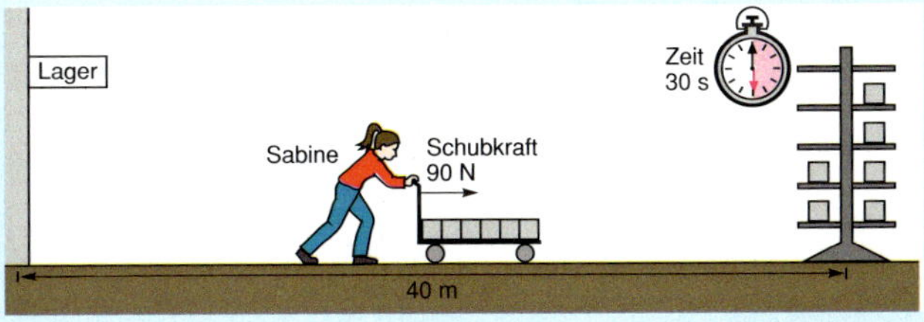

2

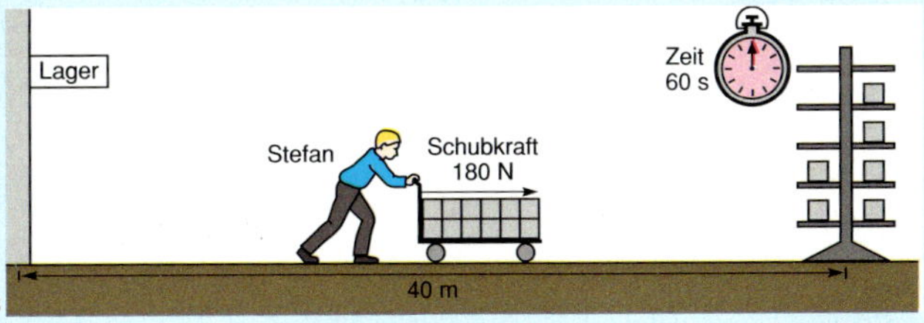

3

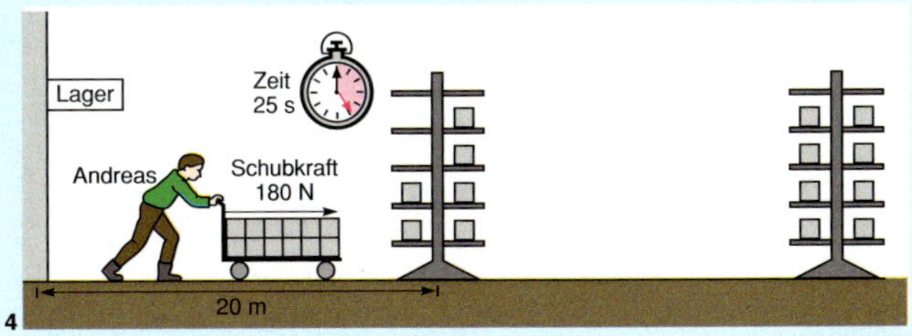

4

62257

Info: Die mechanische Leistung und ihre Einheit

Die physikalische Größe **Arbeit** hast du bereits kennen gelernt. Du weißt, dass sie sich nach folgender Formel errechnen lässt:

Arbeit = Kraft · Weg; $W = F \cdot s$.

Dabei muss die Kraft in Richtung des Weges wirken.

Gemessen wird die Arbeit in *Newtonmeter* (Nm) oder *Joule* (J).

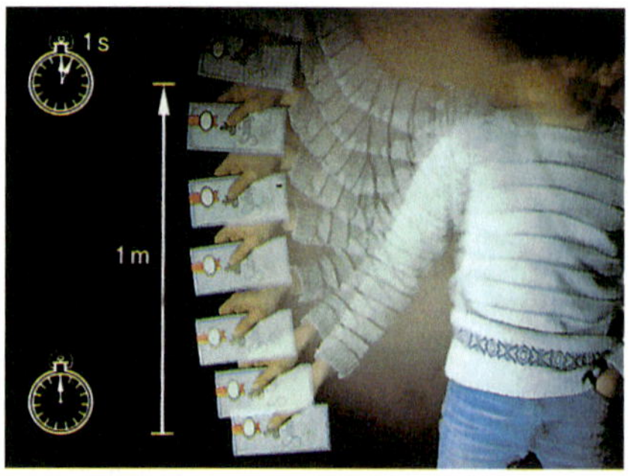

5

Die Leistung wird in der **Einheit 1 Watt (1 W)** angegeben.

$$1\,\text{Watt} = 1\,\frac{\text{Newtonmeter}}{\text{Sekunde}}$$

$$1\,\text{W} = 1\,\frac{\text{Nm}}{\text{s}} = 1\,\frac{\text{J}}{\text{s}}$$

Die Einheit „Watt" ist zu Ehren des Engländers *James Watt* benannt. Er baute als Erster eine leistungsfähige Dampfmaschine.

Die mechanische *Leistung* ist eine physikalische Größe, die das „Arbeitstempo" beschreibt.

Die Leistung gibt an, wie viel *Arbeit in einer Sekunde* verrichtet wird.

Das Formelzeichen *P* für die Leistung ist abgeleitet von dem englischen Wort *power*. So errechnet man die mechanische Leistung:

$$\textbf{Leistung} = \frac{\textbf{Kraft} \cdot \textbf{Weg}}{\textbf{Zeit}} = \frac{\textbf{Arbeit}}{\textbf{Zeit}}; \quad P = \frac{F \cdot s}{t} = \frac{W}{t}.$$

Du verrichtest die Leistung 1 Nm/s (oder 1 Watt), wenn du z. B. eine 100-g-Tafel Schokolade anhebst (Bild 5) und …

- dabei die Kraft 1 Newton (1 N) einsetzt,
- die Tafel um den Weg 1 Meter (1 m) anhebst,
- dafür die Zeit 1 Sekunde (1 s) benötigst.

Größere Leistungen werden in **Kilowatt** (1 kW) angegeben.

$$1\,\text{kW} = 1000\,\text{W} = 1000\,\frac{\text{Nm}}{\text{s}} = 1000\,\frac{\text{J}}{\text{s}}$$

V1 *Stelle fest, welche **Leistung** (Dauerleistung) du beim Treppensteigen erbringst.*
*Dazu musst du die **Arbeit** (Hubarbeit) berechnen, außerdem die **Zeit**, die du für diese Arbeit benötigst. (Ähnlich wie bei der „schiefen Ebene" spielt die Steilheit der Treppe dabei keine Rolle, sondern nur die Höhe, die sie am Ende erreicht.)*

Für den Versuch brauchst du folgende Messgeräte:
eine Personenwaage zur Gewichtsmessung,
einen Zollstock zum Bestimmen der Treppenhöhe,
eine Stoppuhr.

Führe den Versuch mehrmals durch: Gehe zunächst langsam und laufe später schnell.
Notiere alle Ergebnisse in einer Tabelle nach folgendem Muster. Rechne danach die verrichtete Arbeit und deine Leistung aus.

Masse m *in* kg	*Gewichtskraft* F *in* N	*Treppenhöhe* s *in* m	*Arbeit* $W = F \cdot s$ *in* Nm	*Zeit* t *in* s	*Leistung* $P = \frac{W}{t}$ *in* $\frac{Nm}{s}$
?	?	?	?	?	?
?	?	?	?	?	?

V2 *So kannst du deine **Dauerleistung** bestimmen: Steige zwei Minuten lang immer wieder auf einen Stuhl und stelle dich oben ausgestreckt hin (Bild 6). Bewege dich dabei nur so schnell, dass du diese Arbeit stundenlang tun könntest.*
Du benötigst die gleichen Messgeräte wie in V1.

a) *Wie viele „Stuhl-Aufstiege" schaffst du in der Zeit $t = 120$ s? Berechne deine Arbeit und Leistung.*

b) *Zähle vorher und nachher deine Pulsschläge pro Minute. Wie reagiert dein Herz auf die Hubarbeit?*

c) *Wiederhole die Aufstiege nach einer kurzen Pause, aber jetzt so schnell wie möglich. Bestimme so deine **maximale Leistung**.*

6

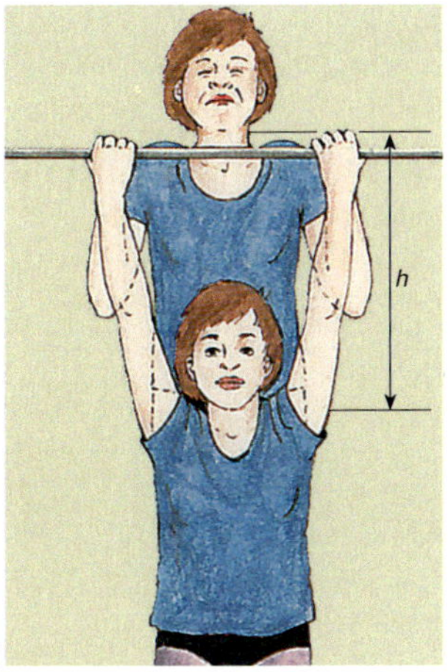

1

V3 *Mit Klimmzügen an der Reckstange kannst du ganz einfach deine Leistung ermitteln.*
Überlege, was dabei alles gemessen werden muss.
Berechne deine Leistung.

V4 *Ein Spielzeugmotor zieht Lasten (1 kg, 2 kg, 4 kg, 10 kg) vom Fußboden auf die Höhe eines Tisches. Dabei wird ein Flaschenzug eingesetzt (Bild 2).*
Welche Hubarbeit verrichtet der Motor?
Schafft der Motor diese Arbeit auch ohne den Flaschenzug?
Wie groß ist die mechanische Leistung, die der Motor jeweils erbringt?

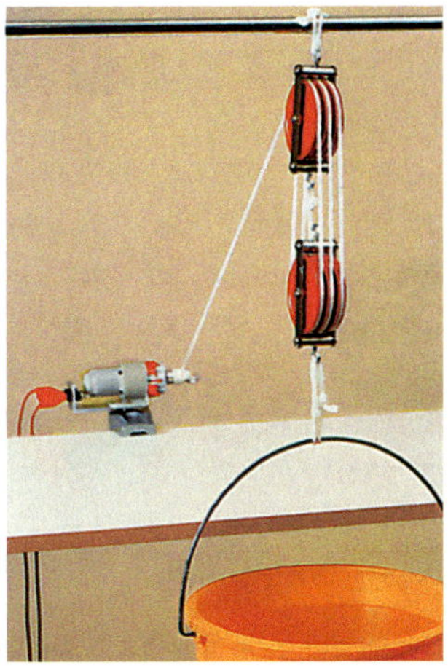

2

A1 *Leistungen misst man auch in Newtonmeter pro Sekunde.*
Welche Einheiten erkennst du darin? Warum gerade diese?

A2 *Beim Klettern am Tau (Bild 1 auf der Vorseite) verrichtete Gerd (49 kg) folgende Arbeit:* $W = F \cdot s$;
$W = 490\,N \cdot 5\,m = 2450\,Nm$.
Die Leistung von Gerd betrug also:

$$P = \frac{W}{t} = \frac{2450\,Nm}{7\,s} = 350\,\frac{Nm}{s} = 350\,W.$$

Was hat Jörg geleistet? Er wiegt 56 kg und ist gleich groß wie Gerd.

A3 *Christine (45 kg) besteigt einen 600 m hohen Berg in zwei Stunden. Berechne ihre Leistung.*

A4 *Alexander (50 kg) geht 6 m hoch ins 2. Stockwerk. Er leistet dabei 200 W. Wie schnell war er?*

Aus Natur und Technik: „Hochleistungsmotor *Herz*"

Das „Herz" eines Sportwagens ist sein **Motor** (Bild 3). Wenn er mit voller Leistung seine Beschleunigungsarbeit verrichtet, bringt er das 1300 kg schwere Fahrzeug auf über 200 km/h.

Im Sparbetrieb (bei 100 km/h) zündet jede Zündkerze ungefähr 1500-mal pro Minute. Das „Motorherz" schlägt also in jeder Minute 1500-mal. Würde das Auto so Tag und Nacht fahren, könnte der Motor eine Lebensdauer von einem halben Jahr erreichen – das allerdings nur mit regelmäßigen Inspektions- und Wartungsarbeiten. Der Kilometeranzeiger stünde dann bei 432 000 km.

3

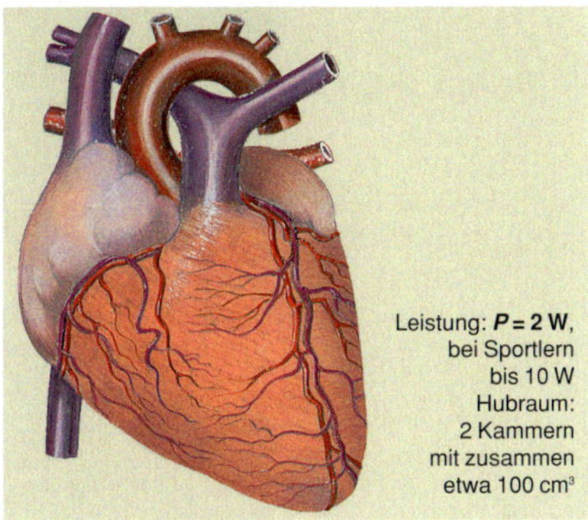

4

Der „Motor" unseres Körpers ist das **Herz** (Bild 4). Seine Leistung beträgt nur ca. 2 W. Beim Pumpen des Blutes verrichtet es Beschleunigungs- und Hubarbeit. Das Herz schlägt etwa 70-mal pro Minute und pumpt dabei 5 Liter sauerstoffreiches Blut in die Adern. Es schlägt viel schneller, wenn die Muskeln einen Sprinter auf über 30 km/h beschleunigen.

Das Herz erreicht eine Lebensdauer von über 70 Jahren – ohne regelmäßige „Wartungsarbeiten".

A5 *Wie oft schlägt das menschliche Herz im Laufe von 75 Jahren?*

A6 *Wovon hängt der Pulsschlag eines Menschen ab?*

A7 *Wie viele Zündungen („Pulsschläge") erfolgen in einem der Zylinder des Automotors im Laufe seines „Lebens"?*
Nimm die oben genannten Werte.

62259

Aus der Umwelt: Was kann ein Mensch leisten?

Hochsprung (Bild 5): 202 cm hoch wird hier der Körper der Springerin über die Latte geschleudert. Er musste um rund einen Meter angehoben werden. Die nötige Hubarbeit verrichteten die Muskeln in knapp 0,2 s. Damit betrug die Leistung der Springerin mehr als 2,5 kW beim Absprung. Die Belohnung: Olympisches Gold 1992.

5

6

Auch eine Mutter muss Hubarbeit verrichten – viele Male am Tag: wenn sie ihr Kind hochhebt, es zur Wohnung in ein höheres Stockwerk hinaufträgt, ihre Einkäufe nach oben schleppt ... Was sie dabei wohl leistet?

Wenn ein Mensch viele Stunden lang körperlich arbeitet, beträgt seine *Dauerleistung* 75 Watt. Das ist eigentlich gar nicht so sehr viel, denn die elektrische Leistung z. B. einer Haushaltsglühlampe ist ungefähr gleich groß.

Höchstleistungen sind nur für kurze Zeit möglich – so z. B. beim Sport (→ Tabelle). Dann steigt die Zahl der Herzschläge und die Atmung wird schneller.

Um mehr leisten zu können, benötigt der Körper mehr Energie. Wenn du 400 m in 100 s läufst, leisten deine Muskeln ca. 220 W. Für diese Leistung ist je Sekunde 1 kJ Energie erforderlich, denn nur etwa ein Viertel der aufgenommenen Energie kann von den Muskeln zum Arbeiten genutzt werden. Weil dein Körper die Energie durch eine „Verbrennung" aus der Nahrung bezieht, musst du in jeder Sekunde einen Liter Luft zusätzlich einatmen – daher die schnellere Atmung.

Die Leistung eines Körpers misst der Arzt mit dem *Fahrrad-Ergometer* (Bild 6). Je stärker es abgebremst wird, desto mehr muss der Patient leisten; er fährt dann sozusagen mit seinem Rad bergauf.

Welche Höchstleistung erreicht werden kann, hängt von verschiedenen Umständen ab: Alter und Geschlecht spielen eine Rolle, desgleichen das Körpergewicht, das Training und der Gesundheitszustand. Daher wird die Leistungsmessung auch zur *Diagnose von Krankheiten* eingesetzt.

Auch während du ruhig liegst, leistest du etwas. Dein Körper wandelt nämlich ständig chemische Energie um. Dadurch werden der Blutkreislauf und die Atmung in Gang gehalten und die Körpertemperatur bleibt auf gleicher Höhe. Pro Tag sind dafür ca. 5000 kJ erforderlich (bei 50 kg Körpergewicht). Teilt man die umgewandelte Energie durch die Zeit, so ergibt sich ein Wert von ca. 60 W.

Tätigkeit	Muskelleistung
Spazierengehen	30–40 W
Hausarbeit, Radfahren	75–120 W
Fußballspielen, Sprinten	220 W
Skilanglauf, Schwimmen (Kraulen)	250 W
Zum Vergleich:	
Leistung einer Haushaltsglühlampe	60–100 W

A8 *Wovon hängt es ab, welche Höchstleistung ein Mensch erbringen kann?*

A9 *Beschreibe den Zusammenhang zwischen körperlicher Leistung, Herzschlag und Atmung.*

A10 *Erkläre, was in den folgenden Beispielen jeweils mit der Leistung gemeint ist. Gibt es Gemeinsamkeiten mit dem physikalischen Leistungsbegriff?*

- ○ *Im Zeugnis wird deine Leistung in Mathematik bewertet.*
- ○ *Katrin betreibt Leistungssport.*
- ○ *Der Maurer wird nach Leistung bezahlt.*
- ○ *Die neuen Computer werden immer leistungsfähiger.*
- ○ *Die Kuh hat eine hohe Milchleistung.*

Aus dem Sport: Leistung beim Radfahren

1

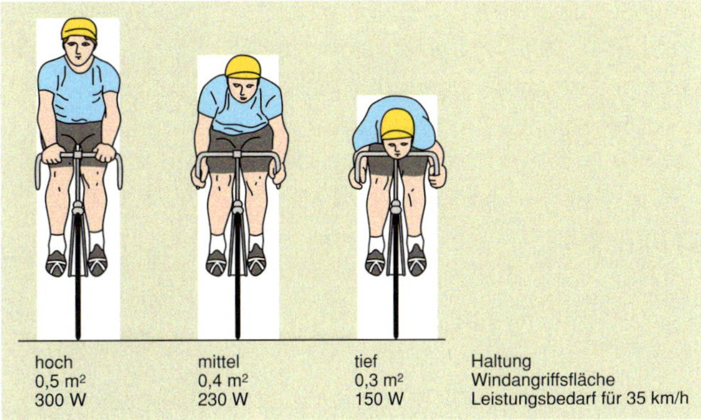

2

Auf Bild 1 sind Profi-Radfahrer unterwegs. In kleinen Gruppen oder im Hauptfeld fährt man eng hintereinander – und nach wenigen Kilometern lässt sich der jeweils führende Fahrer in die Gruppe oder ins Feld zurückfallen. Ein anderer übernimmt die Spitzenposition. Warum wechseln die Fahrer sich ab?

Der Grund ist einfach: Wer als Erster fährt, muss alle bremsenden Kräfte der Luft überwinden. Er spürt den größten *Luftwiderstand* und hat deshalb die größte Leistung aufzubringen.

Wer hinter einem anderen fährt, befindet sich in dessen *Windschatten*. Seine Leistung kann um ein Drittel niedriger sein, obwohl er ebenso schnell fährt wie sein Vordermann. Der Luftwiderstand spielt beim Radrennen eine viel größere Rolle als die Rollreibung der Räder auf der Straße. *Der Luftwiderstand vervierfacht sich, wenn man doppelt so schnell fährt.*

In ebenem Gelände beugen sich die Fahrer tief über den Lenker. In dieser Körperhaltung erreichen sie mit einer Leistung von 150 W eine Geschwindigkeit von 35 km/h (Bild 2). Würden sie dagegen in mittlerer Körperhaltung fahren, reichte diese Leistung nur für 30 km/h aus.

Die besten Radrennfahrer der Welt erreichen Spitzenleistungen von über 400 W.

A11 *Auf Bild 3 testet ein Rennfahrer sein Rad und seine Körperhaltung in einem Windkanal. Was ist der Sinn solcher Versuche?*

A12 *Informiere dich über „Steherrennen", bei denen aufrecht stehende Motorradfahrer vor den Radrennfahrern herfahren.*

a) *Erkläre Aufgabe des „Stehers".*

b) *Wie hoch sind die erreichten Geschwindigkeiten?*

A13 *Rennfahrer erreichen große Leistungen, indem sie die Tretkurbeln mit hoher Drehzahl bewegen. Sie fahren durchschnittlich mit 100 Umdrehungen pro Minute. Stelle deine eigene Tretzahl fest.*

3

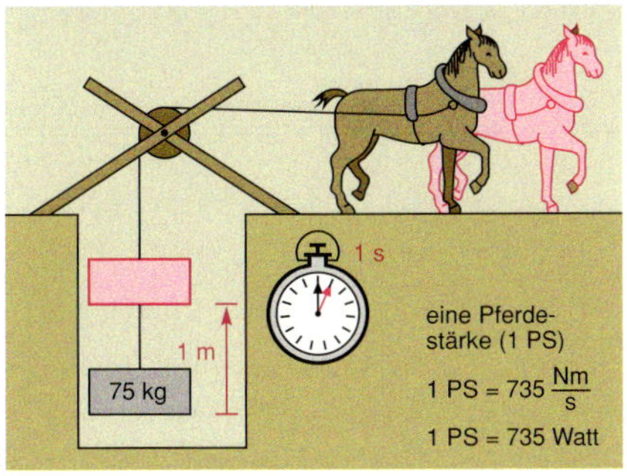

4

A14 *Vor über 200 Jahren bestimmte der schottische Ingenieur James Watt die „Pferdestärke" in einem Versuch, den Bild 4 zeigt. Er wollte die Dauerleistung seiner Dampfmaschinen mit der von Pferden vergleichen.*

a) *Beschreibe, wie Watt die „Pferdestärke" (PS) bestimmte.*

b) *Watts Begriff „Pferdestärke" stimmt eigentlich nicht. Wie müsste es physikalisch richtig heißen?*

c) *Vergleiche die Spitzenleistung eines Radrennfahrers mit der Dauerleistung eines Pferdes.*

A15 *In einem alten Kfz-Schein steht: „Leistung: 100 PS". Wie viel Kilowatt (kW) sind das (Bild 4)?*

63626

Zusammenfassung

Die mechanische Leistung

Arbeit zum Hochheben der Steine
$W = F \cdot s$
$= 15\,000\,\mathrm{N} \cdot 2{,}5\,\mathrm{m}$
$= 37\,500\,\mathrm{J}$

Leistung
$P = \frac{W}{t}$
$= \frac{37\,500\,\mathrm{J}}{5\,\mathrm{s}}$
$= 7500\,\mathrm{W}$

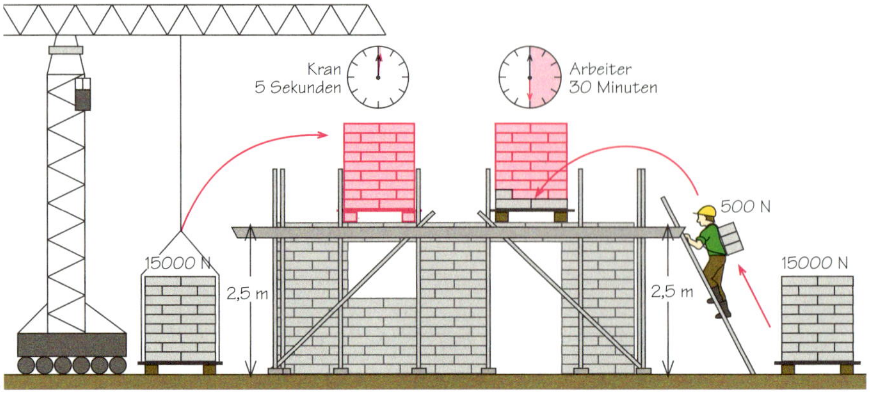

5

Arbeit zum Hochheben der Steine
$W = F \cdot s$
$= 15\,000\,\mathrm{N} \cdot 2{,}5\,\mathrm{m}$
$= 37\,500\,\mathrm{J}$

Leistung
$P = \frac{W}{t}$
$= \frac{37\,500\,\mathrm{J}}{1800\,\mathrm{s}}$
$= 21\,\mathrm{W}$

Ein Kran leistet mehr als ein Arbeiter (Bild 5). Er kann die gleiche Arbeit *in kürzerer Zeit* verrichten als der Arbeiter. Sein „Arbeitstempo" ist somit größer.

Würde der Kran ebenso lange arbeiten wie der Arbeiter, würde er in dieser Zeit *mehr Arbeit* verrichten als der Arbeiter; sein Arbeitstempo ist größer. In der Physik wird das Arbeitstempo durch die *mechanische Leistung* angegeben:

Die mechanische Leistung gibt an, wie viel Arbeit in einer Sekunde verrichtet wird.

Errechnen können wir die mechanische Leistung so:

$$\textbf{Leistung} = \frac{\textbf{Arbeit}}{\textbf{Zeit}}; \quad P = \frac{W}{t}.$$

Die Leistung wird in der **Einheit** *Newtonmeter durch Sekunde* (1 Nm/s) oder **Watt** (1 W) angegeben.

$$1\,\text{Watt} = \frac{1\,\text{Newtonmeter}}{\text{Sekunde}}; \quad 1\,\mathrm{W} = 1\,\frac{\mathrm{Nm}}{\mathrm{s}} = 1\,\frac{\mathrm{J}}{\mathrm{s}}$$

Alles klar?

1. *Ergänze den folgenden Satz: „Je mehr Zeit für eine bestimmte mechanische Arbeit benötigt wird, desto ... ist die Leistung."*

2. *„Unser Auto leistet 90 kW", sagt Thomas. „Mehr nicht? Unser altes hatte ja schon 120 PS", entgegnet ihm Uwe. Vergleiche diese Motorleistungen mit Hilfe der Tabelle im Anhang.*

3. *Andreas im Elektrogeschäft: „Haben Sie auch Glühlampen mit etwa einem Zehntel PS?" „Aber natürlich", antwortet der Verkäufer. Welche Glühlampe wird Andreas bekommen (→ Anhang)?*

4. *Diese Mutter hebt ihr 9 kg schweres Kind in 1 Sekunde um 1,5 Meter hoch (Bild 6).*

a) *Berechne die Arbeit, die sie dabei verrichtet.*

b) *Wie groß ist ihre Leistung?*

6

5. *Beim Vergleich einiger Autoprospekte scheinen manche Angaben widersprüchlich zu sein: „Die Motorleistung von Fahrzeug A beträgt 78 kW. Es erreicht damit eine Höchstgeschwindigkeit von 190 km/h." „Wagen B hat eine Leistung von 80 kW und erreicht 185 km/h."*

a) *Was fällt dir an diesen beiden Aussagen auf?*

b) *Worin liegt wohl der Grund für den scheinbaren Widerspruch?*

6. *Die Motoren in einem Traktor und einem Pkw können die gleiche Leistung haben. Der Unterschied liegt im Getriebe! Was könnte mit dieser Aussage gemeint sein?*

Energie und Energieumwandlungen

Was du über Energie wissen solltest

1

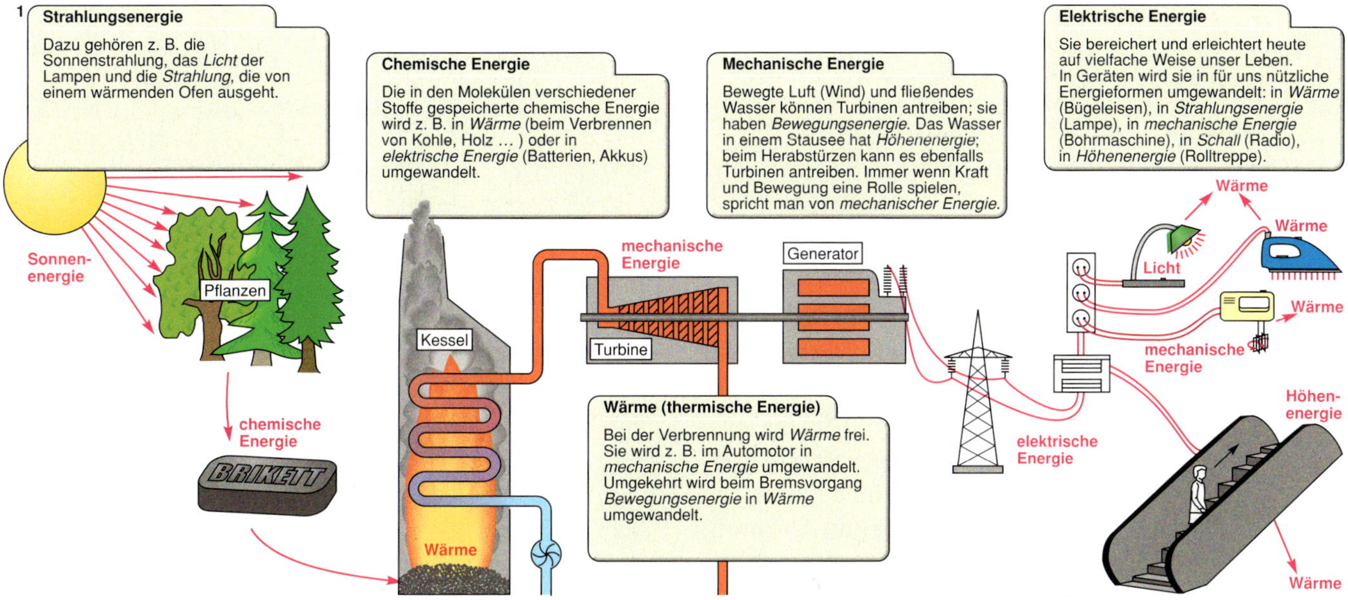

Arbeiten kann nur, wer Energie besitzt.

Wenn ein Körper (Lebewesen, Maschine, Gerät, ...) Arbeit verrichtet, wird Energie von einer Form in eine andere umgewandelt oder auf einen anderen Körper übertragen. Den arbeitenden Körper bezeichnet man deshalb als einen **Energiewandler**.

Sieh dir Bild 1 an. In diesem Bild sind die wichtigsten Energieformen und einige Energiewandler dargestellt. Ein Beispiel: Der Energiewandler „Generator" wandelt beim Arbeiten mechanische Energie in elektrische Energie um.

A1 *Nenne Beispiele für Strahlungsenergie und mechanische Energie. Erkläre, warum es sich dabei tatsächlich um Energie handelt.*

A2 *Bild 2 zeigt einen Versuch. Der Wagen, der auf der Fahrbahn herunterrollt, hat mechanische Energie. Er verschiebt den Klotz.*
Wie könntest du diese Energie vergrößern?
Was wäre die Folge?

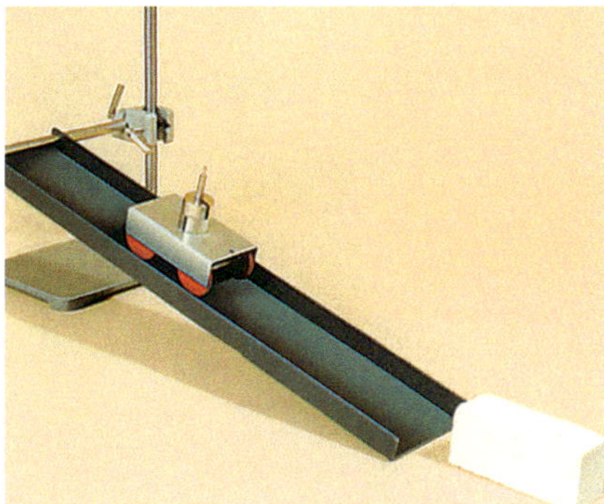
2

A3 *In den Energiewandlern wird jeweils Arbeit verrichtet. Dabei wird immer eine Energieform in eine andere umgewandelt.*
Welche Energieformen werden bei den drei folgenden Energiewandlern umgewandelt: beim „Baum", beim „Bügeleisen", bei einer „Turbine"?

A4 *Bei Energieumwandlungen entstehen im Allgemeinen nicht nur erwünschte Energieformen. Manche dieser Energieformen können auch unerwünscht sein.*
a) *Schreibe auf, welche Energieumwandlungen beim Einsatz der folgenden Elektrogeräte vor sich gehen:*
Bohrmaschine, Glühlampe, Mixer, Toaster, Fernseher und Mofamotor, elektrisches Garagentor.
b) *Welche Energieform ist bei den meisten dieser Beispiele unerwünscht?*

Info: Vom Joule zur Kilowattstunde

Energie ist zum Arbeiten notwendig. Deshalb misst man sie in der gleichen Einheit wie die Arbeit: in **Joule** (1 J) bzw. **Newtonmeter** (1 Nm). Häufig gibt man sie auch in **Wattsekunden** (1 Ws) an.

1 J = 1 Nm = 1 Ws.

„1 Joule" ist ein sehr kleiner Energiebetrag:

- 1 Joule elektrische Energie reicht gerade aus um das Glühlämpchen einer Taschenlampe (1 W) eine einzige Sekunde lang leuchten zu lassen.
- Mit 1 Joule mechanischer Energie kannst du eine 100-g-Tafel Schokolade um 1 m heben.
- 1 Joule Wärme ist nötig um einen Fingerhut voll Wasser (2,5 cm³) um 0,1 °C zu erwärmen.

Größere Energiemengen (Bild 3) gibt man in Vielfachen der Einheit Joule an, nämlich in **Kilojoule** (1 kJ) oder in **Megajoule** (1 MJ):

1 kJ = 1000 J; 1 MJ = 1000 kJ = 1 000 000 J.

Auf Stromrechnungen wird die gelieferte elektrische Energie in **Kilowattstunden** (1 kWh) abgerechnet.

Da eine Stunde 60 · 60 = 3600 Sekunden hat, gilt:

1 kWh = 1000 Wh = 3 600 000 Ws
= 3 600 000 J = 3,6 MJ.

Zur Veranschaulichung:

Mit „1 Kilowattstunde" elektrischer Energie kann

- eine 100-Watt-Lampe 10 Stunden lang leuchten,
- ein Kühlschrank einen Tag lang „laufen",
- das Wasser für ein Duschbad erwärmt werden,
- ein Mann sich 1 Jahr lang täglich einmal rasieren.

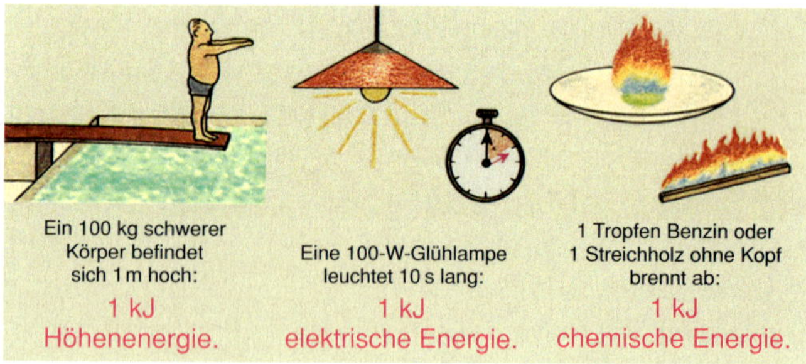

3

A5 *Notiere zu den Energie-Umwandlungsketten die Energieformen (Bilder 4 u. 5, je Fragezeichen eine).*

A6 *In Bild 5 ist die Höhenenergie des gestauten Wassers Ausgangspunkt der folgenden Umwandlungskette. Bedeutet das, dass das Wasser die eigentliche Energiequelle ist? Begründe!*

A7 *Elektrische Energie ist in Haushalten sehr beliebt. Warum wohl?*

A8 *Man kann sagen, dass die in den Brennstoffen „steckende" chemische Energie von der Sonne herrührt.*
Erkläre das.

4

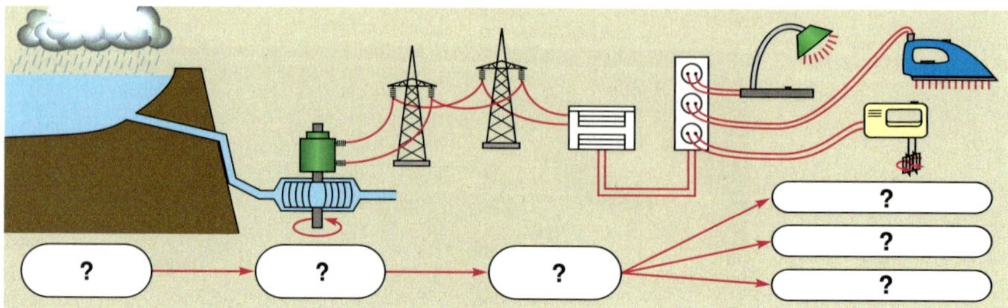

5

Geht Energie verloren?

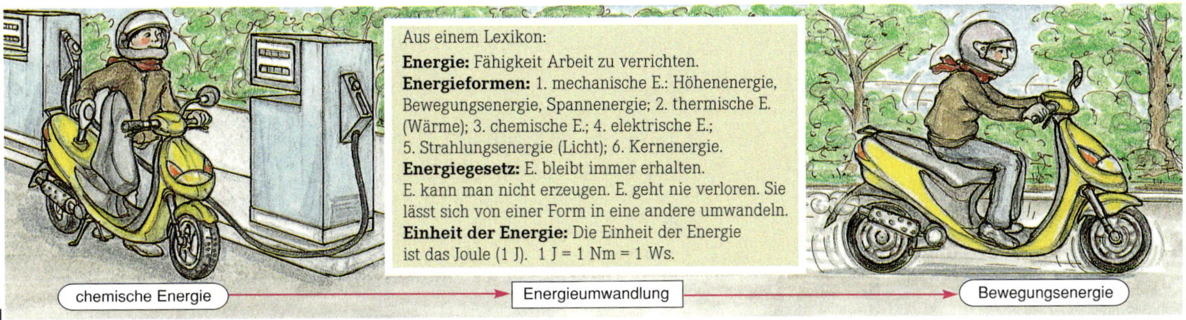

1

Im Mopedbenzin steckt wertvolle chemische Energie.
Der Motor wandelt sie in thermische Energie (Wärme) und dann in mechanische Energie um.
Bei der Verbrennung von 1 Liter Treibstoff werden 30 MJ Wärmeenergie frei.
Nutzt man diese *ganze* Energiemenge für die Fortbewegung?

V1 *Wenn ein Moped auf ebener Strecke mit gleich bleibender Geschwindigkeit fährt, wird nur Arbeit gegen die bremsenden Kräfte der Reibung verrichtet. Wir untersuchen, wie viel Energie dafür erforderlich ist.*

a) *Zunächst müssen wir die **Kraft** F messen, die notwendig ist, um die Reibung zu überwinden und das Moped mit gleich bleibender Geschwindigkeit fortzubewegen.*
Wie das geht, zeigt Bild 2.
Dazu drei Tipps: Leerlauf einlegen; Moped kurz anschieben; Motor ausgeschaltet lassen.

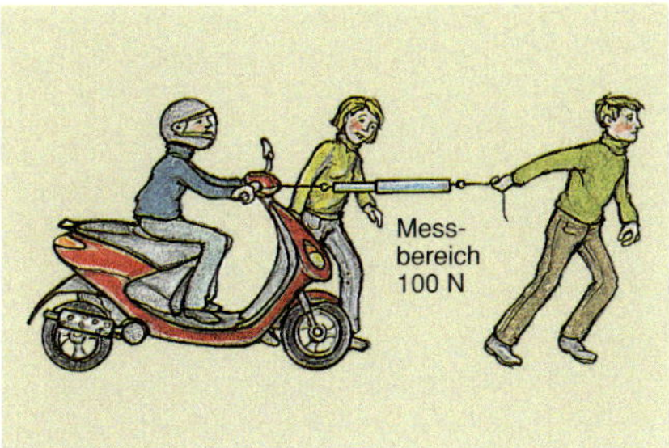

2

b) *Berechne nun die **Reibungsarbeit** W, die das Moped verrichtet, wenn es 100 km weit fährt (s = 100 000 m): W = F · s.*

c) *Damit weißt du jetzt auch, wie viel **Energie** das Fahrzeug auf 100 km für seine Fortbewegung nutzt. (Sie ist ja so groß wie die verrichtete Reibungsarbeit.)*

d) *Berechne, wie viel chemische Energie dem Mopedmotor auf der 100 km langen Fahrstrecke zugeführt wird.*
Dafür musst du dir sagen lassen, wie viel Liter Treibstoff das Fahrzeug für 100 km braucht (→ die Angabe bei Bild 1).

e) *Vergleiche die Beträge der zugeführten und genutzten Energie. Erkläre das Ergebnis.*

V2 *Mit dem Versuchsaufbau von Bild 3 untersuchen wir, wie gut ein Elektromotor die zugeführte Energie nutzt: Wir lassen ihn ein Wägestück um 1 m anheben.*

a) *Wie viel elektrische Energie ist erforderlich?*

b) *Wie viel Höhenenergie hat das Wägestück nun erhalten?*

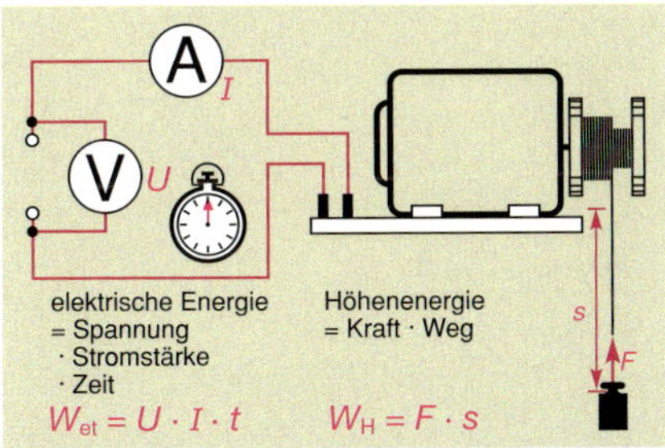

3

V3 *Lass einen Ball aus genau 2 m Höhe auf unterschiedliche Untergründe fallen (z. B. Stein, Sand, Holz oder Stahl).*
Wo könnte wohl die „verloren gegangene" Energiemenge stecken?

V4 *Führe auf einer gekrümmten Fahrbahn (Bild 3) mehrere Fahrversuche durch.*

a) *Bis wohin rollt der Wagen in Bild 4 höchstens?*
Warum kommt er nach einiger Zeit zur Ruhe?

b) *Gib an, welche Energieumwandlungen stattfinden.*

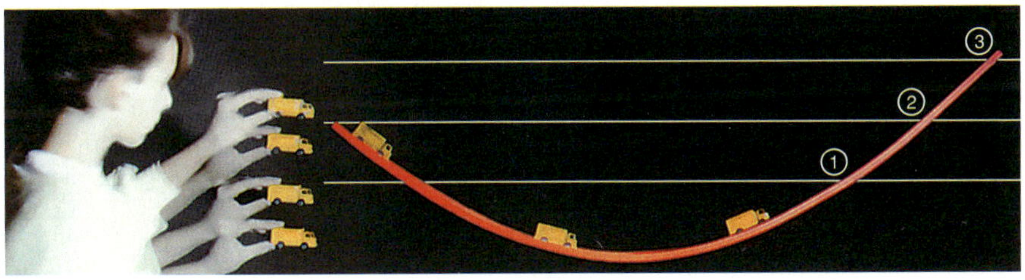

4

63839

Wasserstoff – Energieträger der Zukunft

„Ich glaube, dass eines Tages Wasserstoff und Sauerstoff eine unerschöpfliche Quelle von Wärme und Licht bilden werden – stärker als Steinkohle."

Jules Verne, vor über 100 Jahren

4

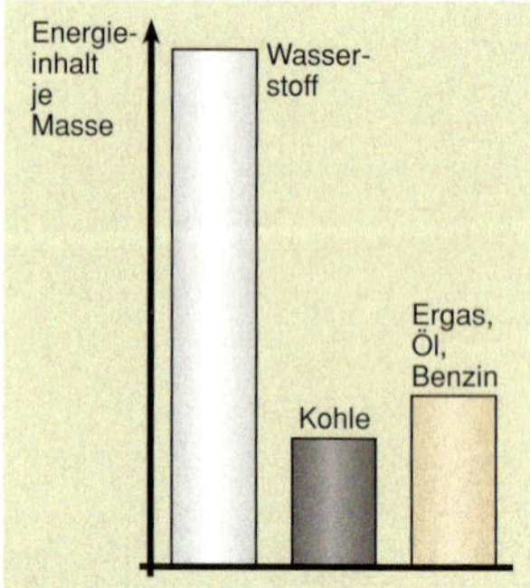

5

Wenn es gelingt, Wasserstoff preisgünstig und umweltfreundlich herzustellen, zu transportieren, zu speichern und in sinnvolle Nutzenergien umzuwandeln, kann Wasserstoff wirklich die Energiequelle der Zukunft werden.

V1 *Auf diese Weise kann Wasserstoff* F+ *hergestellt werden:*

a) *Wasserstoff erhält man mit Hilfe eines Trafos durch den Elektrolyseversuch von Bild 6.*

b) *Der Elektrolyseversuch funktioniert auch mit Hilfe von Solarzellen (Bild 7).*

c) *Wie kann man nachweisen, dass in den Versuchen tatsächlich Wasserstoff und Sauerstoff entsteht? Falls ihr es nicht wisst: Informiert euch in Chemiebüchern.*

V2 *Mit Hilfe von Brennstoffzellen erhält man elektrische Energie aus Wasserstoff* F+ *(Bild 8):*

a) *Als Beleuchtung für die Solarzelle eignet sich gut eine Filmleuchte; die Lampe soll aber mindestens 300 W haben. Messt Stromstärke und Spannung während des „Aufladens".*

b) *Bestrahlt die Solarzelle, bis sich 1,5 cm hoch Sauerstoff und 3 cm hoch Wasserstoff gebildet haben. Messt die Zeit, die ihr benötigt (ca. 5–10 Minuten).*

c) *Schließt den kleinen Motor an und messt wieder Stromstärke und Spannung. Wie lange läuft er?*

d) *Wie viel elektrische Energie habt ihr zugeführt, wie viel habt ihr herausgeholt? Wie groß ist der Wirkungsgrad?*

e) *Zusatzversuch: Schließt den Motor direkt an die beleuchtete Solarzelle an. Messt auch diesmal die Spannung und die Stromstärke.*
Vergleicht die Ergebnisse. Sucht nach einer Erklärung. Hat der direkte Anschluss auch Nachteile?

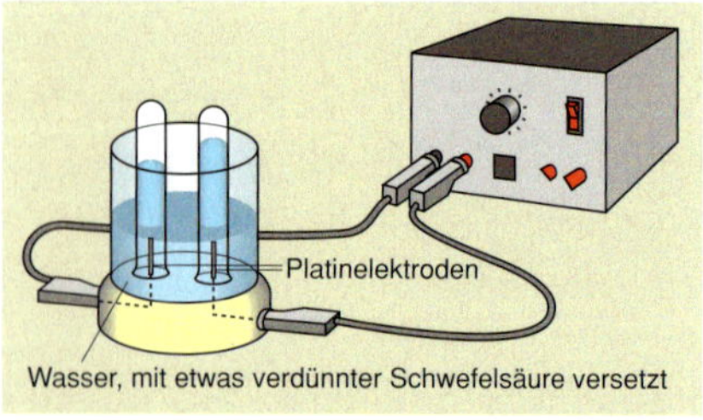

6

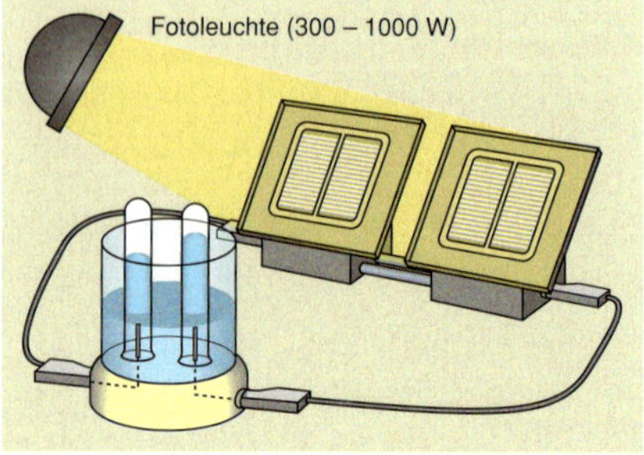

7

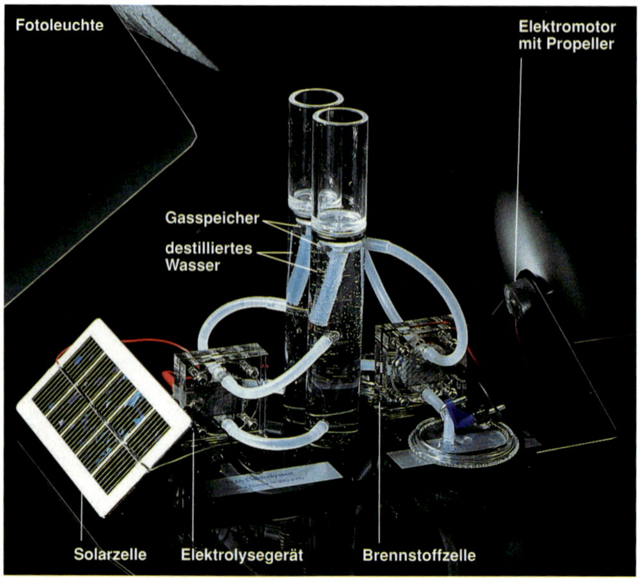

8

V3 *In diesem Versuch lernt ihr Methanol als Wasserstoffspeicher kennen.*
Methanol F,T *ist ein aus Pflanzen hergestellter Alkohol; dieser enthält viel Wasserstoff.*
Die Brennstoffzelle wandelt die im Methanol gespeicherte chemische Energie in elektrische Energie um (Bild 1).
Beachtet sorgfältig die Sicherheitsvorschriften!

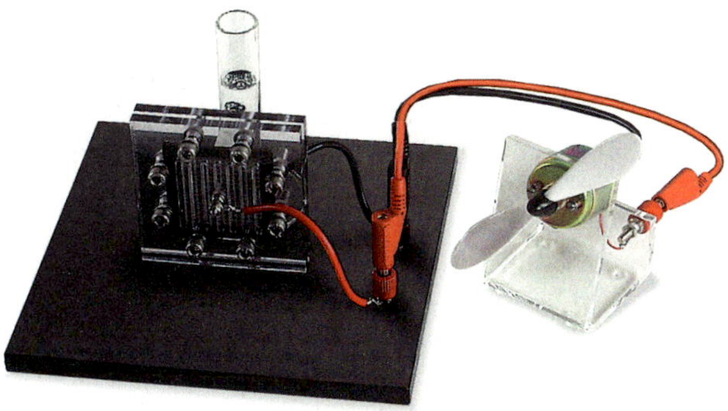

1

a) *In die Löcher, die dafür vorgesehen sind, werden einige Tropfen Methanollösung geträufelt.*
b) *Messt nach einigen Minuten mit einem empfindlichen Messgerät die Spannung.*
c) *Wenn die Spannung nicht mehr steigt, könnt ihr den kleinen Motor anschließen. Wie lange läuft er?*

A1 *Beschreibt die obigen Versuche und zeichnet sie mit ihren Ergebnissen auf einzelne Plakate.*
Zu V1: Nennt auch die Vor- und Nachteile.
Zu V2: Welche Energiewandler wurden benutzt? Welche Energieformen werden darin jeweils umgewandelt?
Zu V3: Wenn man Methanol für Brennstoffzellen benutzt, entsteht auch Kohlenstoffdioxid als „Abfallprodukt“ (wie bei der Verbrennung von Kohle und Öl). Trotzdem ist Methanol wesentlich günstiger für die Umwelt. Warum? (→ Info unten.)

Info: So funktioniert die Brennstoffzelle

In Brennstoffzellen wird chemische Energie direkt in elektrische Energie umgewandelt.

Wenn man reinen Wasserstoff und Sauerstoff als Energiequelle nutzt, entsteht als „Abfallprodukt“ nur Wasser:

Wasserstoff + Sauerstoff (chemische Energie) → Wasser (+ elektrische Energie).

Den umgekehrten Prozess kennst du schon von der Elektrolyse:
Wasser + elektrische Energie → Wasserstoff + Sauerstoff (chemische Energie).

Eine einzelne Brennstoffzelle erzeugt eine Spannung von etwas mehr als 1 Volt (ähnlich wie eine Akkuzelle). Durch die Reihenschaltung von zahlreichen Brennstoffzellen zu „Slacks“ kann man aber mehrere 100 Volt erhalten.

Der Wirkungsgrad von Brennstoffzellen beträgt 70–80 %. Von der gesamten im Wasserstoff und im Sauerstoff gespeicherten Energie werden also etwa drei Viertel in elektrische Energie umgewandelt.

Auch organische Flüssigkeiten und Gase kann man als Energiequellen für Brennstoffzellen nutzen (z. B. den pflanzlichen Alkohol *Methanol*). In ihnen ist ja sehr viel Wasserstoff gespeichert.

In einem „Reformer“ wird in einer chemischen Reaktion aus dem Methanol (unter Zugabe von Wasser) Wasserstoff gewonnen. Dabei entsteht auch Kohlenstoffdioxid als „Abfallprodukt“, genauso wie bei der Verbrennung von Kohle und Öl:

Methanol + Wasser → Wasserstoff + Kohlenstoffdioxid.

Trotzdem ist Methanol als Energiequelle umweltfreundlicher als Kohle oder Erdölprodukte.

Pflanzen, aus denen Methanol hergestellt werden kann, nehmen nämlich beim Wachsen genauso viel Kohlenstoffdioxid auf, wie sie bei der Energieumwandlung freisetzen. Die Luft wird also nicht zusätzlich mit Kohlenstoffdioxid belastet.

Das ist – gegenüber der Verbrennung von Kohle und Öl (z. B. in Automotoren) – ein ganz erheblicher Vorteil.

63853

Aus der Technik: Die Energieversorgung der Zukunft?

Seht euch die folgende Abbildung an. Sie zeigt, wie sich Forscher die Energieversorgung der Zukunft vorstellen. Wann diese Vorstellungen Wirklichkeit werden oder ob sie überhaupt jemals zu verwirklichen sind, ist zurzeit noch ungewiss. Es sind nämlich noch viele Probleme zu lösen.

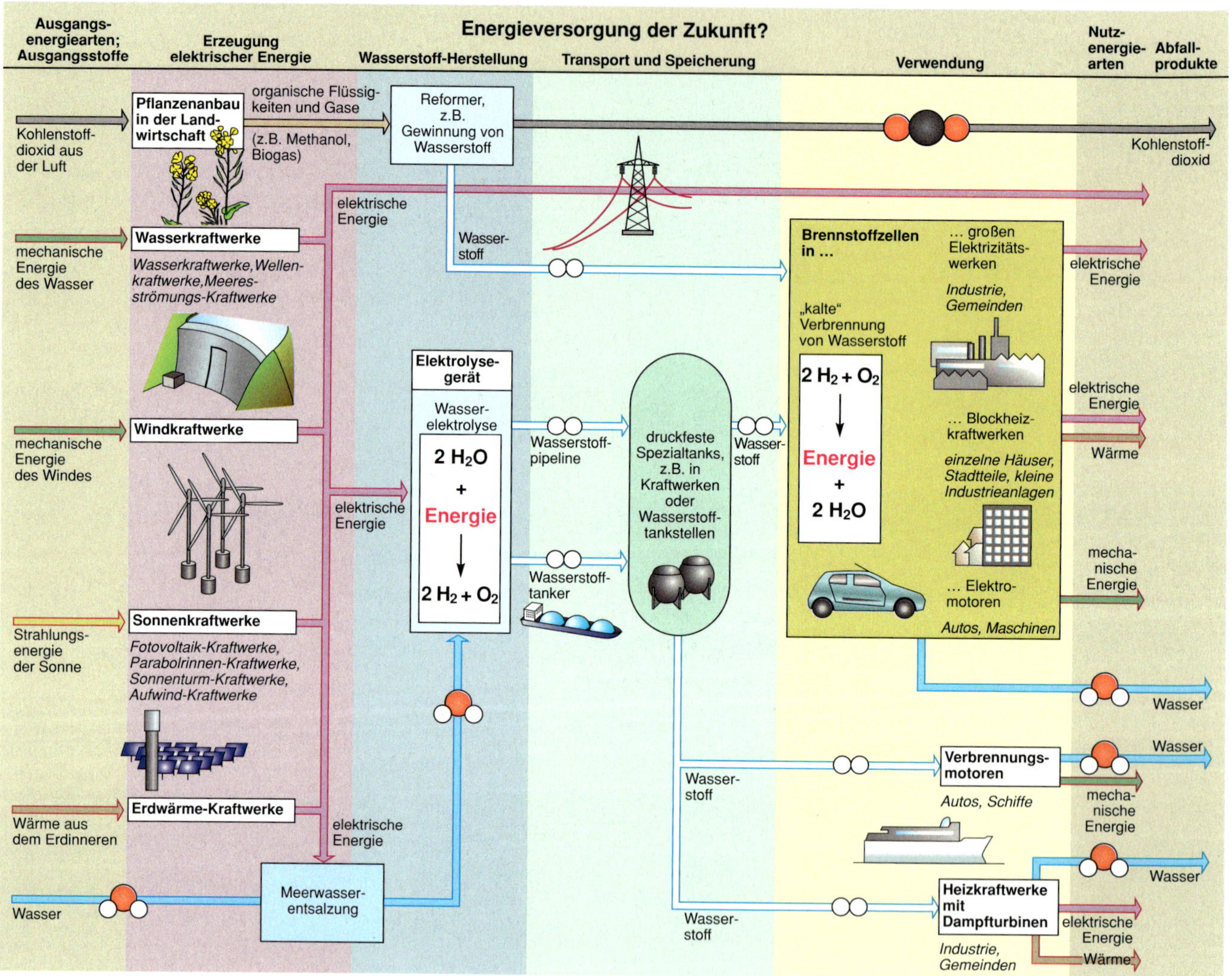

2

A2 *Besorgt Informationsmaterial über den Einsatz von Wasserstoff und Brennstoffzellen bei Autofirmen, Heizungsherstellern und Energieunternehmen. Auch im Internet werdet ihr unter „Solarwasserstoff" und „Brennstoffzelle" Informationen erhalten.*

A3 *Fertigt eine Folie oder Vergrößerung von Bild 2 an. Berichtet den anderen darüber. Dabei solltet ihr auf Folgendes eingehen:*

- *Vor- und Nachteile der Arten der Wasserstoffgewinnung,*
- *Wo (das heißt in welchen Ländern oder Landschaften) könnte man auf diese Weise Wasserstoff gewinnen?*
- *Beschreibt die Vor- und Nachteile des Energieträgers Wasserstoff.*
- *Nennt Möglichkeiten der Nutzung von Wasserstoff.*

63854

Die Nutzung der Windenergie

Info: Windräder und ihr Wirkungsgrad

Wind gibt's umsonst. Seine Energie kann man mit Hilfe von **Windrädern** nutzen um Generatoren anzutreiben. Der Bau von Windrädern lohnt sich aber nur, wo die mittlere Windgeschwindigkeit mindestens 5 m/s oder 18 km/h beträgt. Es muss also im Mittel Windstärke 3 herrschen.

In Deutschland werden solche Windgeschwindigkeiten allein an der Nordseeküste, an Teilen der Ostseeküste und auf den Kämmen einzelner Gebirge erreicht.

Wie viel ein Windrad leistet, hängt auch von der Geschwindigkeit ab, mit der Wind pro Sekunde auf die Fläche des Windrads trifft: Die Energie, die man dem Wind entnehmen kann, *verachtfacht* sich z. B., wenn sich die Windgeschwindigkeit *verdoppelt*.

1

Es ist aber nicht möglich, die gesamte Energie des Windes zu nutzen. Dann müsste man die Luft nämlich völlig abbremsen; sie würde sich hinter dem Windrad stauen. Welchen Anteil der Windenergie man nutzen kann, gibt der *Wirkungsgrad* der Rotoren an. Ein Wirkungsgrad von 40 % bedeutet: Hier wandelt der Rotor 40 % der im Wind steckenden Bewegungsenergie um. Diese 40 % Energie werden genutzt um elektrische Energie zu erzeugen.

Windräder gibt es in verschieden Ausführungen (Bilder 1–7).

Typ: Windmühle	*Typ:* Segelstangen-Windmühle	*Typ:* amerikanische Windmühle
Häufigste Anwendungen: Wasser pumpen, Korn mahlen	*Häufigste Anwendung:* Wasser pumpen	*Häufigste Anwendungen:* Wasser pumpen, Generatoren antreiben
Wirkungsgrad: 18 bis 28 %	*Wirkungsgrad:* bis 21 %	*Wirkungsgrad:* 20 bis 40 %
Leistung: bis 30 kW	*Leistung:* bis 5 kW	*Leistung:* bis 15 kW
Rotor läuft bei *Windstärke 3* an.	Rotor läuft bei *Windstärke 2* an.	Rotor läuft bei *Windstärke 1* an.

2

3

4

63110

A1 *Es gibt Windrad- oder Rotortypen, bei denen man die Flächen der Flügel verkleinern kann. Bei anderen sind die Flügel verstellbar oder man kann die Windräder einfach nur abbremsen.*
Welchen Sinn haben deiner Meinung nach diese Vorrichtungen?

A2 *Begründe, weshalb man Windräder nicht hintereinander aufstellen sollte.*

A3 *Es gibt einen bestimmten Zusammenhang zwischen der Windgeschwindigkeit und der Leistung des Windrades (Bild 8)*
Beschreibe den Zusammenhang – am besten anhand von Zahlenbeispielen.

A4 *Nenne Vor- und Nachteile der Nutzung von Windenergie für die Versorgung von Haushalten mit elektrischer Energie.*

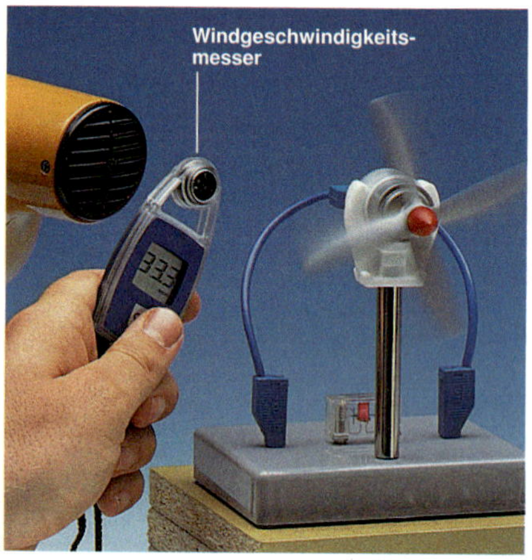

8

A5 *Im Jahr 1920 erfand der Finne Savonius einen Rotor mit Halbschalen (Bild 6).*
Welche Vor- und Nachteile hat diese Bauweise?

A6 *Der 1927 patentierte Rotor des Franzosen Darrieus hat gebogene Flügel, die wie die Tragflächen eines Flugzeugs geformt sind. Dieser Rotortyp hat einen „Wirkungsgrad bis 38 %". Was bedeutet das?*

A7 *Wo in Deutschland könnte sich der Bau von Windenergie-Anlagen lohnen? Begründe!*

A8 *(Versuch) Probiert aus, ob das Modell des Windkraftwerks von Bild 8 ausreichend Energie für ein Lämpchen liefert.*

A9 *Plant und baut ein größeres Windrad, z. B. aus dem Rad eines alten Fahrrads. Bauanleitungen dafür gibt es in Büchereien.*

Typ: Propeller-Rotor	*Typ:* Savonius-Rotor	*Typ:* Darrieus-Rotor
Häufigste Anwendung: Generatoren antreiben	*Häufigste Anwendung:* Wasser pumpen	*Häufigste Anwendung:* Generatoren antreiben
Wirkungsgrad: bis 45 %	*Wirkungsgrad:* bis 23 %	*Wirkungsgrad:* bis 38 %
Leistung: bis über 1000 kW	*Leistung:* bis 5 kW	*Leistung:* bis 300 kW
Rotor läuft bei *Windstärke 3* an.	Rotor läuft bei *Windstärke 2* an.	Bei *Windstärke 4* (mit Anlaufhilfe)

5

6

7

Die Nutzung der Energie in Wasserkraftwerken

Aus der Technik: Wasserräder und Turbinen

„Großer Gott, was für arme Sklaven, schrecklich anzuschauen! Manche hatten den Rücken von Striemen der Peitschenhiebe übersät, nur noch bedeckt mit zerrissenen Fetzen, manche können kaum sehen, die Augenlider verklebt vom schmutzigen Mehl." So beschrieb vor 2000 Jahren ein Römer die Arbeit von Sklaven, die Mühlsteine drehten bzw. Wasser aus Flüssen auf höher gelegene Felder schöpften oder pumpten. Weil **Sklavenarbeit** billig war, setzte sich der Bau von Wasserrädern nur langsam durch.

Der Franzose *Benoît Fourneyron* baute 1835 das erste große Wasserkraftwerk im Schwarzwald. Aus 108 m Höhe stürzte das Wasser auf die Turbine, die bei 2300 Umdrehungen pro Minute eine Leistung von 30 kW hatte und Spinnmaschinen antrieb.

Drei *unterschiedliche Turbinentypen* werden heute in Wasserkraftwerken eingesetzt. (Bilder 1–3.) Wenig Wasser, das mit hoher Geschwindigkeit aus großer Höhe herabfällt, erfordert nämlich eine anderen Bauform als viel Wasser bei geringem Gefälle.

Um 250 v. Chr. unterschied der Grieche *Philon* schon *ober-* und *unterschlächtige* **Wasserräder**. Bei großem Gefälle staute man Bäche und setzte *oberschlächtige Räder* ein. Diese wurden durch das herabstürzende Wasser angetrieben, d. h., sie nutzten die *Höhenenergie* des aufgestauten Wassers.

Unterschlächtige Räder wurden durch die *Bewegungsenergie* eines Flusses angetrieben.

Im Mittelalter nutzte man die Energie des Wassers nicht nur um Wasser zu pumpen oder um Korn zu mahlen. Es gab Säge-, Stampf- und Hammermühlen, Walkmühlen für die Herstellung von Textilien, Farbmühlen zum Zerreiben von Mineralien ...

Große technische Fortschritte brachte der „Energiehunger" der Fabriken zu Beginn des 19. Jahrhunderts: Da die Dampfmaschinen sehr viel Kohle verschlangen, erinnerte man sich an die „kostenlose" Energie des Wassers. Das Wasserrad wurde mit einem Gehäuse umgeben und das Wasser strömte durch ein Eisenrohr hinein. Feste Leitbleche sorgten dafür, dass es die Schaufeln unter dem günstigsten Winkel traf. Die **Wasserturbine** war erfunden.

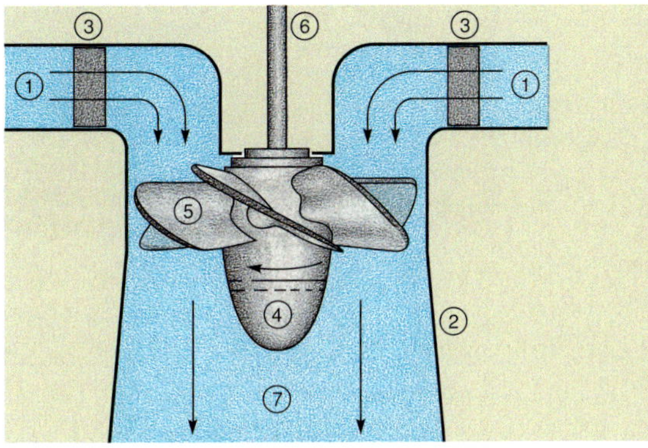

1

Kaplan-Turbine

Erfinder: Viktor Kaplan, 1913, Österreich
Fallhöhe: 2 m bis 60 m
Wasserdurchfluss: 5 m^3/s bis 1000 m^3/s
Bauweise: ähnlich einer Schiffsschraube, drehbare Laufschaufeln
Besonderheit: platzsparende Bauweise
Einsatz: Laufwasserkraftwerke an Flüssen

1 Wasserzufluss
2 Gehäuse
3 verstellbare Leitschaufeln
4 Laufradnabe
5 verstellbare Laufschaufeln
6 Turbinenwelle
7 Wasserabfluss

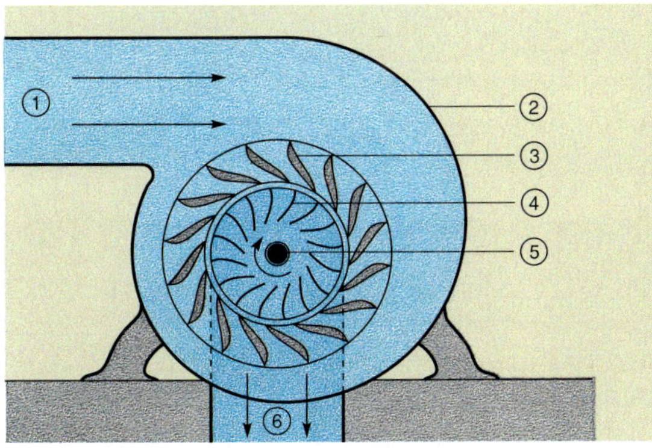

2

Francis-Turbine

Erfinder: James B. Francis, 1849, England/USA
Fallhöhe: 30 m bis 500 m
Wasserdurchfluss: 1 m^3/s bis 1000 m^3/s
Bauweise: schneckenförmige Einlaufspirale, verstellbare Leitschaufeln
Besonderheit: rückwärts gedreht auch als Wasserpumpe zu betreiben
Einsatz: Pumpspeicherkraftwerke und Wasserkraftwerke an Talsperren

1 Wasserzufluss
2 Gehäuse
3 Leitrad mit verstellbaren Schaufeln
4 Laufrad
5 Turbinenwelle
6 Wasserabfluss

3

Pelton-Turbine

Erfinder: Lester A. Pelton, 1880, USA
Fallhöhe: 200 bis 2000 m
Wasserdurchfluss: 0,1 m^3/s bis 100 m^3/s
Bauweise: ähnlich einem alten Wasserrad mit löffelförmigen Halbschaufeln
Besonderheit: Das Wasser strömt im freien Strahl auf die Laufschaufeln
Einsatz: Wasserkraftwerke im Gebirge bei sehr hoch gelegenen Stauseen

1 Wasserzufluss
2 Gehäuse
3 Laufrad
4 Turbinenwelle
5 Wasserabfluss

62707

Wo es die Landschaft ermöglicht, baut man **Talsperren** mit *Staumauern und Speicherseen*. Ein Beispiel zeigt Bild 4.

Talsperren bieten zahlreiche Vorteile:
- Mit Turbinen und Generatoren lässt sich preiswert abgas- und abfallfrei elektrische Energie erzeugen.
- Die Talsperre dient dem Schutz vor Hochwasser.
- Es wird eine Reserve für Trinkwasser geschaffen.

Allerdings verändert der Bau von Talsperren die Natur und die Landschaft ganz erheblich.

4

A1 *Sammelt Erzählungen, in denen Wassermühlen vorkommen. Besucht eine alte Wassermühle.*
Fragt nach ihrer Leistung, ihrer Geschichte, den „Wasserrechten" …

A2 *Bei den Wassermühlen gab es je nach Wasserführung und Gelände mehrere Radtypen.*
Unten in Bild 7 ist ein „unterschlächtiges" Wasserrad zu sehen. Beim „oberschlächtiges" Wasserrad fällt Wasser von oben in so genannte Wasserkästen.
Beschreibe die unterschiedliche Energienutzung.

A3 *Fragt bei eurem Elektrizitätswerk, ob und wo es in der Nähe ein Wasserkraftwerk gibt.*
Erkundet es bei einer Besichtigung.

A4 *Um 250 v. Chr. lebte der griechische Mathematiker und Physiker Archimedes von Syrakus. Er erfand eine ganz einfache Maschine, mit der man Wasser auf Felder pumpen konnte.*
Die ***archimedische Schraube*** *(Bild 5) verläuft wendelförmig in einer Röhre und transportiert beim Drehen eine kleine Wassermenge immer höher.*
Diese Erfindung könnt ihr in einem ***Versuch*** *ihr nachbauen (Bild 6): Wickelt 5 m durchsichtigen Schlauch (1 cm ⌀) um ein Kunststoffrohr. Befestigt die Schlauchenden mit Draht oder Kabelschellen am Rohr. Taucht das untere Ende der schräg gehaltenen Schraube ins Wasser. Dann müsst ihr die Schraube drehen …*

A5 *Unterschlächtige Wasserräder mit Eimern sind die ältesten und einfachsten Schöpfwerke. Baut eine solche Maschine aus dem Rad eines alten Fahrrads und erprobt sie an einem Bach.*
Bild 7 zeigt, wie ein solches Schöpfrad aussehen könnte.

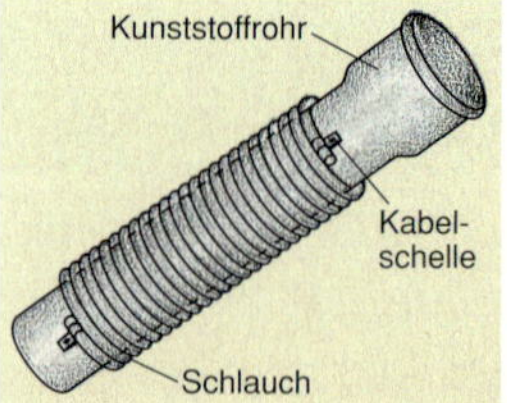

6

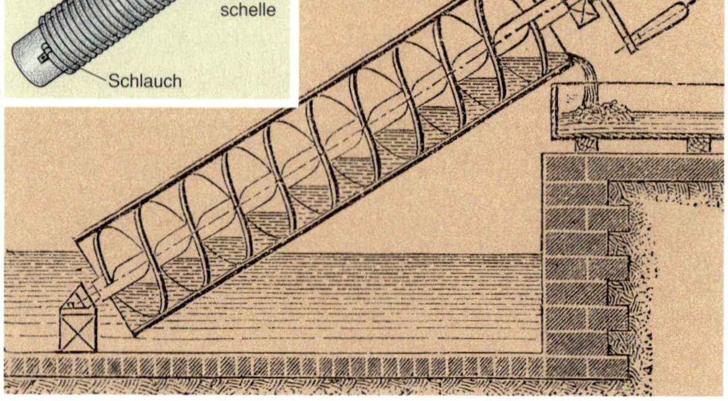
5

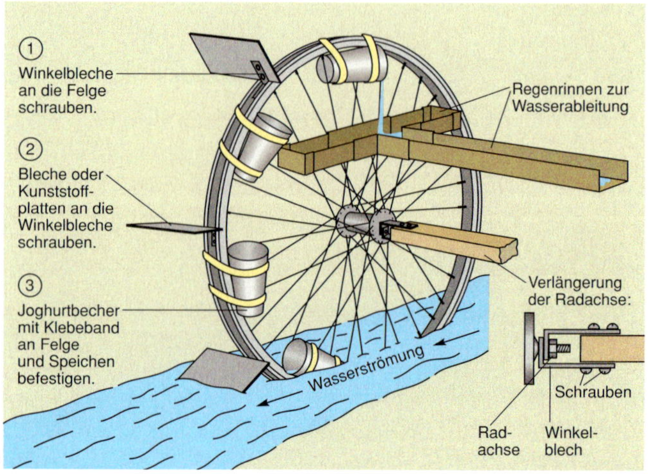

7

Elektrische Energie aus Kohle und erneuerbaren Energien ...

1

2

	Zum Vergleich: **Kohlekraftwerke** (Bild 1)	**(Abfall-)Heizkraftwerke** (Bild 2)
Wirkungsgrad	ca. 40 %	20–35 %
Brennstoff	Braunkohle und Steinkohle stehen bei uns zur Verfügung (Arbeitsplätze!); Abbau wird zunehmend schwieriger; begrenzte Vorräte (pro Tag wird je Kohlekraftwerk 1 Güterzug voll Kohle gebraucht)	Müll, Biogas, Deponiegas, Holzabfälle, Stroh usw. Die Verbrennung wird genutzt um Heizwärme (Wirkungsgrad: ca. 50 %) und elektrische Energie zu erzeugen.
Standort	günstige Verkehrsverbindungen (Schienennetz, Binnenschifffahrt ...), Lagerflächen und Kühlmöglichkeiten (Gewässer) nötig	bei Müllverbrennungsanlagen und Mülldeponien sowie Holzwerken und Bauernhöfen
Umweltbeeinflussung	Abwärme (60 % der eingesetzten Energie heizt die Umwelt auf); Abgasbelastung gering durch teure Filter; Verstärkung des Treibhauseffekts durch Kohlenstoffdioxidausstoß	vergleichbar mit Kohlekraftwerken; im Sommer ungenutzte Abwärme; außer beim Müll kein zusätzlicher Kohlenstoffdioxidausstoß
Aussichten für die Zukunft	noch unverzichtbar; technische Verbesserungen zur Erhöhung des Wirkungsgrades und zur Verringerung der Umweltbelastung zu erwarten	in Deutschland noch ausbaubar; sinnvolle Nutzung von Abfällen
In Deutschland 1999 erzeugte elektr. Energie	251 Mrd. kWh (Anteil: 51 %)	3,8 Mrd. kWh (Anteil: 0,8 %)

63855

… – ein Vergleich

4

5

3

Wasserkraftwerke (Bild 3)	**Windgeneratoren** (Bild 4)	**Anlagen mit Solarzellen** (Bild 5)
bis 95 %	20–40 %	12 % (steigend)
kein Bedarf an Brennstoffen	kein Bedarf an Brennstoffen	kein Bedarf an Brennstoffen
nur an Staustufen von Flüssen oder an Stauseen im Bergland möglich	Bau vor allem in Küstenländern und in den Bergen	Montage auf allen Hausdächern mit Südlage möglich
beim Bau der Kraftwerke ganz erhebliche Eingriffe in die Natur und ins Landschaftsbild	Lärm durch Rotorblätter; Beeinträchtigung des Landschaftsbildes; flimmernder Schattenwurf durch bewegte Rotorblätter	geringe Umweltbelastung (nur bei Herstellung und Entsorgung der Anlagen)
gut; in Deutschland aber kaum noch ausbaubar; nur noch der Bau von kleineren Kraftwerken möglich	gut durch technische Weiterentwicklung; noch ausbaubar; Versorgungssicherheit nur durch Verbundnetz möglich	nur bei höherem Wirkungsgrad und erheblich geringeren Herstellungskosten gut; Verbundnetz zur Versorgungssicherheit nötig
19,5 Mrd. kWh (Anteil: 4 %)	5,9 Mrd. kWh (Anteil: 1,2 %)	0,03 Mrd. kWh (Anteil: etwa 0 %)

Grundwissen „Motoren und Autos“

Dieses Thema lässt sich auch gut *projektorientiert* erarbeiten. Es kann nämlich in Teilthemen aufgegliedert werden, die ihr dann in Gruppen bearbeiten könnt. Am günstigsten wird es aber sein, wenn ihr das folgende Thema „Wie funktioniert ein Viertaktmotor?“ zunächst gemeinsam erarbeitet.

1886

1

Z

Studie beweist: Ozonsmog schädigt Lungen
Kinder und Alte besonders in Gefahr: Asthma, Lungenkrebs, Langzeitschäden

Ferienbeginn: Ganz Deutschland im Stau

Waldsterben nimmt zu!

Hier wird alles dicht sein:
- Über 1500 km Stau erwartet
- Polizei: „Besser später oder mit dem Zug fahren!“

• **STADTDORF.** Eine 17-jährige Mopedfahrerin hat gestern an der Mühltalkreuzung die rote Ampel missachtet. Beim Zusammenstoß mit einem PKW erlitten sie und ein 16-jähriger Mitfahrer mittlere und schwere Verletzungen und wurden medizinisch behandelt. Die Autofahrerin blieb unverletzt.

2

2001

3

Vorbereitende Aufträge

1. *In den Bildern 1 u. 3 geht es um zwei Autogenerationen.*
a) *Wie viele Jahre liegen zwischen diesen Generationen?*
b) *Welche Gemeinsamkeiten haben die Autos von damals mit denen von heute? (Dabei hilft dir der Text „Die erste Automobil-Fernfahrt“ auf Seite 173.)*
c) *Welche Unterschiede kannst du nennen?*
d) *Welche Probleme werden in dem Zeitungsartikel von Bild 2 angesprochen?*

3. *Besorge dir Prospekte von verschiedenen modernen Autos:*
a) *Welche Vorzüge der Autos werden in den jeweiligen Prospekten genannt?*
b) *Welche Eigenschaften eines Autos findest* du *wichtig?*

62921

Wie funktioniert der Viertaktmotor?

V1 *Dieser Versuch zeigt, wie man aus Benzin* F *die zum Antrieb eines Fahrzeugs notwendige Energie erzeugen kann.*

a) *Auf ein Uhrglas werden 2 Tropfen Benzin und auf ein anderes 2 Tropfen Wasser gegeben.*
Was stellst du nach einigen Minuten fest?
Der Vorgang lässt sich auch gut beobachten, wenn je ein Tropfen Benzin und Wasser nebeneneinander auf den Tageslichtprojektor geträufelt werden.

b) *Was wird passieren, wenn man Benzin auf ein Uhrglas gibt und dann dem Uhrglas eine Streichholzflamme nähert?*
Vorsicht, die Benzinflasche vorher verschließen und wegstellen!

c) *Beschreibe den „Pappröhrenversuch" von Bild 4.*

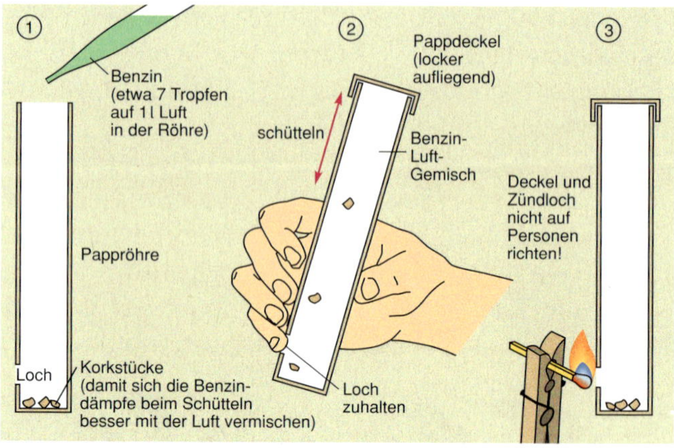

4

d) *Was wird man deiner Meinung nach im Anschluss an das „Zünden" beobachten?*

A1 *Benzin brennt normalerweise mit ruhiger Flamme – etwa so, wie du es in Bild 5 sehen kannst.*
Warum explodiert es nicht so wie im Papprohr von V1?

A2 *Die folgenden Sätze erklären das Ergebnis des „Pappröhrenversuchs".*
Bringe sie in die richtige Reihenfolge.

- ○ *„Durch die Zündflamme hat sich das Benzin-Luft-Gemisch entzündet."*
- ○ *„Die verbrannten Gase dehnen sich bei den hohen Temperaturen stark aus."*
- ○ *„Der Deckel (d. h. die schwächste Stelle) wird nach oben geschleudert."*
- ○ *„Es entsteht viel Wärme."*
- ○ *„Das Gemisch, das durch das Schütteln der Pappröhre entstanden ist, verbrennt explosionsartig."*

A3 *Vergleiche den „Pappröhrenversuch" mit der Schnittzeichnung von Bild 6:*

5

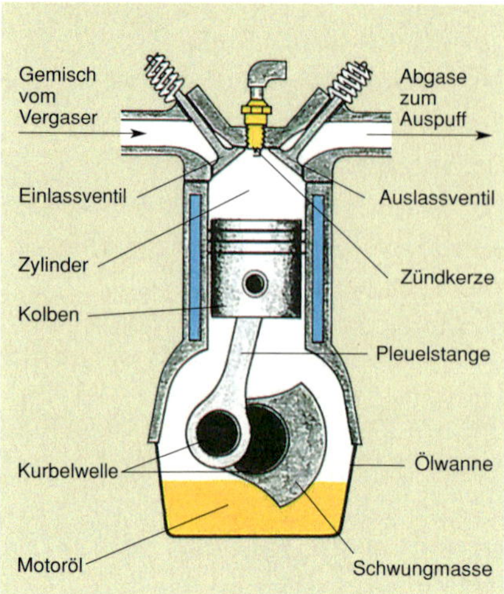

6

a) *Wichtige Teile des Versuchs findest du auch in der Schnittzeichnung von Bild 6 in ähnlicher Funktion wieder (Röhre, Deckel, Streichholz) …*

b) *Welche Bauteile findest du zusätzlich in der Zeichnung des richtigen Motors (Bild 6)?*

c) *Auf welche Weise wird das Benzin-Luft-Gemisch in der Pappröhre erzeugt?*
Informiere dich, wie der Vergaser des Autos das macht.

A4 *Im Motor finden – wie in unserem Versuch – Energieumwandlungen statt.*

a) *Nenne die drei hier beteiligten Energiearten.*

b) *Nicht die ganze Energie, die „hineinfließt", wird in Bewegung umgesetzt. Wodurch geht Energie „verloren"?*
(Tipp: Es entstehen noch andere Energiearten.)

c) *Was meinst du: Geht bei dieser Energieumwandlung mehr oder weniger Energie (als genutzt wird) verloren?*

Info: Energieumwandlungen im Verbrennungsmotor

Auf Seite 169 hast du den „Pappröhrenversuch“ kennen gelernt (Versuch 1). Bei ihm wurde die im Treibstoffgemisch steckende chemische Energie in Wärme und Bewegung umgewandelt:

Chemische Energie → Wärme → Bewegung.

Auch bei einem richtigen Motor finden diese Energieumwandlungen statt. Der Verbrennungsmotor ist deshalb ein Beispiel für einen **Energiewandler**.

Wie ein Verbrennungsmotor funktioniert, wird in den Bildern 1–4 an einem Viertakt-Ottomotor erläutert. Mit solchen Motoren ist heute ein Großteil der Autos ausgerüstet. (Nikolaus Otto stellte 1876 den ersten Viertaktmotor vor – daher der Name„Ottomotor“.)

Jeder Zylinder arbeitet in 4 „Takten“ (Bilder 1–4). Wenn der Motor in Gang ist, laufen die Takte in jedem Zylinder „zeitlich versetzt“ ab: Wenn der erste Zylinder im Ansaugtakt ist, ist der zweite im Verdichtungstakt, der dritte im Arbeitstakt und der vierte im Auspufftakt. *Ein Zylinder nach dem anderen* treibt also mit seinem Arbeitstakt die Kurbelwelle an.

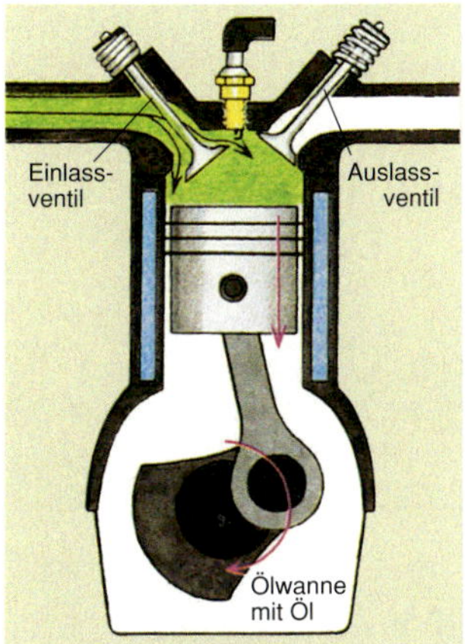

1 **1. Takt (Ansaugtakt)**
Einlassventil: offen
Auslassventil: geschlossen
Der Kolben bewegt sich abwärts; im Zylinder entsteht ein Unterdruck. Das Benzin-Luft-Gemisch (mit gespeicherter chemischer Energie) strömt in den Zylinder ein.

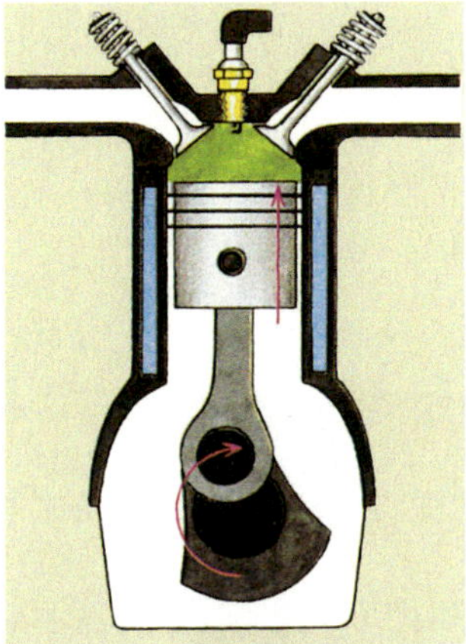

2 **2. Takt (Verdichtungstakt)**
Einlassventil: geschlossen
Auslassventil: geschlossen
Der Kolben bewegt sich aufwärts. Er drückt das Benzin-Luft-Gemisch zusammen. Man sagt dazu auch: Der Kolben *komprimiert* (verdichtet) das Benzin-Luft-Gemisch.

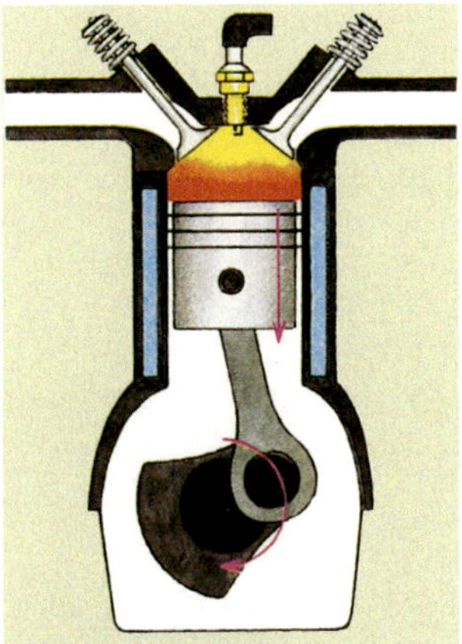

3 **3. Takt (Arbeitstakt)**
Einlassventil: geschlossen
Auslassventil: geschlossen
Die Zündkerze zündet das Gemisch. Es verbrennt explosionsartig. Die Abgase dehnen sich stark aus. Der Kolben wird abwärts getrieben. Aus Wärme wird Bewegung.

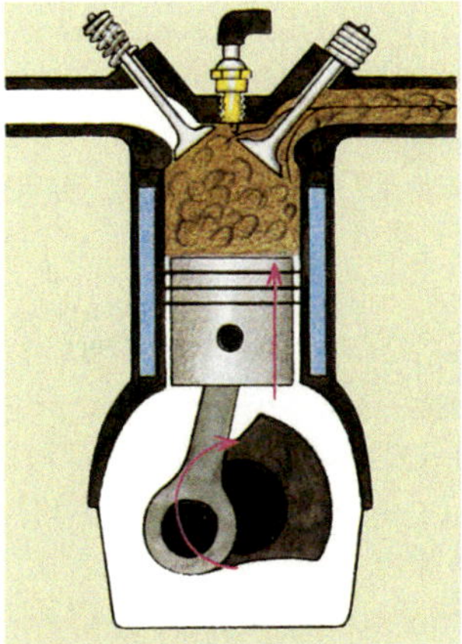

4 **4. Takt (Auspufftakt)**
Einlassventil: geschlossen
Auslassventil: offen
Der Kolben bewegt sich wieder aufwärts.
Durch diese Aufwärtsbewegung drückt er die entstandenen Abgase aus dem Zylinder des Motors hinaus.

A5 *Die Auf- und Abbewegung des Kolbens muss in die Drehbewegung der Kurbelwelle umgewandelt werden. Wenn du nach der Bastelanleitung von Bild 5 ein* ***Motormodell*** *baust, wirst du dir das besser vorstellen können.*
Du brauchst dafür:
ein Grundbrett aus Sperrholz (ca. 15 cm · 15 cm),
1 m Leiste (ca. 1 cm · 1 cm),
Draht (z. B. Schweißdraht).

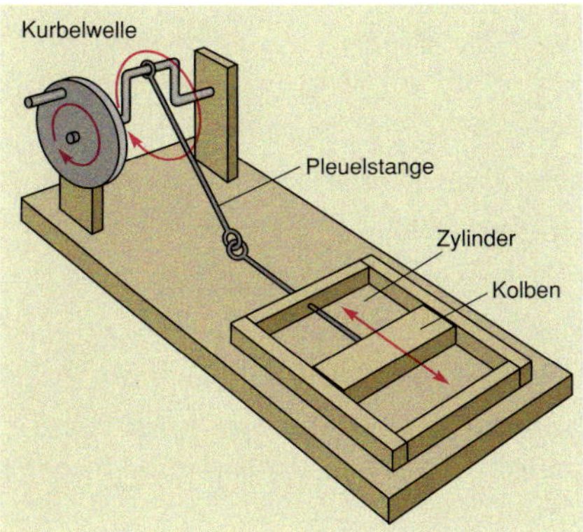

5

A6 *Sieh dir die Schnittzeichnung eines Ottomotors (Bild 6) an.*
Bei dem dort gezeichneten Motor ist der erste Zylinder gerade im Arbeitstakt. Welche der folgenden Zylinder (2, 3 oder 4) sind als nächste im Arbeitstakt? Gib eine Reihenfolge an.

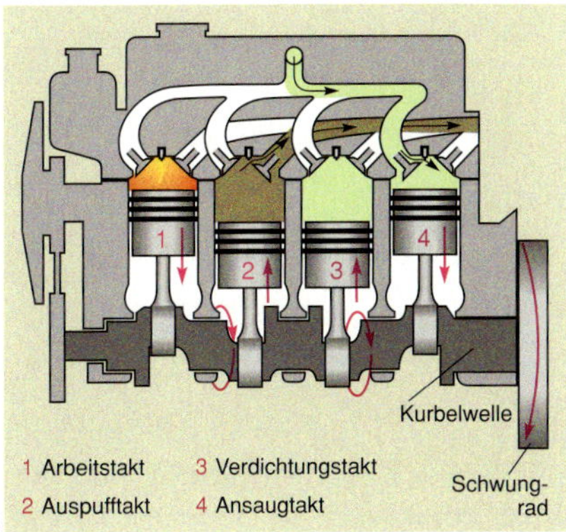

6

Aus der Technik: Von der Auf- und Abbewegung zur Drehbewegung

Die Kolben in den Zylindern des Motors führen eine *Auf- und Abbewegung* durch. Die Räder des Autos sollen sich aber *drehen*. Auf welche Art und Weise hat man dieses Problem gelöst?

Bei der Umwandlung der Auf- und Abbewegung in eine Drehbewegung spielt die **Kurbelwelle** die wichtigste Rolle. Wie du in Bild 6 siehst, ist sie mit jedem der Kolben des Motors verbunden. Über die Kurbelwelle werden die Räder des Autos angetrieben.

Die Kurbelwelle dreht sich bei einem Automotor mehrere tausend Male in jeder Minute.

Um dieser Belastung standzuhalten, muss sie dauernd geschmiert und gekühlt werden. Deshalb wird sie von Öl umspült. Das Öl befindet sich in der Ölwanne (Bild 1) und muss regelmäßig gewechselt werden.

Mit Hilfe des **Getriebes** – beim Fahrrad nennt man das „Gangschaltung“ – kann man die Schnelligkeit der Antriebsräder ändern.

Mit dem Gaspedal regelt der Autofahrer die Bewegung der Kolben und damit auch der Kurbelwelle.

In vielen Autos gibt es *Drehzahlmesser*. Sie zeigen an, wie oft sich die Kurbelwelle in einer Minute dreht. Die Anzeige „3000 U/min“ z. B. bedeutet: „Die Kurbelwelle dreht sich 3000-mal in einer Minute“.

Weil Automotoren mindestens vier Zylinder und Kolben haben, drehet sich die Kurbelwelle mit den Rädern nicht ruckartig, sondern gleichmäßig. Die Kolben geben ihre Energie beim Arbeitstakt an die Kurbelwelle ab. Bei jeder Umdrehung wirken so auf die Kurbelwelle eines „Vierzylinders“ 2 Arbeitstakte.

Info: Energieentwertung und Wirkungsgrad

Die Umwandlung von **chemischer Energie** (des Treibstoff-Luft-Gemischs) in **Bewegung** erfolgt nicht direkt, sondern auf dem Umweg über die **Wärme**. Man spricht deshalb von „Wärmeenergiemaschinen“.

Nur ein geringer Teil der Energie des Treibstoffs wird in Bewegung umgesetzt; der größte Teil geht in Form von Wärme verloren (Bild 7). Diese Energie ist zwar nicht verschwunden, sie ist aber für uns wertlos. Man kann also sagen: Es hat also eine „Energieentwertung“ stattgefunden.

Wenn ein Auto auf einer Reise z. B. 100 Liter Benzin verbraucht, werden davon nur 20 Liter in Bewegung umgewandelt. Von 100 % zugeführter Energie werden also nur etwa 20 % für die Bewegung genutzt. Man sagt: Der *Wirkungsgrad* beträgt 20 %.

Der Wirkungsgrad gibt an, welcher Anteil der eingesetzten Energie in die gewünschte Energieform umgewandelt wird. (Einige Wirkungsgrade findest du in einer Tabelle im Anhang.)

A7 *Der Wirkungsgrad einer modernen Zentralheizung ist ca. 88 %, der eines offenen Kamins ca. 15 %.*

a) *Was bedeuten diese Angaben?*

b) *Nenne Gründe für die Unterschiede.*

A8 *Ein Ottomotor hat auf dem Prüfstand (wenn er nicht in ein Auto eingebaut ist) einen Wirkungsgrad von ca. 30 %. Beim Fahren aber hat ein Auto mit Ottomotor nur einen Wirkungsgrad von 20 %.*
Gib dafür eine Erklärung.

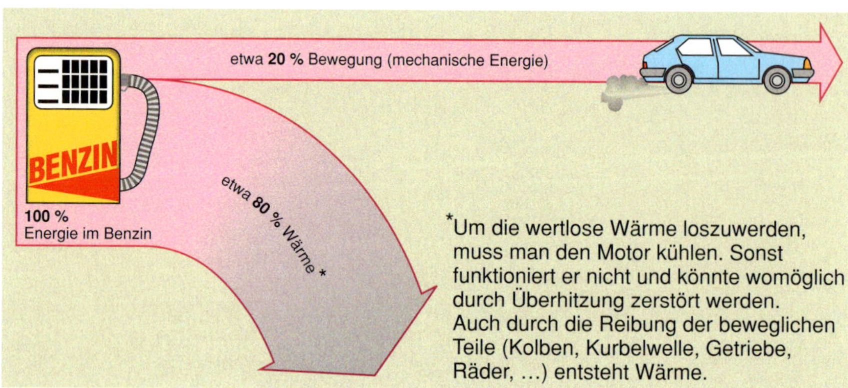

7

Zusammenfassung

Energieumwandlungen in Verbrennungsmotoren

Benzin in einer *Schale* verbrennt ohne zu explodieren. Das liegt daran, dass der für die Verbrennung nötige Sauerstoff der Luft nur an der Oberfläche des Benzins zur Verfügung steht.

Anders in der *Pappröhre* (Bild 1): Während das Benzin verdunstet, vermischt es sich durch das Schütteln mit Luft. Jedes Benzinteilchen wird somit von Luft umgeben. Wenn dann das Benzin-Luft-Gemisch in der Pappröhre gezündet wird, verbrennt es explosionsartig.

1

2

Die dabei entstehenden Abgase sind sehr heiß und dehnen sich stark aus.

In der Pappröhre entsteht dadurch ein großer Druck.

Die Wirkung davon ist an der schwächsten Stelle zu sehen: Der Deckel der Pappröhre wird nach oben weggeschleudert (Bild 2).

Im Zylinder eines *Verbrennungsmotors* spielen sich die gleichen Vorgänge ab wie in der Pappröhre. Allerdings wird das Benzin-Luft-Gemisch hier vor dem Entzünden noch zusammengepresst (komprimiert).

Seine Bewegungsenergie bezieht der Benzinmotor aus den heißen Abgasen bei der Verbrennung. Die bei der Verbrennung frei werdende Wärme war vorher als chemische Energie im Treibstoff-Luft-Gemisch gespeichert.

Verbrennungsmotoren sind Energiewandler. Sie wandeln chemische Energie (auf dem Umweg über die Wärme) in Bewegung um.

Für sämtliche Energieumwandlungen gilt: **Energie geht niemals verloren.** Aber bei der Energieumwandlung im Verbrennungsmotor entsteht viel Wärme, die ungenutzt an die Umgebung abgegeben wird.

Weil nicht alle Energie zum Antrieb des Motors und des Autos genutzt wird, spricht man von „Energieverlusten“.

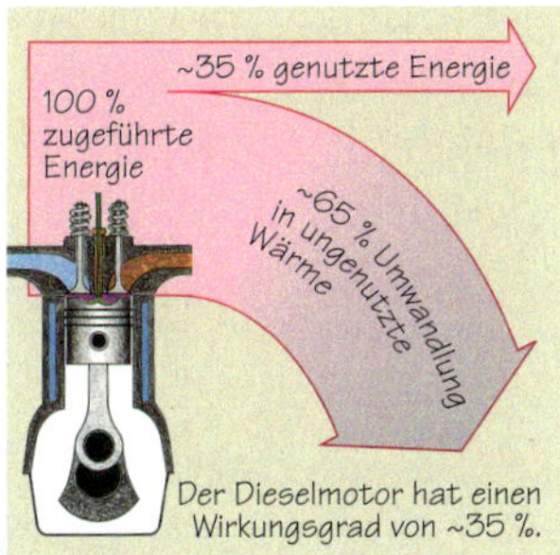

3

Nur einen Teil der mit dem Benzin zugeführten chemischen Energie kann der Verbrennungsmotor in die jeweils gewünschte (d. h. genutzte) Bewegung umwandeln.

Wie groß dieser genutzte Teil ist, wird durch den **Wirkungsgrad** des betreffenden Motors – in Prozent – angegeben (Bild 3).

Alles klar?

Lösungen → Anhang

1. *Weshalb wurde der Deckel beim „Pappröhrenversuch“ nach oben geschleudert?*

2. *Beim Viertakt-Ottomotor laufen in jedem Zylinder nacheinander der vier Takte ab.*

a) *Lege eine Tabelle mit je einer Spalte für die Takte an.*
Ordne dann die folgenden Angaben den jeweiligen Tabellenspalten richtig zu:

- ○ *Einlassventil (EV) geöffnet und Auslassventil (AV) geschlossen*
- ○ *EV geschlossen, AV offen*
- ○ *sowohl EV als auch AV geschlossen*
- ○ *Arbeitstakt*
- ○ *Auspufftakt*
- ○ *Ansaugtakt*
- ○ *Verdichtungstakt*

b) *Beschreibe anschließend, welche Vorgänge bei den einzelnen Takten ablaufen.*

3. *Der Verbrennungsmotor ist ein Energiewandler.*
In welche Energieformen wird die im Treibstoff steckende Energie umgewandelt?

4. *Elektromotoren zum Antrieb von Autos haben einen Wirkungsgrad von ca. 85 %.*

a) *Was bedeutet das?*

b) *Wo bleiben die restlichen ca. 15 %?*

62923

Zum Projekt „Motoren und Autos“

Aus der Geschichte der Kraftfahrzeuge

Die erste „Automobil-Fernfahrt“

Der ersten „Fernfahrt“ gingen bahnbrechende Erfindungen voraus: 1876 stellte *Nikolaus August Otto* den ersten Verbrennungsmotor (Ottomotor) vor; dieser Motor wurde mit gasförmigem Brennstoff betrieben. *Karl Benz* entwickelte einen Benzinmotor und führte 1886 sein erstes Kraftfahrzeug mit Benzinmotor vor. Wenige Monate später brachte *Gottlieb Daimler* einen Kutschwagen mit Motorantrieb heraus.

Die erste **Automobil-Fernfahrt** fand im Jahr 1888 ganz ohne Wissen von Karl Benz statt. Seine Ehefrau und seine 13 und 15 Jahre alten Söhne fuhren nämlich heimlich mit dem Patent-Motorwagen – ca. 90 km weit, von Mannheim nach Pforzheim.

Der erste Teil der Fahrt verlief ohne Schwierigkeiten. Auf ebenen Wegen gelangte man in knapp einer Stunde nach Heidelberg. Bald aber wurde es hügelig. Der Wagen schaffte die Steigungen nicht – die Übersetzung vom Motor auf die Räder war ja für die Ebene vorgesehen. Deshalb musste das Fahrzeug oft geschoben werden.

4

Schwierig war es auch, die Berge hinunterzufahren: Das Auto besaß nur einfache, mit Leder überzogene Holzbremsen. Beim Bremsen verwandelte sich der Belag in eine schwarze Masse. Ein Schuster im nächsten Dorf hatte aber Leder, das er aufnageln konnte.

Bald sprangen die Antriebsketten von den Zahnrädern ab; beim Fahren waren sie länger geworden. Im nächsten Dorf musste der Schmied sie neu spannen. Währenddessen stand die Dorfbevölkerung um das Fahrzeug herum und bestaunte die „Kutsche ohne Pferde“ als ein Geschenk des Himmels. Ein anderes Mal war die Benzinzufuhr verstopft. Mit einer Hutnadel von Frau Benz ließ sich der Schaden beheben.

Getankt wurde in Apotheken (Bild 4). Nur dort gab es Benzin in kleinen Mengen. Das Kühlwasser musste alle 20 km nachgefüllt werden – aus Gastwirtschaften, Dorfbrunnen oder Straßengräben.

Spät abends kamen die drei in Pforzheim an, verstaubt und glücklich. Sie hatten die erste Automobil-Fernfahrt erfolgreich beendet.

Aus der Geschichte: Das erste Motorrad der Welt

10. November 1885: Auf der Landstraße Cannstatt-Untertürkheim standen Gottlieb Daimler, sein Sohn Paul und Wilhelm Maybach – vor ihnen ein „klobiges Fahrrad“ (Bild 5): Zwei eisenbereifte Holzräder waren durch einen starken Holzrahmen verbunden. In diesen hatte Daimler einen Verbrennungsmotor eingebaut, auf den er ein Patent erhalten hatte.

Ein Riemen übertrug die Kraft des Motors auf das Hinterrad. Diesen Riemen konnte man über eine Spannrolle auf zwei unterschiedliche Scheiben schalten. Das Motorrad hatte also schon zwei Gänge!

5

Ein Ventilator sorgte für die Motorkühlung und zwei Stützräder verhinderten das Umfallen. Dann ging's los: Mit einer Kurbel setzte Daimler den Motor in Gang und Paul schwang sich auf den Sattel. Er schaltete den Gang ein – und landete im Graben. Bald ging es aber besser. Schließlich erreichte man Geschwindigkeiten von bis zu 30 km/h.

A1 *Legt eine Zeitleiste zur Entwicklung der Kraftfahrzeuge an. Macht dazu eine Bildausstellung.*

A2 *Schreibt Biografien von Otto, Diesel, Benz, Daimler …*

Verschiedene Motortypen

Aus der Technik: Der „Zweitakter“ (Mofamotor)

Mofas, Mopeds und Rasenmäher sind meistens mit **Zweitaktmotoren** ausgestattet (Bilder 1 u. 2).

Vom Viertakter her kennst du die Vorgänge, die in einem Zylinder ablaufen: Ansaugen, Verdichten, Arbeiten, Auspuffen. Sie finden auch beim Zweitakter statt – nur laufen hier immer mehrere gleichzeitig ab.

1. Takt: Die Zündkerze hat das Gemisch gezündet. Dadurch wird der Kolben im Zylinder nach unten gedrückt (Bild 1). Nun ist ein neues Gemisch durch den Ansaugkanal in das Kurbelgehäuse geströmt. Der Kolben schließt den Ansaugkanal und presst das Gemisch etwas zusammen *(Vorverdichtung)*. Dabei gibt er sowohl den Abgaskanal als auch den Überströmkanal frei, sodass die Abgase entweichen (Bild 2). Zugleich strömt das schon vorverdichtete Gemisch durch den Überströmkanal in den Zylinder.

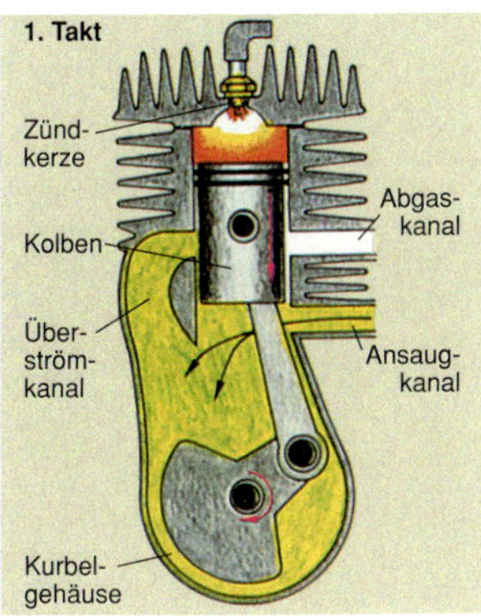

1

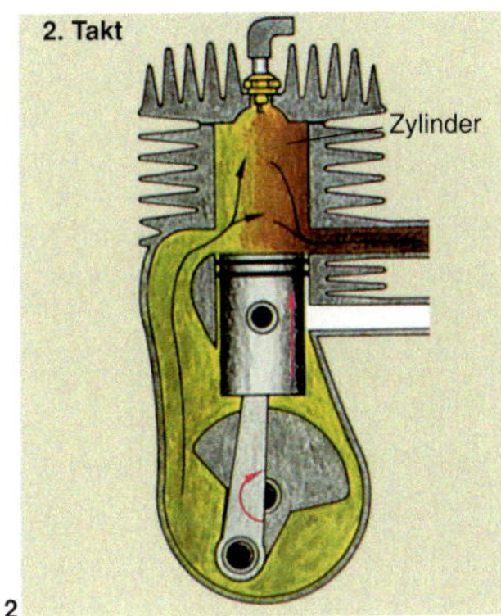

2

2. Takt: Der Kolben bewegt sich wieder nach oben (Bild 2). Überströmkanal und Abgaskanal werden geschlossen (wie in Bild 1), das Gemisch wird verdichtet. Die Aufwärtsbewegung des Kolbens ruft im Kurbelgehäuse einen Unterdruck hervor. Durch den Ansaugkanal strömt neues Gemisch ein (Bild 1).

Zweitaktmotoren haben keine Ventile und damit auch keine Vorrichtung diese zu steuern. Sie sind deshalb unkomplizierter, robuster und leichter als Viertaktmotoren gleicher Leistung. Da bei ihnen jeder zweite Takt ein Arbeitstakt ist, eignen sie sich gut für Einzylindermotoren.

Nachteile: Bei Zweitaktmotoren vermischen sich im Zylinder Abgase und Benzindämpfe; deshalb werden auch unverbrannte Benzindämpfe ausgestoßen. Zum Antrieb benötigen sie ein Gemisch aus Benzin und Öl. Dabei dient das Öl zum Schmieren der Kurbelwelle und anderer beweglicher Teile. Es verbrennt mit. Man sieht es an der blauen, giftigen Rauchfahne.

Aus der Technik: Der Dieselmotor

Dieselmotoren arbeiten ähnlich wie Viertakt-Ottomotoren. Es gibt aber einige wichtige Unterschiede:

Beim Dieselmotor (Bild 3) wird im **1. Takt** *nur Luft* angesaugt.

Sie wird im **2. Takt** stark zusammengepresst. Dabei erhitzt sie sich auf 500–900 °C.

Im **3. Takt** wird das *Dieselöl* durch eine feine Düse in die heiße Luft gespritzt. Da es sich schon bei etwa 350 °C entzündet, verbrennt es *ohne vorherige Zündung durch eine Zündkerze*. Dadurch wird der Kolben angetrieben (Arbeitstakt).

Im **4. Takt** werden die Abgase durch das Auslassventil gedrückt.

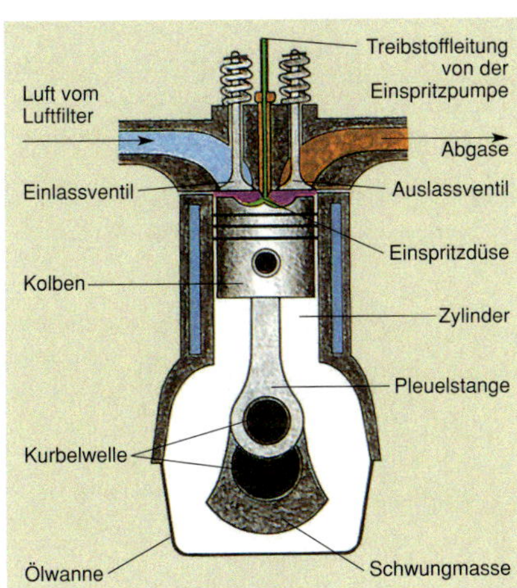

3

Der Dieselmotor ist sparsamer als ein Benzinmotor gleichen Hubraums, denn im Dieselöl „steckt“ etwa 10 % mehr Energie als in Normalbenzin. Außerdem ist die Verdichtung beim Dieselmotor etwa 2,5- bis 3-mal so groß wie die Verdichtung beim Benzinmotor. Dadurch wird die Energie besser genutzt.

Der Dieselmotor ist allerdings nicht so „sauber“ wie ein Benzinmotor mit Katalysator. In Dieselmotoren entstehen nämlich mehr kleine Rußteilchen, die nur mit Mühe herausgefiltert werden können. Diese Rußteilchen sind gesundheitsschädlich (Krebsrisiko).

62689

Aus der Technik: Motoren der Zukunft

Autos mit Elektroantrieb

Erst mit der Entwicklung leistungsfähiger Akkus (das sind wieder aufladbare Batterien) ist der Elektroantrieb für Autos interessant geworden.

Die neuesten Akkus reichen für Fahrten von bis zu 150 km. Nachts kann man die Akkus zum „Auftanken“ an die Steckdose anschließen.

Das Elektroauto selbst ist wenig reparaturanfällig. Sein leise laufender Motor hat weniger Bauteile als ein herkömmlicher Motor. Sein Getriebe braucht nur zwei Gänge: einen für Normalfahrten und einen für die Bewältigung von Steigungen. Zum Rückwärtsfahren wird einfach die Polung umgeschaltet. Beim Bremsen wird Bewegungsenergie in elektrische Energie umgewandelt und zurück in den Akku geladen.

Elektroautos hätten vor allem beim Stadtverkehr Zukunft. Sie verursachen weniger Lärm und stoßen keinerlei Schadstoffe aus. Allerdings entstehen die Schadstoffe an anderer Stelle: in den Elektrizitätswerken. Eine deutliche Verminderung der Umweltbelastung ergäbe sich erst, wenn die zum Aufladen der Akkus nötige elektrische Energie umweltfreundlich produziert würde (z. B. durch Solarenergie).

Autos mit Hybridantrieb

Solche Autos sind mit zwei Motoren ausgerüstet: einem Elektromotor für Kurzstrecken und einem herkömmlichen Motor für längere Fahrten.

Sie sind (im Gegensatz zu Elektroautos) auch für längere Fahrten geeignet (lat. *hybrida:* Mischling). Bei ihnen entfällt auch der Nachteil viel Zeit für das Aufladen der Akkus zu benötigen.

Autos mit Wasserstoffantrieb

Zahlreiche Experten sagen, Wasserstoff sei der Brennstoff der Zukunft. Dazu muss es aber erst noch gelingen, Wasserstoff in ausreichender Menge umweltfreundlich aus Wasser herzustellen (→ S. 157 ff.), z. B. durch den Einsatz von Sonnenenergie.

Auch die großen Autohersteller bemühen sich seit Jahren Wasserstoff als Brennstoff für den Antrieb neuer Autos zu nutzen. Verschiedene Möglichkeiten werden derzeit getestet, z. B.:

Viertakt-Wasserstoff-Motoren. Anstelle von Benzin oder Diesel wird bei ihnen Wasserstoff als Treibstoff genutzt. Als Abgase entstehen nur Stickstoffoxide und Wasser(dampf). Die schwierigsten Probleme dabei sind das Tanken und das Aufbewahren des getankten Wasserstoffs im Auto. Er muss im flüssigen Zustand (bei –253 °C!) transportiert werden. Das geht nur in sehr gut isolierten Spezialtanks, die einem sehr hohen Druck standhalten können. Solche Tanks sind schwer und nehmen viel Platz ein.

Motoren mit Brennstoffzellen. In den Brennstoffzellen werden Wasserstoff und Sauerstoff direkt in elektrische Energie umgewandelt. Diese kann dann – wie bei Elektroautos – zum Antrieb genutzt werden. Der nötige Wasserstoff kann z. B. in Spezialtanks mitgeführt werden. Als „Abgas“ entsteht dabei nichts als Wasser(dampf).

Man kann den Wasserstoff auch in einem „Chemiewerk“ an Bord des Autos herstellen: z. B. aus Methanol, einer Alkoholart (Bild 4).

Die Gewinnung von Wasserstoff aus Methanol an Bord ist aber noch sehr teuer und die Anlage ist platzaufwändig. Außerdem hat auch der Methanolmotor noch den Nachteil, dass er viel Kohlenstoffdioxid ausstößt.

4

NECAR 5 (2000)

Energiespeicher: Methanol
Umwandlung in elektrische Energie: Brennstoffzellen
Antrieb: Elektromotoren
Reichweite: 450 km
Höchstgeschwindigkeit: >150 km/h
Ladevermögen: 5 Personen und Gepäck

A1 *Erklärt den Zweitaktmotor und den Dieselmotor euren Mitschülern. Nehmt dafür Modelle, die ihr sicher in der Physiksammlung findet.*

A2 *Stellt auf einem großen Plakat Viertakt-, Zweitakt- und Dieselmotor einander gegenüber. Legt dazu eine Tabelle an (→ Mustertabelle rechts).*

Mustertabelle:

Motortyp	*Treibstoff*	*Welche Takte?*	*Wo eingebaut?*	*Vorteile*	*Nachteile*

A3 *Besorgt euch Informationsmaterial über neue Antriebe in der Autoindustrie.*

Aus der Technik: Biodiesel

1

2

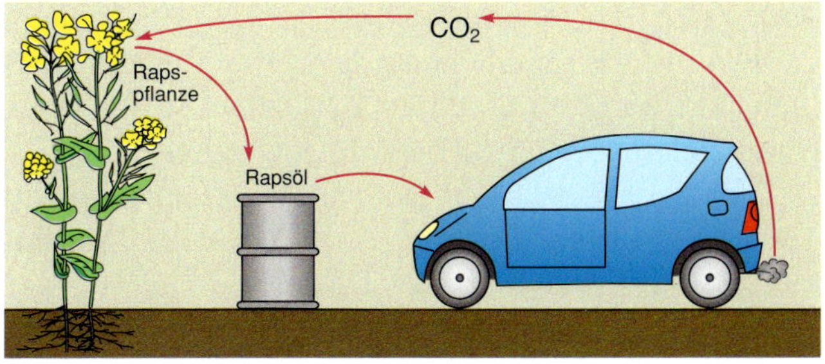

3

Immer mehr Autos werden mittlerweile von Dieselmotoren angetrieben, denn Diesel ist billiger als Benzin. Außerdem ist der Treibstoffverbrauch bei Dieselmotoren geringer. Normalerweise wird Diesel wie Benzin aus Erdöl hergestellt. Viele Tankstellen bieten inzwischen aber auch Biodiesel an.

Was ist Biodiesel? Wie entsteht er?

Biodiesel ist ein Treibstoff, der aus Pflanzen – überwiegend aus Raps (Bild 1) – hergestellt wird.

In einer Ölmühle wird aus Raps zunächst Rapsöl gewonnen. Unter Zusatz von Methanol und einem Katalysator wird dann daraus bei Temperaturen von 60 bis 70 °C Biodiesel hergestellt.

Als Nebenprodukte entstehen dabei Glycerin und Kaliumsulfat, die als wertvolle Rohstoffe in der chemischen Industrie verarbeitet werden können.

Der Raps wird meist auf stillgelegten Flächen angebaut. So werden Felder genutzt, auf denen keine anderen Nutzpflanzen angebaut werden dürfen. Von dem Raps, der auf einer Fläche von der Größe zweier Fußballfelder wächst (1 Hektar), können ca. 1400 Liter Biodiesel hergestellt werden. Damit kann ein 5-Liter-Auto fast 30 000 km weit fahren, also länger als ein Jahr.

Welche Autos dürfen Biodiesel tanken?

Praktisch alle neueren Autos mit Dieselmotoren können Biodiesel tanken (Bild 2). Man kann auch Normaldiesel mit Biodiesel mischen oder Normaldiesel tanken, wenn man keinen Biodiesel bekommt.

Auch ältere Autos mit Dieselmotor können Biodiesel tanken, wenn vorher geringfügige Änderungen am Fahrzeug vorgenommen werden.

Vor- und Nachteile von Biodiesel

- Durch Biodiesel entsteht kein zusätzliches Kohlenstoffdioxid. Dieselbe Menge, die bei der Verbrennung im Motor entsteht, wird nämlich von den Rapspflanzen wieder aufgenommen (Bild 3).
- Biodiesel verbrennt besser als Normaldiesel. Deshalb werden nur halb so viele Krebs erregende Rußteilchen ausgestoßen wie bei Normaldiesel.
- Wegen der guten Verbrennung bleiben nur wenig Rückstände im Motor zurück. Das verringert auch den Verschleiß des Motors.
- Biodiesel enthält praktisch keinen Schwefel, deshalb kann auch kein Schwefeldioxid entstehen, das mitverantwortlich für den sauren Regen ist.
- Biodiesel ist billiger als Normalbenzin. Zwar sind die Herstellungskosten noch wesentlich höher, es kommen aber keine Steuern hinzu.
- Biodiesel ist biologisch schnell abbaubar, deshalb wird bei Unfällen der Boden nicht verseucht.
- Raps wird meistens auf kargen Böden angebaut, deshalb muss dort oft stark gedüngt werden.
- Der Energiegehalt von Biodiesel ist um rund 10 % geringer als der von Normaldiesel.

A4 *Fertigt ein Infoblatt über Biodiesel an. Verteilt es an Verwandte, Bekannte, Lehrer usw., die Dieselautos fahren. Legt eine Karte mit Dieseltankstellen in Deutschland bei. Ihr erhaltet Informationen bei: Union zur Förderung von Oel- und Proteinpflanzen, Godesberger Allee 142–148, 53175 Bonn. Weitere Infos im Internet: Stichwort „Biodiesel“.*

A5 *Neben Benzin, Diesel und Biodiesel eignet sich auch **Gas** als Treibstoff für Autos. Dabei unterscheidet man zwischen **Flüssiggas** und **Erdgas**. Besorgt euch Unterlagen über diese Treibstoffe und stellt – ähnlich wie für Biogas – Vor- und Nachteile zusammen. Internet-Stichwörter: Autogas, Flüssiggas, Erdgas.*

62926

Auto und Umwelt

Info: Sparen beim Fahren

Beim Radfahren muss man auch auf ebener Strecke in die Pedale treten um mit gleich bleibender Geschwindigkeit zu fahren. Es muss nämlich eine Antriebskraft wirken, wenn man nicht aufgrund von Luftwiderstand und Reibung langsamer werden will.

Das ist aber nicht nur beim Radfahren so. Auch ein Auto muss dauernd angetrieben werden. Es braucht also laufend Treibstoff um die Bewegungswiderstände **Reibung** und **Luftwiderstand** überwinden zu können.

Beim schnellen Fahren spielt der **Luftwiderstand** die Hauptrolle (→ S. 109). Er wächst mit dem Quadrat der Geschwindigkeit. Fährt also z. B. ein Auto mit 100 km/h statt 50 km/h (also *doppelt* so schnell wie vorher), ist eine *viermal* so große Antriebskraft erforderlich wie bei 50 km/h. Bei 150 km/h (*dreifache* Geschwindigkeit) ist die *neunfache* Antriebskraft erforderlich. **Wer dauernd Höchstgeschwindigkeit fährt, verbraucht bis zu 30 % mehr Benzin.**

Wie hoch der Luftwiderstand ist, hängt z. B. auch von der Form der bewegten Körper ab. Deshalb achtet man bei der Konstruktion der Autos auf eine stromlinienförmige Karosserie.

Höhere Geschwindigkeiten bedeuten aber mehr schädliche Abgase. Das zeigt Bild 4. Damit wird verständlich, dass nicht in den Städten, sondern auf Landstraßen und Autobahnen die meisten Abgase „produziert“ werden. So hat man z. B. gemessen, dass auf Landstraßen und Autobahnen vier Fünftel der anfallenden Stickstoffoxide erzeugt werden.

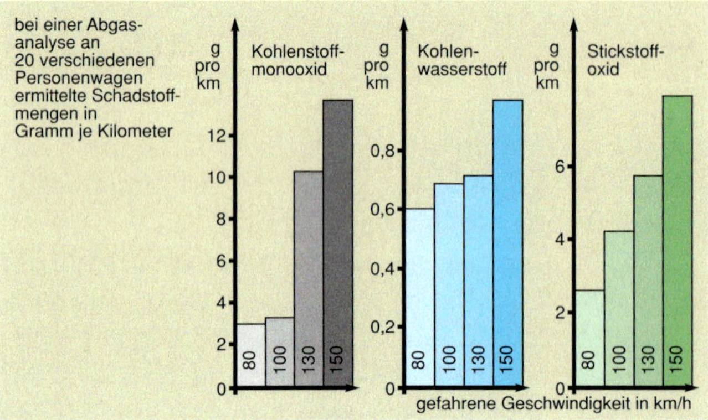

4

Tipps für umweltgerechtes Fahren

- Auf gute Wartung des Motors achten! Zum Beispiel erhöht ein verschmutzter Luftfilter den Verbrauch um 10 %, ein schlecht eingestellter Vergaser um 20 %.
- Nicht immer wieder beschleunigen und abbremsen (Bild 5)! Keine „Kavalierstarts“!
- Für richtigen Reifendruck sorgen! Schon bei 0,5 bar Druck zu wenig wird der Rollwiderstand so erhöht, dass etwa 5 % mehr Treibstoff benötigt werden.
- Das Fahren von Kurzstrecken vermeiden! Erst nach 4 km Fahrt normalisiert sich der Benzinverbrauch (Bild 6).
- Bei längeren Pausen (so z. B. wenn man vor einer Schranke hält) den Motor abstellen!
- Nicht mit Höchstgeschwindigkeit über die Autobahn rasen! Mit steigender Geschwindigkeit nehmen nämlich Schadstoffausstoß, Lärm und Treibstoffverbrauch zu (Bild 7).

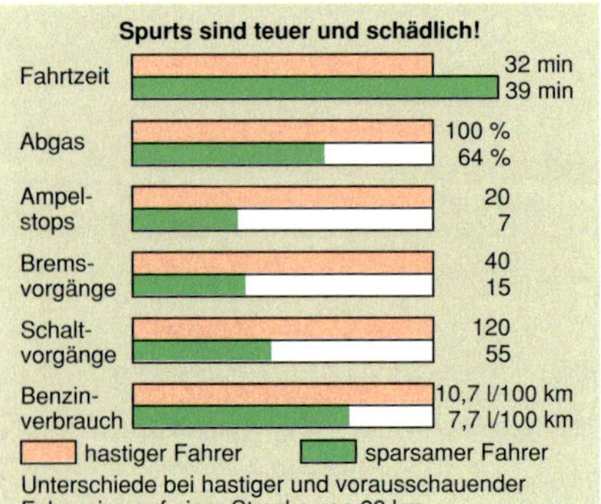

5 Unterschiede bei hastiger und vorausschauender Fahrweise auf einer Strecke von 28 km.

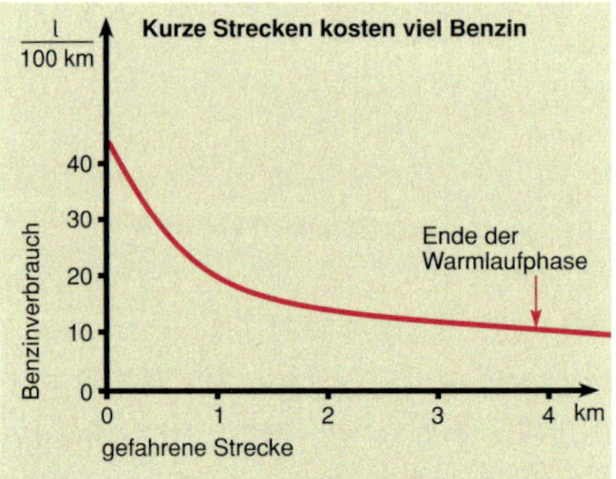

6 Benzinverbrauch eines 1,6-l-Wagens auf den ersten Kilometern jeder Fahrt (Außentemperatur 0 °C)

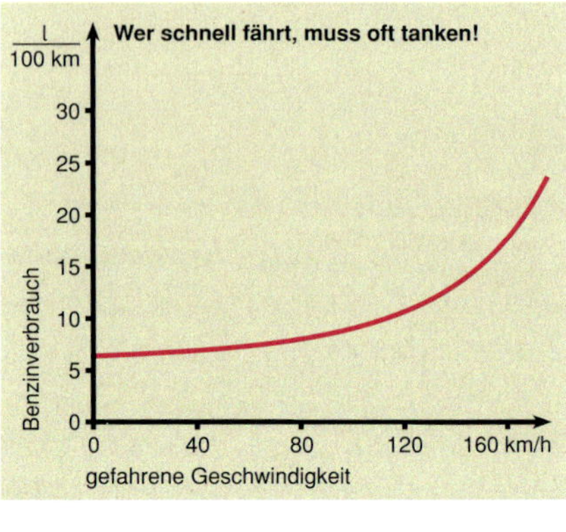

7

Die Überwindung des Luftwiderstands spielt beim Fahren eine große Rolle.
Welchen Einfluss dabei die äußere Form des Fahrzeugs hat,
könnt ihr euern Mitschülern durch den folgenden Versuch verdeutlichen:

V1 *Ein Modellauto bekommt einen einfachen „Dachgepäckträger“ aus Knetgummi. Als Last soll das Auto eine halbe Postkarte tragen (Bild 1).*
Befestigt die Postkarte auf unterschiedliche Weise auf dem Fahrzeug, z. B. in Fahrtrichtung, quer dazu oder auch geknickt.

1

Baut eine schräge „Fahrbahn“, auf der ihr das Fahrzeug aus jeweils gleicher Höhe starten könnt. Lasst das Fahrzeug dann auf dieser Fahrbahn herabrollen.
Wann rollt es am weitesten und wann am wenigsten weit?
Sucht eine Erklärung für das Versuchsergebnis.

Aus der Technik: Wie die Abgase gereinigt werden können

Bei der Verbrennung von Benzin im Ottomotor entstehen schädliche Abgase (Kohlenstoffmonooxid, Stickstoffoxide, Kohlenwasserstoffe).

Eine Möglichkeit, die Abgase zu reinigen, stellt der **Katalysator** dar. Er wird zwischen Motor und Auspuff montiert (Bild 2). Der Katalysator besteht meist aus einem ovalen Metallgehäuse mit einem Keramikeinsatz, der von winzigen Kanälen durchzogen ist. Auf der rauen Oberfläche der Kanäle befindet sich fein verteiltes Platin. Unter seiner Mitwirkung werden die schädlichen Stoffe in unschädliche z. B. in Kohlenstoffdioxid, Stickstoff, Sauerstoff und Wasser umgewandelt. Auf diese Weise können bis zu 90 % der Schadstoffe entfernt werden.

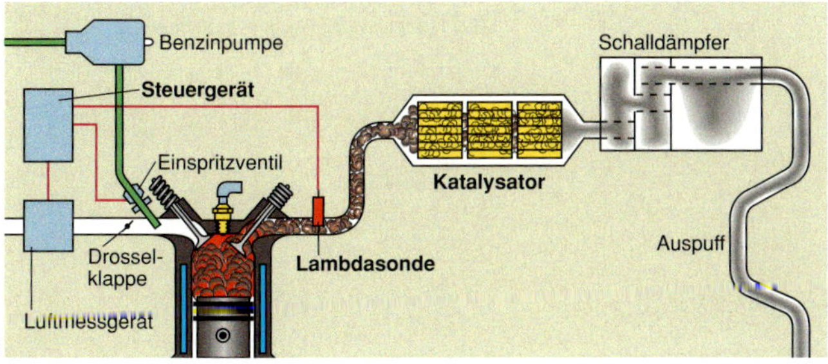

2

Das wird nur erreicht, wenn dem Motor ein gleich bleibendes Treibstoff-Luft-Gemisch zugeführt wird. Dafür sorgt die **Lambdasonde** (Bild 2). Sie überwacht den Sauerstoffanteil der Abgase; dieser sagt etwas darüber aus, ob der Treibstoff die richtige Zusammensetzung hat. Ein elektronisches Steuergerät regelt dann die Gemischbildung.

Heute wird nur noch bleifreies Benzin getankt. Das kommt der Umwelt zugute. Auch würde bleihaltiges Benzin Lambdasonde und Katalysator unwirksam machen (das Blei würde auf dem Platin abgelagert).

Dieselmotoren stoßen bis zu 75 % weniger schädliche Abgase aus als Benzinmotoren ohne Katalysator. Das liegt an ihrem geringeren Treibstoffverbrauch und an der guten Verbrennung im Zylinder.

Wesentlich höher als bei Benzinmotoren liegt aber bei Dieselmotoren der Ausstoß von Rußteilchen. Diese Rußteilchen stehen im Verdacht Krebs zu erzeugen. Nur spezielle Rußfilter schaffen hier Abhilfe.

A1 *Besorgt euch Informationsmaterial von Autofirmen.*
Auf welche Weise bemüht man sich, den Luftwiderstand und das Gewicht des Autos zu verringern.

A2 *Stellt ein Infoblatt mit Tipps zum Treibstoffverbrauch zusammen. Verteilt es dann an Autofahrer (z. B. bei Schulfesten).*

A3 *Mit Teströhrchen und einem Gasspürgerät könnt ihr die Autoabgase selber messen. Fragt beim Chemielehrer nach einem solchen Gerät und führt Messungen durch.*

A4 *Besucht eine Autowerkstatt und lasst euch die Abgasmessungen erklären.*

A5 *Besorgt bei Autofirmen Informationen zu weiteren Möglichkeiten der Abgasreinigung (z. B. neue Rußfilter für Dieselmotoren).*

62928

Der Preis der Motorisierung

Aus Umwelt und Technik: Der Mensch und sein Auto

Kaum eine Erfindung hat das Leben des Menschen so beeinflusst wie das Auto. Und kaum eine Erfindung war so umstritten.

Zunächst – als die ersten „Motorkutschen“ vorgestellt wurden (um 1886) – waren die meisten Menschen gar nicht so begeistert. Viele lehnten die „knatternden und stinkenden“ Motorkutschen sogar ab.

In Stuttgart wurden sie mit Steinen beworfen und im Königreich Baden war jegliches Fahren damit verboten. Noch im Jahr 1910 wandten sich viele Zeitungen gegen die „sinnlose Raserei der Benzinkutschen“, durch die in einem Jahr 4262 Menschen verletzt und 343 getötet worden waren.

Bald aber änderte sich diese Einstellung. Immer mehr Menschen träumten nun vom Besitz eines Autos; es wurde zum „liebsten Kind der Nation“ – je schneller und glänzender, desto besser! Heute besitzt fast jeder zweite Einwohner Deutschlands ein Auto.

Seit einigen Jahren nimmt aber die Zahl der Kritiker wieder zu. Das hat folgende Gründe:

- Jedes Jahr werden bei uns etwa 520 000 Menschen im Straßenverkehr verletzt. (So viele Einwohner hat eine Stadt wie Karlsruhe.)
- Jährlich sterben bei uns fast 8000 Menschen im Straßenverkehr.
- Viele Menschen werden krank durch Straßenlärm und schädliche Abgase.
- Mehr Autos erfordern immer mehr Autobahnen, Straßen und Parkplätze.

Aus Umwelt und Technik: Wie teuer ist das Autofahren?

3

Kannst du dir vorstellen, wie viel ein Auto monatlich kostet? Schätze einmal, bevor du weiterliest!

Wahrscheinlich denkst du zuerst an die hohen Spritkosten. Daneben fallen aber noch weitere Kosten für Steuer, Versicherung, Reparaturen und Wartungsarbeiten an. Und jedes Jahr verliert das Auto an Wert *(Wertverlust)*. Das heißt: Wenn es weiterverkauft wird, erhält man weniger Geld, als man dafür bezahlt hat.

Von Zeit zu Zeit veröffentlichen Automobilclubs und Zeitschriften Berechnungen über die Kosten der einzelnen Autotypen. Sie liegen je nach Autotyp zwischen 250 und 600 € (bei 15 000 gefahrenen Kilometern im Jahr, den Wertverlust eingerechnet). Diese Kosten muss der Autofahrer selber tragen. Hinzu kommen noch diejenigen Kosten, die alle Nicht-Autofahrer über die Steuern und die Krankenversicherung mittragen müssen (Bild 3).

Bedenke auch, dass der Autoverkehr Schäden verursacht, die – wenn überhaupt – nur unter hohen Kosten zu beseitigen sind (durch Unfälle, Lärm, Flächenverbrauch sowie Boden-, Luft- und Wasserverschmutzung). Würden diese Kosten anteilig auf den Kaufpreis eines Autos aufgeschlagen, könnte sich kaum jemand ein Auto leisten. (Ein 15 000-€-Auto würde dann mehr als 40 000 € kosten.)

A1 *Besorgt euch Materialien über die Kosten des Autofahrens, z. B. beim ADAC (www.ADAC.de).*
Stellt auf einem Plakat in Form einer Tabelle dar, aus welchen Hauptbestandteilen sich die Gesamtkosten zusammensetzen.
Vergleicht so die verbreitetsten Autotypen.

A2 *Stellt die Vor- und Nachteile des Verkehrsmittels „Auto“ einander gegenüber.*
Listet Möglichkeiten auf, bei denen man auf das Auto verzichten könnte, um Geld zu sparen und die Umwelt zu schonen. Diskutiert die Möglichkeit „Mehrere Familien – ein Auto“.

Raketen und Raketenantrieb

Wie funktioniert eine Rakete?

1

2

Was haben eine Wasserspritze und eine Rakete gemeinsam?

Der Lehrer *Hermann Oberth* verfasste 1923 ein Buch. Es trug den Titel „Die Rakete zu den Planetenräumen". Darin sagte er voraus, dass man mit Raketen bald in den Weltraum vorstoßen werde. Heute ist das für uns ganz selbstverständlich.

Damals lachten aber die meisten über Oberths Ideen. *„Unmöglich!"*, behaupteten sogar viele Wissenschaftler. *„Wie soll denn im luftleeren Weltraum eine Rakete fliegen können? Es fehlt doch etwas (nämlich die Luft), woran sie sich abstoßen kann!"* …

Vorbereitende Aufträge

1. *Besorge dir einen Luftballon. Blase ihn dann auf und lass die Öffnung los.*
Was beobachtest du? Suche nach einer Erklärung dafür.

2. *Mit einem kleinen Luftballon – einer „Wasserbombe" – kannst du dir einen „Raketenantrieb" bauen.*

a) *Befestige einfach einen stabilen Trinkhalm in der Öffnung des Luftballons. Mit Klebeband kannst du deine „Rakete" auf dem Dach eines Spielzeugautos befestigen (Bild 3).*

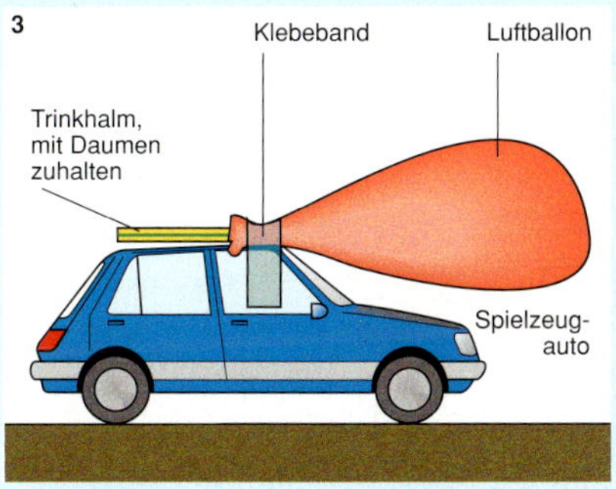

b) *Blase den Ballon auf und halte die Öffnung des Trinkhalms zu. Setze dein „Raketenauto" auf eine glatte Unterlage. Gib dann die Öffnung frei. Markiere, wie weit das Auto gefahren ist.*

c) *Führe den Versuch noch einmal durch. (Der Ballon sollte möglichst wieder gleich stark aufgeblasen werden.) Halte jetzt aber beim Start ein Brettchen (Frühstücksbrett) knapp hinter die Öffnung des Halms.*
Fährt dein Auto jetzt weiter als vorher?

d) *Wiederhole beide Versuche ein paar Mal. Stellst du Unterschiede fest?*

3. *Den hier beschriebenen Versuch kannst du in der Dusche oder Badewanne durchführen.*

a) *Balanciere einen Duschkopf auf dem Finger und drehe langsam den Wasserhahn auf (Bild 4). Was beobachtest du?*

b) *Halte jetzt ein Brett unter das ausströmende Wasser. Wird so der „Rückstoß" stärker?*

c) *Wie könntest du ihn verstärken? Probiere es aus.*

4

62693

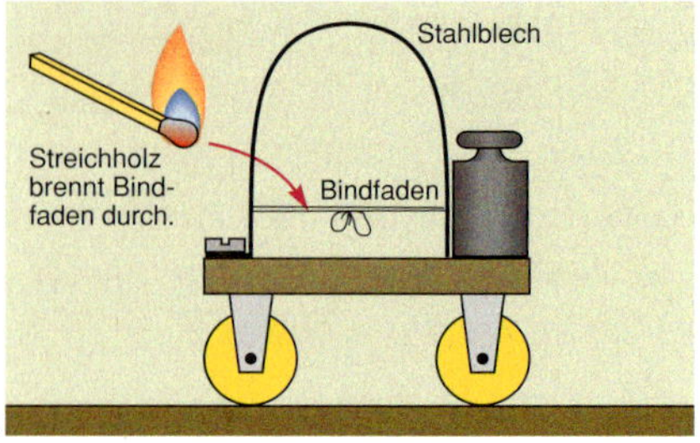

5

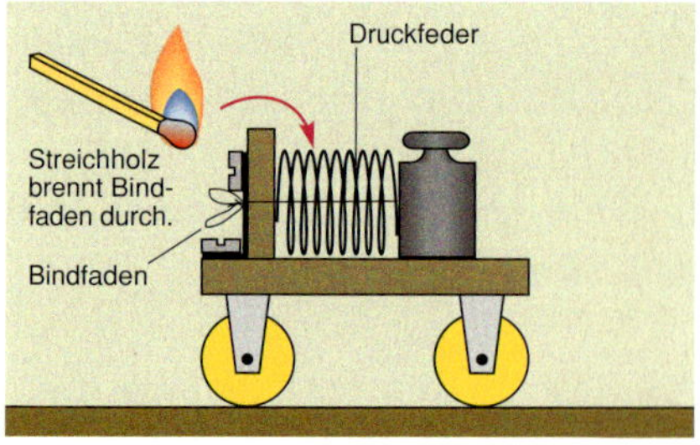

6

V1 *Die Bilder 5 u. 6 zeigen, wie man Wagen beschleunigen kann.*

a) *In welche Richtung fahren die abgebildeten Wagen?*

b) *Kannst du sie auch ohne das Wägestück (also allein mit Hilfe der gespannten Feder) beschleunigen?*

c) *Wovon könnte es abhängen, wie schnell die Wagen fahren? Untersuche das so:*

① *Spanne die Feder jeweils verschieden stark.*

② *Nimm unterschiedlich schwere Wägestücke (bei jeweils gleicher Federspannung).*

V2 *Wir drehen den Wasserhahn von Bild 7 zunächst wenig, dann immer stärker auf.*

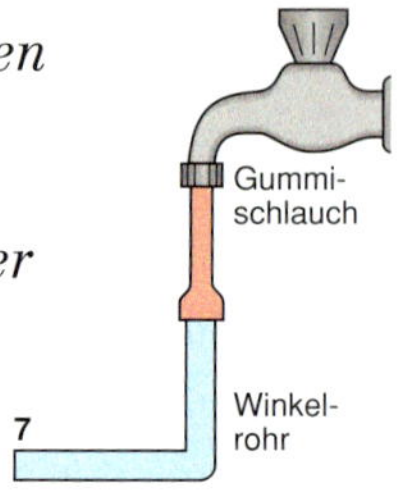

7

a) *In welche Richtung bewegt sich das an dem Hahn hängende Winkelrohr?*

b) *Halte ein Brett vor das ausströmende Wasser. Wird dadurch der Rückstoß stärker?*

V3 *Die Modellrakete (Bild 8) wird mit Luft gefüllt (dabei die Kolbenstöße zählen!).*

a) *Die Rakete wird gestartet.*

b) *Jetzt soll deutlich mehr (weniger) Luft in die Rakete gepumpt werden. Was stellst du fest?*

c) *Fülle die Rakete zur Hälfte mit Wasser. Pumpe außerdem Luft hinein. Lass die Rakete* ***im Freien*** *senkrecht nach oben starten. Merke dir die Flughöhe.*

d) *Wiederhole den Versuch unter gleichen Bedingungen (gleich viel Wasser und gleich viel Luft). Starte sie diesmal aber kurz über dem Boden, sodass sich das Wasser am Boden „abstoßen" kann. Steigt die Rakete jetzt höher?*

e) *Wie könnte man die Flughöhe steigern? Probiere es aus.*

8

Info: Der Rückstoß

Wie kann eine Rakete im Weltall angetrieben werden, wo sie sich dort doch nirgends abstoßen kann? Du kannst das anhand von Beobachtungen beantworten:

Auf einem ruhigen See springt ein Junge von einem Kahn aus ins Wasser (Bild 9). Sowohl er als auch der Kahn setzen sich dabei in Bewegung – beide gleichzeitig, aber in entgegengesetzten Richtungen.

Ähnlich ist es beim Schießen mit einem Luftgewehr. Der Körper *Bleikugel* wird ausgestoßen – und gleichzeitig spürt der Schütze einen leichten Schlag gegen die Schulter, den *Rückschlag* oder **Rückstoß**.

Bei anderen Beispielen machen wir ähnliche Beobachtungen: Ein Rückstoß entsteht immer dann, wenn von *einem* Körper (Boot, Gewehr, Duschkopf, Wagen, ...) ein *anderer* Körper (Junge, Bleikugel, Wasser, Wägestück, ...) weggestoßen wird. Ein weiterer Körper ist nicht nötig. Beide Körper werden dabei beschleunigt. Auf jeden der Körper wirkt also eine Kraft, und zwar in entgegengesetzten Richtungen.

Das ist bei einer **Rakete** (Bild 10) genauso: Nach der Zündung dehnen sich die Verbrennungsgase infolge der Erwärmung sehr stark aus; sie werden mit hoher Geschwindigkeit durch die Düse hindurch nach außen gestoßen. Diese Abgase bilden den *einen* Körper. Auf die Rakete (den *anderen* Körper) wirkt dadurch ein Rückstoß.

Ein dritter Körper, an dem sich die Rakete abstoßen könnte, ist nicht erforderlich.

9

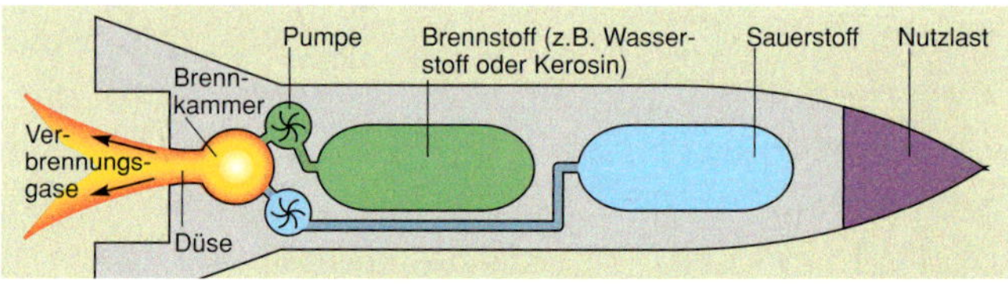

10

A1 *Wenn sich etwas durch Rückstoß bewegt, ist kein äußerer Körper „zum Abstoßen" nötig.*

a) *Welche Versuche zeigen das?*

b) *Zeichne einen der durchgeführten Versuche auf.*
Trage mit Pfeilen ein: 1. die Richtung, in der etwas fortgeschleudert wird (z. B. Wasser, Luft), und 2. die Richtung des Rückstoßes.

A2 *Wie stark der jeweilige Rückstoß ist, hängt unter anderem davon ab, 1. mit welcher Geschwindigkeit etwas weggestoßen wird und 2. wie viel davon weggestoßen wird (wie groß also die weggestoßene Masse ist).*
Beschreibe je einen Versuch, mit dem man das zeigen kann.

A3 *Mit Rollschuhen (oder Inlinescates) sowie einem Medizinball kann man sich nach dem „Rückstoßprinzip" in Bewegung setzen.*

a) *Lege dazu eine einfache Skizze an. Trage Pfeile mit den Begriffen „Stoß" und „Rückstoß" ein.*

b) *Wie erreicht man, dass der Rückstoß möglichst groß ist? (Gib dafür zwei unterschiedliche Möglichkeiten an.)*

c) *Kämst du weiter, wenn du den Medizinball nicht nur nach hinten, sondern dabei auch gegen eine Wand werfen würdest?*

A4 *Eine Rakete führt nicht nur Brennstoff, sondern auch Sauerstoff mit.*

a) *Warum? Was hat das mit dem Antrieb der Rakete zu tun?*

b) *Beschreibe, welche Energieumwandlungen beim Antrieb einer Rakete stattfinden.*

Aus der Umwelt: Vorwärts durch Rückstoß – auch in der Natur

Franks Lieblingsbeschäftigung im Urlaub ist Schnorcheln. Eines Morgens sieht er im Wasser einen schillernden **Tintenfisch** (Bild 1). Der schwimmt gemächlich auf ihn zu – doch plötzlich geht ein Ruck durch dessen Körper. In einer dunkelblauen „Wolke" verschwindet das Tier. Mit Hilfe eines *Rückstoßes* hat es sich aus der vermeintlichen Gefahr gerettet.

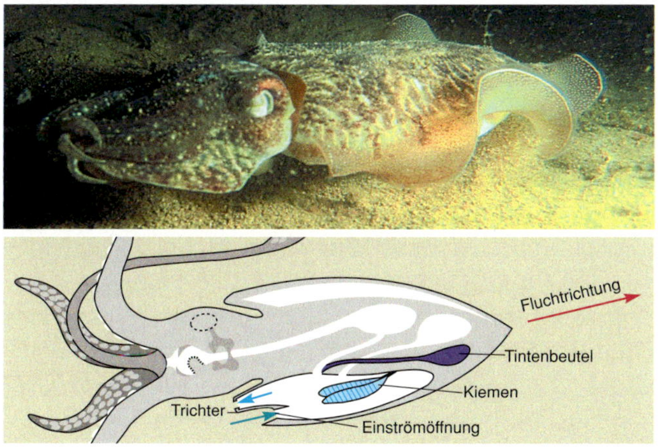

1

Durch die Einströmöffnung saugt der Tintenfisch dauernd Wasser an. So erhält das Tier den lebenswichtigen Sauerstoff, der im Wasser gelöst ist. Das Wasser strömt dann aus dem Trichter wieder heraus.

Wenn sich der Tintenfisch aber *schnell* bewegen will, stößt er das Wasser *ruckartig* aus. Der *Rückstoß* treibt ihn dann an. Bei Gefahr wird das Wasser noch zusätzlich aus dem Tintenbeutel angefärbt.

Für die **Qualle** (Bild 2) ist der Rückstoß die wichtigste Fortbewegungsart.

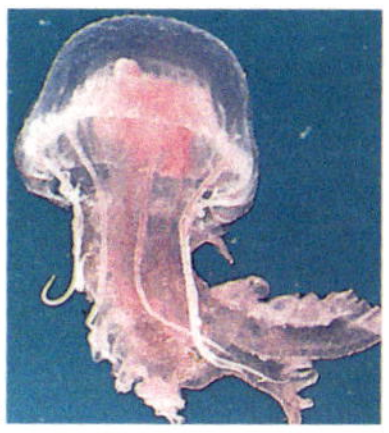
2

Da die Qualle zu 98 % aus Wasser besteht, schwebt sie im Meer; sie wird von dessen Bewegungen getrieben. Wenn sie aber ihre Bewegungsrichtung ändern will, geschieht das mit Hilfe des Rückstoßes: Ringmuskeln ziehen ihren *Schirm* zusammen und pressen ruckartig das Wasser, das sich unter der *Glocke* befindet, hinaus.

Auch im Gartenteich gibt es ein Tier, das sich auf diese Weise fortbewegt – die gefräßige **Libellenlarve**.

Normalerweise bewegt sie sich langsam im Wasser; dabei saugt sie ständig Wasser an um sich mit dem nötigen Sauerstoff zu versorgen. Manchmal will sie aber plötzlich ihre Richtung ändern. Sie zieht dann ruckartig ihren Hinterleib zusammen und stößt das Wasser aus dem Darm aus.

Selbst bei **Pflanzen** kann man das Rückstoßprinzip beobachten, z. B. beim Schimmelpilz *Pilobulus* (Bild 3). Der Pilz schwillt an, wenn seine Sporen reif sind. Diese platzen dann und werden weggeschleudert. So ähnlich verbreitet auch das *Springkraut* seinen Samen. Dabei sind sogar „Schüsse" von über 3 Metern möglich.

3

62695

Aus der Geschichte: Mit Raketen zu den Planeten

Vor über 100 Jahren lebte der französische Schriftsteller ***Jules Verne***. In einem seiner Zukunftsromane beschrieb er als einer der Ersten eine Fahrt in den Weltraum – lange bevor tatsächliche Raumfahrten stattfanden.

Jules Verne war klar, dass ein Raumschiff erst auf eine ungeheure Geschwindigkeit gebracht werden muss, damit es die Erde verlassen und den Mond ansteuern kann (Bild 4).

Diese Geschwindigkeit – man nennt sie *Fluchtgeschwindigkeit* – beträgt etwa 40 000 km/h. (Wenn aber ein Körper die Erde lediglich *umkreisen* soll, reicht eine Anfangsgeschwindigkeit von „nur" 25 000 km/h schon aus.)

Als „Abschussrampe" dachte sich Jules Verne eine riesige Kanone aus. Sie sollte fast 300 m tief in der Erde aufgestellt werden. Eine Pulverladung von 164 t würde seiner Meinung ausreichen um das Raumschiff in den Weltraum zu schießen.

In Jules Vernes Roman gelang der Start tatsächlich.

Und nach 30 Tagen kehrten die Mondfahrer wohlbehalten – und fröhlich pokernd – auf die Erde zurück …

Jules Vernes „Mondfahrt"

4

Oberths Raketenpläne

Obwohl Jules Vernes Mondfahrt nur in einem Roman stattfand, hat sie jahrzehntelang die Fantasie der Menschen beschäftigt – auch die des Schülers ***Hermann Oberth***.

Oberth konnte sich aber nicht vorstellen, dass die Raumfahrer den Start in einer kleinen Kanone überstehen würden. Dann müssten sie ja auf einer nur 300 m langen Strecke auf eine Geschwindigkeit von 40 000 km/h beschleunigt werden. Eine solch ungeheure Beschleunigung kann aber kein Mensch überleben!

Zunächst glaubte Oberth das Problem durch einen längeren Tunnel lösen zu können. In diesem Tunnel sollte das Raumschiff durch immer neue Pulverladungen allmählich beschleunigt werden. Dann errechnete er jedoch, dass ein solcher Tunnel 1250 km lang sein müsste …

Oberth gab den Gedanken an die Raumfahrt nicht mehr auf. Schließlich erinnerte er sich daran, dass Jules Verne in seinem Roman **Raketen** zum Abbremsen der Mondlandung einsetzte.

Sollte damit nicht auch der *Start zu* bewerkstelligen sein?! Raketen haben doch den Vorteil, dass sie nicht gleich mit höchster Geschwindigkeit gestartet werden müssen; sie können noch während des Fluges immer schneller werden (sogar außerhalb der Lufthülle der Erde). Das müsste – davon war Oberth überzeugt – die Lösung sein!

Als Brennstoff für seine Rakete plante Oberth Alkohol oder flüssigen Wasserstoff ein. Da die Rakete auch noch im luftleeren Raum beschleunigen sollte, musste sie natürlich auch den für die Verbrennung nötigen Sauerstoff mitführen.

Oberths Idee der Mehrstufenrakete

Um eine Rakete auf die ungeheure Geschwindigkeit von 40 000 km/h zu beschleunigen müsste diese aber gewaltige Mengen an Brennstoff mitschleppen. Es wäre also eine riesige Rakete erforderlich, die wegen ihrer Größe sehr schwer sein würde..

Oberth hatte auch für dieses Problem eine Lösung: Er wollte einfach *mehrere Raketen aufeinander* bauen; er dachte also an eine *Mehrstufenrakete*. Immer wenn der Treibstoff einer Stufe verbraucht wäre, könnte diese abgesprengt und die nächstfolgende gezündet werden.

Und schließlich flogen die Raketen …

Dass Oberths Ideen richtig waren, zeigte sich gegen Ende des Zweiten Weltkriegs (1944). Damals flogen die ersten Fernraketen (Typ *„V2"*) von Deutschland nach England. Mit ihrer Bombenfracht brachten sie Tod und Leiden über viele Menschen.

Diese Raketen wurden im Wesentlichen nach den Plänen Oberths gebaut – ihr Einsatz zur Vernichtung von Menschen war aber weit weg von dem Traum Oberths, mit Raketen den Weltraum zu erforschen.

Aus der Geschichte: Auf dem Flug zum Mond

Endlich – im Juli 1969 ist es so weit. Nach Jahren intensiver Vorabeit starten zum ersten Mal Menschen in Richtung Mond (Bild 1). Ausgangspunkt: Cape Canaveral, Florida (USA). Ihre Rakete des Typs *Saturn V* ist eine **mehrstufige Flüssigkeitsrakete** (Bild 2).

Die **erste Stufe** der *Saturn V* bringt die Rakete samt Raumkapsel und Mondlandefähre auf eine Geschwindigkeit von etwa 10 000 km/h. Sie ist nur $2^{1}/_{2}$ Minuten lang in Betrieb. In dieser Zeit verbraucht dieses Triebwerk 800 000 Liter Brennstoff und 1 200 000 Liter flüssigen Sauerstoff. In einer einzigen Sekunde braucht die Rakete also mehr als 5000 Liter Brennstoff! (Ein Auto könnte damit über 50 000 Kilometer fahren.)

Wenn die Tanks leer sind, wird die erste Stufe abgesprengt. Jetzt wird die **zweite Stufe** gezündet. Sie bringt die verbleibende dritte Raketenstufe mit der Raumkapsel und der Mondlandefähre auf eine *Erdumlaufbahn*. Mit einer Geschwindigkeit von etwa 25 000 km/h fliegen die Astronauten um die Erde herum.

Auf dieser „Parkbahn" beschleunigt dann die **dritte Stufe** der *Saturn V* die Raumkapsel und die Mondlandefähre. Sie bringt beide auf die *Fluchtgeschwindigkeit* von etwa 40 000 km/h. Damit befinden sie sich endgültig auf dem Kurs zum Mond.

Während des Mondlandemanövers sind Brems- und Antriebskräfte nötig. Hierfür werden wieder Raketentriebwerke genutzt. Mit diesen sind sowohl die Raumkapsel als auch die Mondlandefähre ausgestattet.

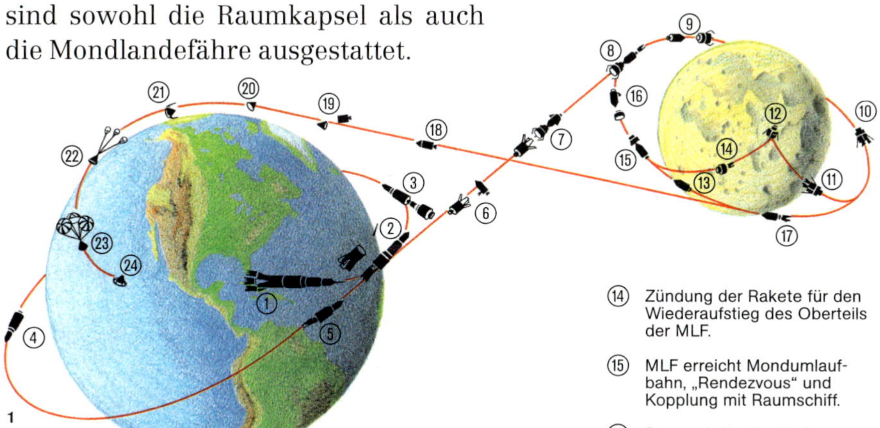

1

① 16. Juli 1969: Start der Trägerrakete Saturn V.

② Abwurf der 1. Stufe; Zündung der 2. Stufe; Abwurf des Rettungsturms.

③ Abwurf der 2. Stufe; 3. Stufe mit *Apollo*-Raumschiff erreicht Erdumlaufbahn (Geschwindigkeit etwa 25 000 km/h).

④ Raumschiff in „Wartebahn" um die Erde.

⑤ 3. Stufe wird gezündet, bringt Raumschiff in Richtung Mond (Geschwindigkeit etwa 40 000 km/h).

⑥ Raumschiff löst sich von der 3. Stufe, wird um 180° gedreht.

⑦ Kopplung des Raumschiffs mit der Mondlandefähre (MLF); Abstoßen der 3. Stufe.

⑧ Gegenraketen bremsen das Raumschiff für dessen Eintritt in die Mondumlaufbahn ab.

⑨ MLF wird vom Raumschiff getrennt.

⑩ Gegenraketen verlangsamen die MLF für den

⑪ Abstieg zum Mond.

⑫ 20. Juli 1969: „Weiche" Landung der MLF auf der Mondoberfläche.

⑬ *Apollo*-Raumschiff umkreist den Mond in einer „Parkbahn".

⑭ Zündung der Rakete für den Wiederaufstieg des Oberteils der MLF.

⑮ MLF erreicht Mondumlaufbahn, „Rendezvous" und Kopplung mit Raumschiff.

⑯ Raumschiff stößt MLF ab.

⑰ Raumschiff zündet Rakete für Einschuss in Rückflugbahn zur Erde.

⑱ Raumschiff fällt mit zunehmender Geschwindigkeit zur Erde.

⑲ Kommandokapsel trennt sich vom Versorgungsteil und

⑳ wird um 180° gedreht.

㉑ Kommandokapsel tritt mit ihrem Hitzeschild voran in die Erdatmosphäre ein.

㉒ Bremsfallschirme und

㉓ Hauptfallschirme entfalten sich.

㉔ 24. Juli 1969: Landung und Bergung der Kommandokapsel im Pazifik.

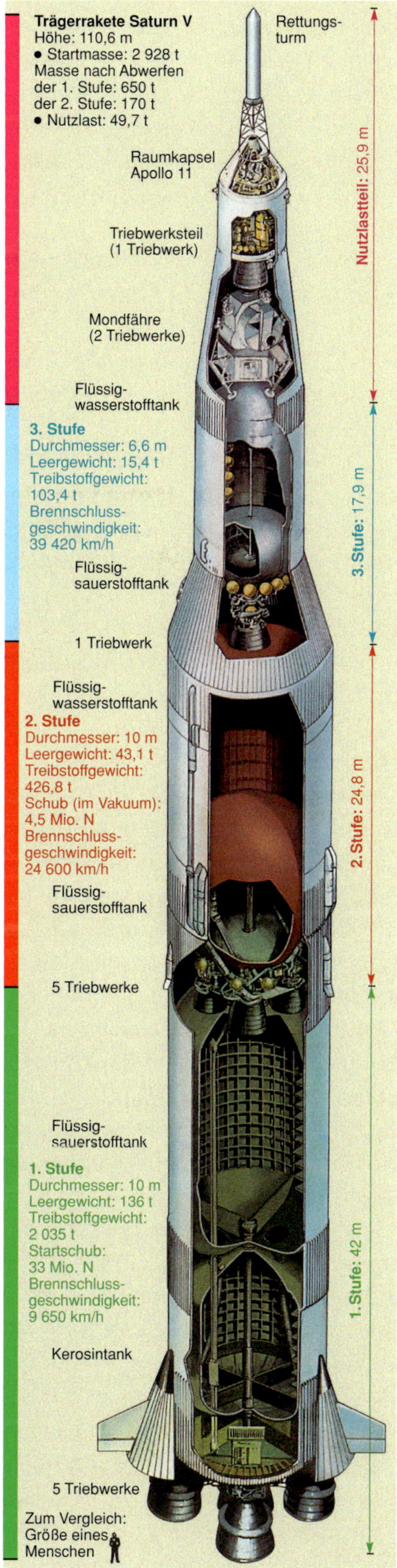

2

62697

Zusammenfassung

Der Rückstoß

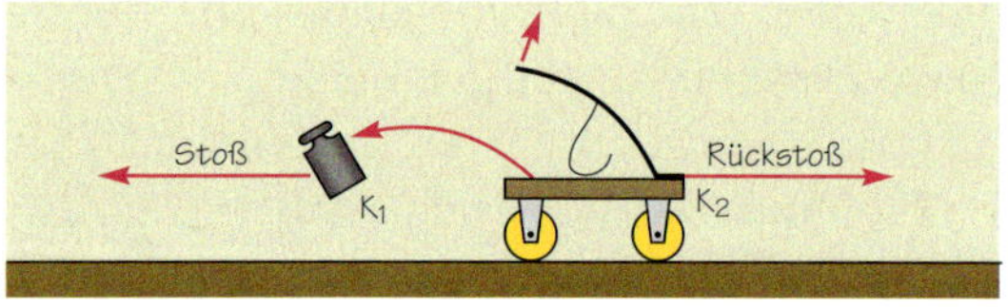

3

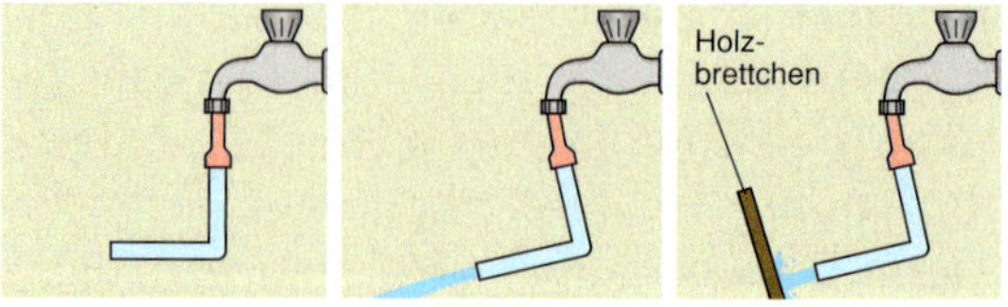

4

Wenn die in der gespannten Feder (Bild 3) gespeicherte Energie frei wird, wirkt auf das Wägestück (Körper 1) eine Kraft. Es wird dadurch weggestoßen *(Stoß)*.

Eine gleich große Kraft wirkt gleichzeitig auf den Wagen (Körper 2) – in entgegengesetzter Richtung *(Rückstoß)*.

Das Wasser (Körper 1) spritzt aus dem Rohr (Bild 4). Gleichzeitig wirkt ein Rückstoß auf das Winkelrohr (Körper 2).

Dieser Rückstoß wird *nicht* verstärkt, wenn das Wasser z. B. gegen ein Brett „stößt"; ein Körper „zum Abstoßen" ist für den Rückstoß nicht nötig.

Wenn von einem Körper ein anderer Körper weggestoßen wird, wirkt auf den ersten Körper ein Rückstoß. Beide Körper werden in entgegengesetzten Richtungen beschleunigt. Ein dritter Körper „zum Abstoßen" ist nicht erforderlich.

Der Raketenantrieb

Die z. B. im Wasserstoff gespeicherte chemische Energie wird bei der Verbrennung in Wärme umgewandelt. Die Verbrennungsgase (Körper 1) dehnen sich stark aus und werden aus der Düse herausgeschleudert *(Stoß)*. Wärme wird also in Bewegung umgewandelt. Auf die Rakete (Körper 2) wirkt eine gleich große Kraft in Gegenrichtung *(Rückstoß)*.

Alles klar?

Lösungen → Anhang

1. *Erkläre an einem Beispiel, was du unter „Rückstoß" verstehst. Am besten legst du eine Zeichnung an, in die du die Begriffe „Stoß" und „Rückstoß" einträgst.*

2. *In Bild 5 siehst du ein Feuerlöschboot. Es spritzt Wasser nicht nur in eine Richtung, sondern als „Stützstrahl" auch noch in die Gegenrichtung. Erkläre!*

3. *Sowohl bei der Wasserspritze als auch bei der Rakete kommt es zu einem Rückstoß.*
Nenne für beide Beispiele die jeweils beteiligten Körper. Hebe den Rückstoß hervor.

4. *Aus dem Feuerwehrschlauch spritzt Wasser: Verstärkt sich der Rückstoß, wenn das Wasser gegen eine Wand prallt?*

5. *Nenne Gemeinsamkeiten und Unterschiede eines Raketentriebwerks (Bild 6) und eines Verbrennungsmotors.*

5

6

Mit diesem Raketenauto erreichte *Fritz von Opel* schon im Jahr 1928 (!) bei einer Testfahrt auf der Berliner *Avus* eine Geschwindigkeit von mehr als 220 km/h. Als Antrieb dienten dabei 24 *Feststoffraketen*. (In Feststoffraketen dienen – wie bei einem Feuerwerkskörper – *feste* Stoffe als Treibstoff.)

Grundwissen „Radioaktivität und Kernenergie“

Das vorliegende Thema eignet sich gut zu einer **projektorientierten Bearbeitung**. Es kann nämlich in mehrere Teilthemen aufgegliedert werden, die ihr dann in Gruppen bearbeiten könnt. Besondere Hinweise dazu findet ihr auf S. 224 u. 228.

Die Bilder unten sollen euch schon einmal einen Überblick darüber geben, welche Teilthemen unter anderem möglich sind.

Um die verschiedenen Themen gut verstehen und bearbeiten zu können, solltet ihr ein bestimmtes **Grundwissen** vorher gemeinsam erarbeiten. Dieses Grundwissen steht auf den folgenden 11 Seiten.

Ihr könnt das natürlich auch in einer Gruppe versuchen – nur müsst ihr dann eure Mitschüler gründlich informieren. Dafür sind die vorgeschlagenen Modelle, Modellversuche und Experimente gut geeignet.

Radioaktiver Abfall wird in Spezialbehältern („Castor“) transportiert.

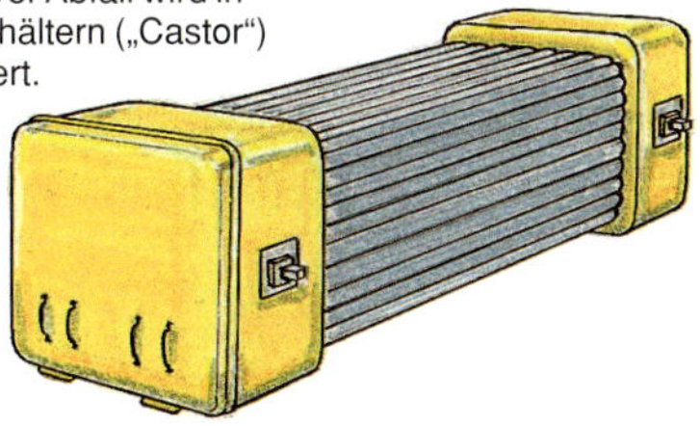

1

Radioaktive Strahlung wird zur Behandlung von Krebs eingesetzt.

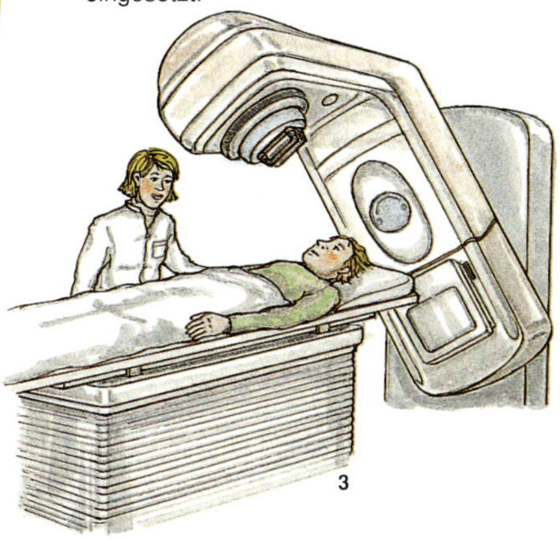

3

Mai 1986

Z

Nach Tschernobyl:
- Warnung an bayerische Molkereien
- Nur noch Trockenmilch für Säuglinge
- Blattgemüse verseucht

Milch und Gemüse radioaktiv verseucht

Radioaktive Wolke breitet sich aus
- Große Teile Europas von radioaktiven Niederschlägen bedroht
- In Österreich und Belgien wieder Zunahme der Strahlenbelastung gemessen

Atom-Katastrophe

zerstörtes Reaktorgebäude
- Zahl der Todesopfer auf 13 erhöht, Tausende Opfer in den nächsten Jahren befürchtet
- Reaktorbrand aus der Luft gelöscht
- Satellitenbild: Reaktorkern geschmolzen, Experte: „Der ist weg!“

4

Allgemeine Zeitung — August 1945

Hiroshima durch Atombombe zerstört – Tausende Tote

Kopilot des Bombers: „Die größte Explosion, die ein Mensch jemals gesehen hat! Wie viele Japaner haben wir umgebracht? Mein Gott, was haben wir getan!“
Ein Schüler aus Hiroshima: „Wir wohnten (…) ca. 2 km nördlich der Abwurfstelle. Als wir auf dem Schulhof spielten, näherte sich ein Flugzeug (…). Auf einmal war da etwas wie ein Blitzschlag und ich hielt mir die Hände vor das Gesicht. Als ich die Augen öffnete und mich umsah, war es dunkel und ich konnte nichts sehen. (Danach) wurde es wieder hell, und ich stellte fest, dass alle Häuser ringsum eingestürzt waren und dass es an einigen Stellen brannte. Dann hörte ich meine Schwester nach mir rufen. Ich war furchtbar erschrocken, als ich sie sah – sie hatte überall Blutflecken. Ich sah an mir selbst herunter: Die Haut an meinen beiden Armen und Füßen hatte sich abgeschält und hing hinunter. …“

2

Kernkraftwerke erzeugen etwa 30 % unserer elektrischen Energie.

5

Vorbereitende Aufträge

1. *Die Bilder auf dieser Seite zeigen einige Beispiele, wie radioaktive Strahlung und Kernenergie genutzt werden können. Sie deuten aber auch an, welche Probleme damit verbunden sind.*

a) *Beschreibe, was in den einzelnen Bildern dargestellt ist.*

b) *Welche Vor- und Nachteile werden anhand der Bilder aufgezeigt?*

2. *Schreibe stichwortartig auf, was dir außerdem noch zum Thema „Radioaktivität und Kernenergie“ einfällt.*

3. *Sammle Informationsmaterial zu diesem Themenbereich, z. B. aus dem Internet.*
Einige Quellen findest du auch auf S. 228 dieses Buches.

Der Blick ins Unsichtbare

6

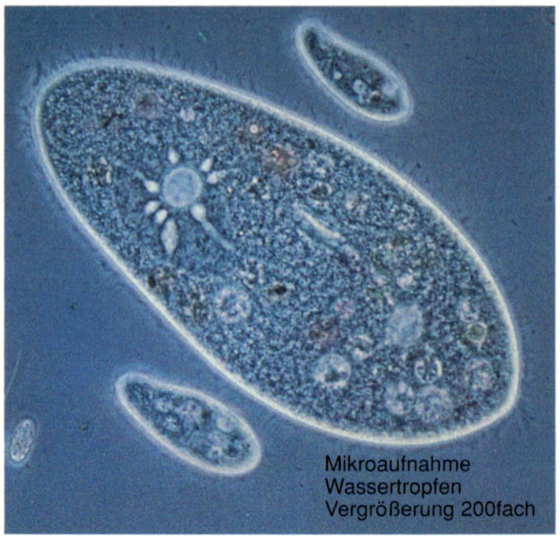

7

Nur ein *Wassertropfen*!
Doch mit Mikroskop und Lupe sieht man ihn genauer …

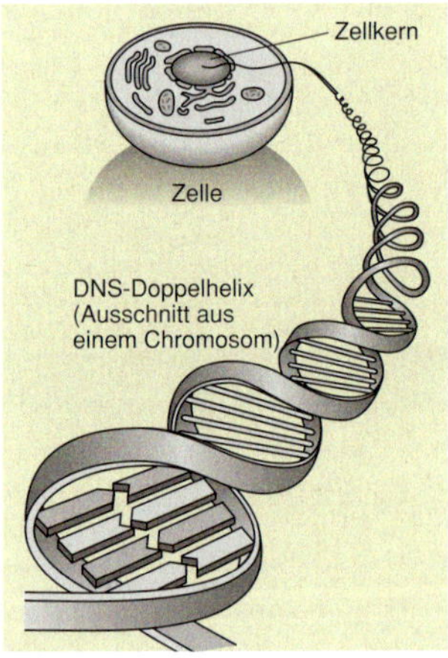

8

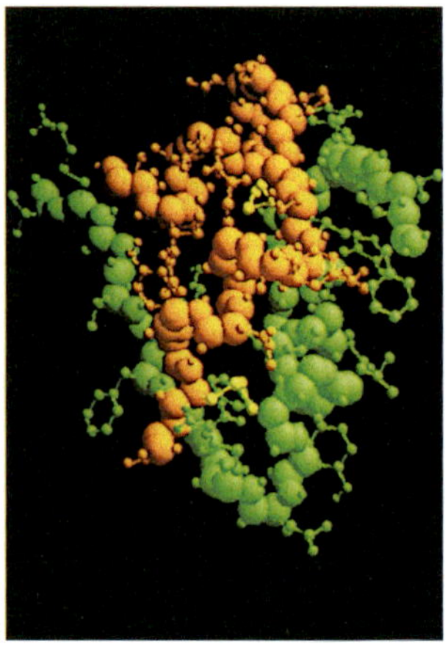

9

Zum Beispiel ein Pantoffeltierchen (Bild 7). Es besteht aus nur einer einzigen **Zelle**. Diese hat aber noch viel kleinere Bestandteile – z. B. den **Zellkern**.

Der Zellkern enthält die noch erheblich kleineren Chromosomen; diese sind Träger der Erbanlagen *(Gene)*.

Bild 8 zeigt den Ausschnitt aus einem solchen **Molekül** (im Modell).

Doch auch Moleküle sind nicht die kleinste Baueinheit der Stoffe. Sie sind aus noch kleineren **Atomen** aufgebaut (Bild 9: Eiweißmolekül).

Info: Das Kugelmodell von Dalton

Sämtliche Stoffe setzen sich aus **Atomen** zusammen. Diese stellen wir uns als kleine, kompakte Kugeln vor.

Diesem **Kugelmodell** liegen Vorstellungen des englischen Chemikers *John Dalton* (1766–1844) zugrunde. Sie lauten sinngemäß:

- Jedes einzelne Element besteht aus kleinsten, chemisch nicht weiter zerlegbaren Teilchen – den Atomen.
- Die Atome desselben Elements sind untereinander gleich.
- Es gibt so viele Atomarten, wie es Elemente gibt; sie unterscheiden sich vor allem in ihrem Gewicht (in ihrer Masse).
- Atome können weder neu geschaffen noch zerstört werden.

Mit dieser Atomvorstellung und mit Hilfe des Kugelmodells kann man zahlreiche chemische Sachverhalte erklären.

Wie groß ist ein Atom?

Die Dicke dieses Buches kannst du messen. Es enthält ungefähr 200 Seiten (100 Blätter).

Stell dir vor, dass 100 000 Bücher mit insgesamt **10 000 000 Blättern** übereinander liegen. Das entspricht einem Stapel, der mehr als *3-mal so hoch ist wie der Eiffelturm* in Paris (3 x 310 m).

Atome sind unvorstellbar klein. Wenn ebenfalls **10 000 000 Atome** übereinander lägen, ergäbe das nur *eine Höhe von der Dicke eines Eisenbleches* (1 mm).

10

Aus der Geschichte: Ein berühmtes Experiment

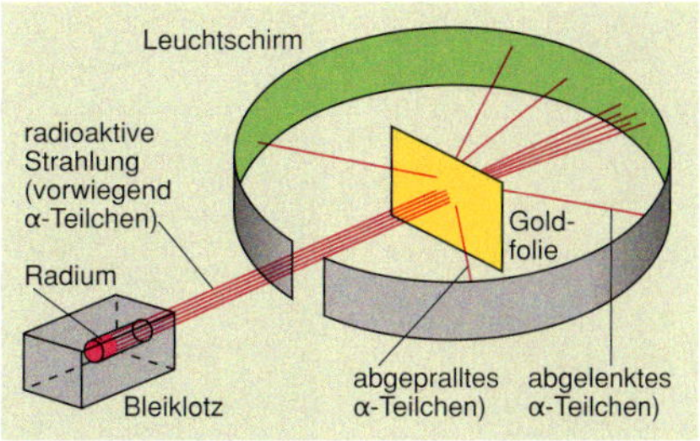

1

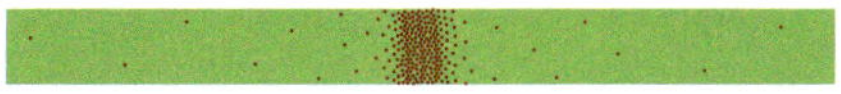
2

Atome als „kompakte, unzerstörbare Kugeln" – es zeigte sich, dass manche Sachverhalte damit nicht erklärt werden konnten. Man hatte z. B. erkannt, dass einige Atome Strahlung aussenden und sich dabei verändern (→ S. 194).

Einer, der Genaueres wissen wollte, war der englische Physiker *Ernest Rutherford* (1871–1937). Er entwickelte das in Bild 1 dargestellte Experiment. Dieser Versuch wurde später als **„Streuversuch"** berühmt. Zum Experimentieren nahm Rutherford eine hauchdünne Goldfolie. Obwohl die Folie so dünn war, lagen aber immer noch etwa 2000 „Atomschichten" übereinander.

Diese Folie beschoss er mit so genannten Alphateilchen – d. h. Teilchen, die noch kleiner als die Goldatome sind und von dem Metall Radium ausgestoßen werden. Daraufhin sah er auf dem kreisförmig gebogenen Leuchtschirm kleine Lichtblitze – immer dann, wenn eines der Alphateilchen dort einschlug.

Nun stellte Rutherford die folgende Überlegung an: Wenn die beschossenen Atome *„kompakte"* Teilchen wären, müsste jedes Alphateilchen auf ein Goldatom treffen und abgelenkt werden. Dann dürften nur wenige Alphateilchen die Goldfolie durchdringen.

Überrascht stellte er aber fest: Die Alphateilchen trafen etwa so auf den Leuchtschirm auf, wie Bild 2 es zeigt. Das heißt, die meisten gingen ungehindert durch die Folie hindurch; viele wurden nur ganz geringfügig aus ihrer Bahn abgelenkt, andere dagegen stärker. Einige wenige Alphateilchen (von 8000 nur eines) prallten ab und kamen auf derselben Seite der Folie wieder heraus.

Dieses Ergebnis von Rutherfords Streuversuch bildete die Grundlage für ein neues Atommodell: das **Kern-Hülle-Modell**.

Info: Das Kern-Hülle-Modell

Rutherford wertete seinen Streuversuch folgendermaßen aus:

Die Mehrzahl der Alphateilchen wurde *nicht* von den Goldatomen zurückgeworfen. Daraus schloss Rutherford, dass diese Teilchen *nicht* auf massive Atome aufgetroffen waren. Nur ein abgelenktes oder zurückgeworfenes Alphateilchen konnte auf einen massiven Bereich aufgeprallt sein – wohl auf ein Zentrum im Innern des Atoms.

Zu der Zeit, in der Rutherford lebte, war bereits bekannt, dass die Atome negativ geladene *Elektronen* besitzen. Du kennst sie als *elektrisch negativ geladene* Teilchen, die einen elektrischen Strom bilden können.

Auf seine Beobachtungen hin nahm Rutherford an, dass der Atomkern (als Zentrum des Atoms) von Elektronen umkreist ist. Atome waren für ihn also keine kompakten, einheitlichen Gebilde (Bild 3).

Diesen Atomkern nahm er als *elektrisch positiv* geladen an.

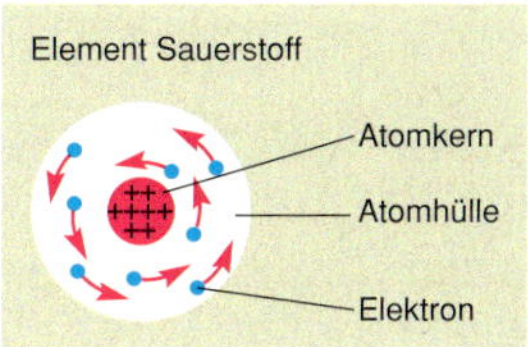

3

Rutherford beschrieb sein **Kern-Hülle-Modell** so:

- Jedes Atom besteht aus Atomkern und Atomhülle.
- Im **Atomkern** ist 99,9 % der Masse des Atoms konzentriert. Er ist elektrisch positiv geladen. Die Träger dieser Ladung werden **Protonen** genannt (griech. *proton:* das Erste).
- Die **Atomhülle** wird durch die **Elektronen** gebildet. (Elektronen sind elektrisch negativ geladene Teilchen.) Sie bewegen sich mit großer Geschwindigkeit um den Atomkern herum.
- Die Anzahl der Elektronen der Atomhülle entspricht der Anzahl der Protonen im Atomkern. Das Atom ist damit insgesamt elektrisch **neutral** (Bild 3).
- Der größte Teil eines Atoms ist **leerer Raum**.

Du siehst, dass Atome keineswegs kompakte Teilchen sind. Du erkennst auch, dass der „Blick ins Unsichtbare" bei den Atomen noch nicht zu Ende ist:

Materie gliedert sich in noch kleinere Bausteine auf.

63859

Aus der Geschichte: Wie Niels Bohr das Atommodell verfeinerte

Für Interessierte zum Weiterlesen

Der Däne *Niels Bohr* (1885–1962) war Schüler Rutherfords an der Universität von Manchester. Hier lernte er auch Rutherfords Atommodell kennen. Niels Bohr machte aber auch eigene Beobachtungen. So kam er schließlich zu der Überzeugung, dass die **Atomhülle** der Atome anders aufgebaut sein müsse, als man bis dahin vermutete.

Im Jahr 1913 veröffentlichte er folgende Annahmen:

- Die Elektronen bewegen sich nicht beliebig innerhalb der Atomhülle; vielmehr folgen sie **bestimmten Kreisbahnen** um den Atomkern herum.
- Auf diesen Kreisbahnen bewegen sich die Elektronen ohne Energieverluste.
- Die Elektronen können von einer Bahn auf eine andere „springen“. Wenn ein Elektron auf eine näher am Kern liegende Bahn überspringt, wird Energie in Form von Licht frei. Für den Sprung auf eine weiter außen liegende Bahn muss es Energie aufnehmen.

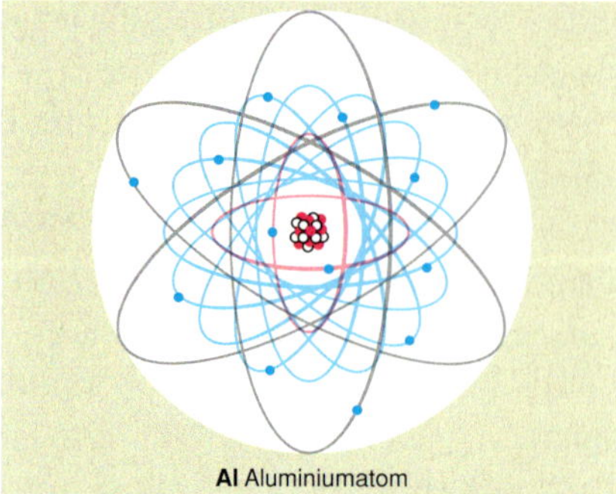

4

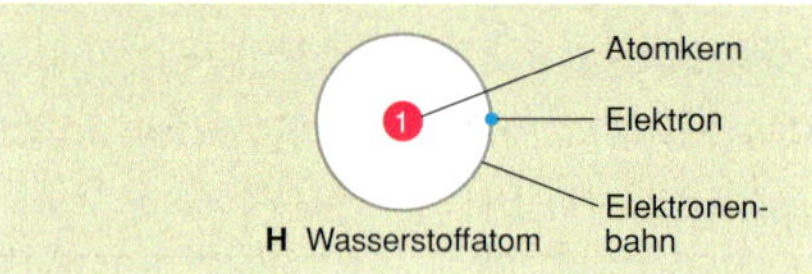

5

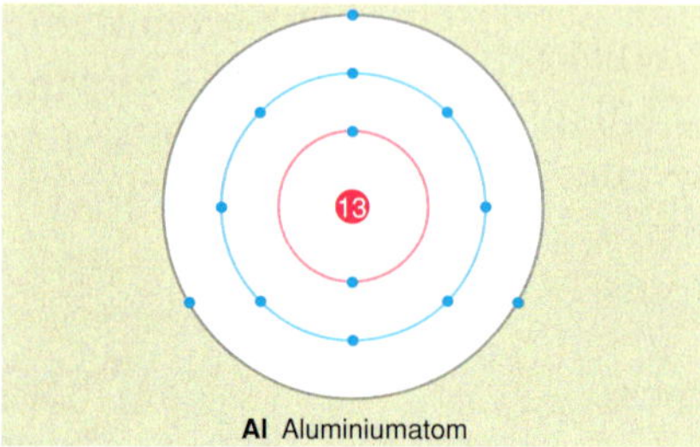

6

Bild 4 zeigt dir das *Modell eines Aluminiumatoms* nach Bohrs Vorstellungen. Da es zu umständlich wäre, jedes Atom räumlich darzustellen, wurde das Modell hier vereinfacht:

Die Elektronenbahnen mit gleichem Durchmesser stellte man jeweils durch einen Kreis um den Atomkern herum dar. Die Elektronen wurden durch Punkte auf den Kreisen markiert (Bilder 5 u. 6).

Niels Bohr erhielt 1922 den Nobelpreis. Bald musste jedoch auch sein Atommodell – d. h. seine Vorstellungen von der Atomhülle – weiter verfeinert werden.

A1 *Stelle deinen Mitschülern die verschiedenen Atommodelle vor:*

a) *Baue dazu Modelle aus unterschiedlich großen Styroporkugeln.*

b) *Zeichne die Modelle auf große Pappen. Schreibe auch noch die wichtigsten Merkmale der Atommodelle dazu.*

A2 *Bild 7 verdeutlicht die Größenverhältnisse in einem Atom.*
Übertrage die Zeichnung auf eine große Pappe.
Als Unterschrift könntest du unter deine Zeichnung schreiben: „Wenn man sich den Atomkern so groß wie eine Erbse vorstellt, ist der Durchmesser der Atomhülle …“

A3 *Erkläre den Rutherford-Versuch mit folgendem* ***Modellversuch****:*

a) *In Bild 8 sind die Schachteln völlig mit Kies gefüllt; damit stellen sie Atome nach dem Kugelmodell Daltons dar.*
Was würde geschehen, wenn die Schachteln mit einem Luftgewehr beschossen würden?

b) *In Bild 9 entspricht jede Schachtel einem Goldatom nach Rutherford. Der einzelne Kiesel in jeder Schachtel stellt einen Atomkern dar.*

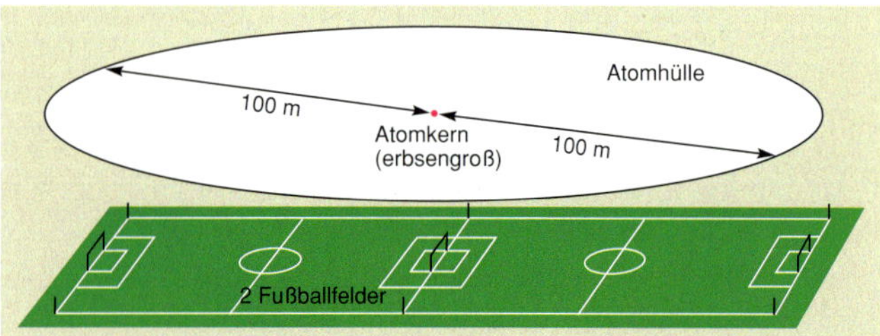

7

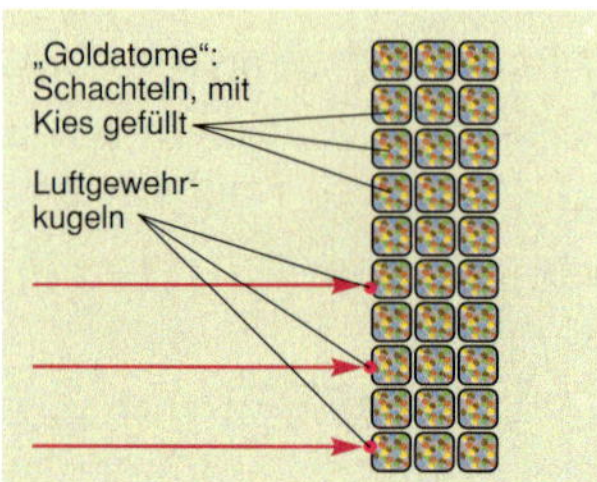

8

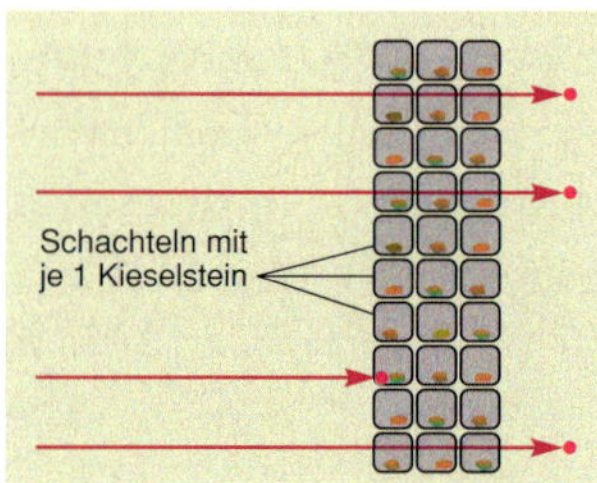

9

Info: Atomkerne

Rutherford führte ähnliche Streuversuche mit anderen Metallen durch – er erhielt dabei voneinander abweichende Ergebnisse. Je nachdem, welches Metall er verwendete, wurden die Alphateilchen mal mehr und mal weniger stark abgelenkt. Daraus schloss er:

- Die positive Ladung eines Atomkerns, die *Kernladung* ist je nach Atom unterschiedlich groß.
- Die Atome der Elemente unterscheiden sich durch die *Anzahl der Protonen* im Atomkern.

Aufgrund der Kernladung („Kernladungszahl“) bzw. der Zahl der Protonen im Kern kann man also *Elemente* voneinander unterscheiden.

Die Goldatome z. B. besitzen 79 Protonen im Kern; man sagt: Ihre Kernladungszahl beträgt 79. Natriumatome besitzen 11 Protonen im Kern; sie haben die Kernladungszahl 11. Das Wasserstoffatom dagegen besitzt nur 1 Proton; es hat die Kernladungszahl 1.

Man kann die **Elemente** nach der Zahl ihrer Protonen ordnen (→ Anhang). Die Protonenzahl wird deshalb auch **Ordnungszahl** genannt.

Im *Periodensystem der Elemente* (kurz: PSE) steht die Ordnungszahl jeweils links unten am Symbol des Elements. (Ein PSE findest du z. B. in deinem Chemiebuch.)

Anhand der Protonenzahl eines Atoms kann man auch die Zahl seiner Elektronen angeben. Dabei gilt im Allgemeinen: Die Anzahl der Elektronen in der Atomhülle ist so groß wie die Anzahl der Protonen im Atomkern. Dadurch sind die elektrischen Ladungen ausgeglichen. Das Atom ist nach außen hin elektrisch neutral.

1932 entdeckte man, dass der Kern außer den positiv geladenen Protonen **Neutronen** enthält (Bild 1). Das sind Kernbausteine, die gleich schwer wie Protonen, aber elektrisch neutral sind. Sie spielen daher bei der Kernladungszahl keine Rolle. Ihre Funktion im Atomkern gleicht der eines „Klebstoffs“: Sie verhindern, dass sich die Protonen aufgrund ihrer gleichen elektrischen Ladungen so stark abstoßen, dass der Kern „zerplatzt“.

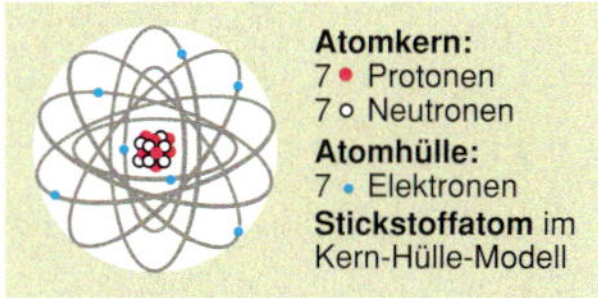

1

Wenn man die Protonen und die Neutronen eines Atoms zusammenzählt, erhält man die *Massenzahl* dieses Atoms. Die Massenzahl ist also die Gesamtzahl der Kernbausteine eines Atoms (Bild 2).

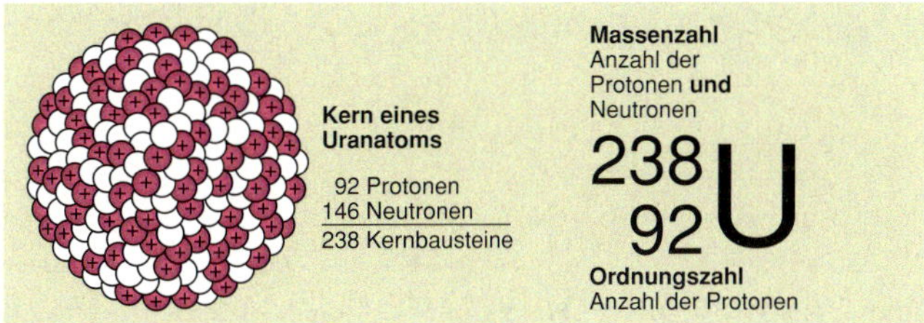

2

Info: Isotope

In der Medizin verwendet man „Isotope“ zur Untersuchung und zur Heilung von Krankheiten (→ „Strahlung im Dienst von Gesundheit und Industrie“). **Man spricht von Isotopen, wenn Atomkerne ein und desselben Elements unterschiedlich viele Neutronen besitzen.**

Die am häufigsten vorkommenden Kohlenstoffatome besitzen 6 Protonen und 6 Neutronen; sie haben also die Massenzahl **12**. Es gibt aber auch Kohlenstoffatome mit der Massenzahl **14**; sie müssen demnach *8* Neutronen besitzen (Bild 3). Dieser Kohlenstoff ist radioaktiv. Bei chemischen Reaktionen unterscheiden sich die Isotope nicht.

Von einigen Elementen gibt es sogar mehrere Isotope. Vom Sauerstoff z. B. kennt man drei Isotope. Sie haben im Kern immer 8 Protonen. Die Anzahl der Neutronen beträgt aber 8, 9 oder 10.

Isotope unterscheiden sich also in ihrer „Massenzahl“. So schreibt man z. B. kurz „C-12“ für den Kern des „normalen“ Kohlenstoffs mit der Massenzahl 12. Und „C-14“ schreibt man für den Kern des radioaktiven Kohlenstoffs mit der Massenzahl 14 (Bild 3).

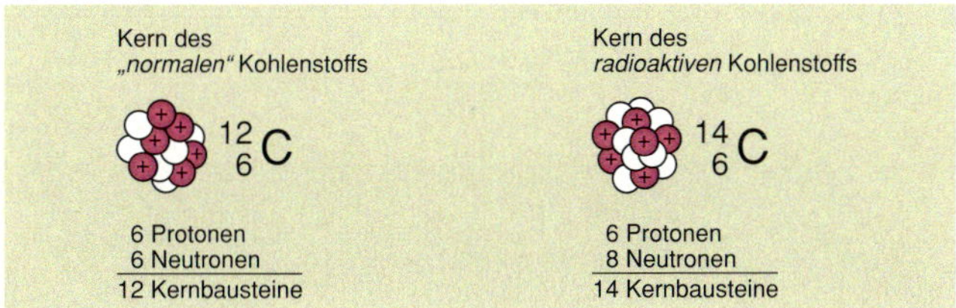

3

Die Kernspaltung

4

5
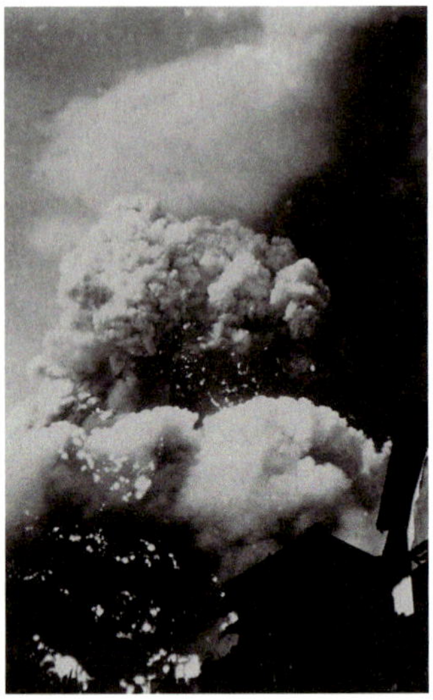

Kernkraftwerk und Atombombe –
Grundlage für beides ist die Kernspaltung.

Info: Was geschieht bei der Kernspaltung?

Otto Hahn gelang es 1938 zum ersten Mal, Atomkerne zu spalten (→ „Aus der Geschichte der Kernphysik“, S. 216). Aus Uran entstanden so – durch Beschuss mit einem Neutron – zwei vollkommen andere Stoffe: Barium und Krypton.

Bei diesem künstlich herbeigeführten Zerfall des Urans wurden außerdem 2–3 Neutronen ausgestoßen. Dabei wurde viel **Energie** frei gesetzt (Bild 6). Wie war das möglich? Woher stammt diese Energie?

Wie du schon weißt, bestehen Atomkerne aus positiv geladenen Protonen und aus neutralen Neutronen. Enthält ein Kern mehrere Protonen, so ist eigentlich zu erwarten, dass er auseinander fällt – die gleichnamig geladenen Protonen stoßen sich ja gegenseitig ab.

Ähnliches kann man bei gleichnamigen Magnetpolen beobachten:

Wenn man zwei Magnete mit ihren Nordpolen einander nähert, spürt man deutlich *abstoßende Kräfte*. Wenn man sie dann wieder loslässt, bewegen sich beide Magnete voneinander weg.

Atomkerne fallen aber nicht – wie die Magnete – von selbst auseinander. Wir müssen also annehmen, dass *im Atomkern noch andere (stärkere) Kräfte wirksam sind*; diese müssen die Kernbausteine trotz der Abstoßung zusammenhalten. **Die anziehenden Kräfte zwischen den Kernbausteinen bezeichnet man als *Kernkräfte*.**

Die Kernkräfte wirken nur, wenn sich die Kernbausteine ganz nahe beieinander befinden.

6
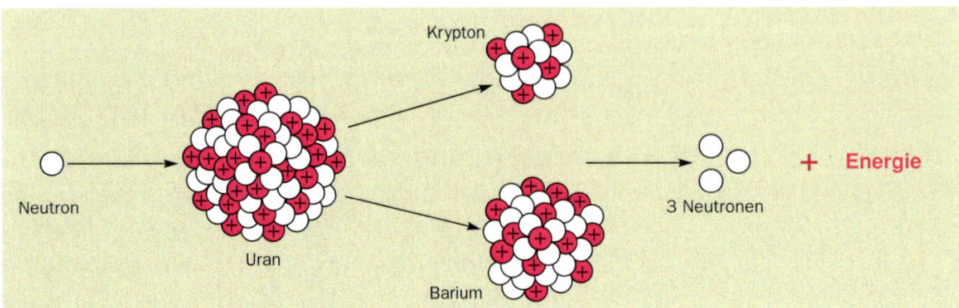

Info: Ein Modellversuch zur Kernspaltung

Mit dem Modellversuch der Bilder 1–3 können wir uns den Begriff *Kernenergie* klar machen:

Wenn wir die Magnete – gegen die abstoßenden Magnetkräfte – wie in Bild 1 aufeinander zu bewegen, verrichten wir **Arbeit**. (Die Magnete werden ja durch unsere Kraft über einen Weg befördert.) Dadurch erhalten die Magnete **Energie**.

Wenn sie zusammengeklebt sind (Bild 2), bleibt die Energie so lange gespeichert, bis wir die Magnete trennen (Bild 3).

Sie gleiten dann auseinander; das heißt, die gespeicherte Energie wird in *Bewegungsenergie* umgewandelt.

Diese Überlegungen lassen sich auf die Atomkerne übertragen: Auch im Atomkern ist Energie gespeichert: *Kernenergie*. Dem Auseinanderschneiden der zusammengeklebten Magnete entspricht hier das Eindringen eines Neutrons in den Atomkern. Der Kern zerbricht dadurch in zwei Teile.

Jetzt sind nur noch abstoßende Kräfte zwischen den positiv geladenen „Kernbruchstücken“ wirksam. Diese fliegen daher mit hoher Geschwindigkeit auseinander. Das heißt: **Durch die Kernspaltung wird Kernenergie in mechanische Energie (Bewegung) der Kernbruchstücke und damit in thermische Energie (Wärme) umgewandelt.**

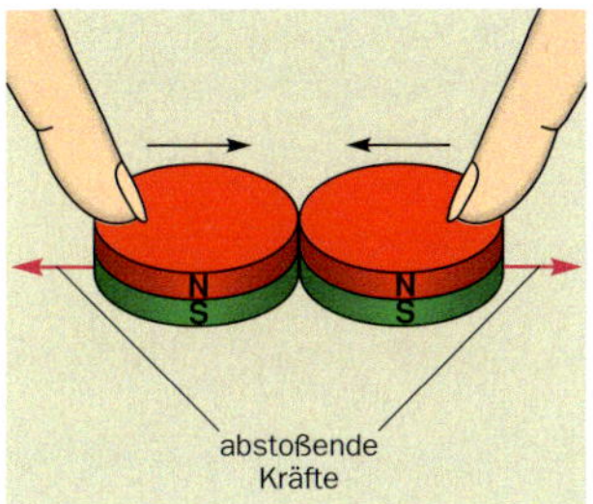

1

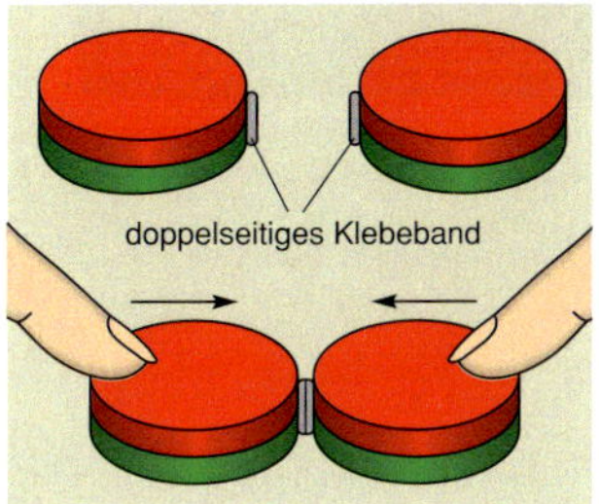

2

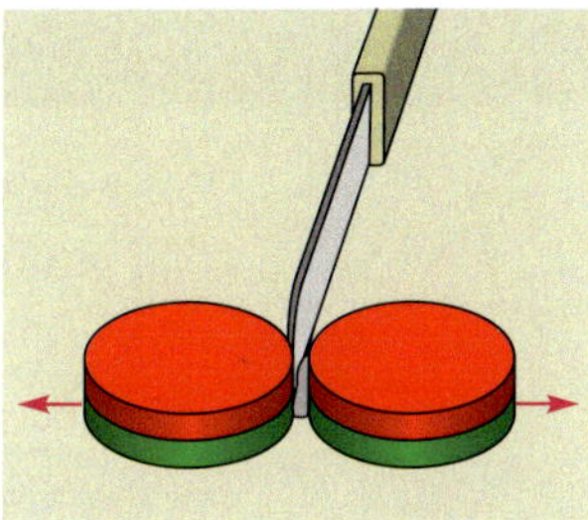
3

V1 *Veranschaulichung der Kernkräfte (Modellversuch):*

a) *Lege zwei Rundmagnete so auf den Tisch, dass sie einander abstoßen. Warum kann man sie mit einer Stahlkugel „zusammenheften“ (Bild 4)?*

b) *Wie kannst du erreichen, dass auch zwischen drei Rundmagneten ein Zusammenhalt entsteht?*

c) *Welchem Kernbaustein entsprechen die Rundmagnete und welchem die Stahlkugeln in diesem Modellversuch?*

d) *Wie viele Stahlkugeln sind nötig, um vier Rundmagnete zusammenzufügen?*

e) *Was geschieht, wenn du einen fünften Rundmagneten hinzufügen willst? (Siehe dazu die Anordnung von Bild 5.)*

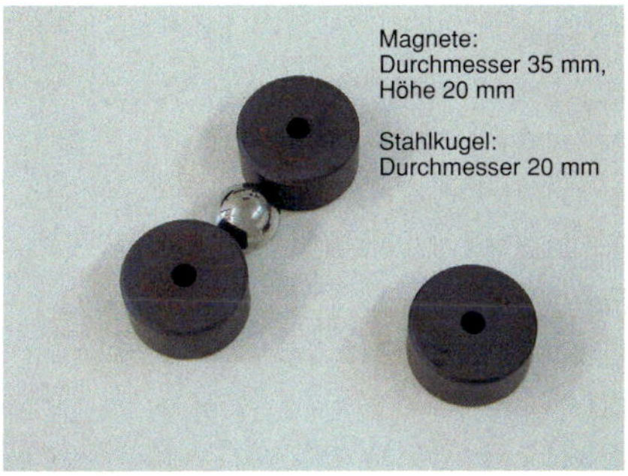

4

5

A1 *Atomkerne sind meistens aus zweierlei Kernbausteinen aufgebaut. Welche sind das?*

A2 *Eigentlich müssten Atomkerne von selbst auseinanderfallen.*

a) *Weshalb?*

b) *Atomkerne fallen aber nicht von selbst auseinander. Was muss man deshalb annehmen?*

A3 *Die Kernspaltung und die damit verbundene Energieumwandlung könnt ihr mit dem obigen Modellversuch auf einem Tageslichtprojektor erklären.*

A4 *Baue aus verschiedenfarbigen Styroporkugeln und passendem Klebstoff das Modell eines Elements, z. B. Sauerstoff (→ Tabelle im Anhang). Erkläre daran deinen Mitschülern den Bau eines Atomkerns und die Begriffe „Massen-“ und „Ordnungszahl“.*

63863

Radioaktive Strahlung

6 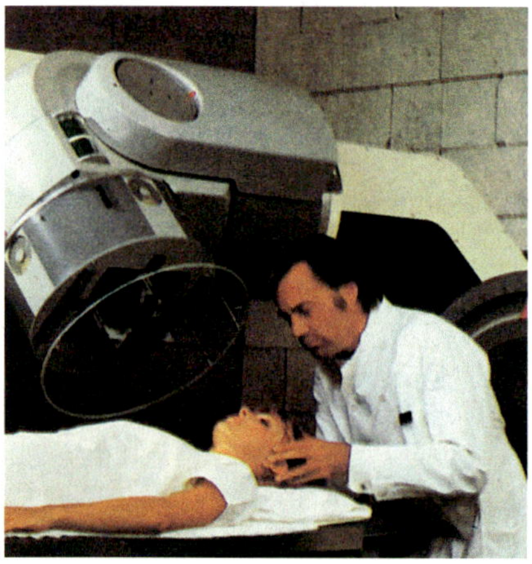

Für krebskranke Menschen ist eine Behandlung mit *radioaktiver Strahlung* oft die letzte Hoffnung.

7 

Angst vor *radioaktiver Strahlung* wurde auch durch den Reaktorunfall von Tschernobyl genährt.

Radioaktivität – was ist das eigentlich? Wie entsteht radioaktive Strahlung? Wie wirkt sie?
(Schutzmaßnahmen für den Umgang mit radioaktiven Strahlern → Anhang.)

V1 *So kann radioaktive Strahlung nachgewiesen werden.*

a) ***Fotomethode:*** *In eine lichtdicht verschließbare Dose wird ein unbelichteter, empfindlicher Filmstreifen gelegt (in der Dunkelkammer). Darauf legst du einen radioaktiven Stein o. ä.*
Verschließe die Dose so, dass kein Licht eindringen kann. Nach ca. einer Woche wird der Film entwickelt. (Siehe „So kann man radioaktive Strahlung nachweisen“, S. 194.)

b) ***Spinthariskop:*** *In Bild 8 ist der Versuch abgebildet.*
Sieh bei völliger Dunkelheit durch eine Lupe auf ein Plättchen aus Zinksulfid (nach 5 min Eingewöhnungszeit). Über dem Plättchen befindet sich ein Strahler.

c) ***Funkenstrecke:*** *Dieser Lehrerversuch wird nach Bild 9 aufgebaut. (Hochspannungsgerät, Platte und Spitze: Abstand: ca. 4 mm).*
Die Spannung (ca. 4000 V) wird so eingestellt, dass gerade kein Funke überspringt. Dann wird das radioaktive Präparat herangeführt.

Erweiterung:
1. Festwiderstand (1 MΩ) einbauen; 2. Radio (Mittelwelle) in die Nähe stellen; 3. Glimmlampe in den Stromkreis einbauen.
(Erklärung: → „Info: Die Ionisation“ S. 193.)

8 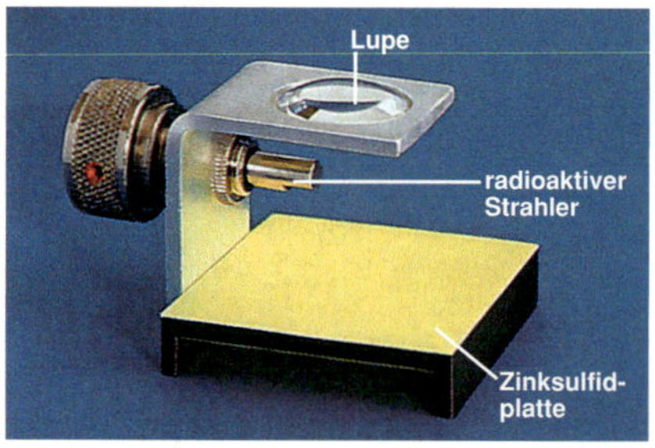

9 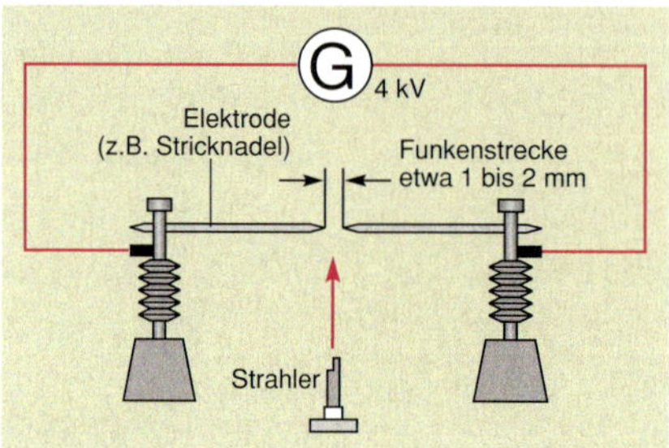

V2 *Wir führen Versuche mit dem Geigerzähler durch.*

a) ***Nulleffekt:*** *Alle Stoffe, die radioaktiv strahlen, sind aus dem Raum entfernt worden.*
Schalte den Geigerzähler (siehe die folgende Seite) ein. Miss dann 5 oder 10 min lang. Berechne aus deinen Messwerten die Impulse pro Minute (die „Impulsrate“).
(Erklärung: → „Radioaktive Strahlung überall“, S. 198.)

b) ***Verschiedene Stoffe:*** *Miss die Radioaktivität von Steinen (u. a. von Pechblende), Kochsalz, einem Glühstrumpf und verschiedenen Chemikalien (Kaliumchlorid, Kaliumpermanganat* O, Xn*).*
Bei schwach strahlenden Stoffen solltest du 5 min lang messen und dann die Impulsrate berechnen. Vergleiche mit dem Nulleffekt.
Miss Staub aus dem Staubsaugerbeutel gleich nach dem Saugen.
Lass 1 Liter Regenwasser in einem Topf verkochen, kratze die Reste zusammen und miss 10 min lang.

Info: So kann man radioaktive Strahlung nachweisen

Ein einfaches Verfahren radioaktive Strahlung nachzuweisen ist die **Fotomethode**: Durch radioaktive Strahlung wird ein Film „belichtet“, obwohl er licht*un*durchlässig verpackt ist (Bild 1). „Strahlungszeit“ bei schwach radioaktiven Körpern: ca. eine Woche.

Das bekannteste Nachweisgerät ist das **Geiger-Müller-Zählrohr** (*Geigerzähler*). Es zählt die Spannungsimpulse, die von der Strahlung verursacht werden, wenn diese in das Gerät eindringt (Bild 2).

Der Geigerzähler zeigt auch dann eine geringe Strahlung an, wenn keine radioaktiven Stoffe in der Nähe sind. Überall ist nämlich eine schwache Umweltstrahlung vorhanden (→ „Radioaktive Strahlung überall“, S. 198). Man spricht hierbei von einem **Nulleffekt**.

Ein Nulleffekt von z. B. 20 Impulsen pro Minute gibt die Stärke der Umweltstrahlung an dem betreffenden Ort an. Der Nulleffekt ist von Ort zu Ort (und von Tag zu Tag) unterschiedlich groß.

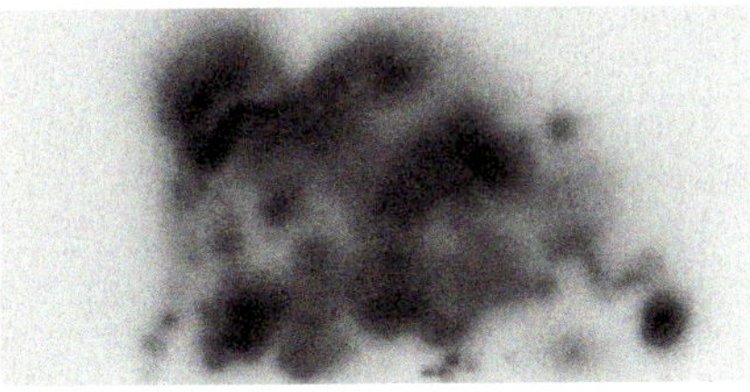

1

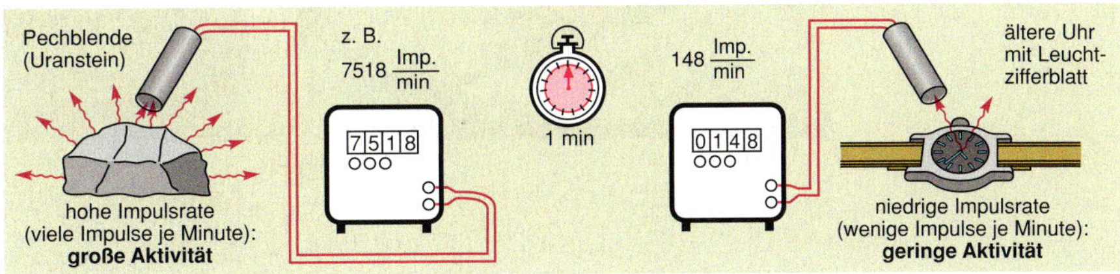

2

Info: Wie radioaktive Strahlung entsteht

Die Atomkerne *nicht radioaktiver* Stoffe verändern sich im Laufe der Zeit nicht. Man bezeichnet sie deshalb auch als *stabile Atomkerne*.

Die Atomkerne radioaktiver Stoffe sind dagegen *in*stabil. Sie wandeln sich unter Aussendung von radioaktiver Strahlung um. Man nennt diese Umwandlung *Kernzerfall*.

Durch das Aussenden von radioaktiver Strahlung entstehen andere Atomkerne und damit andere Elemente.

Ein Beispiel für den Kernzerfall ist der Zerfall eines Uranatomkerns: Den ersten Schritt kann man sich so vorstellen, wie Bild 3 es am Beispiel von Uran-238 zeigt. Ein Atomkern des radioaktiven Elements Uran-238 sendet je 2 Protonen sowie 2 Neutronen aus. Das entspricht einem Atomkern des Elements Helium. (Der Heliumkern ist nämlich aus 2 Protonen und 2 Neutronen zusammengesetzt.)

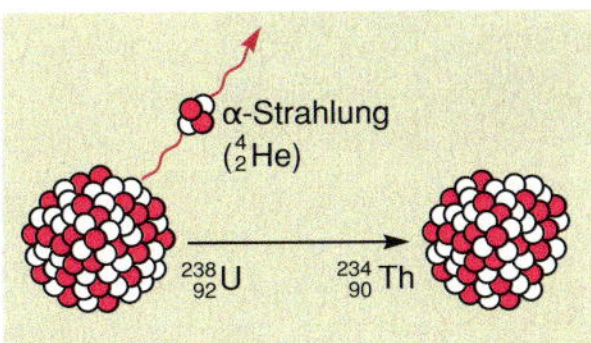

3

Die radioaktive Strahlung von Uran-238 besteht also zum größten Teil aus *Heliumkernen*. Man bezeichnet diese Strahlungsart auch als *Alphastrahlung* (α-Strahlung). Bei dieser Art Strahlung handelt es sich also um eine *Teilchenstrahlung*.

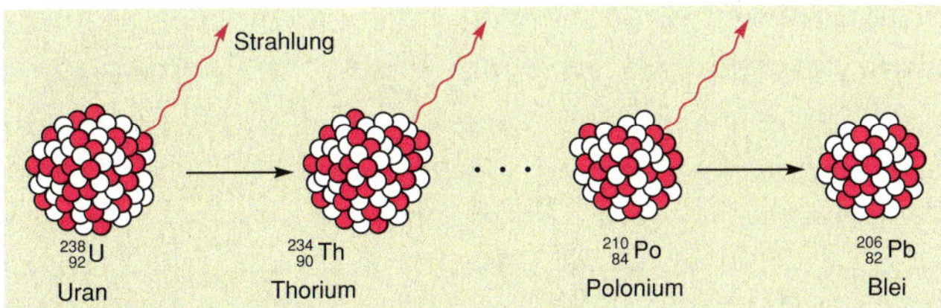

4

Da der Uranatomkern einen Heliumatomkern abgestrahlt hat, hat sich seine Ordnungszahl geändert; er ist nun kein Uranatomkern mehr. Zurück bleibt ein Atomkern, der 2 Protonen und 2 Neutronen weniger als ein Uranatomkern besitzt – und das ist ein Kern des Elements *Thorium* (90 Protonen und 144 Neutronen).

Auch Thorium ist radioaktiv. Der Kernzerfall geht weiter, bis ein stabiler Atomkern entsteht: ein Atomkern des Elements *Blei* (Bild 4).

Radioaktive Strahlung ist also mit Elementumwandlungen verbunden: Atomkerne eines radioaktiven Elements „zerfallen“ – und dabei entstehen Atomkerne eines anderen Elements.

Neben der α-Strahlung gibt es z. B. auch noch die β-Strahlung und die γ-Strahlung (→ rechte Seite).

Seit Entstehung der Erde verändert sich also die Menge radioaktiver Elemente ständig. Inzwischen ist mehr als die Hälfte des Urans in Blei umgewandelt.

63865

Info: Die Ionisation

Die folgenden beiden Wirkungen radioaktiver Strahlung kennst du bereits:

- Filme werden durch die Verpackung hindurch „belichtet“.
- Die Luft wird leitend, sodass Funken überspringen können.

Diese Wirkungen beruhen auf der **Ionisation**: Wenn radioaktive Strahlung auf einen Stoff trifft, werden Elektronen aus den Hüllen der Atome „herausgeschlagen“. Die „Restatome“ (Atomrümpfe) sind dann positiv geladen; es sind *positive Ionen* (Bild 5; → auch „Strahlung im Dienst der Gesundheit“, S. 201 ff.).

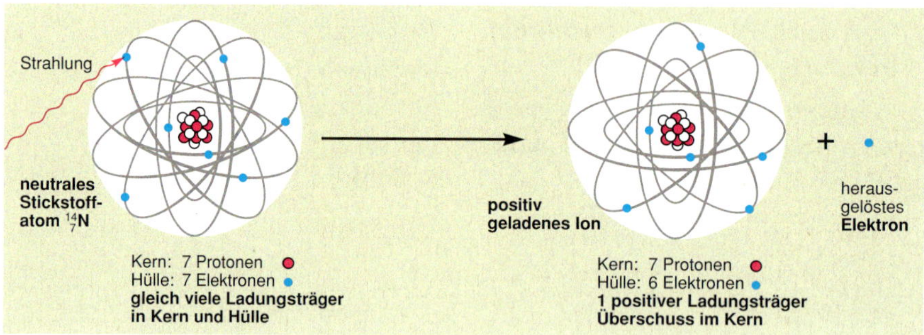

5

Info: Das Becquerel – ein Maß für die Radioaktivität

Radioaktive Strahlung entsteht beim Zerfall von Atomkernen.

Je mehr Atomkerne eines Stoffes in einer bestimmten Zeit zerfallen, *desto größer ist die Radioaktivität* (oder **Aktivität**).

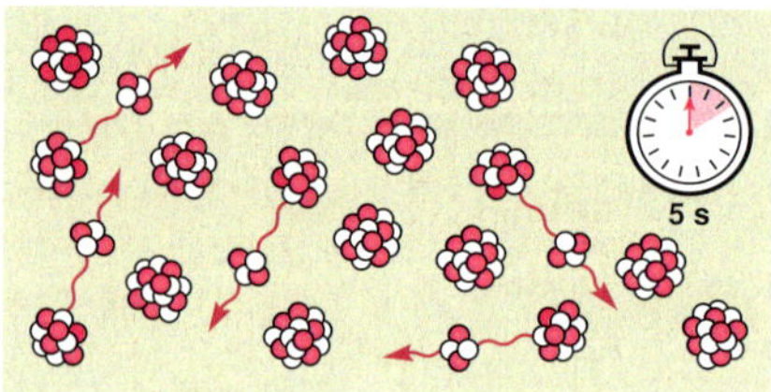

6

In Bild 6 zerfallen in 5 s 5 Atomkerne. Die Aktivität beträgt „5 Zerfälle in 5 s“ oder „1 Zerfall in 1 s“.

Einheit der Radioaktivität:

$$\textbf{1 Becquerel (1 Bq)} = \frac{\textbf{1 Zerfall}}{\textbf{1 Sekunde}}$$

Info: Verschiedene Strahlungsarten

Es gibt verschiedene Arten radioaktiver Strahlung. Die wichtigsten davon sind: die Alphastrahlung (α-Strahlung), die Betastrahlung (β-Strahlung) und die Gammastrahlung (γ-Strahlung; eine Art energiereiches Licht, ähnlich der Röntgenstrahlung).

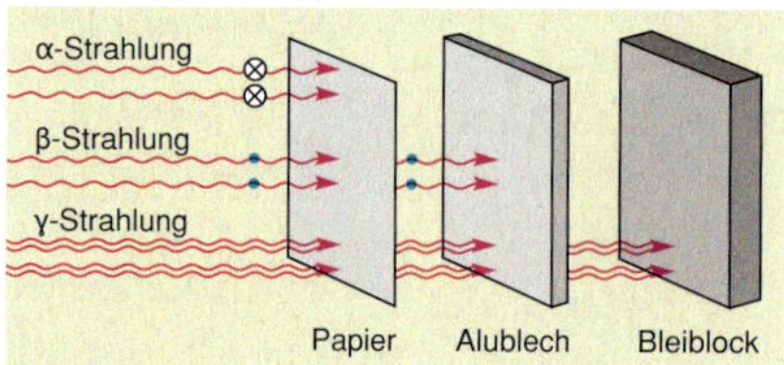

7

Bild 7 zeigt einen Unterschied zwischen diesen Strahlungsarten (→ auch die Tabelle).

	Alphastrahlung	Betastrahlung	Gammastrahlung
Abschirmung	durch Papier (oder eine 4–8 cm dicke Luftschicht) hindurch	durch 4–5 mm dickes Aluminiumblech hindurch	nur durch dicke Bleiplatten hindurch
Art der Strahlung	Teilchenstrahlung (Alphateilchen)	Teilchenstrahlung (Betateilchen)	ähnlich der Röntgenstrahlung (energiereich)
Wirkung auf den menschlichen Körper	stark ionisierend	weniger stark ionisierend als die Alphastrahlung	weniger stark ionisierend als die Alphastrahlung

V3 ***Abschirmversuche:*** *Welche Stoffe sind geeignet radioaktive Strahlung abzuschirmen? Verschiedene Gegenstände werden zwischen Geigerzähler und radioaktiven Strahler gehalten. Haltet die Ergebnisse eurer Messversuche in einer Tabelle fest.*

Info: Was versteht man unter Halbwertszeit?

Radioaktive Strahlung ist mit einem Kernzerfall verbunden. Das heißt, die Strahlung einer bestimmten Menge eines Stoffes muss mit der Zeit immer schwächer werden; die Menge wird ja allmählich immer geringer.

Wie schnell aber ein Stoff zerfällt und wie schnell damit seine Strahlung abnimmt, ist von Stoff zu Stoff verschieden (siehe dazu auch die unten stehenden Versuche).

Bei Radium-226 dauert es z. B. 1620 Jahre, bis es zur Hälfte zerfallen ist (Bild 1). Bei Iod-123 (ein in der Medizin viel genutztes Isotop) dauert es nur 13,3 Stunden.

Man nennt den Zeitraum, bis zu dem die Hälfte der ursprünglich vorhandenen Atomkerne zerfallen ist, die *Halbwertszeit*.

Radioaktiver Stoff	Halbwertszeit
Uran-238	4 500 000 000 Jahre
Kalium-40	1 260 000 000 Jahre
Plutonium-239	24 390 Jahre
Kohlenstoff-14	5730 Jahre
Radium-226	1620 Jahre
Caesium-137	30 Jahre
Strontium-90	29 Jahre
Iod-123	13,3 Stunden

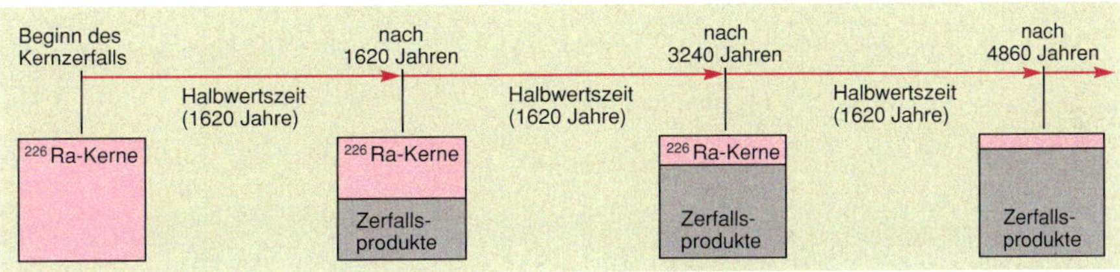

1

V4 *Versuche zur **Halbwertszeit**:*

a) *Wenn ihr in der Schule ein geeignetes radioaktives Präparat habt, könnt ihr dessen Halbwertszeit untersuchen.*
Richtet euch dabei genau nach den Hinweisen des Herstellers.
In der folgenden Tabelle sind die Ergebnisse von zwei Stoffen dargestellt.
Stellt die Messwerte graphisch dar.
Welche Halbwertszeit hat offenbar der Stoff Barium-137?

Messung	Radium-226 Impulse/15 s	Barium-137 Impulse/15 s
zu Beginn	554	1040
nach 1 Minute	524	755
nach 2 Minuten	550	552
nach 3 Minuten	560	441
nach 4 Minuten	541	329
nach 5 Minuten	528	270
nach 6 Minuten	529	210
nach 7 Minuten	561	149
nach 8 Minuten	560	119
nach 9 Minuten	532	103
nach 10 Minuten	551	89

b) *Dieser „Bierschaumversuch“ ist ein Modellversuch zur Halbwertszeit:*
Gießt in einen 100-ml-Standzylinder zügig Bier. Der Schaum soll genau bis zum Rand stehen.
Messt sofort mit einem Lineal die Höhe des Schaumes (zwischen dem Bier und dem oberen Rand) und startet eine Stoppuhr.
Messt anschließend jeweils die Zeit, wenn die Hälfte, ein Viertel, ein Achtel des Bierschaumes zerfallen sind.
Welche Halbwertszeit hat also der Bierschaum in eurem Versuch?

V5 *Kann man radioaktive Strahlung durch Verbrennen vernichten?*
Löst eine kleine Portion Uransalz (Uranylnitrat) in Wasser und tränkt darin einen kleinen Papierfilter.
Messt anschließend die radioaktive Strahlung (Aktivität) mit einem Geigerzähler.
Verbrennt nun das Filter in einem Porzellanschälchen und messt die Aktivität der Asche.
Sucht eine Erklärung für das Versuchsergebnis.

Hinweis: Der Versuch kann auch mit einem Glühstrumpf durchgeführt werden (Ratschläge des Herstellers beachten!).

63867

Zusammenfassung

Das Kern-Hülle Modell

Jedes Atom besteht aus einem **Atomkern** und einer **Atomhülle** (Bild 2).

Atomhülle: In der Atomhülle befinden sich die negativ geladenen *Elektronen*.

Atomkern: Der Atomkern besteht aus elektrisch positiv geladenen *Protonen* und elektrisch neutralen *Neutronen*.

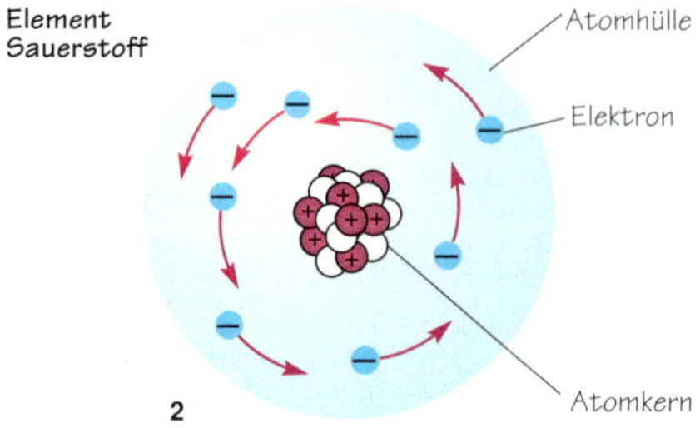

2

Massenzahl: Sie ergibt sich aus der Summe der Protonen und der Neutronen eines Atoms (Bild 3).

Ordnungszahl: Sie gibt an, wie viele Protonen ein Atom besitzt. Atome ein und desselben Elements haben die gleiche Ordnungszahl.

Isotope: Atome mit gleicher Anzahl von Protonen, aber unterschiedlicher Anzahl von Neutronen (Bild 4).

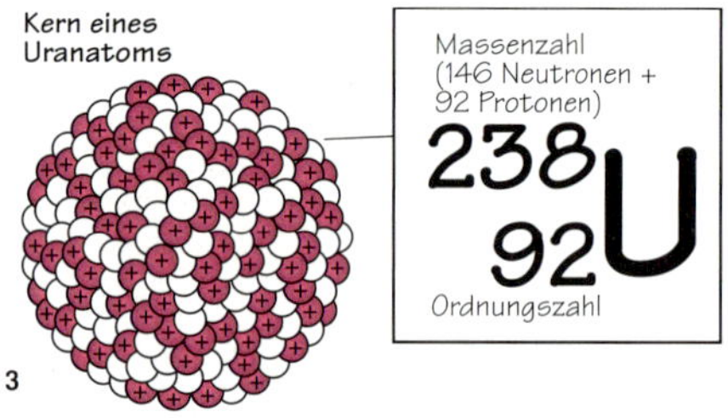

3

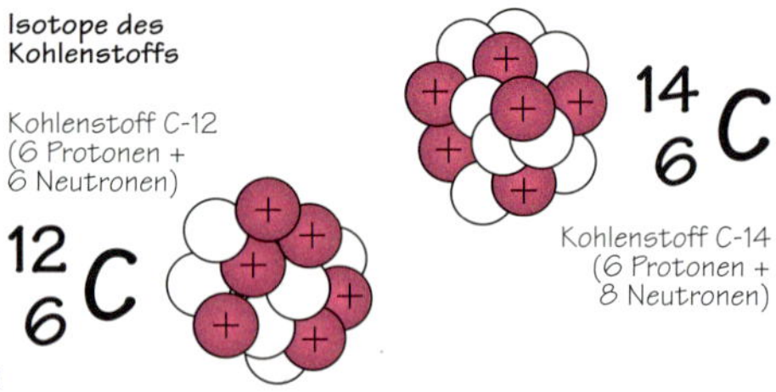

4

Radioaktive Strahlung und Kernspaltung

Entstehung: Radioaktive Strahlung wird beim *Zerfall von Atomkernen* frei. Dabei entstehen jeweils andere Elemente (Bild 5).

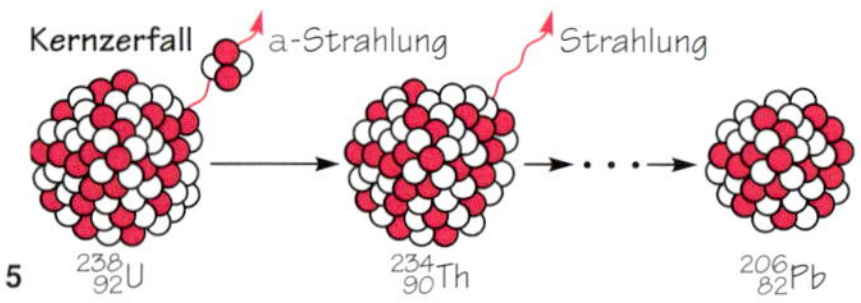

5

Strahlungsarten: Man unterscheidet zwischen *Alpha-*, *Beta-* und *Gammastrahlung*.

Nachweis: Das wichtigste Nachweisgerät für radioaktive Strahlung ist der Geigerzähler.

Einheit: Die Aktivität misst man in der Einheit *Becquerel (1 Bq)*:

$$1\ \text{Bq} = 1\ \frac{\text{Kernzerfall}}{\text{Sekunde}}.$$

Halbwertszeit: Sie gibt an, in welcher Zeit die Hälfte des radioaktiven Stoffes zerfallen ist (z. B. Iod-123: 13,3 Stunden).

Ionisierung: Radioaktive Strahlung kann Stoffe ionisieren; sie sind dann positiv oder negativ geladen.

Kernspaltung: Mit Hilfe von Neutronen kann man bestimmte Atomkerne (so z. B. U-235) spalten.

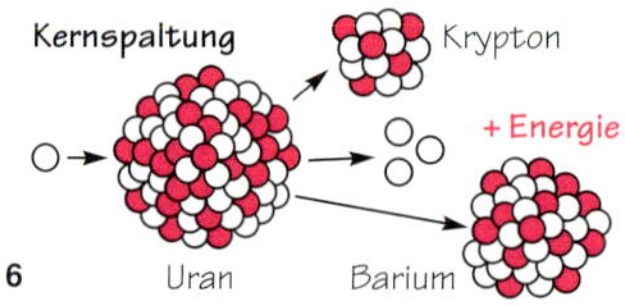

6

Dabei wird *Energie* in Form von Wärme frei. Außerdem entstehen dadurch neue Elemente (Bild 7).

Alles klar?

Lösungen → Anhang

1. *Nenne Unterschiede zwischen dem Dalton-, dem Rutherford- und dem Bohr-Modell.*

2. *Zeichne das Modell eines Sauerstoffatoms mit allen Teilchen.*

3. *U-235 lässt sich mit Hilfe von Neutronen spalten.*
Welche Stoffe entstehen dadurch?
Erkläre mit Hilfe des Modellversuchs mit den Scheibenmagneten, wie dabei Energie frei wird.

4. *Vom Element Iod gibt es mehrere Isotope, z. B. I-123 und I-131.*
Wie unterscheiden sie sich?
Gib ihre Massenzahl, Protonenzahl, Neutronenzahl und Ordnungszahl an (→ Anhang).

5. *Nenne drei Strahlungsarten.*
Worin unterscheiden sie sich?

6. *Die Halbwertszeit von I-123 beträgt 13,3 Stunden.*
Was bedeutet das?

7. *„Der Nulleffekt ist überall zu messen.“ Was bedeutet das?*
Wodurch entsteht der Nulleffekt?

Zum Projekt „Radioaktivität und Kernenergie“

Radioaktive Strahlung überall

1 2 3 4 5 6

Ein Brocken Burgsandstein (Bild 1),
eine Fliese mit orangeroter, uranhaltiger Glasur (Bild 3)
und eine alte Uhr mit selbstleuchtenden Ziffern (Bild 5).
Die Fotomethode zeigt, dass sie radioaktive Strahlung aussenden (Bilder 2, 4 u. 6).

Aus der Umwelt: Natürliche Radioaktivität

Einer schwachen radioaktiven Strahlung bist du immer ausgesetzt – ob du spazieren gehst, daheim bist oder nur im Bett liegst. Immer ist **natürliche Radioaktivität** vorhanden. Diese Strahlung kommt zum Teil aus dem Weltraum *(Höhenstrahlung)*. Zum Teil stammt sie auch von radioaktiven Stoffen in und auf der Erde *(terrestrische Strahlung, Erdstrahlung)*.

Auch die Mauern unserer Häuser senden radioaktive Strahlung aus. Das liegt vor allem an dem Stoff *Kalium*, der in geringen Mengen in allen Steinen vorkommt. In Beton mit Kalkstein ist der Kaliumanteil besonders hoch. Nur der Baustoff Holz sendet kaum radioaktive Strahlung aus.

Die terrestrische Strahlung, der man im Freien ausgesetzt ist, geht vor allem vom Untergrundgestein aus. Sie ist je nach Gegend verschieden stark.

Radioaktives *Uran* findet man auch in Deutschland, so z. B. im Schwarzwald, im Erzgebirge und in Nordostbayern (→ S. 200).

Radon ist ein Gas, das beim Zerfall von Uran entsteht. Es trägt ebenfalls zur terrestrischen Strahlung bei. Wegen zu hoher Radonwerte mussten schon nachträglich Keller von Häusern abgedichtet werden. Das Radon hatte sich in den Räumen angereichert.

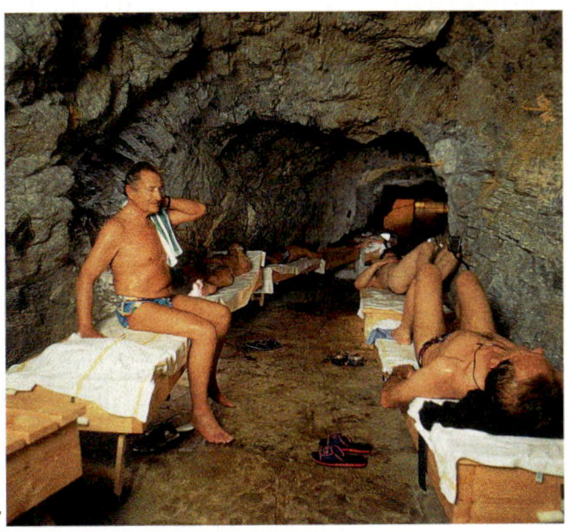

7

Auch in Quellwässern befindet sich Radon, vor allem in der Nähe von Uranlagerstätten und in stillgelegten Bergwerken. Aufenthalte dort werden zur Heilung einiger Erkrankungen empfohlen (Bild 7).

Zu den am stärksten radioaktiven Baustoffen gehörten lange Zeit bestimmte Fliesen (Bilder 3 u. 4).

Auch alltägliche Gegenstände können eine radioaktive Strahlung aussenden, z. B. bestimmte leuchtend gelbe und grüne Gläser, die Glühstrümpfe von Campingleuchten und alte Uhren (Bilder 5 u. 6).

Sogar Nahrungsmittel können radioaktive Stoffe enthalten, wenn auch in geringer Menge (meist radioaktives *Kalium*). Die Paranuss ist am stärksten radioaktiv; sie enthält *Radium*.

Am meisten wird dich überraschen, dass sich auch in deinem Körper radioaktive Stoffe befinden. Das rührt vor allem daher, dass du mit deiner Nahrung *Kalium* aufnimmst. Das leicht radioaktive Kalium ist aber für uns lebensnotwendig; es wird im Körper gespeichert. Bei starken Rauchern lässt sich in der Lunge radioaktives *Polonium* nachweisen.

63869

Info: Einheiten für den Strahlenschutz

Wenn radioaktive Strahlung oder Röntgenstrahlung auf Körper trifft, kommt es zu *Ionisationen*. Für jede Ionisation ist *Energie* erforderlich.

Je mehr Energie durch die Strahlung auf den Körper übertragen wird, desto mehr Ionisationen finden statt, desto größer ist auch die *Strahlenbelastung*.

Wenn 1 Kilogramm eines Körpers eine Strahlungsenergie von 1 Joule aufnimmt (absorbiert), beträgt die Strahlenbelastung 1 Gray (1 Gy).

$$\mathbf{1\,Gray = \frac{1\,Joule}{1\,Kilogramm} \qquad 1\,Gy = 1000\,mGy}$$

Selbst wenn die Energie, die durch verschiedene Strahlungen dem Körper zugeführt wird, gleich groß ist, kann die Belastung (und damit die Gefährdung) unterschiedlich sein. Sie hängt auch von der *Strahlungsart* ab. Alphastrahlung (z. B. aus Radium) kann bis zu 20-mal so viele Ionisationen verursachen wie Beta-, Gamma- oder Röntgenstrahlung. Sie belastet

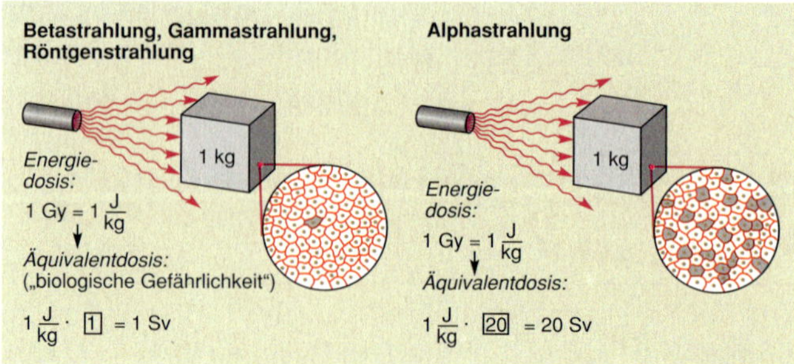

8

den Körper 20-mal so stark. Die Einheit **1 Sievert** (1 Sv) berücksichtigt diese Unterschiede (Bild 8).

$$\mathbf{1\,Sievert = \frac{1\,Joule}{1\,Kilogramm} \qquad 1\,Sv = 1000\,mSv}$$

Der Sievert-Wert ergibt sich aus dem Gray-Wert durch Multiplikation mit einem Qualitätsfaktor, der die biologische Wirkung der Strahlung angibt. Qualitätsfaktor für Beta-, Gamma-, Röntgenstrahlung: 1, für Alphastrahlung: 20.

Info: Künstliche Strahlenbelastung

Neben der natürlichen Strahlenbelastung ist dein Körper auch **künstlicher Strahlenbelastung** ausgesetzt (Bilder 9–11). An den Zahlen unter den Bildern erkennst du, dass insbesondere medizinische Untersuchungen (Röntgenaufnahmen, Computertomographien) den Körper belasten.

Bei einer *Röntgenaufnahme* wird der Körper nur ganz kurz der Strahlung ausgesetzt. Bei einer *Computertomographie (CT)* dagegen wird ein Röntgenapparat halbkreisförmig um ein Körperteil herumgeführt, wobei viele Einzelmessungen vorgenommen werden. Die Strahlenbelastung ist beim CT wesentlich höher. Ein Computer erstellt dann aus den Messergebnissen ein räumliches Bild des betreffenden Körperteils oder Organs.

Inzwischen wurde der *Röntgenpass* eingeführt. In ihn soll jede Röntgenuntersuchung eingetragen werden um zu verhindern, dass in kurzen Zeitabständen mehrere Ärzte die gleichen Untersuchungen vornehmen.

Wie stark einzelne Körperteile durch die unterschiedlichen Röntgenuntersuchungen belastet werden, zeigt die Tabelle unten. *Auch geringe Strahlenbelastungen über einen längeren Zeitraum bedeuten Gefahr für die Gesundheit.*

Einen oberen Grenzwert für eine garantiert ungefährliche Strahlung gibt es nicht!

9 Direkte Umgebung eines Kernkraftwerks jährlich: **weniger als 0,01 mSv**

10 Regelmäßiges Fernsehen jährlich: **0,01 mSv**

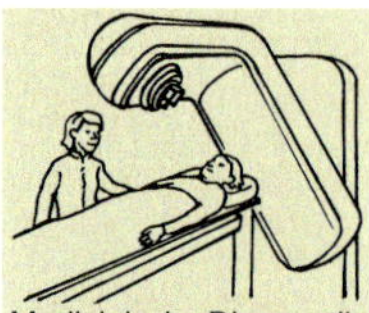
11 Medizinische Diagnostik und Therapie jährlich: **etwa 0,5 mSv**

Strahlenbelastung einiger Körperteile[1]
(in mSv; 1. Wert: Männer; 2. Wert: Frauen)

Organ	Röntgenaufnahme	Computertomografie	Szintigramm (→ S. 201)
Lunge	0,04/0,04	7,38/12,51	
Becken	1,52/1,85	6,49/12,91	
Lendenwirbelsäule	0,95/1,70	5,10/7,20	
Knochen			5,52/5,88
Schilddrüse			0,59/0,69

[1]) Bei den Zahlenangaben dieser Tabelle ist die Strahlungsempfindlichkeit der einzelnen Organe mit berücksichtigt. So kommen auch die Unterschiede zwischen den Messwerten bei Männern und Frauen zustande.

Aus der Umwelt: Die Strahlenbelastung genauer betrachtet

Die Strahlenbelastung jedes einzelnen Menschen in Deutschland pro Jahr wird mit **1,7 mSv** angegeben. Dieser Wert kann aber im Einzelfall höher oder auch geringer sein. Die Zahlen in den Tabellen unten stellen Durchschnittswerte dar.

Belastung durch natürliche Radioaktivität

Strahlungsquelle	*Jährliche Strahlenbelastung*	
Kosmische (Höhen-) Strahlung	auf Meereshöhe: in 1500 m Höhe: zusätzliche Belastung z. B. bei einem Atlantikflug Europa–USA:	0,3–0,6 mSv 0,6–1,2 mSv 0,05 mSv
Terrestrische (Erd-) Strahlung	im Freien stark abhängig vom Ort (s. u.): in Häusern (vor allem durch Kalium-40):	ca. 0,5 mSv ca. 0,6 mSv
Inkorporierte Strahlung (durch Luft oder Nahrung in den Körper gelangt)	z. B. durch Kalium-40, Kohlenstoff-14	ca. 0,3 mSv
Durchschnittliche Gesamtbelastung		***ca. 1,1 mSv***

Belastung durch natürliche Radioaktivität an verschiedenen Orten

Ort	*Belastung*
Schleswig-Holstein	0,14 mSv
Weserbergland/Braunschweig)	0,58 mSv
Harz/Spessart	1,02 mSv
Bayerischer Wald	1,46 mSv
Katzenbuckel (bei Ebersbach in Baden-Württemberg)	6,30 mSv
Nähe Menzenschwand (Schwarzwald)	bis 18,00 mS

A1 *Stellt auf einem Plakat die durchschnittliche Strahlenbelastung eines Menschen zeichnerisch dar. Dabei soll deutlich werden, welchen Anteil die einzelnen Belastungen ausmachen.*
Vorschlag: Berechnet den Anteil der einzelnen Belastungen und zeichnet ihn farbig in ein 10 cm · 20 cm großes Rechteck ein. Die Gesamtbelastung 1,7 mSv entspricht 200 cm².

Belastung durch künstliche Radioaktivität

Strahlungsquelle	*Jährliche Belastung*
Kernkraftwerke durchschnittlich in deren Nähe (Abluft)	 ca. 0,005 mSv 0,01 mSv
Forschung, Technik und Haushalt	ca. 0,02 mSv
Medizinische Strahlung Diagnose (z. B. Röntgenstrahlung) und Therapie	ca. 0,5 mSv
Durchschnittliche Gesamtbelastung	***ca. 0,6 mSv***

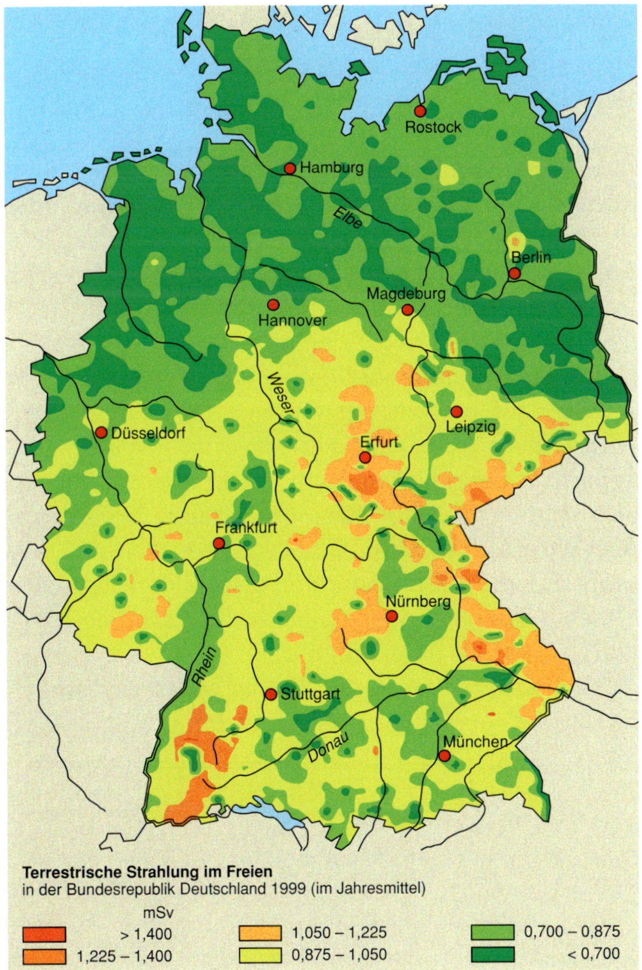

1 **Terrestrische Strahlung im Freien** in der Bundesrepublik Deutschland 1999 (im Jahresmittel)

63871

Strahlung im Dienst von Gesundheit und Industrie

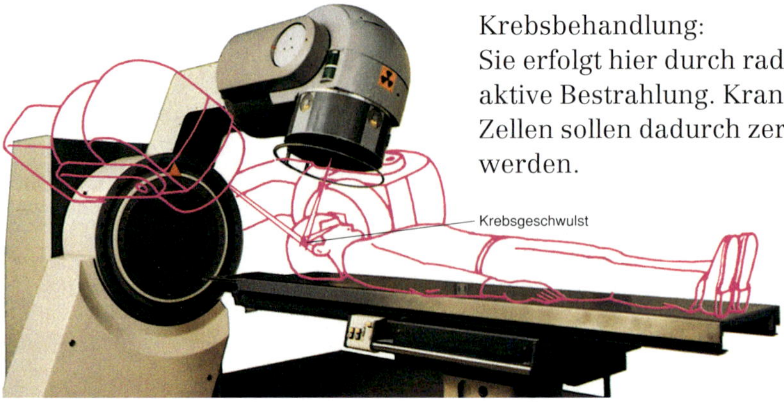

2

Krebsbehandlung: Sie erfolgt hier durch radioaktive Bestrahlung. Kranke Zellen sollen dadurch zerstört werden.

Zu den folgenden Beiträgen solltet ihr euch weitere Informationen besorgen. Mögliche Quellen: Gesundheitsministerien, Büchereien, das Internet …

Außerdem könntet ihr Ärzte und Krankenhäuser um Informationen bitten über die Strahlenbelastung bei Röntgenaufnahmen, bei Untersuchungen mit radioaktiven Isotopen und bei Behandlungen mit radioaktiver Bestrahlung. Erkundigt euch auch nach dem so genannten Röntgenpass. Auch im Internet findet ihr darüber Informationen.

Aus der Medizin: Strahlung im Dienst der Gesundheit

Bei der *Behandlung* **(Therapie)** von Krebserkrankungen durch radioaktive Strahlung muss berücksichtigt werden, dass die Strahlung auch gesunde Zellen zerstört. Um diese möglichst wenig zu schädigen, bestrahlt man eine Krebsgeschwulst aus verschiedenen Richtungen (Bild 2).

Auch bei der *Feststellung* **(Diagnose)** bestimmter Krankheiten wird in der Medizin radioaktive Strahlung angewandt.

Bei einer Erkrankung der *Schilddrüse* geht man z. B. so vor: Der Patient nimmt eine Flüssigkeit zu sich, die eine kleine Menge des radioaktiven Iods enthält. Da das Iod vor allem von der Schilddrüse aufgenommen und gespeichert wird, lässt sich diese jetzt gut von der Umgebung unterscheiden.

Nun wird in bestimmten Abständen die Strahlung der Schilddrüse gemessen. So stellt man fest, wie viel Iod das Organ bereits aufgenommen hat. Auf diese Weise merkt man, ob die Schilddrüse richtig arbeitet oder ob sie krank ist.

Mit Hilfe radioaktiver Strahlung kann man sogar ein „Bild“ – ein *Szintigramm* (Bild 3) – der Schilddrüse herstellen um kranke Stellen aufzuspüren. Dazu wird die Strahlungsstärke sämtlicher Teile der Schilddrüse mit einem Messgerät Punkt für Punkt bestimmt. Die Messwerte werden dann durch engere und weitere Strichabstände im Szintigramm dargestellt.

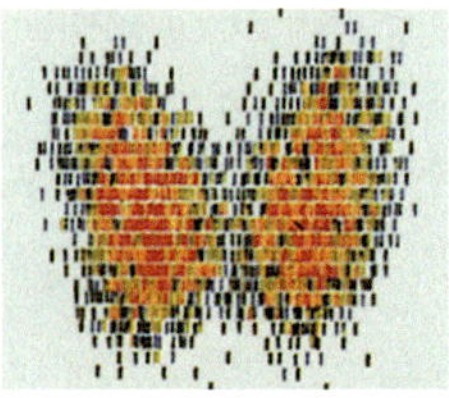

3

In ähnlicher Weise können auch *Geschwülste (Tumore)* im Körper aufgespürt werden. In ihnen sammelt sich nämlich z. B. radioaktives Gallium (Ga-67) an. Die Tumore lassen sich dann in einem Szintigramm erkennen.

Untersuchungen und Behandlungen mit radioaktiven Stoffen sind für den Patienten *nicht ohne Risiko*. Jede radioaktive Bestrahlung kann nämlich zu Zellveränderungen führen – auch bei den gesunden Zellen (→ die Darstellung auf der nächsten Seite).

Dieses Risiko muss man möglichst gering halten. Deshalb sollten bei Untersuchungen Präparate *mit kurzer Halbwertszeit* verwendet werden. (Sieh notfalls nochmal auf S. 196 nach.) Dazu gehört z. B. die radioaktive Substanz, die man bei Schilddrüsenuntersuchungen verwendet. Jeder Patient sollte sich vor der Behandlung über mögliche Nebenwirkungen informieren.

Röntgenuntersuchungen und Untersuchungen mit radioaktiven Stoffen sollten möglichst selten durchgeführt werden.

Info: Radioaktive Strahlung ist gefährlich!

Wenn radioaktive Strahlung auf Zellen unseres Körpers trifft, kann es zu **Zellveränderungen** kommen. Dies gilt auch für die Umweltstrahlung, der wir ja ständig ausgesetzt sind.

Wenn Strahlung *von außen* auf den Körper trifft, ist vor allem die Gammastrahlung gefährlich. Sie dringt tief in das Gewebe ein und kann dort Schäden hervorrufen. Dagegen wird Alpha- und Betastrahlung größtenteils durch die Haut abgeschirmt, sodass empfindliche Organe nicht getroffen werden.

Gefährlicher ist *Strahlung*, die von radioaktiven Stoffen im Körperinnern ausgeht. Radioaktive Stoffe können mit der Nahrung oder Atemluft in den Körper gelangen (z. B. radioaktives Iod über die Nahrungskette „Weide–Kuh–Milch“). Auch radioaktives Caesium (Halbwertszeit: 30 Jahre!) nehmen wir mit der Milch sowie mit Pilzen und Fischen auf.

Welche Wirkungen radioaktive Strahlung auf den Menschen hat, zeigt Bild 1. Ob aber die Schäden eintreten, hängt von verschiedenen Bedingungen ab:

- *Strahlungsart.* Schäden durch Alphastrahlung sind 20-mal so groß wie durch Beta- oder Gammastrahlung.
- *Energie der Strahlung.* Eine Strahlung mit hoher Energie (z. B. Gammastrahlung) dringt tiefer in den Körper ein als eine mit weniger Energie.
- *Strahlungsmenge und ihre zeitliche Verteilung.* Eine Strahlungsmenge in kurzer Zeit ist gefährlicher als die gleiche Strahlung in längerer Zeit.
- *Die Empfindlichkeit des Organs.* Empfindlich sind vor allem Organe, die ständig neue Zellen bilden (z. B. das Knochenmark).

Die Strahlung kann sich individuell unterschiedlich auswirken. Deshalb gibt es auch keine Grenzwerte.

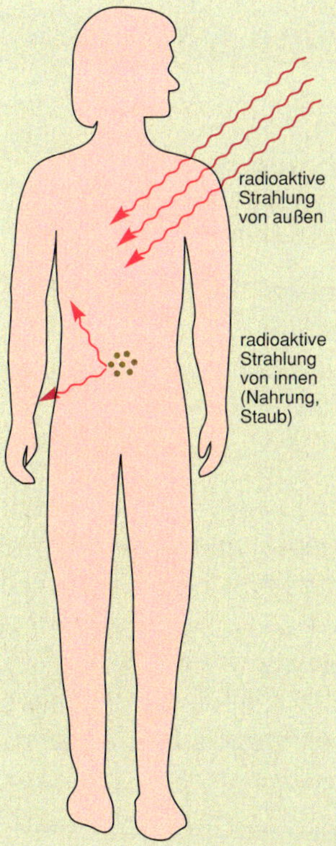

Radioaktive Strahlung trifft auf einen Menschen. Sie wirkt auch von innen, wenn radioaktive Stoffe in den Körper gelangt sind (z. B. durch Nahrung oder Staub).

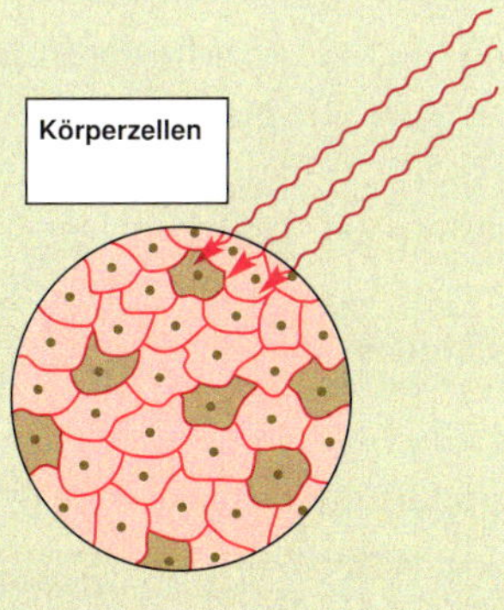

Die Strahlung *ionisiert* Atome. Dadurch können Moleküle und Molekülverbände der Zellen im Aufbau so verändert werden, dass sie in ihrer **Funktionsfähigkeit gestört** sind.

Oft kann der Körper die krankhaft veränderten Zellen reparieren oder durch neue Zellen ersetzen.

Auch bei einer nur **schwachen Strahlung** können Schädigungen auftreten: Krebserkrankungen (z. B. Lungenkrebs) können dadurch ausgelöst werden. Embryonen im Mutterleib sind besonders strahlungsempfindlich.

Bei **starker Strahlung** kommt es zu der sog. *Strahlenkrankheit*: Die Zahl der roten Blutkörperchen geht dann zurück; Erbrechen, Durchfall, Hautschädigungen und Haarausfall treten auf.

Eine noch stärkere radioaktive Strahlung führt dann nach schnellem Kräfteverfall zum *Strahlentod*.

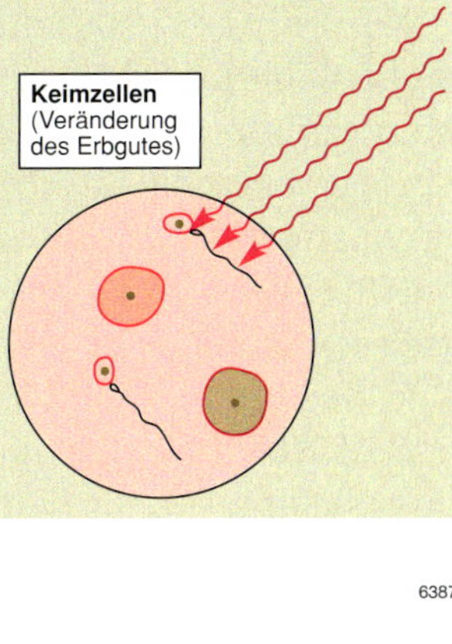

Wenn die Strahlung auf **Keimzellen** trifft, sind sogar Veränderungen am Erbgut des Menschen möglich.

Da die **Veränderungen von Keimzellen** weitervererbt werden, können Missbildungen bei den folgenden Generationen auftreten.

1

63873

Aus der Technik: Strahlung im Dienst der Industrie

In Industrie und Technik wird radioaktive Strahlung für ganz unterschiedliche Zwecke genutzt. Hier dazu mehrere Beispiele:

Einige **Kunststoffe** werden veredelt, indem man sie eine Zeit lang einer β-Strahlung aussetzt. Dadurch erreicht man, dass bestimmte Kunststoffe beständiger gegen Hitze und Chemikalien werden. Die Strahlung bewirkt, dass die Molekülketten der Kunststoffe sich untereinander vernetzen. Dieses Verfahren wird z. B. bei Kunststoffrohren für die Heißwasserversorgung und bei Kunststoffmänteln von Elektrokabeln angewandt.

Die **Sterilisation** (das Abtöten von Keimen wie Viren und Bakterien) ist ein weiteres Anwendungsgebiet. Medizinische Geräte werden mit Hilfe von radioaktiver Strahlung keimfrei gemacht. Das Gleiche gilt für Rückstände aus Kläranlagen. Der radioaktiv bestrahlte Klärschlamm kann dann als Dünger verwendet werden.

Auch bei der **Konservierung von Lebensmitteln** spielt die radioaktive Strahlung eine Rolle (z. B. in Holland). Ganze Paletten mit Lebensmitteln werden gleichzeitig bestrahlt. Man setzt dabei die γ-Strahlung von radioaktivem Cobalt-60 ein. Dieses Konservierungsverfahren ist preisgünstiger, da viel weniger Energie als mit anderen Methoden benötigt wird.

Besondere Bedeutung kann dieses Verfahren für die Dritte Welt erhalten. Dort verderben nämlich noch heute bis zu 30 % der Lebensmittel. In Deutschland ist das Bestrahlen von Lebensmitteln zurzeit noch nicht erlaubt. Mehrere Untersuchungen haben aber gezeigt, dass es für den Menschen wahrscheinlich ungefährlich ist, bestrahlte Lebensmittel zu verzehren. (Schließlich strahlen die so behandelten Lebensmittel ja nicht selbst.)

Mit Hilfe von radioaktiver Strahlung kann man auch eine **Überprüfung von Schweißnähten** vornehmen. Bild 2 zeigt, wie man das macht.

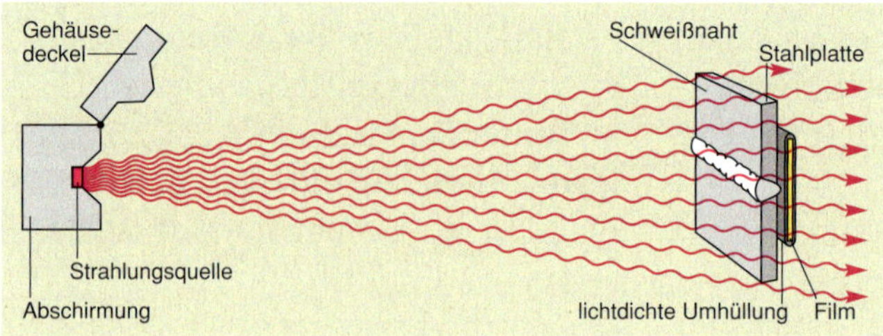

2

Weitere Informationen bekommt ihr z. B. beim Bundesgesundheitsministerium (unter dem Stichwort „Lebensmittelbestrahlung“) oder im Internet.

Aus Umwelt und Technik: Wie lange lag das Mammut im Eis?

Wie lange ein Mammut im ewigen Eis lag oder wann die Wandmalereien in einer vorzeitlichen Höhle angebracht wurden – solche Fragen können Archäologen mit Hilfe der **Radiokarbonmethode** (lat. *carbo:* Kohle) näherungsweise klären.

Wie du weißt, enthält die Luft Kohlenstoffdioxid, eine Verbindung aus Kohlenstoff und Sauerstoff. Die Radiokarbonmethode beruht darauf, dass ein kleiner Teil des Kohlenstoffs radioaktiv ist. Er kommt als radioaktives Kohlenstoffisotop **C-14** vor (→ S. 190, Bild 3). Dieses Kohlenstoffisotop zerfällt mit einer **Halbwertszeit** von 5730 Jahren.

Lebende Pflanzen nehmen Kohlenstoffdioxid aus der Luft auf und bauen es in ihr Gewebe ein. Das gilt auch für den radioaktiven Teil des Kohlenstoffs entsprechend seinem Anteil am Kohlenstoffdioxid der Luft. (Man geht davon aus, dass der Anteil dort zu allen Zeiten gleich bleibt.)

Wenn nun eine Pflanze stirbt, ist auch ihre Aufnahme von Kohlenstoff beendet. Von diesem Augenblick an verringert sich (durch Kernzerfall) der Anteil von C-14 in der Pflanze. Dieser Anteil halbiert sich alle 5730 Jahre.

Man kann also aus der Radioaktivität von toter kohlenstoffhaltiger Materie auf das Alter dieser Materie schließen. So gibt es z. B. in 1 g Kohlenstoff eines frisch gefällten Baumes etwa 16 Kernzerfälle pro Minute; nach 5730 Jahren sind es noch 8 Kernzerfälle, nach 11 460 Jahren nur noch 4, nach 17 190 Jahren nur noch 2 …

Kernenergie für militärische Zwecke

1945 fielen auf die japanischen Städte *Hiroshima* und *Nagasaki* je eine Atombombe. Dadurch wurden ungeheure Mengen an Energie und radioaktiver Strahlung freigesetzt. Im Innern des „Atompilzes“ stieg die Temperatur auf mehrere Millionen Grad Celsius. Beide Städte wurden zerstört. Von den rund 300 000 Einwohnern starben mindestens 80 000 und 125 000 erlitten schwere Strahlenschäden. Noch heute sterben Menschen an den Folgen dieser Bombenabwürfe.

1

Info: So funktioniert eine Atombombe – die Kettenreaktion

Wie bei den Versuchen von Otto Hahn (→ S. 216 f.) werden bei der Explosion einer Atombombe Atomkerne gespalten. Bei der Atombombe werden jedoch – im Gegensatz zu Hahns Versuchen – *riesige* Energiemengen frei. **In einer Atombombe finden ungeheuer viele Kernspaltungen beinahe gleichzeitig statt.** Wie kommt es dazu?

Immer wenn ein *Neutron* einen Urankern (U-235) in zwei andere Kerne aufspaltet, werden auch zwei oder drei weitere Neutronen ausgestoßen. Jedes von ihnen kann wiederum einen Atomkern spalten und dadurch weitere Neutronen freisetzen (Bild 2). Diesen Vorgang nennt man **Kettenreaktion**.

Kettenreaktionen laufen in Sekunden ab. Deshalb können große Mengen an Energie explosionsartig frei werden. Gleichzeitig entsteht auch sehr viel radioaktive Strahlung.

Zu einer *unkontrollierten* Kettenreaktion kann es jedoch nur kommen, wenn eine **ausreichend große Masse Uran** (die „kritische Masse“) zur Verfügung steht (Bild 3). Sonst verlassen die meisten Neutronen das Uran über dessen Oberfläche – und die Kettenreaktion kommt gar nicht erst in Gang.

Außerdem muss **reines Uran-235** vorhanden sein. Nur dessen Kerne lassen sich spalten.

Außer dem Isotop Uran-235 eignet sich auch noch **Plutonium-239** für den Bau von Kernwaffen. Das Element Plutonium kommt in der Natur nur ganz selten vor. Es wird aber ständig in den Reaktoren der Kernkraftwerke erzeugt, sodass es dann zur Produktion von Kernwaffen genutzt werden kann (→ S. 208).

V1 ***Modellversuche zur Kettenreaktion:***

a) *In eine dicke Kartoffel steckt ihr viele Streichhölzer. Zündet das unterste Streichholz an (Bild 4).*

b) *Bohrt in ein Brett viele kleine Löcher, steckt Streichhölzer hinein. Stellt das Brett etwas schräg auf. Zündet das unterste Streichholz an (Bild 5).*

c) *Bei U-235 wird die Kettenreaktion durch Neutronen ausgelöst. Wodurch in diesen Versuchen?*

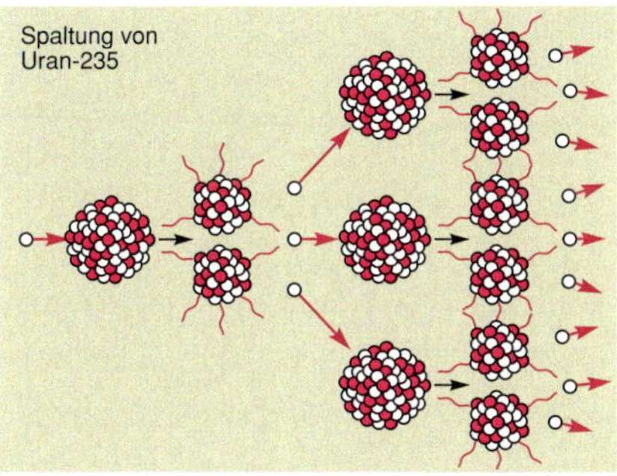

2

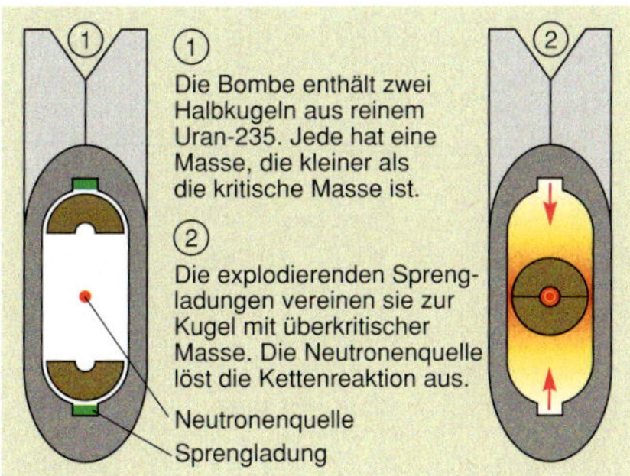

3

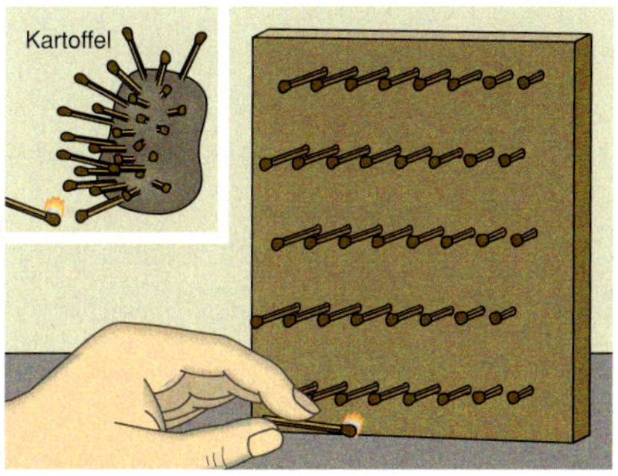

4 5

63875

Die technische Nutzung der Kernenergie

Technisch wird die Kernenergie im **Kernkraftwerk** genutzt.
Im *Kernreaktor* werden Atomkerne in einer kontrollierten Kettenreaktion gespalten.
Wie aber kann man eine Kettenreaktion „kontrollieren“, damit sie nicht explosionsartig verläuft?

Info: Der Reaktor – das „Herzstück“ des Kernkraftwerks

1. Als **„Kernbrennstoff“** wird im Reaktor Uranoxid *(angereichertes Uran)* eingesetzt. Bei ihm ist der U-235-Anteil höher als bei Natururan (Bilder 6 u. 7). In diesem Mischungsverhältnis ist eine Kettenreaktion zwar möglich – sie kann aber nicht ungehemmt ablaufen.

Der Kernbrennstoff befindet sich – zu „Tabletten“ gepresst – in Rohren. Etwa 200 dieser fingerdicken *Brennstäbe* sind zu einem *Brennelement* zusammengefasst.

2. Die Brennelemente bzw. -stäbe sind in **Wasser** getaucht (Bild 8). Das Wasser erfüllt drei Aufgaben:

- Es transportiert die bei der Kernspaltung frei werdende Wärme zu den Turbinen weiter.
- Es kühlt die Brennelemente (sie würden sonst schmelzen).
- Es macht eine Kettenreaktion überhaupt erst möglich.

Bei Kernspaltungen werden nämlich sehr schnelle Neutronen frei, doch nur *langsame* spalten die Uran-235-Kerne. Schnelle Neutronen müssen abgebremst werden. Sonst durchdringen die meisten die Kerne ohne sie zu spalten. Zum Abbremsen ist Wasser geeignet. Deshalb stellt man recht dünne Brennstäbe her; so kann ein großer Teil der frei werdenden Neutronen im Wasser abgebremst werden und im nächsten Brennstab Spaltungen auslösen(Bild 8).

3. Mit **Regelstäben** kann man die Kettenreaktion „abschalten“, damit die Neutronen nicht lawinenartig zunehmen. Diese Stäbe bestehen aus einem Stoff, der die Neutronen „fangen“ kann (z. B. Cadmium). Um den Reaktor abzuschalten, werden Regelstäbe in ganzer Länge zwischen die Brennstäbe „geschossen“ (Bild 9).

4. Zur Einleitung einer Kettenreaktion dient eine Neutronenquelle. Das ist ein Stoff, der Neutronen ausstößt.

V1 Modellversuch zu den Vorgängen im Reaktor:
Nehmt noch mal den Versuchsaufbau von V1 (Bilder 4 u. 5). Ersetzt nun aber in der Kartoffel (besser: in dem Brett) jedes zweite Streichholz durch eines, das bereits abgebrannt ist. Zündet dann das unterste Streichholz an.
Mit dem senkrecht stehenden Brett könnt ihr auch die Wirkung der Regelstäbe simulieren:
Schiebt kurz nach Beginn der Kettenreaktion ein passendes Alublech zwischen die Streichhölzer.

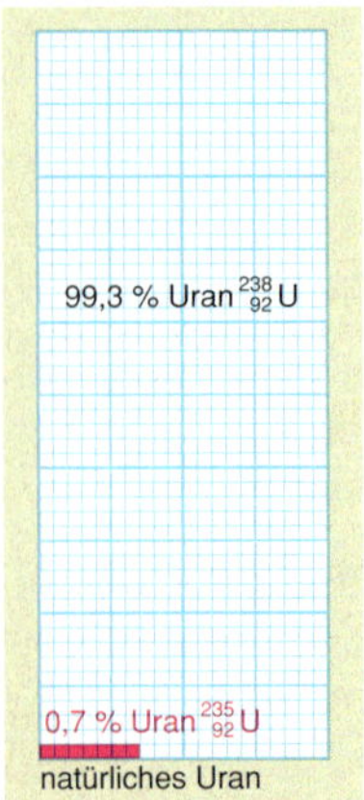

6

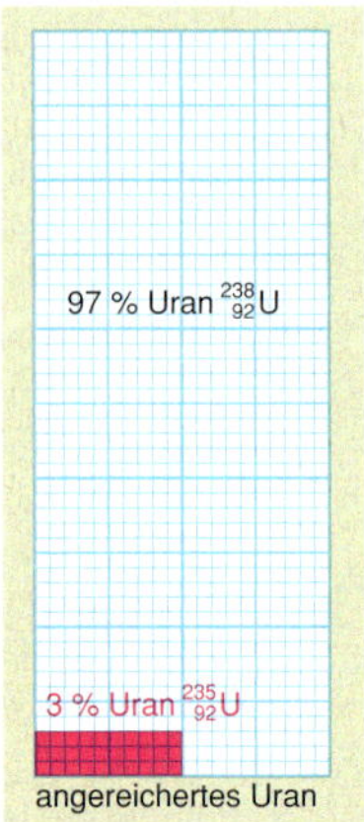

7

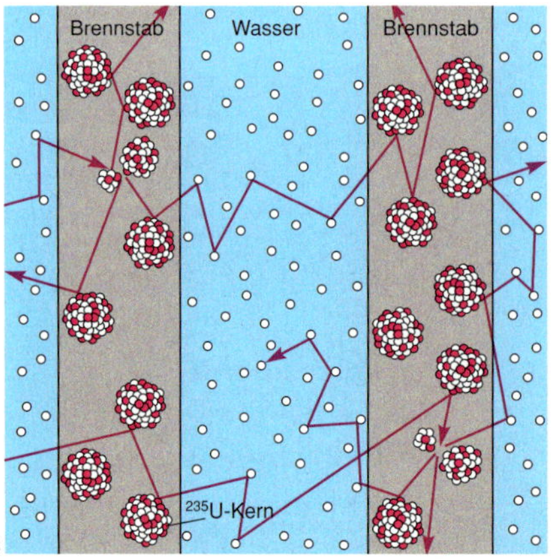

8

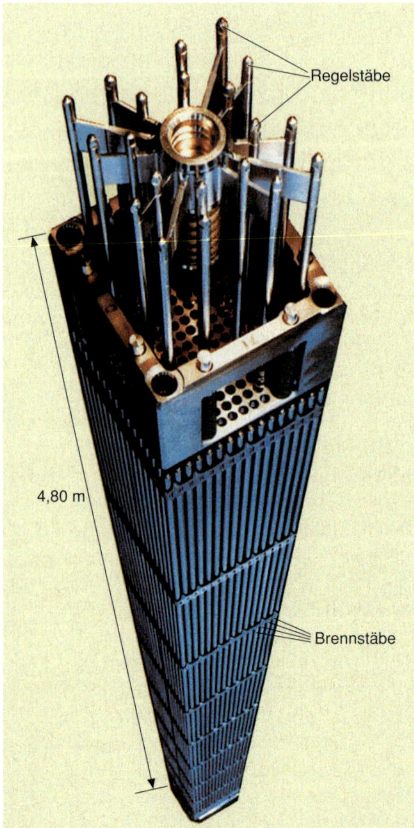

9

Aus der Technik: Von der Kernenergie zur elektrischen Energie

Die meisten Kernkraftwerke in Deutschland sind mit *Druckwasserreaktoren* ausgestattet (Bild 1).

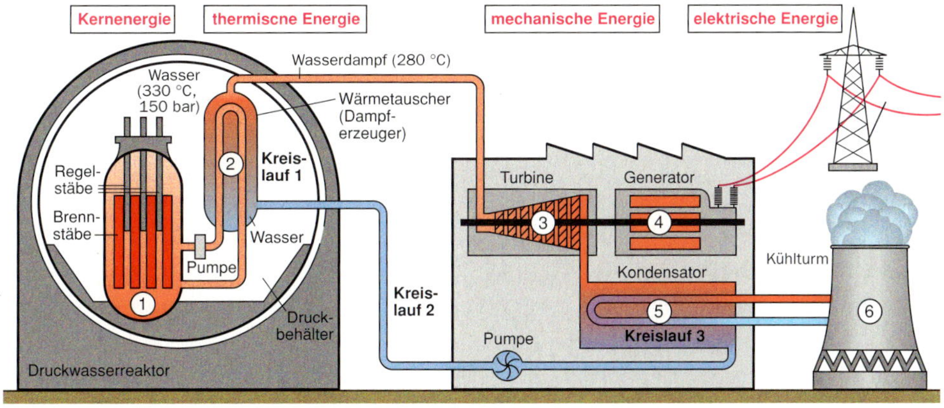

1

A1 *Übertragt Bild 1 vergrößert auf eine große Pappe oder Folie. Beschreibt dann anhand der Abbildung euren Mitschülerinnen und Mitschülern, wie ein Kernkraftwerk (KKW) arbeitet.*
Beschreibt a) die drei Wasserkreisläufe, b) die Energieumwandlungen (welche wo stattfinden und c) die Funktion der verschiedenen Teile (1–6).

Aus der Technik: Sicherheit – 100 %?

Bei Inbetriebnahme ist ein Reaktor praktisch ungefährlich. Die radioaktive Strahlung des Urans ist gering. Nach einigen Betriebsjahren ändert sich das aber völlig: Die bei der Kernspaltung entstandenen Stoffe sind hochradioaktiv. Sie dürfen auf keinen Fall in die Umwelt gelangen – ihre Strahlung könnte nämlich großen Schaden anrichten.

Mehrere **Vorkehrungen** sorgen für eine große **Sicherheit** des Kernkraftwerks, sodass es eigentlich nicht zu Katastrophen kommen kann (Bild 2).

1. Die **Hüllrohre** der Brennstäbe sollen verhindern, dass radioaktive Spaltprodukte ins Reaktorwasser gelangen. Von den 45 000 Hüllrohren eines Reaktors sind aber immer etliche Rohre undicht.

2. Der **Druckbehälter** besteht bei Druckwasserreaktoren aus 25 cm dickem Stahl. Er hält deshalb einem wesentlich höheren Druck stand als dem Betriebsdruck von 150 bar.

3. Eine **Betonmauer** umgibt den Druckbehälter und Wärmeaustauscher. Die Mauer schirmt radioaktive Strahlung ab.

4. Der **Sicherheitsbehälter** ist ein kugelartiges Gebilde aus dickem Stahl. Er soll selbst bei schweren Störungen verhindern, dass radioaktive Stoffe freigesetzt werden. Ihn umgibt in geringem Abstand eine Blechhaut. Aus dem Zwischenraum zwischen Sicherheitsbehälter und Blechhaut wird ständig Luft abgesaugt und gefiltert. Auf diese Weise können eventuell doch noch austretende radioaktive Stoffe – zum Schutz unserer Umwelt – beinahe vollständig aufgefangen werden.

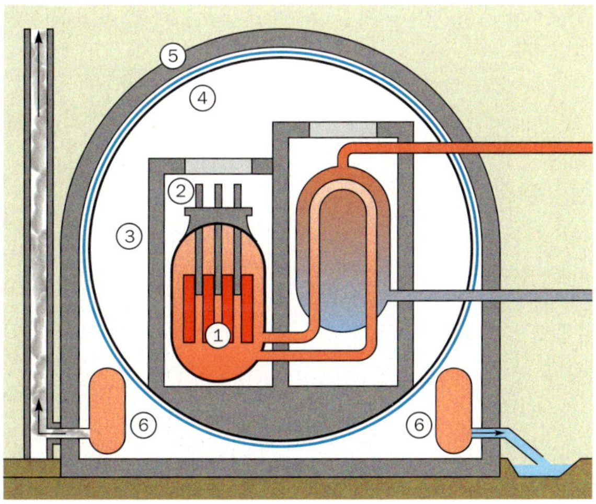

2

5. Das **Reaktorgebäude** besteht aus Stahlbeton. Es soll den Reaktor vor Beschädigungen von außen schützen. Neuere Berechnungen haben ergeben, dass die meisten KKWs dem direkten Aufprall eines großen, vollgetankten Flugzeugs nicht standhalten würden. Verheerende Folgen (ähnlich denen von Tschernobyl) wären zu befürchten.

6. Die **Filter** für Abwasser und Abluft lassen nur geringe Mengen an radioaktiven Stoffen in die Umwelt gelangen.

7. Wichtige Teile (so z. B. die Kühlwasserpumpen) sind **doppelt oder dreifach** vorhanden. So kann beim Ausfall eines Teiles sofort das andere einspringen.

64407

Aus Umwelt und Technik: Die Entsorgung – das Hauptproblem

Allein im Kernkraftwerk *Gundremmingen* fallen pro Jahr 27 Tonnen „abgebrannter“ Kernbrennstoffe an, darunter sehr gefährliche *hochaktive Spaltprodukte*. Auch *mittel- und schwach aktive Abfälle* (z. B. Filterschlämme) müssen beseitigt werden.

Doch wohin damit? Verbrennen geht nicht. Die entstehenden Rückstände wären genauso radioaktiv wie der verbrannte Stoff.

Die Strahlung, die von „abgebrannten“ Brennelementen ausgeht, lässt sich demnach nicht durch Verbrennen der Abfälle verringern. Man muss also auf andere Weise verhindern, dass sie die Menschen und die Umwelt schädigt.

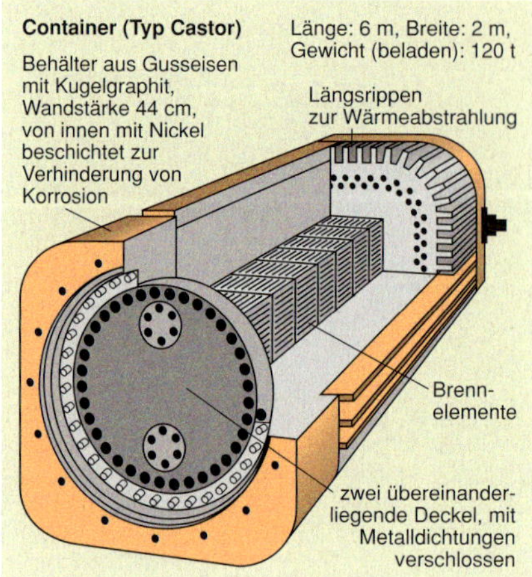

3

Lagerung im Wasserbecken des Reaktors: Die verbrauchten Brennelemente mit ihren hochaktiven Spaltprodukten werden zunächst im Wasserbecken gelagert; sie bleiben im Innern des Reaktorgebäudes neben dem Reaktor. Die Radioaktivität klingt hier rasch ab, da viele Spaltprodukte nur eine kurze Halbwertszeit haben. Das Wasser des Beckens dient außerdem der Kühlung. Nach einem Jahr ist die Aktivität auf 1 % der ursprünglichen Strahlung gesunken, die Strahlung ist aber immer noch lebensbedrohend und hält wegen der großen Halbwertszeit lange Zeit an. Eine 1 m dicke Schicht Wasser genügt jetzt aber zur Abschirmung.

Transport in Containern (z. B. *Castorbehälter*): Transporte in Containern erfolgen vor allem zu Wiederaufarbeitungsanlagen (→ S. 208). Kühlrippen sind nötig, da die in den Containern (Bild 3) transportierten Brennelemente noch Außentemperaturen von etwa 250 °C besitzen. Die Strahlung wird durch 50 cm dicke Wände aus Spezialwerkstoffen fast völlig abgeschirmt. Die Behälter sind so stabil, dass sie auch bei Unfällen nicht undicht werden.

Zwischenlagerung der Brennelemente: Die Brennelemente werden in den Spezialbehältern in Zwischenlager transportiert.

Endlagerung radioaktiver Abfälle: Das große Problem liegt darin, dass die radioaktiven Stoffe wegen ihrer langen Halbwertszeit *über Generationen hinweg* sicher gelagert werden müssen. Dafür schmilzt man die Stoffe in dickes Glas ein – zum Schutz vor äußeren Einflüssen (Wasser, Säuren, Laugen).

Nach dem heutigen Stand der Forschung gelten stillgelegte Salzbergwerke (Bild 4) als für die Endlagerung geeignet. Dafür gibt es folgende Gründe:

- Salz ist für Flüssigkeiten und Gase undurchlässig.
- Salz ist plastisch, Risse schließen sich also schnell.
- Salzlagerstätten gelten als äußerst stabil, sie verändern sich über viele Jahrtausende nicht.
- Salz leitet die Wärme gut ab. (Radioaktive Abfälle zerfallen ja weiter; sie entwickeln noch Wärme.)

Solche Endlager stehen aber kaum zur Verfügung. Auch werden sie von den in der Region lebenden Menschen als Belastung empfunden.

In Bild 5 siehst du ein stillgelegtes Salzbergwerk. Hier lagern Tausende von Fässern mit schwach- bis mittelaktiven Abfällen.

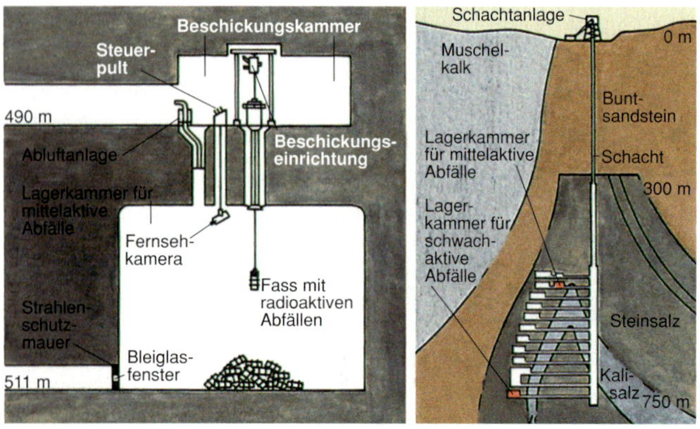

4

5

Aus der Technik: Die Wiederaufarbeitung

Die „abgebrannten“ Brennelemente enthalten noch spaltbares Uran-235 (Bild 1). Außerdem ist im Reaktor aus nicht spaltbarem Uran-238 **Plutonium-239** als neuer spaltbarer Stoff entstanden (Bild 2). Plutonium ist als Brennstoff für Kernreaktoren sowie zur Produktion von Kernwaffen geeignet.

Wiederaufarbeitungsanlagen dienen dazu, Uran und Plutonium von den eigentlichen radioaktiven Abfällen zu trennen. In La Hague (Frankreich) und in Sellafield (England) befinden sich Wiederaufarbeitungsanlagen, zu denen auch Brennelemente aus deutschen Kernkraftwerken gebracht werden.

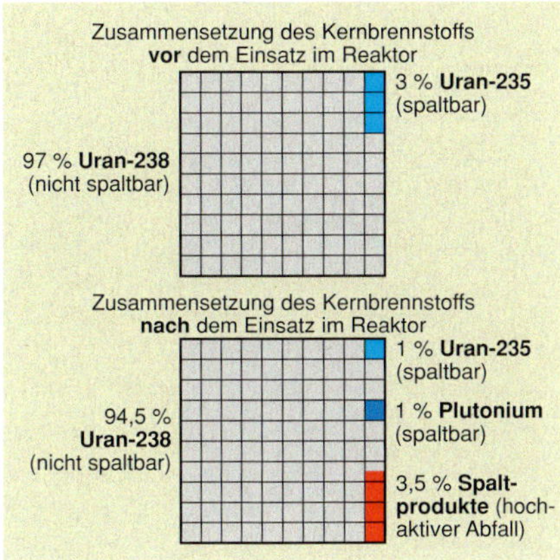

1

Kritiker halten die Wiederaufarbeitungsanlagen für die gefährlichste Station bei der Beseitigung radioaktiver „Abfälle“. Beim Zerlegen und Auflösen der Brennelemente werden nämlich radioaktive Elemente in großen Mengen frei – als Gase oder in Form von Lösungen. Vorher, wenn die Brennelemente aus den Kernkraftwerken kommen, sind diese Stoffe noch in den Hüllrohren der Brennelemente fest eingeschlossen.

In der Nähe von Wiederaufarbeitungsanlagen hat man eine Zunahme von Krebs bei Kindern festgestellt. Möglicherweise sind diese Krebserkrankungen darauf zurückzuführen.

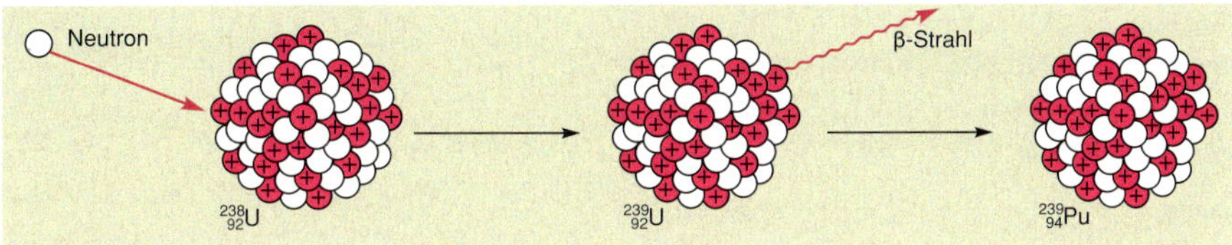

2

Aus der Technik: Wohin mit stillgelegten Kernkraftwerken?

Heutige Kernkraftwerke kommen allmählich ins „Rentenalter“. Ihre Lebensdauer beträgt ca. 30 Jahre, sie können aber noch jahrzehntelang eine Gefahr für die Umwelt darstellen.

In 10–15 Jahren müssen weltweit ungefähr 240 Kernkraftwerke verschrottet werden. Forscher versuchen aber immer noch herauszufinden, wie das zu schaffen ist.

Ein Beispiel aus Deutschland: Im Jahr 1994 wurde beschlossen das Kernkraftwerk *Würgassen* an der Weser nach 23 Jahren Betriebszeit stillzulegen (Bild 3). Man hatte nämlich feine Haarrisse im Reaktormantel entdeckt und die Reparatur wäre zu teuer geworden. Was aber sollte man mit dem Kraftwerk – vor allem mit dem stark strahlenverseuchten Reaktor – machen?

3

Sollte man das Kraftwerk 30–50 Jahre lang sicher verschließen und warten, bis die Radioaktivität so weit abgeklungen ist, dass man es gefahrlos abbauen kann? (Auf diese Weise verfährt man zurzeit in Großbritannien.) Oder sollte man möglichst bald mit den risikoreichen und kostspieligen Arbeiten beginnen? Man wählte die zweite Möglichkeit.

63879

Sonst hätte man das Kraftwerk jahrzehntelang instandhalten, warten und bewachen müssen.

1996 wurden die letzten Brennelemente entfernt und zur Wiederaufarbeitung nach Frankreich geschafft. Die weiteren Arbeiten und der Zeitplan sind in Bild 4 dargestellt. Hier einige Einzelheiten:

Alle Arbeiter arbeiten in Schutzanzügen. Sie tragen Geigerzähler, damit sie sofort vor einer radioaktiven Strahlung gewarnt werden.

Es fallen riesige Mengen an Stahlschrott an. Diese werden sorgfältig in geschlossenen Containern mit winzigen Stahlkugeln bei Schallgeschwindigkeit abgestrahlt. So bemüht man sich, eine radioaktive Verseuchung der Oberfläche zu entfernen.

Nach der Säuberung werden die Stahlteile zerlegt und mehrfach auf Strahlung hin untersucht. Dann erst dürfen sie als Schrott weiterverwertet werden. 40–50 t Schrott verlassen so pro Woche das Kraftwerk. Am Ende dürften es 10 000 t sein!

Die verstrahlten Teile zerkleinert man ebenfalls. Anschließend werden sie gepresst und in speziellen Behältern als radioaktiver Abfall gelagert.

Die schwierigste und gefährlichste Arbeit ist der Abbau des Reaktordruckbehälters. Wegen der starken radioaktiven Strahlung hat man ihn geflutet.

Die Teile des Druckbehälters werden mit ferngesteuerten Schneidemaschinen zerlegt und dann geborgen. Auch das Gefäß selbst wird in Ringe zersägt. Alles muss sicher gelagert werden, da es stark verstrahlt ist.

Vier Jahre hat es gedauert, das Kernkraftwerk für 370 Millionen DM zu errichten. 12 Jahre dauert es, das gleiche Kraftwerk – unter *doppeltem* Kostenaufwand – abzubauen.

Je länger ein Kraftwerk in Betrieb ist, desto stärker reichern sich die in ihm gelagerten radioaktiver Stoffe an. Viele Menschen sind daher der Auffassung, dass die Betriebsdauer von Kernkraftwerken zeitlich durch ein Gesetz geregelt werden soll.

Im Jahr 2000 hat sich die Bundesregierung mit den Kernkraftwerksbetreibern darauf verständigt, dass die Laufzeit der Kernkraftwerke in Deutschland auf 30 Jahre beschränkt wird.

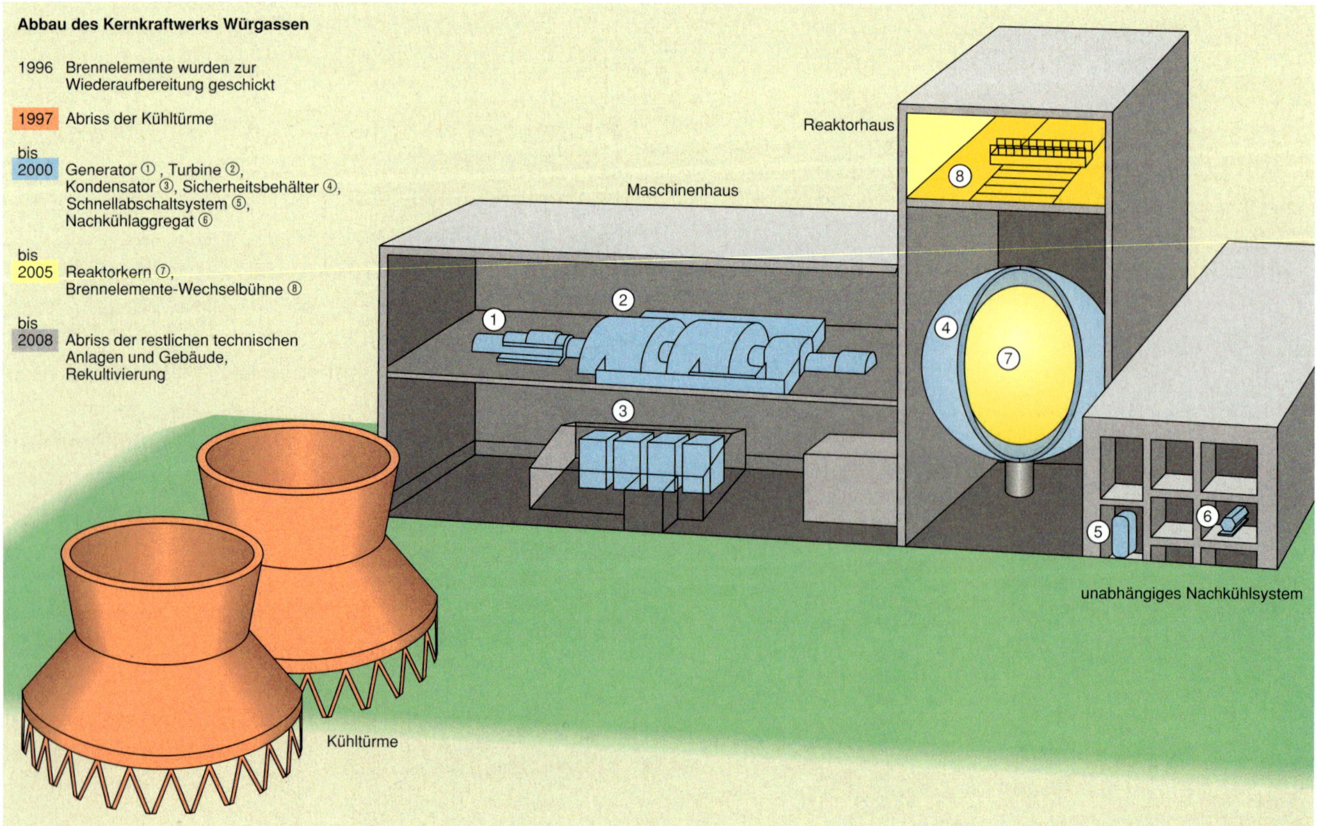

4

Die Katastrophe von Tschernobyl

1

Ein Bild, das um die Welt ging:
das zerstörte Kernkraftwerk *Tschernobyl* (1986).

Aus Umwelt und Technik: Der GAU – das „Unmögliche“ fand statt ...

„Heute und morgen: Wind aus dem Osten“ – so lautete im Mai 1986 die Schlagzeile einer deutschen Tageszeitung. Die Windrichtung, für die sich normalerweise kaum jemand interessiert, war plötzlich die wichtigste Meldung auf der Titelseite.

Was war geschehen?

Am 26. 4. 1986 hatte sich im sowjetischen Kernkraftwerk *Tschernobyl* (bei Kiew gelegen, Bild 1) ein schwerer **Reaktorunfall** – ein *GAU* – ereignet *(GAU: **g**rößter **a**nzunehmender **U**nfall)*. Bis zu diesem Zeitpunkt hatte man einen Unfall von dieser Tragweite für unmöglich gehalten.

Als GAU bezeichnet man den Ausfall des Reaktorkühlsystems. Dazu kann es z. B. kommen, wenn im Kühlwasserkreislauf ein Leck auftritt. Dann heizen sich die Brennelemente im Reaktor immer mehr auf.

Wenn es nicht gelingt, diesen Prozess durch die Notkühlsysteme zu stoppen, kommt es zum *GAU*. Dann steigen die Temperaturen im Kernreaktor so stark an, dass sowohl die Brennelemente als auch der Kernbrennstoff zu schmelzen beginnen.

Die Folgen einer solchen „Kernschmelze“ können katastrophal sein. Möglicherweise werden dadurch die Sicherheitsvorkehrungen zerstört, sodass die hochradioaktiven Spaltprodukte in die Atmosphäre entweichen.

In Tschernobyl kam es tatsächlich zu einem solchen GAU: Einer von vier Kernreaktoren geriet außer Kontrolle und die Notkühlsysteme versagten. Weder der Stahlblechmantel, der den Reaktor umgab, noch das Reaktorgebäude hielten dem Druck stand. Der Reaktorkern, der in Tschernobyl vor allem aus Graphit bestand, brannte.

2

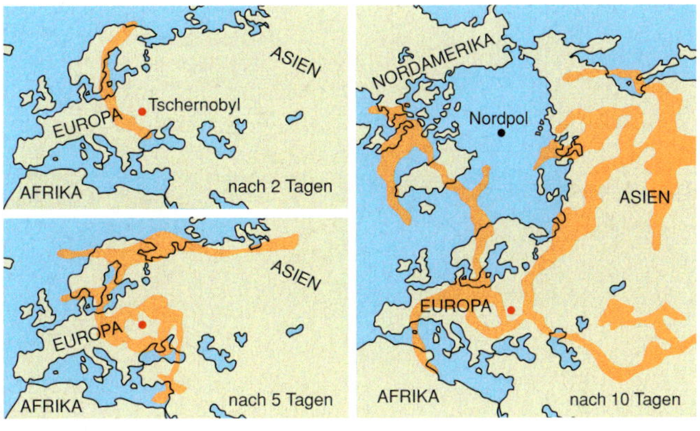

Zusammen mit den meterhohen Flammen sowie dem aufsteigenden Rauch wurden große Mengen an radioaktiven Stoffen als Gase oder in Form feinster Staubteilchen in die Atmosphäre getragen – durch „Wind aus dem Osten“ auch bis nach West- und Nordeuropa (Bild 2).

Aus Umwelt und Technik: Die Folgen von Tschernobyl

Ein Gebiet im Umkreis von 30 km um den Reaktor herum ist inzwischen *Sperrgebiet*. Hier darf sich fast ein Jahrtausend lang niemand mehr ansiedeln. Vorher lebten in dieser Gegend rund 135 000 Menschen! Ein Beispiel dafür ist die Kleinstadt *Pripjat*, die 2 km von Tschernobyl entfernt liegt. Lies doch einmal den Bericht eines der Ärzte, die die strahlengeschädigten Opfer betreuten (→ den grau unterlegten Text).

Weitere 10 000 km^2 Land (viermal die Fläche des Saarlandes) sind stark strahlenverseucht. Dort leben heute noch Menschen.

Regierungsstellen reden von 86 Toten, die tatsächliche Zahl liegt vermutlich höher. Ärzte vermuten, dass schon 7000 Menschen an den Folgen der Strahleneinwirkung gestorben sind – darunter 300 Soldaten, die bei Rettungsarbeiten eingesetzt waren.

„Pripjat war eine neue Stadt mit 45 000 jungen Einwohnern. Jetzt ist sie eine Geisterstadt, wie Hiroshima und Nagasaki ein Opfer des Atomzeitalters. Ich ging durch die Straßen und blickte in leere Wohnungen, einen Kindergarten mit noch bezogenen Betten und in die öffentliche Bibliothek …

Pripjat ist aufgegeben, es wird nicht dekontaminiert (entseucht) werden; das wäre zu teuer und wohl zu gefährlich. Doch das Problem ist damit nicht gelöst. Die hohen Betonhäuser, unbeheizt und von Regen und Schnee durchnässt, sind verwahrlost und fangen an zu bröckeln. Irgendwann werden sie unter ihrem eigenen Gewicht zusammenbrechen …“

Experten rechnen mit mindestens 100 000 zusätzlichen Krebstoten in den nächsten Jahrzehnten.

Tausende von Kindern leiden an verschiedenen Erkrankungen (z. B. Krebs); sie haben kaum Überlebenschancen. Bei Zehntausenden von ihnen sind die Abwehrkräfte so geschwächt, dass schon eine Erkältung zu einer schweren Krankheit wird.

Auswirkungen auf die Erbanlagen sind schon jetzt sichtbar, doch erst in einigen Jahrzehnten wird deren volles Ausmaß erkennbar sein.

Die radioaktive Wolke hatte sich damals auch über andere Länder ausgebreitet. Deshalb wurden seinerzeit auch bei uns Vorsichtsmaßnahmen empfohlen oder angeordnet: Man sollte keinerlei Blattgemüse essen, Kühe durften nicht auf die Weide (Bild 3) und Kleinkinder sollten keine Milch trinken. Auch bei uns war der Boden teilweise strahlenverseucht. Noch heute werden in einigen Gebieten erhöhte Aktivitätswerte gemessen. Ursache dafür ist das Caesium-137, das eine Halbwertszeit von etwa 30 Jahren hat.

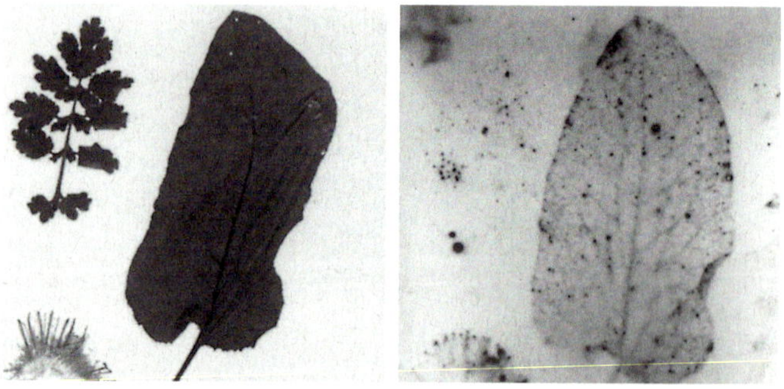

3 Diese Wiesenpflanzen (links) wurden am 2. Mai 1986 in der Münchner Innenstadt gesammelt. Die Fotomethode zeigte, dass sie strahlten (rechts).

Info: Kann sich ein ähnliches Unglück bei uns ereignen?

In unseren Kernkraftwerken wird als *Moderator Wasser* (nicht brennbares *Graphit* wie in Tschernobyl) verwendet. Wasser kühlt die Brennelemente.

Für Deutschland sind besondere Sicherheitsvorkehrungen und Kontrollen vorgeschrieben.

In unseren Kernkraftwerken liegen die Brennelemente in einem stählernen Druckbehälter. Dieser wiederum ist von einem riesigen, kugelförmigen Sicherheitsbehälter aus Stahl umgeben und von einer Betonkuppel eingeschlossen.

In Tschernobyl hingegen war der Reaktor nur von einem Stahlblechmantel umgeben – und der hatte lediglich die Aufgabe zu verhindern, dass Sauerstoff an den Graphitblock gelangt und diesen zum Brennen bringt.

Aus diesen Gründen kann sich ein Unglück *wie das von Tschernobyl* bei uns kaum ereignen.

Doch eine *absolute* Sicherheit gibt es für keine komplizierte technische Anlage – also auch nicht für ein Kernkraftwerk.

Die Frage der Verantwortung

Die Auswirkungen der Atombombenexplosionen in Japan waren entsetzlich. Noch heute leiden Menschen an den Folgen von Tschernobyl.

Die Bereitstellung von Kernenergie durch Kernkraftwerke ist problematisch. Denke nur an das Problem der Beseitigung von radioaktiven „Abfällen". Andererseits werden Millionen Menschen durch die Kernkraftwerke mit Energie versorgt. Ohne sie könnten wir nicht so leben, wie wir es heute tun.

Kernenergie hilft auch fossile Brennstoffe (Erdöl, Kohle, Erdgas) zu sparen. Sie sorgt dafür, dass der Ausstoß von Kohlenstoffdioxid in die Atmosphäre – damit der Treibhauseffekt – verringert wird. Die Kernenergie – ist sie also ein Fluch oder ein Segen?

Wer ist eigentlich verantwortlich für das, was aus einer Entdeckung oder Erfindung wird?
Ist es der Forscher? Oder der Techniker, der die Forschungsergebnisse nutzt?
Oder der Politiker, der über die Verwendung der Forschungsergebnisse entscheidet?
Sind etwa auch wir – die Bürger – dafür mitverantwortlich?

Hier Aussagen von Personen, die an der Erforschung und Nutzung der Kernenergie beteiligt waren:

„Die größte Explosion, die ein Mensch jemals gesehen hat! Wie viele Japaner haben wir umgebracht? Mein Gott, was haben wir getan!"

Kopilot des Bombers, aus dem die Hiroshima-Bombe abgeworfen wurde

„Ich war tief bewegt. Das ist das größte Ereignis der Geschichte."

Truman, Präsident der USA, nach Abwurf der Atombombe

„Mit einem Schlage wussten im März 1939 vielleicht 200 Wissenschaftler in allen großen Ländern, dass nun wahrscheinlich Atombomben möglich sein würden, aber auch von Atomkraft getriebene Maschinen. Was sollen sie tun?"

Carl Friedrich von Weizsäcker (1939), Wissenschaftler

„Als wir begannen Physik zu studieren, erstrebten wir nichts als einen Einblick in die Geheimnisse der Natur. ... Die Verantwortung für das, was im August 1945 in Japan geschehen ist, kann von der Gruppe, die die Bombe entwickelt hat, nicht genommen werden. In Wahrheit teilen freilich alle Wissenschaftler der Welt diese Verantwortung solidarisch ..."

Carl Friedrich von Weizsäcker (1945), Wissenschaftler

„Ich beging einen großen Fehler in meinem Leben, als ich den Brief an Präsident Roosevelt (USA) unterschrieb, in dem ich die Herstellung von Atomwaffen empfahl. Doch bestand eine gewisse Rechtfertigung - die Gefahr, dass die Deutschen (unter Hitler) sie herstellen würden."

Albert Einstein (1939), Wissenschaftler

„Mit Freuden haben wir Naturforscher unser Leben in den Dienst der Wissenschaft gestellt. Sie ist, so glauben wir, ein Weg zu einem glücklicheren Leben der Menschen. Wir sehen mit Entsetzen, dass eben diese Wissenschaft der Menschheit Mittel und Wege in die Hand gibt sich selbst zu zerstören." ... Alle Nationen müssen zu der Entscheidung kommen freiwillig auf die Gewalt als Mittel der Politik zu verzichten. Sind sie dazu nicht bereit, so werden sie aufhören zu existieren."

Mainauer Manifest der Nobelpreisträger (1955)

„Die Energie kernphysikalischer Reaktionen ist in die Hand des Menschen gegeben. Soll sie ausgenutzt werden für die Förderung freier wissenschaftlicher Erkenntnis, sozialen Aufbau und Erleichterungen der Lebensbedingungen oder soll sie missbraucht werden zur Zerstörung dessen, was die Menschen in Jahrtausenden geschaffen haben? Die Antwort sollte nicht schwer fallen."

Otto Hahn (1946), Wissenschaftler, anlässlich der Nobelpreisverleihung

Vor allem Otto Hahn, der ja zusammen mit Hugo Strassmann 1938 die Kernspaltung entdeckte (→ S. 216), hat sich bis an sein Lebensende mit der Frage der Verantwortung beschäftigt. Immer wieder trat er für die Ächtung von Atomwaffen ein.

„Da sagen die Leute, ich sei daran schuld, dass es Atombomben gibt und Japan so furchtbar hat leiden müssen und dass unsere Zukunft gefährdet sei. Aber ich habe doch nur meine wissenschaftliche Pflicht getan."

Otto Hahn (1955, 10 Jahre nach Hiroshima)

„Wie vor 40 Jahren beharre ich auf meiner Einsicht, nicht eine Entdeckung ist gut oder böse, sondern das, was die Menschen daraus machen."

Fritz Straßmann (1977), Wissenschaftler, Mitarbeiter Otto Hahns

63883

A1 *Versucht die Aussagen der verschiedenen Zitate zu Thesen zusammenzustellen. Formuliert sie in eigenen Worten und schreibt sie auf Plakate.*

A2 *Hat der Einzelne – also du oder ich – überhaupt eine Chance an Entscheidungen dieser Art mitzuwirken? Kann er sie beeinflussen?*
Überlegt euch das z. B. anhand diesen Fragen:
- *Kernenergie – ja oder nein?*
- *Sollen Kernkraftwerke stillgelegt werden?*

Besorgt euch dazu auch Materialien über die Einstellung politischer Parteien. Oder noch besser: Ladet Vertreter politischer Parteien oder Organisationen zu einer Diskussionsrunde ein.

A3 *Überlegt anhand weiterer Beispiele, wie eine Entdeckung oder Erfindung positiv und negativ wirken kann (z. B. Ottomotor, Kunststoffe, Pflanzenschutzmittel, Gentechnik).*

A4 *Im Mai 1945 war der Krieg gegen Deutschland zu Ende. Auch der Sieg der USA gegen Japan war wohl nur noch eine Frage der Zeit. Trotzdem wurden die Atombomben in Japan abgeworfen. Warum?*

Kernspaltung und Kettenreaktion – kurz gefasst

Die Kettenreaktion

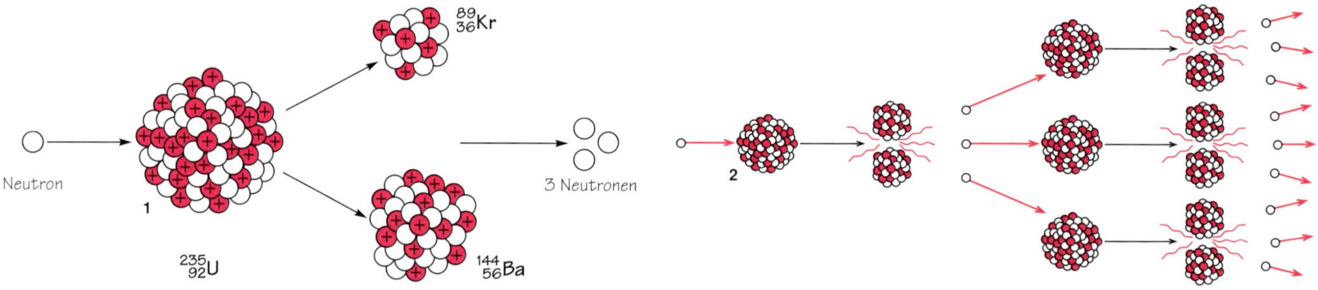

Wenn ein langsames Neutron in einen U-235-Atomkern eindringt, wird der Kern gespalten (Bild 1). Die frei werdenden Neutronen spalten dann weitere Uranatomkerne.

Damit kommt es zu einer **Kettenreaktion** (Bild 2). Auf diese Weise wird Kernenergie in eine andere Energieform umgewandelt.

Alles klar?

Lösungen → Anhang

1. *Es gibt Gemeinsamkeiten und Unterschiede von Kernkraftwerken und Kohlekraftwerken.*
Welche sind das?

2. *Stelle Energie-Umwandlungsketten sowohl für Kohle- als auch für Kernkraftwerke auf. Formuliere z. B. so:*
„Chemische Energie → ...“
„Kernenergie → ...“

3. *Warum kommt in Natur-Uran normalerweise keine Kettenreaktion in Gang?*

4. *In Reaktoren laufen „kontrollierte“ Kettenreaktionen ab.*
a) *Welchen „Brennstoff“ enthalten die Brennelemente eines Reaktors?*
b) *Wozu dienen die Regelstäbe?*
c) *Welche Aufgaben hat das im Reaktor befindliche Wasser?*

5. *Wodurch belasten Kernkraftwerke und wodurch die Kohlekraftwerke unsere Umwelt?*

6. *In Kernkraftwerken gibt es verschiedene Sicherheitsvorkehrungen. Sie sollen das Austreten von Radioaktivität verhindern – z. B. bei Unfällen.*
Nenne einige dieser Sicherheitsvorkehrungen.

7. *Eines der schwierigsten Probleme der Nutzung von Kernenergie ist das der „Entsorgung“, also die Beseitigung des radioaktiven Abfalls.*
a) *Weshalb ist es so schwierig, diesen „Abfall“ loszuwerden?*
b) *Welche Entsorgungsmöglichkeiten dafür kennst du?*

Zur Geschichte der Kernphysik

Henri Becquerel – der Zufall spielt mit

Henri Becquerel (Bild 1) untersucht in Paris das Nachleuchten bestimmter Steine, die vorher mit Licht bestrahlt wurden. Vielleicht kennst du das Nachleuchten von den Leuchtziffern einiger Uhren.

Die Röntgenstrahlung ist gerade erst entdeckt worden. Diese Strahlung durchdringt alle Stoffe und belichtet Filme.

Becquerel will feststellen, ob diese Steine auch unsichtbare Röntgenstrahlen aussenden. Deshalb führt er Anfang 1896 Experimente durch. Er entdeckt dabei zwar kein Nachleuchten, aber eine unbekannte Strahlung. Die Strahlung durchdringt Stoffe und belichtet Fotoplatten – so wie die Röntgenstrahlung. Diese Strahlung „strömt“ jedoch wie von selbst aus bestimmten Gesteinsarten heraus.

Später bezeichnet man sie als **radioaktive Strahlung**.

1

Die Entdeckung der radioaktiven Strahlung

Am 26. 2. 1896 packt Becquerel in der Dunkelkammer eine unbelichtete Fotoplatte in dickes, schwarzes Papier ein. (Eine Fotoplatte ist eine Glasplatte mit lichtempfindlicher Schicht.)

Anschließend will er einen uranhaltigen Stein von der Sonne bestrahlen lassen, um zu sehen, ob er danach die Fotoplatte belichtet.

Doch inzwischen hat sich der Himmel bewölkt. Er legt deshalb den Stein – ohne ihn von der Sonne bestrahlen zu lassen – zur Seite. Das heißt, er verstaut ihn zusammen mit der noch eingewickelten Fotoplatte in einer dunklen Schublade … Erst am 1. März scheint wieder die Sonne. Nun kann endlich der Versuch durchgeführt werden.

Vorsichtshalber nimmt Becquerel eine neue Fotoplatte. Er entwickelt aber auch die alte. Auf der dürfte allerdings nichts zu sehen sein, denn sie selbst und der Stein, in dessen Nähe sie lag, hatten ja im Dunkeln gelegen; sie konnten also nicht nachleuchten.

Doch welche Überraschung! Auf der Fotoplatte ist der Umriss des Steins zu erkennen (Bild 2). Der Stein muss also *von selbst* nachgestrahlt haben …

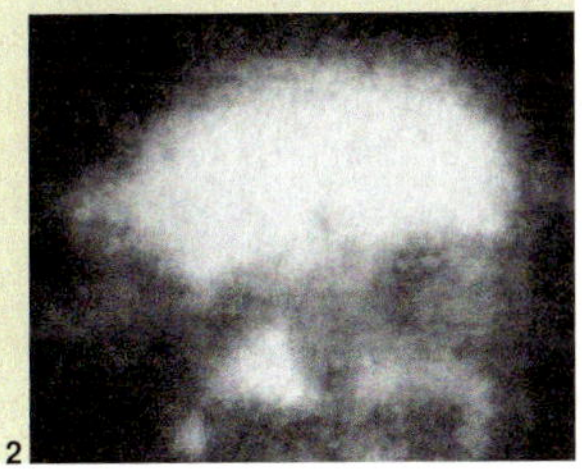
2

Marie Curie – zweifache Nobelpreisträgerin

3

Schon bald nach ihrer Geburt am 7.11.1867 in Warschau (Polen) fällt *Marya Sklodowska* – so heißt *Marie Curie* vor ihrer Heirat – durch ihre Intelligenz und ihr enormes Gedächtnis auf. Mit 16 Jahren macht sie ihr Abitur mit Auszeichnung. Sie wird zunächst Erzieherin, denn sie will ihre Schwester unterstützen, die in Frankreich Medizin studiert. (In Polen durften Frauen damals nicht studieren.)

Acht Jahre später folgt sie ihrer Schwester nach Paris, um dort Physik und Chemie zu studieren. Ihr Hauptinteresse gilt bald der radioaktiven Strahlung.

1894 lernt sie *Pierre Curie* kennen. Er ist genauso besessen von der Wissenschaft wie sie. Ein Jahr später heiraten die beiden.

63885

Das Labor – ein verlassener Schuppen

Der Hangar hält den Rekord an Unbequemlichkeit. Während des Sommers ist er infolge des Glasdaches heiß wie ein Treibhaus. Während des Winters weiß man nicht, ob man sich Frost oder Tauwetter wünschen soll:

Wenn es regnet, tropft das Wasser mit sanft aufreizendem Geräusch auf den Boden oder auf gewisse Punkte der Arbeitstische, die das Ehepaar bezeichnet, um niemals einen Apparat darauf zu stellen. Wenn es gefriert, friert man mit. Da ist nichts zu machen. Der Ofen ist unzureichend, selbst wenn man ihn bis zur Weißglut erhitzt. In nächster Nähe gibt er ein wenig Wärme, entfernt man sich aber, so kehrt man in die Polarzone zurück.

Texte aus: Eve Curie, Madame Curie
(Eve Curie ist Marie Curies Tochter.)

Da sie kein Laboratorium besitzen, führen sie ihre Experimente in einem verlassenen Hangar (Schuppen) durch.

Marie und Pierre sind auf der Suche nach einem geheimnisvollen neuen Stoff, einem, der viel stärker strahlt als das schon bekannte Uran.

Vier Jahre benötigen sie um aus mehr als 8 t Gestein *(Pechblende)* schließlich 0,1 g (!) des neuen Stoffes zu gewinnen. Endlich – im Jahr 1902 – ist es nach unendlich mühseligen Arbeiten so weit: Der neue Stoff, den sie **Radium** („das Strahlende") nennen, liegt vor ihnen.

Die Curies sind überzeugt, dass in der Pechblende noch ein weiteres radioaktives Element enthalten sein muss. Deshalb suchen sie weiter. Und tatsächlich gelingt es ihnen, aus 1000 kg Pechblende eine winzige Menge eines radioaktiven Stoffes herauszuholen. Sie nennen den Stoff **Polonium** – in Erinnerung an Marie Curies Heimatland.

1903 erhalten Marie und Pierre Curie zusammen mit Henri Becquerel den Nobelpreis für Physik.

1906, zwei Jahre nach der Geburt der Tochter Eve, wird Pierre Curie von einer Kutsche überfahren. Er stirbt an den Folgen dieses Unfalls.

Marie arbeitet trotz des Schmerzes über den Tod ihres Mannes weiter. 1911 erhält sie für ihre weiteren Forschungen über radioaktive Stoffe ihren zweiten Nobelpreis – diesmal den für Chemie.

Im Jahr 1934 stirbt Marie Curie an Leukämie (Blutkrebs) – wahrscheinlich eine Folge der radioaktiven Strahlung, der sie jahrelang ausgesetzt war.

Die mühselige Arbeit

Ich habe manches Mal bis zu zwanzig Kilo Materie auf einmal behandelt, was das Ergebnis hatte, dass der Hangar mit großen Gefäßen voll Bodensatz und Flüssigkeiten angefüllt wurde. …

Es war eine erschöpfende Arbeit, die Behälter zu transportieren, die Flüssigkeiten umzugießen und die siedende Materie stundenlang … umzurühren. … Trotz unserer schweren Arbeitsbedingungen waren wir sehr glücklich. Unsere Tage verbrachten wir im Laboratorium. In unserem armseligen Hangar herrschte tiefe Ruhe. Manchmal, wenn wir irgendeine Prozedur überwachten, gingen wir auf und ab und sprachen von gegenwärtiger und zukünftiger Arbeit. Wenn uns kalt war, stärkten wir uns mit einer Tasse heißen Tees … Wir lebten wie in einem Traum, von der einen, einzigen Sache erfüllt.

Der Erfolg – strahlendes Radium

Ein harter Arbeitstag liegt hinter ihnen und es wäre am vernünftigsten, sich zur Ruhe zu legen. Aber Pierre und Marie sind nicht immer vernünftig.

„Mach kein Licht!", sagt Marie. … „Erinnerst du dich, wie du mir eines Tages gesagt hast, ich möchte, dass es eine sehr schöne Farbe habe?"

Die Wirklichkeit … ist noch weit märchenhafter! Das Radium hat mehr und anderes als eine „schöne Farbe": eigene Leuchtkraft! In der Finsternis des Hangars schimmern die über Tische und Wandbretter verteilten kostbaren Stückchen in ihren gläsernen Behältern bläulich phosphoreszierend durch die Nacht. … Die Blicke beider streben dem geisterhaften Schimmern, den geheimnisvollen Lichtquellen zu – dem Radium, ihrem Radium!

Mit geneigtem Kopf, in gleicher Haltung wie eine Stunde zuvor am Bett ihres Kindes, sitzt Marie da. … Nie wird sie das Märchen dieser Nacht vergessen!

Otto Hahn, Fritz Straßmann, Lise Meitner – die Kernspaltung

1

Otto Hahn (Bild 1) wird 1879 in Frankfurt (Main) geboren. Er studiert Chemie und schreibt schon im Jahr 1901 seine Doktorarbeit. Es folgen Aufenthalte bei berühmten Wissenschaftlern im Ausland, unter anderem bei *Ernest Rutherford* in Kanada.

Die Hauptarbeit Otto Hahns gilt der Erforschung radioaktiver Stoffe. Dabei entdeckt er z. B. einige Isotope des Urans.

Im Dezember 1938 gelingt Hahn zusammen mit *Fritz Straßmann* im Experiment die erste Kernspaltung.

Der Chemiker Hahn ist sich seiner Sache nicht ganz sicher. Deshalb schreibt er an die Physikerin *Lise Meitner*. (Lise Meitner war bis vor kurzem seine engste Mitarbeiterin am Kaiser-Wilhelm-Institut in Berlin gewesen. Als Jüdin musste sie aber Deutschland nach der Machtübernahme Hitlers verlassen. Sie arbeitete nun in Schweden.)

Voller Zweifel teilt er ihr seine Entdeckung mit und er bittet sie um eine Erklärung. Am 3. Januar 1939 kommt ihre Antwort. Lise Meitner ist überzeugt davon, dass Hahn und Straßmann Atomkerne gespalten haben (Bilder 2 u. 3). Sie schlägt vor, in dem beschossenen Uran auch noch nach Krypton zu suchen.

Tatsächlich lässt sich bei weiteren Versuchen auch noch Krypton finden. Damit ist bewiesen, dass eine **Spaltung von Uran-Atomkernen** in zwei Bruchstücke – nämlich in einen Bariumkern und einen Kryptonkern – stattgefunden hat.

Noch andere chemische Elemente werden nachgewiesen. Bei der Kernspaltung kann also ein Urankern

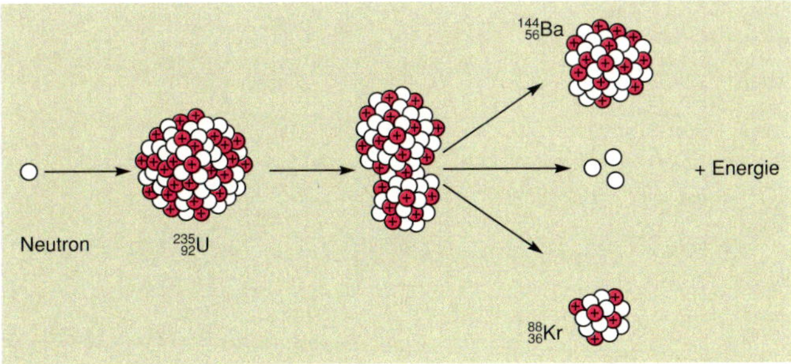

2

auch in andere Bruchstücke „aufgespalten“ werden, z. B. in Selen und Cer oder in Strontium und Xenon.

Lise Meitner errechnet schon damals, dass bei der Kernspaltung gewaltige Mengen an **Energie** frei werden: Wenn man in einem *Gramm* Uran sämtliche Atomkerne spalten könnte, würde genauso viel Ener-

Die erste Kernspaltung

19. Dezember 1938: Hinter einigen Fenstern der radiochemischen Abteilung des Kaiser-Wilhelm-Instituts in Berlin brennt noch Licht. *Otto Hahn*, der Institutsdirektor, setzt sich an seinen Schreibtisch. Er ist müde, doch erst in einer halben Stunde wird ihn *Fritz Straßmann*, einer seiner Mitarbeiter, ablösen. Bis zur nächsten Messung ist noch etwas Zeit.

Wie schon so oft in den letzten Stunden sieht sich Hahn sein Versuchsprotokoll an. Er kann einfach nicht glauben, dass das Ergebnis seiner Messungen richtig ist: Völlig reines Uran hat er mit Neutronen beschossen – und nun lassen sich in dem *Uran* winzige Mengen von *Barium* nachweisen.

Aus Uran mit 92 Protonen im Kern kann doch nicht auf einmal Barium werden, das nur 56 Protonen besitzt … Nach allem, was Hahn von der Kernphysik weiß, ist das ganz und gar unmöglich! Kann er seinen Messungen überhaupt noch trauen?

Lise Meitners Brief an Otto Hahn

„Ich bin ziemlich sicher, dass ihr wirklich eine Zertrümmerung (des Urans) *zum Ba*(rium) *habt und finde das ein wunderschönes Ergebnis, wozu ich dir und Straßmann gratuliere.“*

3

63887

gie frei werden wie beim Verbrennen von 2,3 *Tonnen* Steinkohle!

Noch aber ist der Weg zur technischen Nutzung der Kernenergie weit. Hahn, Straßmann und Meitner ahnen damals noch nicht, welche Folgen die Entdeckung der Kernspaltung haben würde.

1945, vor Beendigung des Zweiten Weltkriegs, wird Hahn von den Alliierten gefangen genommen. Gemeinsam mit anderen Atomwissenschaftlern transportiert man ihn nach England in der Meinung, er arbeite im Auftrag Hitlers an der Entwicklung einer Atombombe.

Im Jahr 1946 erhält Otto Hahn den Nobelpreis für Chemie. Bis zu seinem Tod am 28. Juli 1968 setzt er sich mutig und engagiert gegen die militärische Nutzung der Kernenergie ein (→ S. 212).

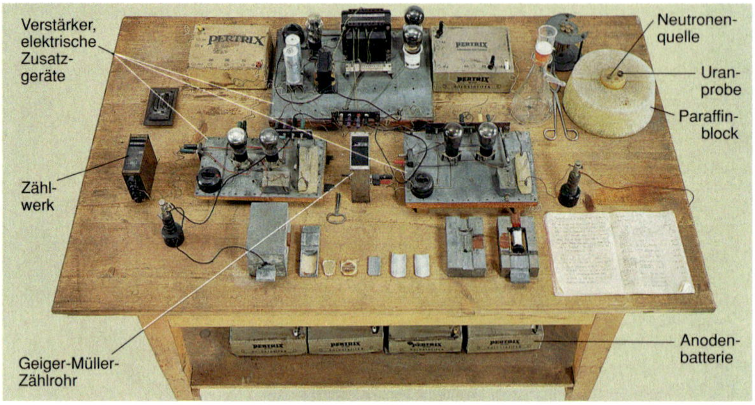

4 Otto Hahns Arbeitstisch (Deutsches Museum, München)

Enrico Fermi baut den ersten „Atomreaktor“

Enrico Fermi (1901–1954) ist Professor der Physik in Rom. Er beschäftigt sich vor allem mit der von Becquerel und Curie entdeckten Radioaktivität.

Besonders zwei seiner Entdeckungen sind für die Entwicklung der Kernenergie von Bedeutung:

Er findet heraus, dass sich durch Beschuss mit Neutronen neue, meist radioaktive Elemente bilden.

Beim Beschuss von Uran bilden sich mehrere neue Stoffe, die alle radioaktiv sind. Fermi hält diese Stoffe für „Verwandte“ des Urans *(Transurane).*

Vermutlich ist es aber auch schon bei diesen Experimenten zu Kernspaltungen gekommen, sodass z. B. auch *Barium* entstanden ist. Fermi kann das jedoch mit den ihm damals zur Verfügung stehenden Untersuchungsmethoden noch nicht nachweisen. Das gelingt erst ein paar Jahre später Otto Hahn.

Durch Zufall entdeckt Fermi auch, dass die Neutronen viel besser in Atome eindringen können, wenn sie vorher abgebremst werden (z. B. durch Wasser, Paraffin oder Graphit).

Im Jahr 1938 erhält Fermi für seine Entdeckungen den Nobelpreis. Noch im gleichen Jahr wandert Enrico Fermi nach Amerika aus, weil seine Frau – eine Jüdin – unter der Judenverfolgung zu leiden hat. (In Italien wurden unter dem Diktator Mussolini die Juden verfolgt, und zwar zur gleichen Zeit wie in Deutschland unter Hitler.)

1942 gelingt es Fermi in Chicago, einen ersten einfachen Atomreaktor zu bauen (Bild 5). Nach vielen misslungenen Versuchen gelingt es ihm tatsächlich, die Kettenreaktion in Gang zu halten.

5

Fermis Atomreaktor

In einer alten, leer stehenden Turnhalle baut Fermi seinen Reaktor aus natürlichem Uran und Graphit. Das Graphit dient als „Neutronenbremse“ (wie das Wasser in modernen Reaktoren). Er schichtet beide Stoffe regelmäßig übereinander und leitet die Kettenreaktion mit einer Neutronenquelle ein.

Lernen an Stationen

Selbstständig experimentieren – ohne Zeitdruck

Gruppenversuche kennt ihr vermutlich schon. Meist führen alle Gruppen das gleiche Experiment durch. Vorher habt ihr gemeinsam mit dem Lehrer erarbeitet oder verabredet, welche Geräte ihr braucht und worauf ihr bei der Durchführung achten müsst.

Das Arbeiten an Lernstationen läuft anders ab: An den einzelnen Stationen bearbeitet jede Gruppe eine andere Aufgabe zum gleichen Thema.

Die Gruppen durchlaufen die verschiedenen Stationen nacheinander.

1

Etwas Vergleichbares kennt ihr sicherlich aus dem Sportunterricht – das Zirkeltraining.

Das Lernen an Stationen macht mehr Spaß,

- weil ihr selbstständiger arbeitet,
- weil ihr das Arbeitstempo selbst bestimmt.

Ihr könnt an Lernstationen neue Themen kennen lernen oder eure Kenntnisse vertiefen und überprüfen.

3

2

LERNSTATION

Arbeitsaufträge für einige Stationen sind auf den folgenden Seiten als Muster zusammengestellt. Sie dürfen für den Unterricht kopiert werden.

Spielregeln für die Arbeit an Lernstationen

1. Die Versuche an den Lernstationen werden vorher im Unterricht nicht im Detail besprochen.
2. Für die Experimente werden oft ganz unterschiedliche Geräte benötigt. Entweder hat euer Lehrer das Material an den Stationen bereits ausgelegt oder ihr müsst die Stationen erst selbst aufbauen.
3. Für alle Stationen liegt die Aufgabenstellung schriftlich vor. Ihr müsst die Anweisungen genau durchlesen und beachten.
4. Jede Gruppe wertet auf einem „Ergebnisblatt“ die Versuche aus (Muster auf der rechten Seite).
5. Nicht alle Lernstationen sind im Physikraum aufgebaut, manchmal finden die Versuche auf dem Flur oder Schulhof statt. Keine Gruppe darf dabei durch Lärmen die Arbeit anderer Gruppen oder den Unterricht in anderen Klassen stören.
6. Nach der Arbeit an einer Station wechselt die Gruppe selbstständig zu einer freien Station. Da die an den einzelnen Stationen benötigte Zeit unterschiedlich ist, kann es zu Wartezeiten kommen.
7. Verabredet wird vorher nur, welche Gruppe mit welcher Lernstation anfängt.
8. Nicht an allen Stationen werden Versuche durchgeführt, an manchen arbeitet ihr mit Informationstexten aus Büchern oder dem Computer.
9. Jede Gruppe darf höchstens vier Teilnehmer haben. In diesem Team arbeitet ihr an den Stationen völlig selbstständig und in eigener Verantwortung. Erinnert euch gegenseitig an die „Spielregeln“, falls es nötig sein sollte.
10. Der Lehrer besucht die einzelnen Lernstationen, er berät euch und hilft bei Problemen.

64031

Beispiel: Lernstationen zur Geschwindigkeit

In den Versuchen auf der folgenden Doppelseite geht es um *Geschwindigkeiten*. Wie schnell läufst du, wie schnell fährst du Rad? Welche Geschwindigkeiten haben geworfene Bälle und gestoßene Kugeln, Spielzeugautos und Modelleisenbahnen.

Diese Versuche eignen sich als Lernstationen, …
- weil sie keine komplizierten Mess- oder Experimentiergeräte benötigen und
- weil auch außerhalb des Physikraums Messungen ausgeführt werden sollen.

Versuche zur Geschwindigkeit *Dieses Ergebnisblatt gehört:* ....

Lernstation	*Weg*	*Zeit*	*Geschwindigkeit*
Wie schnell läufst du?	...... m	...... s	....
Wie schnell fährst du Rad?	...... m	...... s	....
Wie schnell fliegt ein Ball?	...... m	...... s	....
Wie schnell rollt eine Kugel (1)?	...... m	...... s	....
Wie schnell fahren Spielzeugautos?	...... m	...... s	....
Wie schnell fällt ein Ball?	...... m	...... s	....
Wie schnell fährt die Modelleisenbahn?	...... m	...... s	....
Wie schnell rollt eine Kugel (2)?	...... m	...... s	....

Beispiel: Lernstationen zur Leistung

In Versuchen kannst du die *mechanische Leistung deines eigenen Körpers* ermitteln. Dabei geht es um Messungen bei sportlichen Betätigungen: *Klettern, Klimmzüge oder Liegestütze machen, Hanteln stemmen …* (s. übernächste Doppelseite).

Am besten führt ihr zunächst den im Kapitel „Die Leistung“ beschriebenen *Praktikumsversuch „Stühle besteigen“* gemeinsam im Physikraum durch. Dann wisst ihr, worauf es bei der Bestimmung eurer Leistung ankommt. Und ihr könnt bei der Gelegenheit gleich gemeinsam erarbeiten, wie man die mechanische Leistung P aus den Werten für die Kraft F, den Weg s und die Zeit t berechnet.

Außerdem müsst ihr für einige Versuche euer Gewicht kennen. Im Physikraum steht bestimmt eine Personenwaage bereit …

Versuche zur Leistung *Dieses Ergebnisblatt gehört:* ....

Lernstation	*Masse* m *in* kg	*Kraft* F *in* N	*Weg* s *in* m	*Hubarbeit* $W = F \cdot s$ *in* J	*Zeit* t *in* s	*Leistung* $P = \frac{W}{t}$ *in* W
Stühle hochsteigen	......	......	......	......	......	......
Treppen steigen	......	......	......	......	......	......
Last hochziehen	......	......	......	......	......	......
Gewichtheben	......	......	......	......	......	......
Liegestütze	......	......	......	......	......	......
Klimmzüge	......	......	......	......	......	......

LERNSTATION 1

Wie schnell läufst du?

Versuchsmaterialien:
2 Stoppuhren (oder Armbanduhren mit Stoppfunktion), Maßband

Versuchsvorbereitung:
Der Versuch wird auf dem Schulhof oder dem Sportplatz durchgeführt. Die erste Gruppe misst eine 50-m-Strecke ab und legt Start und Ziel fest.

Versuchsdurchführung:
Zwei Gruppenmitglieder laufen, zwei stoppen die Zeit. Der Start erfolgt auf Kommando einer Zeitnehmerin oder eines Zeitnehmers.

Versuchsauswertung:
Tragt die Messwerte (Wege, Zeiten) in die Tabelle ein. Gebt die Geschwindigkeit an.

LERNSTATION 2

Wie schnell fährst du Rad?

Versuchsmaterialien:
2 Stoppuhren, Maßband, Fahrrad

Versuchsvorbereitung:
Der Versuch wird auf dem Schulhof oder dem Sportplatz durchgeführt. Die erste Gruppe misst eine 100-m-Strecke ab und legt Start und Ziel fest. (Auf Auslauf achten!)

Versuchsdurchführung:
Ein oder zwei Gruppenmitglieder durchfahren die Strecke. Die anderen stoppen die Zeit. Der Start erfolgt auf Kommando einer Zeitnehmerin oder eines Zeitnehmers.

Versuchsauswertung:
Tragt die Messwerte (Wege, Zeiten) in die Tabelle ein. Gebt die Geschwindigkeit an.

LERNSTATION 3

Wie schnell fliegt ein Ball?

Versuchsmaterialien:
2 Stoppuhren, Maßband, Fußball, Handball oder Tennisball (mit Schläger)

Versuchsvorbereitung:
Der Versuch wird auf dem Schulhof (an einer Mauer) oder in der Turnhalle durchgeführt. Die erste Gruppe legt 20 m vor der Wand die Startlinie fest.

Versuchsdurchführung:
Der Ball wird mit Anlauf von der Startlinie aus geworfen, geschossen oder geschlagen. Zwei Schüler stoppen die Zeit.

Versuchsauswertung:
Bildet den Mittelwert der gestoppten Zeiten. Tragt die Messwerte in die Tabelle ein. Gebt die Geschwindigkeit an.

LERNSTATION 4

Wie schnell rollt eine Kugel?

Versuchsmaterialien:
Stoppuhren, Maßband, Holzkugel (zum Kegeln) oder Eisenkugeln (vom Kugelstoßen)

Versuchsvorbereitung:
Führt den Versuch auf dem Schulhof durch. Wand durch Matte (aus Turnhalle) schützen! Die erste Gruppe misst eine Strecke von 20 m aus und legt eine Start- und eine Ziellinie fest.

Versuchsdurchführung:
Die Kugel wird wie beim Kegeln mit Anlauf flach gerollt. Zwei bis drei Schüler stoppen die Zeit.

Versuchsauswertung:
Bildet den Mittelwert der gestoppten Zeiten. Tragt die Messwerte in die Tabelle ein. Gebt die Geschwindigkeit an.

64033

LERNSTATION 5

Wie schnell fahren Spielzeugautos?

Versuchsmaterialien:
Stoppuhren, Maßband, Spielzeugauto mit Feder- oder Elektroantrieb

Versuchsvorbereitung:
Der Versuch wird im Klassenzimmer oder auf dem Flur durchgeführt.
Die erste Gruppe misst eine Strecke von 5 m ab und markiert Start und Ziel.

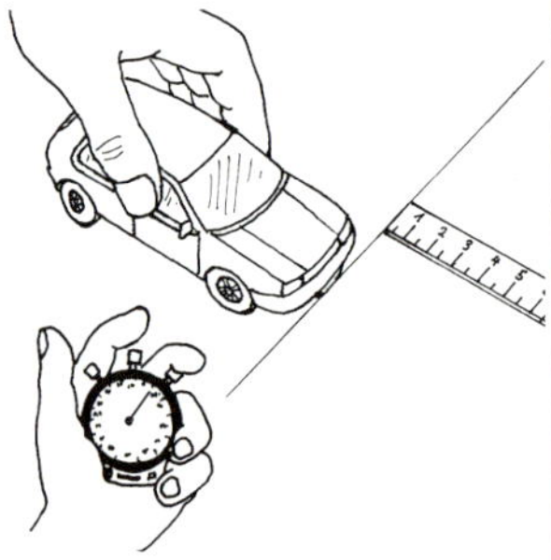

Versuchsdurchführung:
Das Auto durchfährt die Messstrecke. Mehrere Gruppenmitglieder messen die Zeit.

Versuchsauswertung:
Bildet den Mittelwert der gestoppten Zeiten. Tragt die Messwerte in die Tabelle ein. Gebt die Geschwindigkeit an.

LERNSTATION 6

Wie schnell fällt ein Ball?

Versuchsmaterialien:
Stoppuhren, Bindfaden mit kleinem Wägestück, Maßband, Tennis- oder Schlagball

Versuchsvorbereitung:
Der Versuch wird im Treppenhaus oder an einem Fenster zum Schulhof durchgeführt. Die erste Gruppe misst mit dem Bindfaden die Fallhöhe und schreibt sie für die folgenden Gruppen auf ein Blatt.

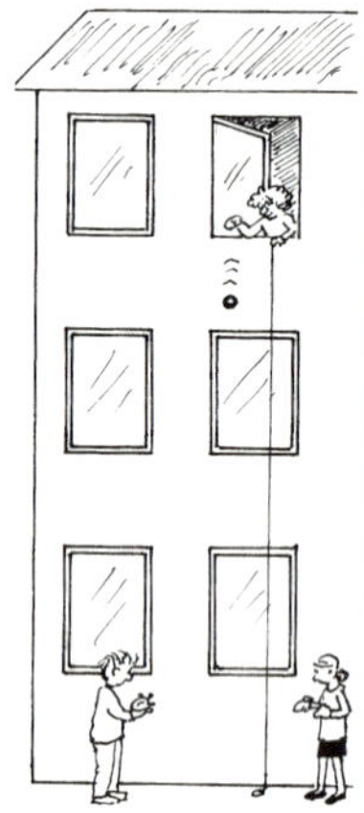

Versuchsdurchführung:
Der Ball wird fallen gelassen. Mehrere Gruppenmitglieder messen die Zeit bis zum Aufprall.

Versuchsauswertung:
Bildet den Mittelwert der gestoppten Zeiten. Tragt die Messwerte in die Tabelle ein. Gebt die (Durchschnitts-)Geschwindigkeit an.

LERNSTATION 7

Wie schnell ist eine Modelleisenbahn?

Versuchsmaterialien:
Stoppuhren, Maßband, Eisenbahn mit Schienenoval (evtl. Autorennbahn)

Versuchsvorbereitung:
Die erste Gruppe misst die Länge der Schienen und schreibt sie für die folgenden Gruppen auf ein großes Blatt. Start und Ziel werden markiert.

Versuchsdurchführung:
Das Eisenbahn durchfährt 5 Runden. Mehrere Gruppenmitglieder messen die Zeit.

Versuchsauswertung:
Bildet den Mittelwert der gestoppten Zeiten. Tragt die Messwerte in die Tabelle ein. Gebt die Geschwindigkeit an.

LERNSTATION 8

Wie schnell rollt eine Kugel?

Versuchsmaterialien:
Stoppuhren, Maßband, ca. 2 m lange schiefe Ebene (Aluschiene oder Brett auf 5 cm hohem Klotz), Stahlkugel

Versuchsvorbereitung:
Die erste Gruppe misst die genaue Länge der schiefen Ebene und schreibt sie für die folgenden Gruppen auf ein großes Blatt.

Versuchsdurchführung:
Ein Gruppenmitglied lässt die Kugel hinunterrollen, die anderen messen die Zeit bis zum Verlassen der schiefen Ebene.

Versuchsauswertung:
Bildet den Mittelwert der gestoppten Zeiten. Tragt die Messwerte in die Tabelle ein. Gebt die (Durchschnitts-)Geschwindigkeit an.
Beschreibt die Bewegung.

Projektarbeit

Phasen der Projektarbeit

Phase 1: Vorbereitung	Phase 2: Durchführung	Phase 3: Präsentation
Themenfindung und Gruppenbildung	Material beschaffen, auswerten und bearbeiten	Ergebnisse präsentieren
Projektbeschreibung erstellen	Präsentation vorbereiten	Arbeitsweise kritisch diskutieren

Tipps zu Phase 1

Planung der Arbeiten:

- Welche Aufgaben sind zu bearbeiten?
- Wer übernimmt welchen Auftrag oder welche Aufgabe?
- Welche Versuche können wir durchführen? Welche Modelle können wir bauen?
- Wo brauchen wir Lehrerhilfe?
- Wie viel Zeit steht für jeden der Arbeitsschritte zur Verfügung?
- Welche Arbeit können wir zu Hause erledigen?
- Wo erhalten wir Informationen zu unserem Thema? Denkt z. B. an Bibliotheken, Schulbücher (auch anderer Klassenstufen), Stadt- oder Gemeindeverwaltungen, Internet, verschiedene Firmen, Organisationen und Ministerien (z. B. Greenpeace, ADAC).

Tipps zu Phase 2

Durchführung der Arbeiten:

- Übernommene Arbeiten werden allein oder zu zweit durchgeführt.
- Zwischenergebnisse oder auftretende Fragen solltet ihr in eurer Gruppe diskutieren.
- Ihr könnt eure Lehrerin bzw. euren Lehrer um Hilfe bitten.
- Beachtet unbedingt, dass die vereinbarte Zeit eingehalten wird.

Vorbereitung der Präsentation:

- Überlegt, auf welche Weise die Ergebnisse der Arbeiten später vorgestellt werden können.

Tipps zu Phase 3

Präsentation und Kritik:

- Fertigt eine Wandzeitung und Schaukästen an.
- Stellt Folien für den Tageslichtprojektor her.
- Führt Modelle und Versuche vor. Erklärt sie dabei.
- Spielt Interviews vor, die ihr geführt habt.
- Gestaltet Bildschirmseiten zu eurem Thema. Sie sollten miteinander verknüpft sein und können vielleicht Bestandteil der Schulhomepage werden.
- Überlegt: Was hättet ihr bei der Projektarbeit besser machen können?

2

1

3

63940

Projektbeispiel: Elektronik

Möchtet ihr elektronische Schaltungen aufbauen? Dann benötigt ihr viele einzelne Bauteile, z. B. Schalter, Lampen, Summer, Verbindungsleitungen, Widerstände, Dioden, Leuchtdioden, Transistoren.

Für den Unterricht wurden spezielle (leider recht teure) Baukästen entwickelt. Sie enthalten Bausteinen mit jeweils einem solchen Bauteil (Bild 4).

Vielleicht habt ihr schon einmal elektronische Bauteile gekauft. Dann wisst ihr, dass sie meist nur wenig Geld kosten. Also könntet ihr die Bauteile auch einzeln kaufen und mit Leitungen verbinden, an deren Enden Krokodilklemmen sitzen. Bild 5 zeigt eine solche Schaltung. Die Übersichtlichkeit geht allerdings verloren und Fehler sind schwer zu finden.

Elektronik-Fachleute verwenden für ihre Schaltungen spezielle Platinen (Bild 6).

Vielleicht habt ihr aber auch Lust, euch die Transistor-Grundschaltung von Bild 7 selbst zu bauen. Sie ist auf einem Holzbrettchen montiert und erlaubt das übersichtliche und schnelle Aufbauen ganz unterschiedlicher Schaltungen: Von der Alarmanlage bis zur Mini-Lichtorgel (Bilder 8 u. 9).

Wie ihr die **Transistor-Grundschaltung** aufbauen könnt, steht auf S. 72.

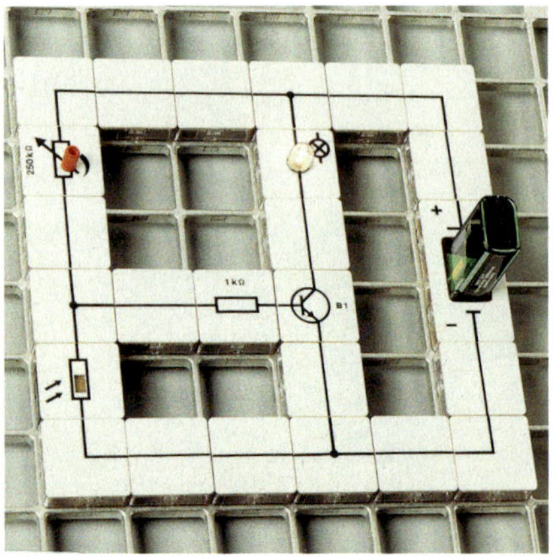
4

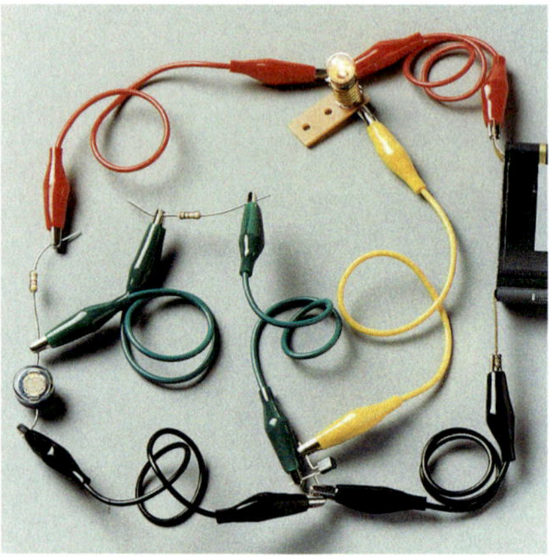
5

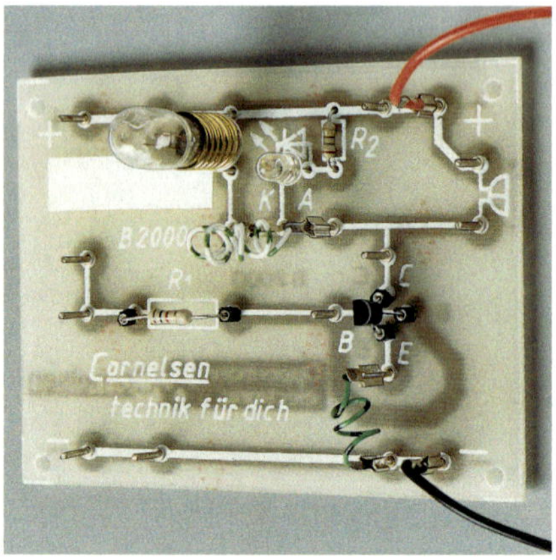

6

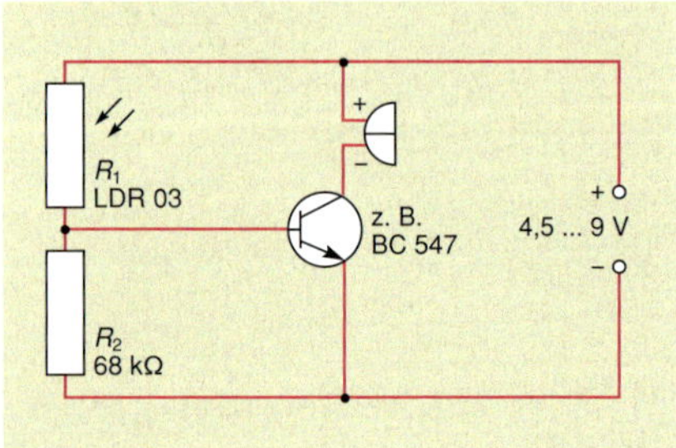

8

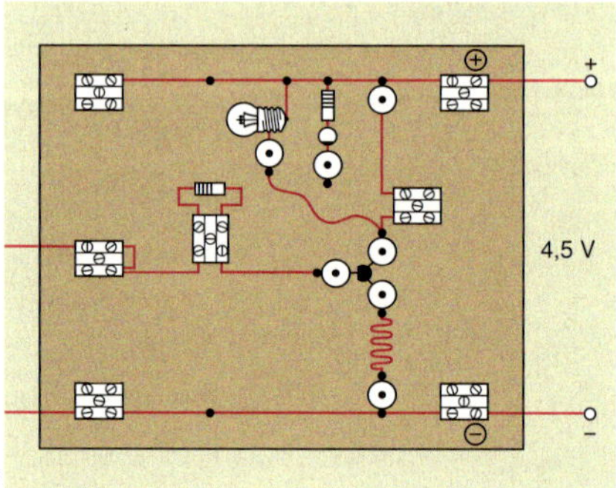

7

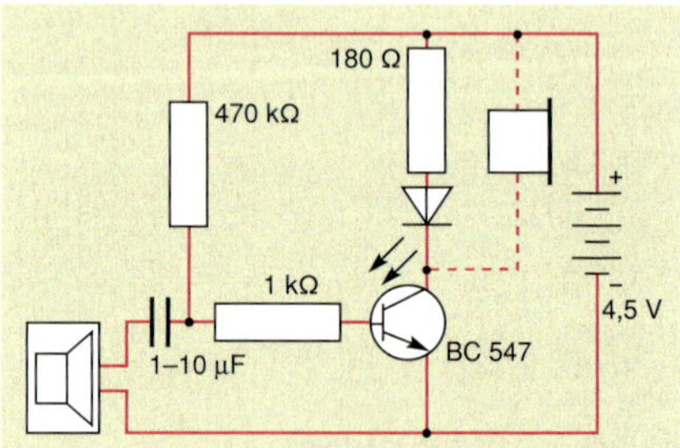

9

Tipps zur Planung (Vorschläge für Teilthemen)

- ○ Elektronik – was gehört alles dazu?
- ○ Aus der Geschichte der Technik: Als es noch keine Elektronik gab …
- ○ Aus der Geschichte der Elektronik: Vom ersten Transistor zur integrierten Schaltung
- ○ Welche Transistorschaltungen können wir mit einfachen Mitteln selbst aufbauen?
- ○ Wir bauen verschiedene Alarmanlagen
- ○ Wie lötet man richtig?
- ○ Berufe rund um die Elektronik

Tipps zur Durchführung (Informationsquellen)

- ○ Bücher für den Technikunterricht; Internet-Infos
- ○ Kataloge von Firmen, die elektronische Bauteile und Bausätze vertreiben
- ○ Besuch eines Betriebes, der im Bereich Elektronik ausgebildet, z. B. zum Industrieelektroniker, Energieelektroniker, Mechatroniker …

Tipps zur Präsentation

- ○ Vorführung und Erklärung der selbst gebauten elektronischen Geräte

Projektbeispiel: Erneuerbare Energiequellen

Energie – ohne die läuft wirklich nichts auf der Welt! Alle Energie bekommen wir kostenlos von der Sonne oder der Erde geliefert – oder wir gewinnen sie aus der Umwandlung bestimmter Atomsorten.

Allerdings verbrauchen wir Menschen seit längerem mehr Energie als uns auf Dauer durch Kohle, Öl und Gas zur Verfügung steht. Wenn wir nicht viel sparsamer mit der Energie umgehen, werden die Vorräte schon bald erschöpft sein.

Zum Glück gibt es aber auch Energiequellen, die täglich „nachwachsen", die also „erneuerbar" sind. Ob sie unsere Energieprobleme lösen können?

1

Tipps zur Planung

Bild 5 kann euch dabei helfen, das Projekt „Erneuerbare Energiequellen" in Teilthemen aufzugliedern.

Beispiele für Fragestellungen in den einzelnen - Arbeitsgruppen sind:

- Wie kann man Sonnenenergie direkt nutzen?
- Solarzellen – Elektrizität ohne Kosten?
- Welche Typen von Windkraftwerken gibt es?
- Welche Typen von Wasserkraftwerken gibt es?
- Biogas – Energie aus Mist und Jauche?
- Wie ist die Wärme aus dem Erdinnern nutzbar?
- Welche Energien nutzten die Menschen früher?
- Reichen die „erneuerbaren" Energien aus?
- Wie viel Energie brauchen wir eigentlich?

Tipps zur Durchführung

- Befragung von Fachleuten (Stadtwerke, E-Werk)
- Infos aus Schulbüchern (z. B. S. 154 ff.), Sachbüchern, Internet…
- Bau von einfachen Modellen

Tipps zur Präsentation

- Ausstellung in der Schule
- Vorführen und Erklären der gebauten Modelle
- Erstellen einer Wandzeitung (Vorräte, Nutzung, Vor- und Nachteile erneuerbarer Energien)
- Tonband- oder Videointerviews mit Fachleuten
- Videofilm vom Besuch einer Anlage, die eine erneuerbare Energiequelle nutzt

64366

Projektbeispiel: Motoren und Autos

Als die ersten Autos vor über 100 Jahren auf den Straßen auftauchten (um 1890), wurden die „knatternden und stinkenden Motorkutschen“ von den meisten Menschen als „Teufelswerk“ verdammt. In einigen Gegenden war Autofahren sogar verboten.

Als dann aber sich immer mehr Menschen ein Auto leisten konnten, wurde es zum „liebsten Kind der Nation“. Für viele ist es heute sogar ein Statussymbol: Wer ein teures, schnelles Auto fährt, bedeutet etwas; er hat offenbar Geld und Macht.

Es gibt aber auch immer mehr Kritiker, denn der gewaltig gewachsene Autoverkehr verursacht immer mehr Schäden und Belastungen (z. B. Unfallopfer, Luftverschmutzung, Lärmbelästigung, Staus, steigende Treibstoffpreise).

Beim Thema „Motoren und Autos“ geht es also nicht nur um physikalisch-technische Fragen. Daneben werde viele andere Bereiche berührt: Wirtschaft, Umwelt, Chemie ... Damit eignet sich das Thema gut zu einer *projektorientierten Bearbeitung*.

1893
2

1937
4

Zukunfts-vision
6

3

heute
5

7

Tipps zur Planung (Vorschläge für Teilthemen)

Folgende Teilthemen sind denkbar. (Einige davon sollten gemeinsam erarbeitet werden.)

- Wie funktioniert ein Automotor?
- Worin unterscheiden sich die Motortypen Viertakt-, Zweitakt- und Dieselmotor?
- Was versteht man unter dem Wirkungsgrad?
- Ist die Maschine „Auto“ ein guter oder ein schlechter Energieverwerter?
- Wer hat das Auto erfunden?
- Welche Alternativen gibt es zum Benzin- oder Dieselmotor? (Vergleich verschiedener Treibstoffe)
- Wie lassen sich die Abgase verringern?
- Welche Bedeutung hat das Auto für den Menschen?
- Wie teuer ist das Autofahren? Welche Schäden verursacht es?
- Die Herstellung eines Autos
- Alternativen zum Autoverkehr
- Autorennen früher und heute
- Sicherheitseinrichtungen moderner Autos

Tipps zur Durchführung (Informationsquellen)

- Texte auf den Seiten 168 ff. und 173 ff. sowie in anderen Schul- oder Sachbüchern
- Internet unter geeigneten Suchbegriffen
- Autofirmen (auch per Internet)
- Gespräche mit Experten (Kfz-Mechaniker, Umweltexperten ...)
- Umweltministerien
- Autoverbände (z. B. ADAC)

Tipps zur Präsentation

- Ausstellung (Funktionsmodelle der verschiedenen Motortypen mit Beschreibung)
- Bildausstellung (Entwicklung des Autos/Motorrads mit Zeitleiste)
- Infoblätter (z. B. „Wie spare ich Treibstoff?“ und „Alternative Treibstoffe“)
- Fachlich vorbereitete Diskussionen mit Fachleuten, Politikern (z. B. „Die Zukunft des Autos“)
- Berufe rund ums Auto (Gespräche mit Meistern, Auszubildenden, dem Arbeitsamt ...)

Projektbeispiel: Radioaktivität und Kernenergie

Noch vor nicht allzu langer Zeit setzte man große Hoffnungen auf die Kernenergie: Man glaubte, dass man mit ihrer Hilfe das Energieproblem endgültig würde lösen können.

Man hatte aber damals die Gefahren und Risiken, die damit verbunden sind, zu wenig beachtet.

Heute dagegen verzichten immer mehr Länder auf den Bau neuer Kernkraftwerke. Einige Länder, wie z. B. Deutschland, wollen in naher Zukunft ganz auf Kernkraftwerke verzichten.

Du siehst: Das Thema „Radioaktivität und Kernenergie" berührt viele verschiedene Bereiche – auch über die Physik hinaus (Biologie, Chemie, Medizin, Wirtschaft, Politik, Religion ...).

Es eignet sich also besonders gut für einen *projektorientierten Unterricht*.

Tipps zur Planung (Vorschläge für Teilthemen)

In diesem Buch findet ihr Informationen zu mehreren Teilbereichen. Die Bilder 1–5 auf S. 186 geben euch dazu einen ersten Überblick. Das Grundwissen solltet ihr möglichst gemeinsam erarbeiten, die anderen Themen sind für eine gruppenweise Erarbeitung geeignet. Ihr findet Beiträge zu folgenden Themen:

1. *Grundwissen:* „Der Blick ins Unsichtbare"
   „Die Kernspaltung"
   „Radioaktive Strahlung"
2. *Informationen zu einzelnen Teilthemen:*
   - Natürliche und künstliche Strahlenbelastung
   - Gefahren radioaktiver Strahlung
   - Strahlung im Dienst der Gesundheit
   - Wie lange lag das Mammut im Eis?
   - Kernenergie als Bedrohung – die Atombombe
   - Die friedliche Nutzung – das Kernkraftwerk
   - Das Problem der Entsorgung
   - Die Katastrophe von Tschernobyl
   - Die Frage der Verantwortung
   - Wichtige Forscherinnen und Forscher

Tipps zur Durchführung (Informationsquellen)

- Örtliche Energieversorgungsunternehmen
- Bibliotheken (z. B. Eve Curie: *Madame Curie*, Fischer Taschenbuch Verlag)
- Krankenhäuser, Ärzte
- Bundesministerien (für Forschung, Wirtschaft, Umwelt)
- Internet (Suchbegriffe: Radioaktivität, Kernkraftwerk, Kernenergie, Namen wichtiger Forscher)
- Alte Zeitungen (Archive von Tageszeitungen)

Hinweis: Unten auf dieser Seite stehen ebenfalls Informationsquellen, die euch weiterhelfen können.

Tipps zur Präsentation

- Messergebnisse: Radioaktivität in der Umgebung (Schule, Gestein ...)
- Plakate: Belastungen durch Röntgenuntersuchungen, Funktionsdarstellungen von Kernkraftwerken ...
- Bildersammlungen, z. B. Hiroshima, Folgen von Tschernobyl, Kernkraftwerke in Deutschland ...
- Landkarte: alle Kernkraftwerke in Deutschland und jenseits unserer Grenzen
- Diskussion: Pro und kontra Kernkraftwerke (möglichst mit Politikern)

Einige Informationsquellen

Hinweise auf Medien:
VHS-Videokassette „Otto Hahn und die Kernspaltung" (FWU 4201572, 16 min); ferner z. B. VHS-Videokassetten „Entdeckung der Radioaktivität", „Strahlung, Grundlagen ...", „Was ist Radioaktivität?", „Wie wirkt Radioaktivität?".

Verwertbare Informationsmaterialien werden veröffentlicht von
IZE, HEA, RWE und anderen Energieversorgungsunternehmen;
Arbeitskreis Schulinformation Energie, Am Hauptbahnhof 12, 60392 Frankfurt;
Bundesamt für Strahlenschutz, Postfach 100149, 38201 Salzgitter;
Bundesamt für Naturschutz, Konstantinstr. 110, 53179 Bonn;
Umweltbundesamt, Postfach 330022, 14191 Berlin;
Bundesumweltministerium (BMU), Referat Öffentlichkeitsarbeit, Postfach 120629, 53048 Bonn;
Bundesministerium für Wirtschaft, Postfach, 53107 Bonn (kostenloses Energiespiel);
Forschungszentrum Umwelt und Gesundheit (GSF), Öffentlichkeitsarbeit, Ingolstädter Landstraße 1, 85764 Neuherberg (www.gsf.de/aktuelles/);
Greenpeace, Vorsetzen 53, 20459 Hamburg;
Öko-Institut, Binzengrün 34 a, 79114 Freiburg.

64368

Berufsinformation: Schilder- und Lichtreklamehersteller/in

Was wäre, wenn über Nacht aus unserer Stadt alle Beschriftungen verschwänden – all die Firmen-, Bau- und Autoschilder, Plakate, Werbetafeln, Leuchttransparente, Hinweis- und Verkehrsschilder? Kurz: Was wäre, wenn es den **Schilder- und Lichtreklamehersteller** nicht gäbe? Um uns herum wäre es viel farbloser und eintöniger.

1 Entwurf der Leuchtreklame am Computer

Herr Wagner berichtet:

Gestern kam ein Kunde zu mir und sagte, er braucht eine werbewirksame Außenreklame für seinen neuen Optikladen. Doch wie sie genau aussehen sollte, wusste er nicht.

Meine Aufgabe ist es jetzt, mit Ideen und Fantasie einen Entwurf zu machen. Das macht mir eigentlich am meisten Spaß. Aber auch die weiteren Tätigkeiten sind sehr vielseitig und interessant: Der Kunde muss überzeugt werden. Geeignete, wetterfeste Materialien sind auszusuchen und zu bearbeiten. Bei Lichtreklamen müssen auch elektrische Anlagen installiert werden. Der spannendste Moment ist immer der, wenn der Kunde die fertige Arbeit begutachtet und – dann hoffentlich zufrieden ist.

Berufsbild

Der Schilder- und Lichtreklamehersteller entwirft am Zeichenbrett oder am Computer Firmenschilder und Außenwerbung nach Wünschen des Kunden. Er fertigt die Schilder und Lichtreklamen in der Werkstatt an und montiert sie z. B. an Fassaden.

Ausbildung

Die Ausbildung dauert 3 Jahre, Hauptschulabschuss erwünscht. Dieser Beruf ist auch für Mädchen gut geeignet. 40 % der Auszubildenden sind Mädchen.

Die wichtigsten Aufgaben und Tätigkeiten

- Entwerfen und Zeichnen von unterschiedlichen Schriften, Firmenlogos, bildhaften Darstellungen
- Bemalen und Beschriften von Schildern, Fahrzeugen, Schaufenstern, Hauswänden, Spannbändern, Markisen und Messeständen
- Arbeiten mit unterschiedlichen Materialien (Kunststoffe, Papier, Holz, Glas, Farben), dabei Anwenden grafischer Techniken (z. B. Siebdruck)
- Arbeit am Computer, von der Dateneingabe bis hin zur fertigen Zeichnung
- Bau von Lichtwerbeanlagen, von der Fertigung bis zur elektrischen Installation
- Montage von Schilder, Lichtwerbeanlagen; Aufbau von Messe- und Ausstellungsständen
- Beratung von Kunden

2 Montage eines Leuchtkastens

3 Siebdruck auf eine Holztafel

Anforderungen

- Handwerkliches Geschick
- ästhetischer Geschmack
- Sinn für Farben und Formen
- Freude am Beraten
- Computerkenntnisse

Berufsinformation: Elektromaschinenbauer/in

Meister Ehlert erzählt:

Ich arbeite in einem Handwerksbetrieb mit 10 Beschäftigten. Alle in unserer Werkstatt sind Elektromaschinenbauer. Mein Neffe fragte mich neulich: „Baust du auch Kaffeemaschinen und Haartrockner?" Da habe ich ihm am nächsten Nachmittag unseren Betrieb gezeigt.

Meine tägliche Arbeit ist das Reparieren von Elektromaschinen, also Generatoren oder Elektromotoren, zusammen mit Getrieben, Lüftern, Pumpen, ... Die Berufsbezeichnung verrät bereits die Arbeitsaufteilung: halb Elektrik und halb Mechanik.

Letzte Woche hatten wir aus einer Mühle einen Motor mit einer Leistung von 200 000 W hier. Wir demontierten zunächst das 1500 kg schwere Teil - eine schmutzige Arbeit, denn der Motor kam - wie meistens - völlig verdreckt zu uns. Einige Statorwicklungen waren durchgebrannt und die Kugellager defekt.

200-kW-Motor, demontiert 1

Die Spulen wurden neu gewickelt und Temperatursensoren ergänzt. Nachdem die Spulen wieder montiert waren, kam der Stator auf den Messplatz, um den Widerstand und die Isolierung der Wicklungen zu testen. Dann tauchten wir das Teil in Isolierlack und ließen den Lack anschließend im Ofen aushärten.

Inzwischen waren die Kugellager ausgetauscht, die Rotorwelle abgedreht, der Rotor ausgewuchtet. Nach der Montage des kompletten Motors erfolgten weitere Prüfungen und Testläufe, deren Messwerte und -kurven sorgfältig protokolliert wurden. Auch die elektronische Steuerung des Motors wurde getestet.

Nach fünf Tagen war die große Elektromaschine wieder einsatzbereit. Die Reparatur war 50 % billiger als ein neuer Motor. Dieser Preisvorteil und unser schneller Service verschaffen uns seit Jahrzehnten genügend Aufträge und zufriedene Kunden.

Neue Motoren stammen oftmals aus dem Ausland, aber schnell repariert wird nur bei uns - wohl auch in Zukunft. Deshalb haben wir Elektromaschinenbauer einen krisenfesten Beruf. Nur leider mangelt es an Nachwuchs. Ob das daran liegt, dass zu wenige diesen Beruf kennen? Oder wollen sich viele Jugendliche nicht mehr die Hände schmutzig machen?

Wir suchen jedenfalls dringend neue Mitarbeiter und bilden dazu auch selbst welche aus. Mein Neffe will demnächst sein Schülerbetriebspraktikum bei uns machen. Dann werde ich ihm unseren Ausbildungsplan zeigen, damit er sieht, was einen Azubi nach $3\,^1/_2$ Jahren in der Prüfung erwartet. Die Kenntnis des ohmschen Gesetzes allein reicht nämlich noch lange nicht aus ...

Es gibt sechs handwerkliche Elektroberufe:

- Elektromaschinenbauer/in
- Elektroinstallateur/in
- Elektromechaniker/in
- Büromaschinenelektroniker/in
- Fernmeldeanlagenelektroniker/in
- Radio- und Fernsehtechniker/in

Ausbildungszeit: $3\,^1/_2$ Jahre. Im ersten Ausbildungsjahr lernt man in allen sechs Berufen das Gleiche.

2 Auswuchten eines Gebläserades

Berufsbild

Der Elektromaschinenbauer baut, montiert, prüft, wartet und repariert elektrische Maschinen, Geräte und Anlagen. Dazu gehören Gleich-, Wechselstrom- und Drehstrommotoren, Generatoren, Transformatoren, Notstromversorgungsanlagen, Akkumulatoren, Getriebe, Lüfter, Pumpen, Aufzüge, Kräne...

63265

Kurze Beschreibung der Arbeitssituationen

- Arbeit in der Werkstatt oder direkt beim Kunden
- häufiger Wechsel von stehender, sitzender, knieender und hockender Tätigkeit
- gelegentlich schwere körperliche Tätigkeiten

Typische Werkzeuge

- Dreh-, Fräs-, Bohrmaschinen
- Spulen-Wickelmaschine
- Nutenschieber, -feile, -bürste
- Auswuchtmaschine
- Lötkolben, Schweißgerät
- mechanische, elektrische und elektronische Messgeräte

Anforderungen an einen Elektromaschinenbauer

- handwerkliches Geschick
- technisches Verständnis
- logisches Denken
- planvolles Arbeiten
- Sorgfalt und Konzentration
- Teamfähigkeit
- gewissenhafte Beachtung der Sicherheitsbestimmungen
- durchschnittliche Noten in Physik, Mathematik, Technik
- Hauptschulabschlusszeugnis

3 Arbeit an der Wickelmaschine

4 Einlegen der Wicklung in den Stator

5 Aufspritzen einer Metallschicht auf eine Welle

6 Motor am Messplatz

Voraussetzungen für den Beruf des Elektromaschinenbauers

- keine Bewegungs- und Belastungseinschränkung
- keine Allergie auf Metalle, Öle, Fette, Isolierlacke, Reinigungslösungen
- keine Erkrankung der Atemwege
- keine Farbsehstörung
- keine Angst vor dem Umgang mit elektrischer Energie
- keine Angst vor schmutzigen Händen

Es gibt auch fünf industrielle Elektroberufe:

- Elektroanlagenmonteur/in
- Elektromaschinenmonteur/in
- Energieelektroniker/in
- Industrieelektroniker/in
- Kommunikationselektroniker/in

Im ersten Ausbildungsjahr wird in allen fünf Berufen das Gleiche gelernt. Die Ausbildungszeit beträgt $3^1/_2$ Jahre. Elektroanlagenmonteure werden 3 Jahre lang ausgebildet.

Weiterbildungsmöglichkeiten

- Fortbildungskurse von Handwerkskammern und Industrie in Pneumatik, Hydraulik, Mess- und Regeltechnik, Elektronik, Digitaltechnik, SPS (Speicherprogrammierbare Steuerungen) ...
- Meister/in
- Techniker/in

Berufsinformation: Kraftfahrzeugelektriker/in

Aus der Praxis einer Autowerkstatt:

Pech gehabt – auf der Autobahn liegen geblieben! Ein Glück, dass ziemlich schnell der Abschleppwagen der Werkstatt zur Stelle war.

Der Mechaniker sieht sofort, was los ist: „Die Lichtmaschine hat ihren Geist aufgegeben. Kein Fall für mich, das macht meine Kollegin – die ist nämlich *Kraftfahrzeugelektrikerin* und kennt sich gut in Sachen Elektrik aus."

1

„Es ist bestimmt der Drehstromgenerator!" Für Sandra Z. ist die Diagnose klar. Das Auto springt trotz neuer Batterie nicht an.

Sie klemmt die Verbindungskabel des Oszilloskops an die Batterie an. Die Kurven verraten nichts Gutes: Zwei Leitungsdioden sind defekt.

Was jetzt folgt, ist für Sandra Routine: Den Generator ausbauen und einen neuen einsetzen. Eine Reparatur des Generators würde sich nicht lohnen.

„Mein Beruf ist zurzeit ganz schön im Umbruch", erzählt Sandra. „Immer mehr Teile mit modernster Elektronik werden in die Autos eingebaut. Das ABS-System bei den Bremsen sowie die Katalysatoren sind nur zwei davon.

Neu sind auch die vielen Messgeräte zur Überprüfung dieser Techniken, z. B. das ABS-Testgerät, der Abgastester für CO- und HC-Messungen. Ohne Weiterbildung und Schulungen kann man da nicht mithalten."

2

3

Elektronische Motordiagnose

Berufsbild

Kraftfahrzeugelektriker/innen sind für Tätigkeiten im Bereich der Instandhaltung, Wartung, Diagnose, Prüfung von Mess-, Regel- und Zusatzeinrichtungen an Kraftfahrzeugen qualifiziert.

Ein Schwerpunkt ihrer Tätigkeit ist die systematische Fehlersuche an den elektrischen und elektronischen Systemen von Kraftfahrzeugen mit Hilfe modernster Messgeräte.

Außerdem installieren sie elektrische Leitungen und rüsten Fahrzeuge mit elektronischem Zubehör aus, so z. B. mit Diebstahlsicherungen, Autoradios, Telefoneinrichtungen, Spezialapparaturen der Sonderfahrzeuge von Polizei und Feuerwehr.

Im Rahmen dieser Aufgaben leisten Kraftfahrzeugelektriker/innen einen wesentlichen Beitrag zur Erhaltung verkehrssicherer und umweltschonender Fahrzeuge.

62932

Anforderungen/Voraussetzungen

§ Bereitschaft und Fähigkeit zur Teamarbeit (enge Zusammenarbeit mit Mechanikern, Karosseriebauern und Kundendienstberatern)
§ Denken in technischen Zusammenhängen (z. B. bei der Fehlersuche und beim nachträglichen Einbau von Zusatzteilen)
§ Ausdauer, Geduld (z. B. bei der Fehlersuche)
§ Handwerkliches Geschick und Fingerfertigkeit
§ Körperliche Fitness, Belastbarkeit (oft müssen Arbeiten in gebückter oder liegender Stellung durchgeführt werden)
§ Keine Angst vor Schmutz
§ Haupt- oder Realschulabschluss, möglichst mit guten Noten in Physik, Mathematik und Technik
§ Computerkenntnisse sind von Vorteil

Ausbildung

Die Ausbildung dauert normalerweise dreieinhalb Jahre. Zurzeit gibt es mehr als 3000 Ausbildungsplätze im Handwerk (Kfz-Betriebe, Autoelektrikbetriebe) und mehr als 800 in der Industrie (Autofirmen, Auto-Zulieferbetriebe).

Berufsaussichten und Weiterbildungsmöglichkeiten

Das Auto wird auch weiterhin ein wichtiges Verkehrsmittel bleiben. Beim modernen Auto spielen elektronische Bauteile eine immer größere Rolle. Die Chancen bei diesem Beruf sind deshalb gut.

Auch Mädchen haben gute Chancen, da heutzutage Körperkraft keine wichtige Voraussetzung für diesen Beruf ist.

Nach abgeschlossener Ausbildung kann man zusätzliche Lehrgänge besuchen und die Meisterprüfung ablegen.

Auch die Fachhochschulreife kann nach der Ausbildung angestrebt werden. Sie eröffnet sogar die Möglichkeit eines Ingenieurstudiums.

Kraftfahrzeugelektriker/innen sind nicht nur in Kfz-Betrieben und Autofirmen gefragt. Sie finden auch Arbeitsmöglichkeiten in öffentlichen Unternehmen, z. B. bei der Polizei und in Verkehrsbetrieben.

Als Meister hat man außerdem die Möglichkeit, in Überwachungsvereinen (z. B. beim TÜV) oder als Kraftfahrzeug-Sachverständiger (z. B. Schadensbeurteilung nach Unfällen) zu arbeiten.

4

Der Kfz-Elektriker sorgt für Sicherheit

Sicherheit wird groß geschrieben – vor allem bei Bussen und Bahnen, die viele Menschen auf einmal befördern.

Dafür sorgt z. B. der Kraftfahrzeugelektriker Martin B. Er berichtet: „Ich habe hier mein Betriebspraktikum gemacht und fand die Arbeit einfach toll.“

Genauso zufrieden ist er heute noch mit seinem Arbeitsplatz.

Jeder Bus wird täglich kurz überprüft. Einmal im Jahr findet eine Hauptuntersuchung statt. Auch dafür ist Martin zuständig. Alle elektrischen und elektronischen Geräte müssen sorgfältig gecheckt werden: Scheinwerfer, Scheibenwischer, Gebläse, Heizungen. Auch Funkanlagen, Entwertungsautomaten, elektrische Richtungsschilder und Fahrtenschreiber gehören dazu

Am Ende des Checks hält Martin die Ergebnisse fest. Wenn nötig, schreibt er Reparaturaufträge. Kleinere Reparaturen führt er selber aus.

Anhang

Zum Nachschlagen

Einige Wirkungsgrade

Dampfmaschine	10 %
Zweitaktmotor	20 %
Ottomotor	25 %
Dieselmotor	35 %
Dampfturbine	40 %
Solarzelle	12 %
Elektromotor, klein	bis 50 %
Elektromotor, groß	bis 90 %
Ofenheizung	60 %
Zentralheizung	bis 85 %
Generator	bis 95 %

Einige Reibungszahlen

Reibungspartner	μ_{Haft}	μ_{Gleit}
Holz auf Stein	0,70	0,30
Holz auf Holz	0,50	0,30
Stahl auf Stahl	0,15	0,12
Stahl auf Stahl (geschmiert)	0,10	0,05
Stahl auf Eis	0,03	0,01
Autoreifen auf		
trockenem Asphalt	1,0	0,9
nassem Asphalt	0,8	0,6
vereistem Asphalt	0,2	0,1

Zum Umgang mit radioaktiven Strahlern

1. Nur radioaktive Strahler einsetzen, die für Schulversuche zugelassen sind!
2. Radioaktive Strahler nicht mit bloßen Händen berühren!
3. Strahler immer nur für kurze Zeit aus den Schutzbehältern nehmen!
4. Nach dem Hantieren mit Strahlern gründlich Hände waschen!

Aufbau der Atome einiger Elemente

Element	Kurzform	Teilchen (Atomkern) Protonen	Teilchen (Atomkern) Neutronen	(Atomhülle) Elektronen
Wasserstoff	$^{1}_{1}H$	1	–	1
Kohlenstoff (nicht radioaktiv)	$^{12}_{6}C$ (C-12)	6	6	6
Kohlenstoff (radioaktiv)	$^{14}_{6}C$ (C-14)	6	8	6
Sauerstoff	$^{16}_{8}C$	8	8	8
Kalium (nicht radioaktiv)	$^{39}_{19}K$	19	20	19
Kalium (radioaktiv)	$^{40}_{19}K$ (K-40)	19	21	19
Uran (nicht spaltbar)	$^{238}_{92}K$ (U-238)	92	146	92
Uran (spaltbar)	$^{235}_{92}K$ (U-235)	92	143	92
Iod	$^{123}_{53}I$ (I-123)	53	70	53
Iod	$^{131}_{53}I$ (I-131)	53	78	53

Grundregeln zum Experimentieren und Gefahrensymbole (Warnzeichen)

- Fachräume dürfen nur unter Aufsicht des Lehrers betreten werden.
- Im Experimentierraum darf weder gegessen noch getrunken werden.
- Den Anweisungen des Lehrers müsst ihr unbedingt Folge leisten, vor allem bei Schülerversuchen.
- Versuche dürfen erst durchgeführt werden, wenn der Lehrer euch dazu aufgefordert hat.
- An euerm Arbeitsplatz müsst ihr Ordnung halten.
- Vom Lehrer werdet ihr wahrscheinlich eine persönliche Schutzausrüstung erhalten (z. B. Schutzbrille, Schutzhandschuhe). Dann müsst ihr diese Ausrüstung beim Experimentieren tragen.
- Bei der Verwendung von Stoffen müssen die Gefahrensymbole auf den Gefäßen und in den Versuchsbeschreibungen beachtet werden.

Diese Gefahrensymbole oder Warnzeichen stehen auf Gefäßen mit Chemikalien.
Die betreffenden Code-Buchstaben findest du auch in einigen Versuchsbeschreibungen wieder.

T+: sehr giftig
T: giftig

Xn: gesundheitsschädlich
Xi: reizend

E: explosionsgefährlich

F+: hoch entzündlich
F: leicht entzündlich

C: ätzend

O: brandfördernd

N: umweltgefährlich

(Symbole nach DIN 58126 Teil 2 und Gefahrstoffverordnung)

63288

Einige Leistungen

Fahrraddynamo	3 W	Pferd (genormt), 1 PS	735 W	Mittelklasseauto	70 kW
Rasierapparat	10 W	Bohrmaschine	400–1000 W	Lkw (Lastzug, 320 PS	235 kW
Glühlampe	25–200 W	Staubsauger	800–1400 W	Elektrolokomotive	5600 kW
Mensch (Dauerleistung)	75 W	Bügeleisen	1000 W (1kW)	Flugzeug (Airbus)	100 000 kW
Mensch (Höchstleitung)	1400 W	Mofa	1,1 kW	Generator (Kraftw.)	1 000 000 kW
Pferd (Dauerleistung)	400 W	Elektroherd (4 Platten)	5 kW	Mondrakete	70 000 000 kW

Einige physikalische Größen mit ihren Einheiten

Physikalische Größe	Formelzeichen	Einheit (Maßeinheit)	Weitere Einheiten	Beziehung
Temperatur	T	Kelvin (K)	Grad Celsius (°C)	0 °C = 273,15 K
Länge, Weg	l, s	Meter (m)	Seemeile (sm)	1 sm = 1852 m
Zeit	t	Sekunde (s)	Minute (min)	1 min = 60 s
			Stunde (h)	1 h = 60 min = 3600 s
			Tag (d)	1 d = 24 h = 1440 min
			Jahr (a)	1 a = 365 d
Geschwindigkeit	v	Meter pro Sekunde	Kilometer pro Stunde	1 m/s = 3,6 km/h
elektr. Stromstärke	I	Ampere (A)		
elektr. Spannung	U	Volt (V)		
elektr. Widerstand	R	Ohm (Ω)		$1\,\Omega = \frac{1\,V}{1\,A}$
Kraft	F	Newton (N)		
Arbeit, Energie	W	Joule (J)	Newtonmeter (Nm)	1 J = 1 Nm 1 kWh = 3 600 000 J
Leistung	P	Watt (W)	Newtonmeter pro Sekunde	$1\,W = 1\,\frac{Nm}{s} = 1\,\frac{J}{s}$
Masse (Gewicht)	m	Kilogramm (kg)		
Dichte	ϱ (*Rho*)	Gramm durch (pro) Kubikzentimeter		$1\,\frac{g}{cm^3} = 1\,\frac{kg}{dm^3}$
Druck	p	Pascal (Pa)	Bar (bar)	1 mbar = 100 Pa
Frequenz	f	Hertz (Hz)		$1\,Hz = \frac{1}{s}$
(Radio-)Aktivität	A	Becquerel (Bq)		$1\,Bq = \frac{1}{s}$
Energiedosis	D	Gray (Gy)		$1\,Gy = 1\,\frac{J}{kg}$
Äquivalentdosis	D_q	Sievert (Sv)	Rem (rem)	$1\,Sv = 1\,\frac{J}{kg}$

Vielfache und Teile von Einheiten

Vorsatz	Giga-	Mega-	Kilo-	Hekto-	Deka-	Dezi-	Zenti-	Milli-	Mikro-	Nano-	Piko-
Vorsatzzeichen	G	M	k	h	D	d	c	m	μ	n	p
Faktor, mit dem die Einheit multipliziert wird	10^9	10^6	10^3	10^2	10^1	10^{-1}	10^{-2}	10^{-3}	10^{-6}	10^{-9}	10^{-12}

Löten auf Platinen

Was du brauchst:

Platinen mit Lötstreifenraster, deren Kupferbahnen einen Abstand von 2,5 mm haben (Bild 1), *Lötkolben* (max. 30 Watt) und spezielles *Elektroniklot* (1 mm ø), eine kleine *Telefon- oder Spitzzange*, *Seitenschneider* und *Cuttermesser*, *Lötunterlage* (Brettchen oder Pappe).

Vor dem Löten:

Überlege dir anhand deines Schaltplanes, wie du die Leiterbahnen optimal nutzen kannst. (Die Seite mit den Leiterbahnen ist die *Unterseite* der Platine.)

Die Bilder 2 u. 3 zeigen als Beispiel den *Schaltplan und den Platinenentwurf für einen elektronischen Schutz von Schubläden.*

Stecke die Beinchen der Bauteile von oben durch die Löcher der Platine. Biege die Beinchen leicht um, damit die Bauteile nicht verrutschen können.

So kannst du einen Widerstand parallel zu einem Lötstreifen einbauen: Unterbrich die Leiterbahn mit einem Messer und löte genau dort den Widerstand in Richtung der Leiterbahn ein (Bild 4).

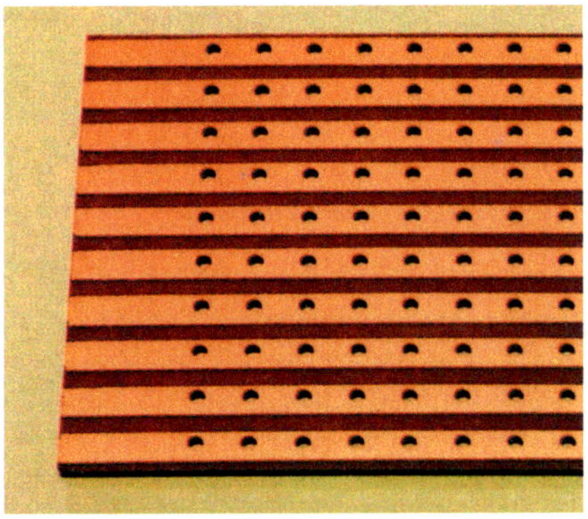

1

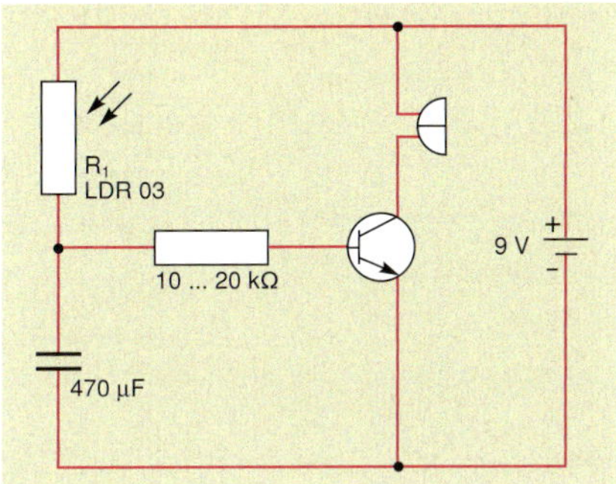

2

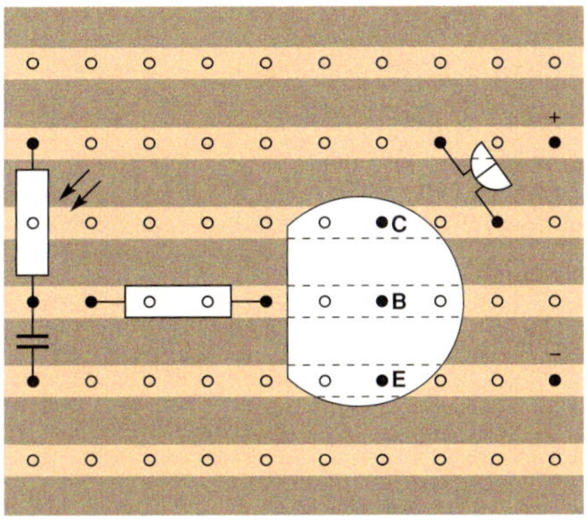

3

So wird gelötet:

Halte Spitze des Lötkolbens schräg zwischen Leiterbahn und Beinchen; führe sofort von der anderen Seite her Elektroniklot zu (Bild 5). Wenn das Lot geschmolzen ist, nimmst du Lötdraht und Lötkolben weg. Danach darf sich die Lage des Bauteils nicht mehr ändern. Nach wenigen Sekunden erstarrt das Lot. Es entsteht eine feste Verbindung zwischen den zusammengelöteten Teilen.

Das Löten selbst sollte nicht länger als 5 s dauern, sonst könnten elektronische Bauteile durch die Hitze zerstört werden.

Nach dem Löten:

Kontrolliere die Lötstellen: Das Lot muss blank aussehen und gut verlaufen sein. Wenn es grau und tropfenförmig ist, war die Lötstelle nicht heiß genug (Bilder 6 u. 7). Achte auch auf die richtige Höhe der Bauteile. Schneide überstehende Anschlussdrähte mit einer Zange ab.

Noch ein Tipp:

Benutze Steckstifte auf der Platine, ebenso Kabel mit Lötschuhen (Bild 8). Dann kannst du die Teile später wiederverwenden.

4

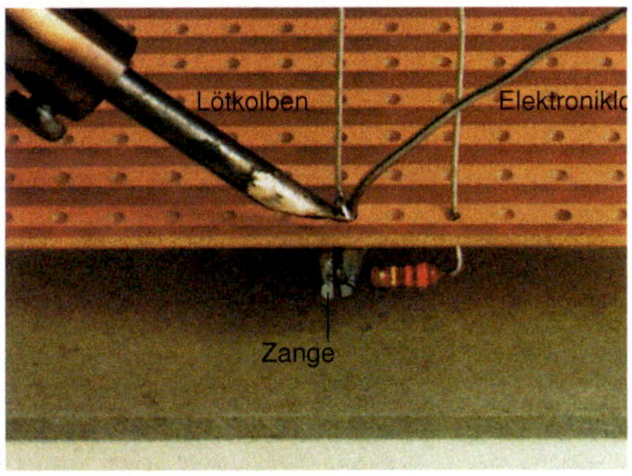

5

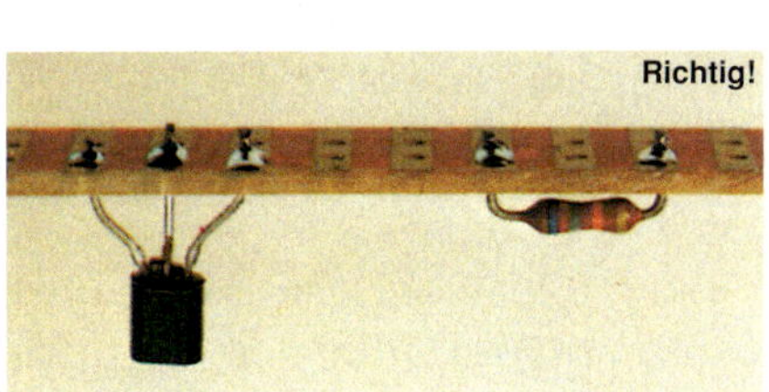

6

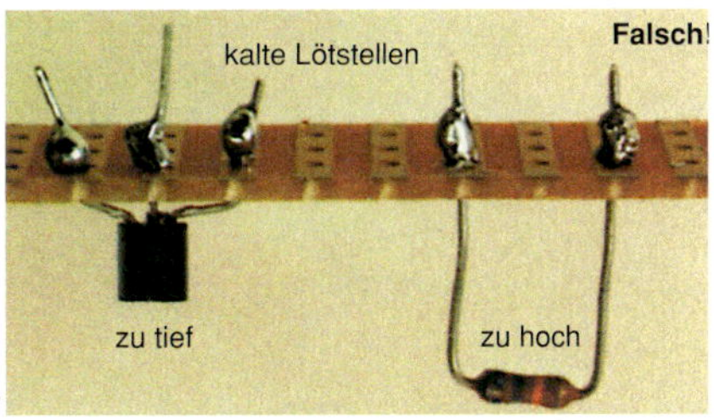

7

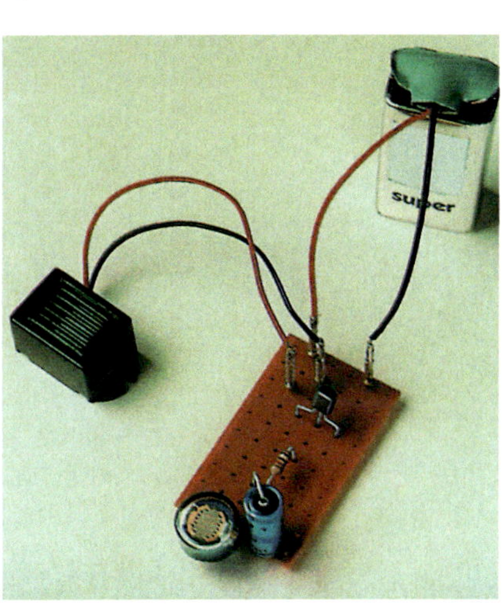

8

Liste der benötigten Elektronik-Bauteile

In der Elektronik können viele Experimente mit einer **Transistor-Grundschaltung** durchgeführt werden. Du findest die Bauanleitung im Projekt Elektronik.

Die nötigen Bauteile sind in der folgenden Liste zusammengestellt. Die Liste ist z.B. nützlich, wenn du in einem Elektronik-Geschäft einkaufen willst.

Für die Transistor-Grundschaltung benötigst du:
1 Lampenfassung E 10 mit Lötösen,
1 Lampe E 10, z. B. Fahrradrücklicht (6 V/0,1 A),
1 npn-Transistor (Typ BC 547 B, BC 237 B o. ä.),
1 Leuchtdiode (5 mm ø),
je 1 Schutzwiderstand (R = 180 Ω und 1 kΩ),
7 Lüsterklemmen (für je zwei Verbindungen),
12 Lötnägel und 6 dazu passende Lötschuhe,
6 Leitungen mit je einer Krokodilklemme,
1 Flachbatterie 4,5 V.
Außerdem sind etwa 1 m blanker Schaltdraht (versilbert) und 1 m Anschlusslitze erforderlich.

Für die Versuche benötigst du weitere Widerstände. Am besten besorgst du Widerstände mit folgenden Werten und einer Genauigkeit von 5 % (4. Ring gold): 100 Ω, 220 Ω, 470 Ω, 1 kΩ, 2,2 kΩ, 4,7 kΩ, 10 kΩ, 47 kΩ, 68 kΩ, 100 kΩ, 470 kΩ, 1 MΩ.

Zum Aufbauen unterschiedlicher Schaltungen sind weitere Bauteile erforderlich :
1 Reedschalter mit kleinem Dauermagnet,
1 Fotowiderstand (z. B. LDR 03 oder 07),
1 Potentiometer 50 kΩ,
1 NTC-Widerstand (ca. 10 kΩ),
je 1 Kondensator 1 µF, 4,7 µF, 10 µF, 100 µF, 470 µF, 2200 µF, 10 000 µF,
1 Summer,
1 Klinkenstecker (passend für den Kopfhöreranschluss deines Radios).
Zusätzlich werden zwei Hörkapseln und die Sprechkapsel eines alten Telefons (Kohlemikrofon) benutzt.

Einige Schaltzeichen (Schaltsymbole)

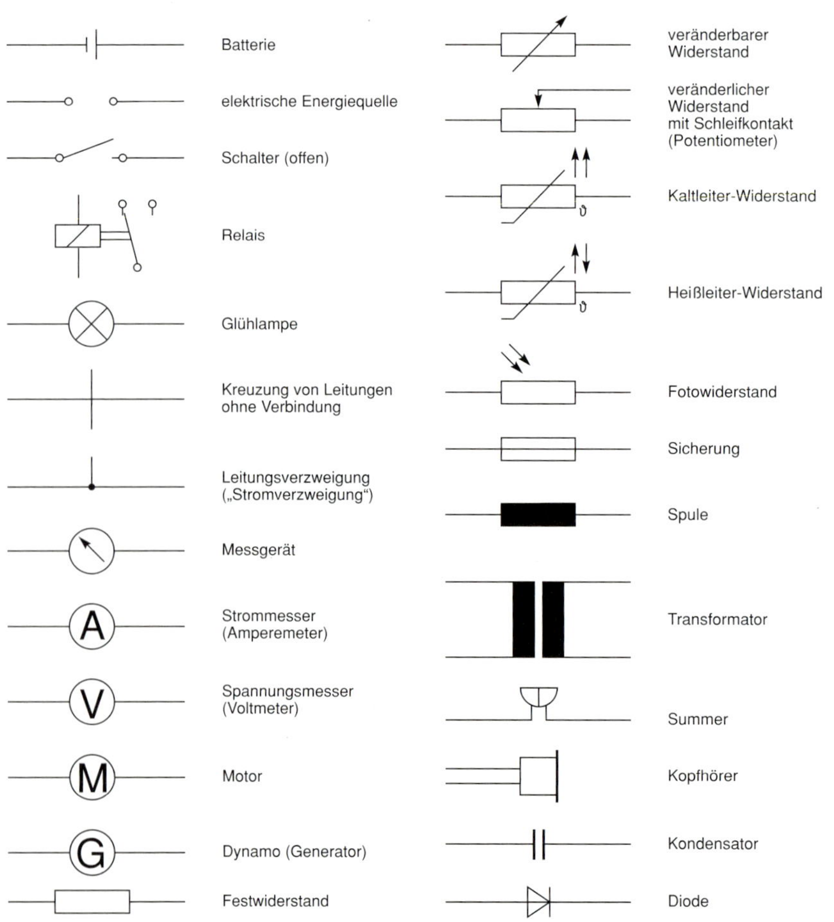

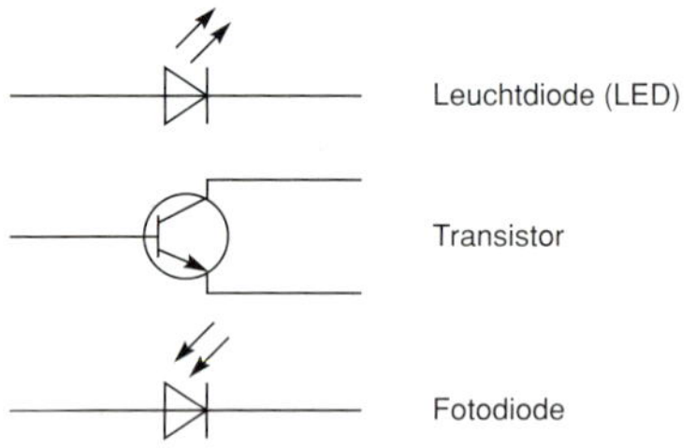

Der Farbcode von Festwiderständen

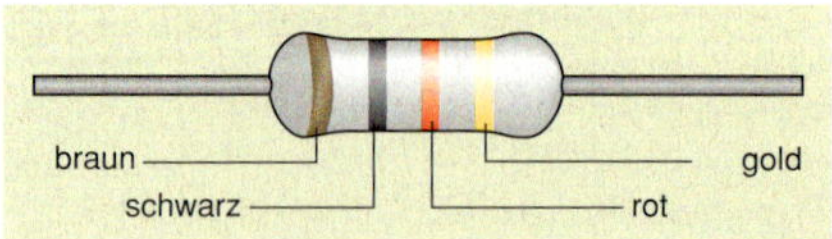

	1. Ring	2. Ring	3. Ring	4. Ring
schwarz	0	0		
braun	1	1	0	± 1 %
rot	2	2	00	± 2 %
orange	3	3	000	
gelb	4	4	0000	
grün	5	5	00000	
blau	6	6	000000	
violett	7	7	0000000	
grau	8	8		
weiß	9	9		
gold				± 5 %
silber				± 10 %

Fehlt der 4. Ring: ± 20 %

Beispiel:
Der Widerstand von Bild 6 hat 1000 Ω ± 5 % Fertigungsgenauigkeit (4. Ring). Dieser Festwiderstand kann also 950 Ω bis 1050 Ω haben.

Lösungen der Alles-klar-Fragen

Zu Seite 15:

1. Schlaginstrumente: Trommel, Pauke, Xylophon, Schlagzeug ... Blasinstrumente: Flöte, Oboe, Orgel, Trompete ... Zupfinstrumente: Harfe, Gitarre, Bass ...
2. Schallwellen breiten sich durch Luftverdichtungen und -verdünnungen aus. Da der Weltraum aber luftleer ist, kann es dort keine Schallwellen geben.
3. In einer Minute legt der Schall in Luft etwa 20 400 m zurück. Schallgeschwindigkeit in Luft: ca. 1224 km/h.
4. Schall oberhalb von 20 kHz, den wir Menschen nicht hören können, wird Ultraschall genannt.
5. Das Flattern des Schmetterlings hören wir gar nicht; seine Frequenz liegt unterhalb unserer Hörgrenze. Die Summtöne von Hummeln und Mücken können wir hören, da sie innerhalb unseres Hörbereiches liegen.
6. In der Pubertät wächst der Kehlkopf der Jungen stärker als bei Mädchen. Je länger die Stimmbänder sind, desto tiefer klingen die durch ihr Schwingen erzeugten Töne. (Stimmbandverlängerung in der Pubertät bei Jungen: um 10 mm, bei Mädchen um 3–4 mm.)
7. Wasserwellen breiten sich nur an der Wasseroberfläche aus. Sie verlaufen in einer Ebene. Schallwellen breiten sich nach allen Richtungen aus (auch nach oben und unten). Das haben beide gemeinsam: Wellen, die von zwei unterschiedlichen Quellen ausgehen, können sich gegenseitig überlagern und durchdringen.

Zu Seite 25:

1. Das Alexander-Horn gehört ins Reich der Sagen: Ein mit dem Mund geblasenes Instrument kann akustische Signale nicht über solche Entfernungen übertragen.
2. Akustische Beispiele für die Stationen „Sender – Übertragungsweg – Empfänger“: a) Jagdhorn – Schallwellen in Luft – Jäger; b) trommelnde Raupen – Schallwellen in Zweigen – Ameisen.
Optische Beispiele: a) Indianer – Licht des Lagerfeuers – Indianer; b) Pfauenmännchen – von Schwanzfedern reflektiertes Licht – Pfauenweibchen.
3. Die Datenleitungen sind in Wirklichkeit sehr viel dünner (Telefondrähte, Glasfaserleitungen).
4. Die Lichtsignale des Morsescheinwerfers können sehr gezielt übertragen und nur sehr schwer „abgehört“ werden. Sie sind bereits durch den Morsecode verschlüsselt und können leicht noch weiter verschlüsselt werden (z. B. durch Vertauschen von Zeichen).
5. Die farbigen Lichtbündel sind exakt parallel. Das deutet auf einen Laser als Lichtquelle hin.

Zu Seite 31:

1. Die optischen Telegrafenlinien konnten weder nachts noch bei Nebel oder Regen benutzt werden. Der Aufwand für die Stationen und die Übertragungswege war extrem hoch (mit 2 Personen besetzte Relaisstationen im Abstand von 10 km!). Die elektrischen Telegrafen waren kostengünstiger, kleiner, schneller, transportabel, immer einsatzbereit, abhörsicherer.
2. Die elektrische Energie für die Geräte wurde durch Induktion aus der „Schallenergie“ des Sprechers gewonnen. Für einen „Fernruf“ quer durch Deutschland hätte diese Energie aber nie ausgereicht.
3. a) *Kodierung* nennt man die Umwandlung einer Nachricht in andere Zeichen oder Signale. Die Umwandlung von Sprache, Texten, Musik oder Bildern in elektrische Signale bedarf immer einer Kodierung – egal, ob die Umwandlung analog erfolgt (wie beim herkömmlichen Telefon) oder digital (wie beim Datenversand im Internet). Kodierungen werden ebenfalls benutzt, um Übertragungswege abhörsicherer zu machen (z. B. beim DECT-Standard der Mobiltelefone).
b) Bekannte Kodierverfahren sind das Umwandeln von Buchstaben und Ziffern in Morsezeichen und das Umwandeln von Schallwellen in Stromstärke-Schwankungen (im Mikrofon).

Zu Seite 53:

1. a) Mechanische Sensoren: Reed-Schalter, Drucktaster, Schwimmer-Schalter, Bimetall, Kohlemikrofon. b) Elektronische Sensoren: Heißleiter (NTC-Widerstand), Fotowiderstand (LDR) und Sensoren in Bewegungsmeldern, Rauchmeldern, Gasmeldern. b) Wir haben keine Sinnesorgane für magnetische, elektrische und radioaktive Erscheinungen, für Funkwellen.
2. Je mehr Licht auf einen Fotowiderstand fällt, desto kleiner wird sein elektrischer Widerstand. Je stärker man einen Heißleiter abkühlt, desto größer wird sein elektrischer Widerstand.
3. Je nach Einbaurichtung der Diode wird der Gleichstrom durchgelassen oder gesperrt. Wechselstrom wird durch die Diode in pulsierenden Gleichstrom umgewandelt.
4. Ein kleiner elektrischer Strom (Steuerstrom) steuert einen großen elektrischen Strom (Laststrom).
5. Im Modell wie im Transistor steuert ein kleiner Strom einen großen Strom.
Kein Steuerstrom = kein Laststrom (Strömung ist abgesperrt).
Kleine Änderungen beim Steuerstrom bewirken größere Änderungen in der Stromstärke des Laststroms.

Zu Seite 91:

1. a) Petra fährt mit einer Geschwindigkeit von 24 km/h (oder 6,67 m/s). b) 24 km/h ist die Durchschnittsgeschwindigkeit. Wenn sie bergab gefahren ist oder schneller getreten hat, kann sie eine höhere Momentangeschwindigkeit erreicht haben. c) Die Momentangeschwindigkeit ist die Geschwindigkeit, die ein Körper in einem bestimmten Augenblick hat (sie wird z. B. vom Tacho angezeigt). Auf einer längeren Wegstrecke fährt man mal schneller, mal langsamer. Die Momentangeschwindigkeit schwankt. Die Durchschnittsgeschwindigkeit ergibt sich, wenn man den Weg durch die Zeit teilt.
2. Zuordnung der Begriffe: (1) beschleunigt, (2) gleichförmig, schnell, (3) verzögert, (4) gleichförmig, langsam.
3. Beispiele für einige Geschwindigkeitsbegrenzungen: 100 km/h (außerhalb geschlossener Ortschaften), 50 km/h (innerhalb geschlossener Ortschaften), 30 km/h (in Wohngebieten) und 10 km/h in Spielstraßen. Geschwindigkeitsbegrenzungen sollen vor allem der Verkehrssicherheit dienen. Der Anhalteweg eines Pkws beträgt bei einer Geschwindigkeit von 50 km/h auf trockener Stzraße schon 28 m!
4. Die Kurve A gehört zum Lastwagen, seine Geschwindigkeit beträgt ständig 80 km/h (gleichförmige Bewegung). Kurve B zeigt die Bewegung des Autos: Beschleunigen, Lastwagen überholen, mit konstanter Geschwindigkeit 90 km/h fahren.
5. Der Mopedfahrer benötigt eine Dreiviertelminute (45 s).
6. Alle drei Kugeln fallen gleich schnell.
7. Die Beschleunigung beim freien Fall ist größer. Der Sportwagen beschleunigt in $t = 4$ s auf $v = 27{,}8$ m/s. Seine Beschleunigung $(a = v : t)$ beträgt knapp 7 m/s^2.
8. a) Der Anhalteweg setzt sich aus Reaktions- und Bremsweg zusammen. b) Bei 50 km/h legt man in einer Sekunde etwa 17 m zurück. c) Auf den Bremsweg wirken sich abgenutzte Bremsbeläge, hohe Geschwindigkeit, Regen und abgefahrene Reifen aus. Auf den Reaktionsweg haben hohe Geschwindigkeit, schlechte Sicht, Müdigkeit und Alkohol im Blut Einfluss. d) Wenn sich die Geschwindigkeit verdoppelt, vervierfacht sich der Bremsweg. Bei 80 km/h beträgt er also 36 m.

Zu Seite 95:

1. Die Kugel bewegt sich a) nach hinten, b) gleichförmig mit dem Wagen, c) nach vorn, d) nach rechts.
2. Aufgrund seiner Trägheit kommt der Supertanker (große Masse, geringe Reibung) nur schwer zum Stehen.
3. Bei Bewegungsänderungen des Busses (Bremsen, Abbiegen) würden sich stehende Fahrgäste geradeaus weiterbewegen; dabei würden sie womöglich auf ein Hindernis aufprallen und sich verletzen.
4. Diese Eigenschaft der Körper heißt „Masse“. Man misst die Masse von Körpern, indem man sie auf einer Balkenwaage mit der (bekannten) Masse von Gewichtsstücken vergleicht.

64395

Zu Seite 105:

1. Kräfte erkennt man an ihren Wirkungen. Einige Beispiele: Gewichtskraft verbiegt ein Brett im Regal; die Kraft, die von einem Motor ausgeübt wird, beschleunigt ein Mofa; Reibungskraft bringt einen Schlitten zum Stehen.
2. Reibungskräfte zwischen Reifen und Straße sowie zwischen Luft und Karosserie bringen das Auto zum Stehen.
3. Bei 1 N wird die Feder um 1,5 cm länger, bei 4 N um 6 cm, bei 5 N um 7,5 cm.
4. a) Der dritte Kraftmesser hat die härteste Feder. b) Die Verlängerung 1 mm gehört zum dritten Kraftmesser, die Verlängerung 1 cm zum zweiten und die Verlängerung 10 cm zum dritten.
5.

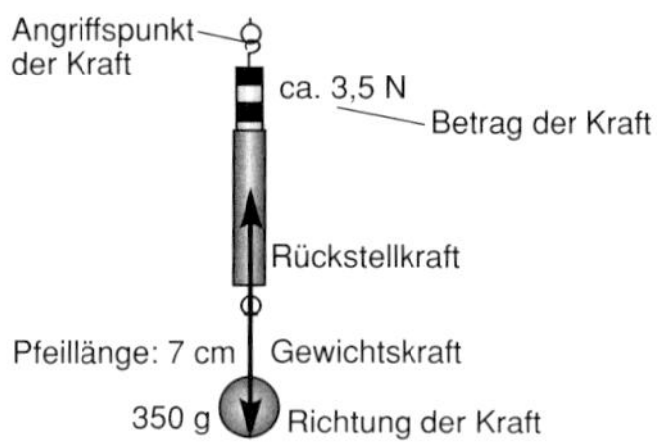

6. Es wirken Gewichtskraft und Muskelkraft. Dabei ist die Gewichtskraft genauso groß wie die Gewichtskraft; es herrscht damit „Kräftegleichgewicht“. Deshalb ist auch keine Kraftwirkung zu beobachten.
7. a) Gewichtskraft der Kiste – Gegenkraft der verformten Tischplatte; b) Muskelkraft des Hundes – Muskelkraft der Person, die die Leine hält; c) Zugkraft des Traktors – (Roll-)Reibungskraft des Anhängers.
8. a) Im Weltraum ist keine Luft, die eine Reibungskraft ausüben könnte. b) Ein Flugzeug dagegen fliegt nicht im luftleeren Raum. Es wird durch Reibung mit der Luft dauernd abgebremst, muss also (damit das ausgeglichen wird) angetrieben werden.
9. Unter der Gravitationskraft versteht man die Anziehungskraft zwischen verschiedenen Körpern. Die Gravitationskräfte hängen ab von der Masse der Körper und von deren Abstand zueinander.

Zu Seite 113:

1. Alle Befestigungen (Nägel, Schrauben, Dübel, Knoten) beruhen auf Haftreibung.
2. Beispiele für unerwünschte Reibungswärme: Bohrer, Feile, Säge, Schleifscheibe, Fräse, Rutschkupplung, Bremse; beim Rutschen an Kletterstangen oder Seilen. Erwünschte Reibungswärme: bei Feuerzeug und Streichholz, beim Händereiben.
3. Haftreibung zwischen den Händen am Lenker und den Bremsgriffen oder zwischen der Schuhsohle und dem Pedal. Gleitreibung zwischen den Bremsbelägen und der Felge oder Trommel oder Bremsscheibe. Haftreibung zwischen dem Reifengummi und der Straße.
4. Bleistift- und Kreidestriche entstehen durch Abrieb des Materials. Dazu ist eine größere Haftreibung auf der Unterlage erforderlich. Auf Glas ist die Haftreibung nur sehr gering.
5. Bei doppelter Geschwindigkeit ist der Bremsweg (auf trockener Straße) etwa viermal so lang wie bei einfacher Geschwindigkeit.
6. Der Fahrer tritt kräftig auf die Bremse, nimmt schnell den Fuß etwas zurück, tritt wieder auf die Bremse usw. Die elektronische Steuerung beim Anti-Blockiersystem (→ Aufgabe 7) macht das Gleiche, aber bis zu zehnmal pro Sekunde und damit viel schneller als ein Mensch. Man will durch das „Stottern“ ein Blockieren der Räder (also deren Stillstand sowie das anschließende Gleiten) vermeiden. Die Räder sollen beim Bremsen immer langsamer werden, dabei aber die Haftung auf der Straße behalten. Nur so ist die Haftreibung gewährleistet; diese ist bekanntlich größer als die Gleitreibung.
7. Wenn Räder blockieren, „radieren“ sie (Gleitreibung) über die Fahrbahn; sie lassen sich dann weder bremsen noch lenken. Trotz eingeschlagener Lenkung gleitet das weiße Auto von Bild 8 auf der nassen Fahrbahn geradeaus und fährt gegen die Kisten. Mögliche Abhilfe: Stotterbremse (→ Aufgabe 6). Im zweiten Auto ist ein Anti-Blockier-System (ABS) eingebaut. Hier verhindert eine Elektronik das Blockieren der Räder. Der Fahrer kann das Auto deshalb um das Hindernis herumlenken.

Zu Seite 117:

1. Wenn sich ein Hund schüttelt, bewegen sich die einzelnen Punkte seines Fells auf einer gekrümmten Bahn. Das Wasser bleibt im Fell hängen, wenn es durch eine Zentralkraft auf der gekrümmten Bahn gehalten wird. Bei schnelleren Schüttelbewegungen des Hundes reicht dafür die Haftreibungskraft nicht mehr aus – die Wassertropfen fliegen vom Fell weg.
2. Der Laternenpfahl ermöglicht eine größere Zentralkraft, als sie durch Reibung vom Boden auf die Schuhsohlen ausgeübt werden könnte. Dadurch ist eine rasche Richtungsänderung möglich. Der „Fänger“ kann nur folgen, wenn er ebenfalls den Laternenpfahl zu Hilfe nimmt.
3. Ursache dafür ist die Trägheit des Körpers: In beiden Fällen folgt der Körper erst dann der Bewegungsänderung des Fahrzeugs, wenn eine entsprechende Kraft auf ihn ausgeübt wird. Ohne diese Kraft bewegt sich der Körper vom Fahrzeug weg. Oder das Fahrzeug bewegt sich vom Körper weg, weil dieser – ohne Einwirken einer Kraft – seine geradlinige Bewegung mit konstanter Geschwindigkeit beibehält. Die verzögernde Kraft bzw. die Zentralkraft wird vom Fahrzeug (z. B. über den Sicherheitsgurt oder den Sitz) auf den Fahrgast ausgeübt. Dieser übt dann seinerseits eine Kraft in Gegenrichtung auf das Fahrzeug aus.
4. Der Hammerwerfer bringt die Hammerkugel durch Herumschleudern auf eine möglichst große Geschwindigkeit. Dies erfordert eine große Zentralkraft, die der Sportler aufbringen muss. Er lässt dann den Griff an der Stelle los, von der aus der Hammer (tangential) in die gewünschte Richtung davonfliegt.
5. Die Behauptung stimmt nicht! Sowohl die Haftkraft als auch die erforderliche Zentralkraft verändern sich nämlich direkt proportional zu der Masse. Das heißt: Beim Kleinwagen sind die Haftkraft, und auch die Zentralkraft kleiner als bei der schwereren Limousine. Die maximal mögliche Geschwindigkeit ist deshalb unabhängig von der Wagenmasse.
6. Schalensitze sorgen für eine recht gute „Seitenführung“ beim Kurvenfahren. Der Rand des Schalensitzes übt bei den Rennfahrern den größten Teil der Zentralkraft aus, mit der der Fahrer in die Kurve gezwungen wird. Bei hoher Kurvengeschwindigkeit würde dafür die Reibung zwischen Fahrer und Sitz nicht reichen.

Zu Seite 137:

1. Arbeit wird verrichtet, wenn ein Körper einen Weg zurücklegt und wenn dabei eine Kraft in Richtung des Weges wirkt.
2. Zu Bild 9: Beim Kugelstoßen übt der Sportler eine Kraft auf die Kugel aus und beschleunigt sie. Dabei übt er eine Kraft auf die Kugel in Richtung des Weges aus. Zu Bild 10: Beim Schmieden wird Arbeit verrichtet, denn auf den Hammer wirken Kräfte in Richtung seines Weges (die Gewichtskraft und die vom Schmied ausgeübte Kraft). Zu Bild 11: Wenn die Springerin auf das Trampolin fällt, wird dieses gespannt; die Springerin übt so eine Kraft auf das Trampolin aus, das in Bewegungsrichtung verformt wird. b) Es wird Beschleunigungsarbeit, Verformungsarbeit und Spannarbeit verrichtet.
3. Mit einem Kraftmesser misst man die Kraft (in N), mit einem geeigneten Längenmessgerät den zurückgelegten Weg (in m). Das Produkt aus Kraft und Weg ergibt dann die Arbeit (in Nm).
4. 1 Joule (Newtonmeter) Arbeit ist erforderlich, um einen Körper mit 100 g Masse (z. B. eine Tafel Schokolade) 1 m hochzuziehen.
5. Die Arbeit ist in beiden Fällen gleich. In Beispiel 2 spart der Arbeiter zwar Kraft, diese muss aber über einen längeren Weg wirken.
6. Die verichtete Arbeit ist gleich, wenn beide Jungen gleich schwer sind. Mit der Treppe spart man gegenüber der Leiter keine Arbeit, denndie Kraft, die erforderlich ist, ist geringer, aber der zurückzulegende Weg ist dafür länger.
7. a) Die am eigenen Körper verrichtete Arbeit berechnet man aus der Gewichtskraft und der Hubhöhe: $W = F_G \cdot h$.
Beispiel: Bei einer Körpermasse von 50 kg beträgt die Gewichtskraft $F_G = 500$ N. Wenn man um h = 3 m nach oben steigt, verrichtet man eine Arbeit von $W = 500\,\text{N} \cdot 3\,\text{m} = 1500\,\text{J}$.

b) Die Steigung der Treppe hat keinen Einfluss auf die Arbeit. Wenn man eine weniger steile Treppe (schiefe Ebene) benutzt, spart man Kraft auf einem längeren Weg. Die Arbeit bleibt gleich.
c) Beispiel:
$W = (F_G + 250\,N) \cdot h = 750\,N \cdot 3\,m = 2250\,J$.
8. Die Kette läuft schräg, dadurch verschleißen Zahnräder und Kette recht schnell. Nicht alle möglichen Gänge eines Fahrrads sollten genutzt werden.
9. Serpentinen stellen schiefe Ebenen dar. Der Aufstieg dauert länger, es ist aber eine geringere Kraft erforderlich.
10. a) Zum Heben des Fasses ist eine Kraft von 600 N erforderlich. Man muss beim Arbeiten 600 J bzw. Nm einsetzen. b) Durch die Rampe wird die Kraft verringert. Der Weg wird aber länger.
c) Zum Hochrollen auf der Rampe ist eine Kraft von 150 N erforderlich.

Zu Seite 143:
1. Je mehr Zeit für eine bestimmte mechanische Arbeit benötigt wird, desto *geringer* ist die Leistung.
2. 120 Ps entsprechen etwa 88 kW. Die Leistung der beiden Fahrzeuge ist also ungefähr gleich.
3. Andreas dürfte eine 75-W-Lampe bekommen (1/10 PS = 73,5 W).
4. Kraft zum Hochheben des Kindes: $F = 90$ N; Hubweg: $s = 1{,}5$ m. Verrichtete Hubarbeit: $W = F \cdot s = 90\,N \cdot 1{,}5\,m = 135$ Nm. Diese Arbeit wird in der Zeit $t = 1$ s verrichtet. Die Leistung beträgt demnach $P = W : t = 135\,N : 1\,s = 135$ Nm/s = 135 W.
5. a) Das Auto mit der größeren Motorleistung erreicht eine geringere Höchstgeschwindigkeit als das andere. b) Das kann an einem unterschiedlichen Luftwiderstand liegen oder daran, dass die Fahrzeuge unterschiedliche Massen haben.
6. a) Der Traktor bringt große Kräfte bei geringerer Geschwindigkeit auf, der Pkw erreicht mit geringen Kräften große Geschwindigkeiten. b) Bei der Kraftübertragung spielt das Getriebe eine Rolle.

Zu Seite 153:
1. Menschen und Tiere wandeln die in der Nahrung enthaltene chemische Energie z.B. in mechanische Energie (beim Arbeiten Laufen ...) und in thermische Energie (Körperwärme) um.
2. Durch Sonnenenergie (Wärme) verdunstet das Wasser – es regnet – das Wasser bildet Flüsse – das bewegte Wasser des Flusses treibt z. B. ein Wasserrad an.
3. Die *Gewinnung* elektrischer Energie ist größtenteils nicht umweltfreundlich, da in Deutschland zurzeit noch mehr als 60 % davon in Kohlekraftwerken erzeugt wird (Wirkungsgrad nur ca. 35 %; Belastung durch Kohlenstoffdioxidausstoß; Abgase, Rauch, Wärme). Auch die rund 30 % „Atomstrom" kann man nicht als umweltfreundlich bezeichnen, solange noch z. B. die Frage der Entsorgung radioaktiver Abfälle ungeklärt ist. Weniger als 10 % werden umweltfreundlich erzeugt: durch Wasser, Wind, Sonne ...
4. Der Wirkungsgrad gibt an, wie viel Prozent der eingesetzten Energie wirklich genutzt werden.
5. a) Nur 15 % der im Treibstoff steckenden chemischen Energie werden für die Vorwärtsbewegung genutzt. b) Der größte Teil (85 %) der chemischen Energie geht ungenutzt in Form von Wärme „verloren". c) Von den 5 l Treibstoff werden nur 0,75 l in Bewegung umgesetzt. d) Bei allen Energieumwandlungen in Maschinen entsteht nicht erwünschte Wärme (z. B. durch Reibung). Ein Teil der Energie geht immer „verloren". Deshalb ist ein Wirkungsgrad von 100 % unmöglich.
6. Unter einem Perpetuum mobile versteht man eine „Maschine", die ohne Energiezufuhr immer weiterarbeitet.
Eine solche Maschine gibt es aber nicht, da keine völlig reibungsfreie Maschine existiert. In jeder Maschine entsteht also als „Verlustenergie" Wärme. Jede Maschine muss also nach einiger Zeit stehen bleiben, wenn keine Energiezufuhr erfolgt.

Zu Seite 172:
1. Das Gemisch in dem Pappzylinder verbrennt sehr schnell (explosionsartig). Die Abgase dehnen sich stark aus, sodass der Deckel (die schwächste Stelle) hochgeschleudert wird.
2. a) Tabellenmuster:

Takt 1	Takt 2	Takt 3	Takt 4
EV offen	EV zu	EV zu	EV zu
AV zu	AV zu	AV zu	AV offen

b) *1. Takt:* Der Kolben bewegt sich nach unten; durch den entstehenden Unterdruck wird das Benzin-Luft-Gemisch abgesaugt.
2. Takt: Verdichtungstakt; Der Kolben bewegt sich wieder hoch und verdichtet (komprimiert) das Gemisch.
3. Takt: Das Gemisch wird gezündet – die sich ausdehnenden Gase treiben den Kolben nach unten – der Motor „arbeitet".
4. Takt: Der Kolben bewegt sich wieder nach oben und stößt die Abgase aus dem AV in den Auspuff.
3. Die im Treibstoff steckende chemische Energie wird zuerst in thermische Energie (Wärme) und dann in mechanische Energie (Kraft und Bewegung) umgewandelt.
4. a) 85 % der elektrischen Energie werden in mechanische Energie (Bewegung) umgewandelt. Dabei ist aber zu bedenken, dass mehr als 90 % der elektrischen Energie in Wärmekraftwerken gewonnen wird, die einen Wirkungsgrad von nur etwa 35 % haben. b) Die 15 % gehen in Form von Wärme (Reibung, erwärmte Drähte) „verloren".

Zu Seite 185:
1. Wenn z. B. Wasser aus einem Winkelrohr strömt, erfährt das Rohr einen Rückstoß in die entgegengesetzte Richtung. (Skizze z. B. wie die mittlere Darstellung von Bild 4 der Zusammenfassung, dazu die Begriffe.)
2. Wenn das Boot in nur eine Richtung spritzen würde, entstünde ein Rückstoß, der es in Bewegung versetzt. Der „Stützstrahl" verhindert das, weil er einen Rückstoß in Gegenrichtung hervorruft.
3. Wasserspritze: Wasser – *Rohr*. Rakete: Verbrennungsgase – *Raketenhülle*.
4. Nein, für den Rückstoß ist kein „Abstoßen" an einem anderen Körper erforderlich.
5. Gemeinsamkeiten von Rakete und Verbrennungsmotor: Durch Verbrennen von Treibstoff dehnen sich Gase sehr stark aus. Unterschiede: Bei der Rakete erzeugen die sich ausdehnenden Gase einen Rückstoß; Sauerstoff muss mitgenommen werden. Beim Verbrennungsmotor setzen die sich ausdehnenden Gase Kolben in Bewegung; Sauerstoff wird mit der Außenluft angesaugt.

Zu Seite 197:
1. *Dalton-Modell:* Die Atome sind kleine, kompakte Kugeln, die chemisch nicht mehr weiter zerlegbar sind.
Rutherford-Modell: Die Atome bestehen aus einem Atomkern und einer Atomhülle. In der Hülle bewegen sich die Elektronen um den Kern herum.
Bohr-Modell: Die Atome setzen sich ebenfalls aus Atomkern und Atomhülle zusammen. In der Hülle bewegen sich die Elektronen – je nach ihrem Energiebetrag – auf bestimmten Bahnen.
2.

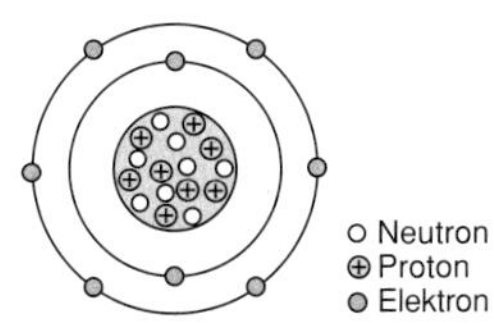

3. Es entstehen $_{56}$Barium und $_{36}$Krypton, ferner $_{54}$Xenon und $_{38}$Strontium, ...
Modellversuch: Wenn die Magnete getrennt werden (wenn ein Neutron in den Kern eindringt), bewegen sie sich auseinander: Die in ihnen gespeicherte Energie wird in mechanische Energie (Bewegung) und in thermische Energie (Wärme) umgewandelt.
4. Die beiden Isotope unterscheiden sich in ihrer Massenzahl.
Iod-123: Massenzahl 123, Protonenzahl 53, Neutronenzahl 70, Ordnungszahl 53
Iod-131: Massenzahl 131, Protonenzahl 53, Neutronenzahl 78, Ordnungszahl 53
5. *Alphastrahlung:* Teilchen (Heliumkerne), positiv geladen, geringe Reichweite, leicht abzuschirmen, stark ioni-

sierend, daher gefährlich für den Menschen, bewirkt Energieumwandlungen.
Betastrahlung: Teilchen (Elektronen), negativ geladen, größere Reichweite als die Alphastrahlung, wird z. B. von einem 4–5 mmm starken Aluminiumblech abgeschirmt, nicht so stark ionisierend, führt zu Elementumwandlungen.
Gammastrahlung: keine Teilchenstrahlung, ähnlich wie die Röntgenstrahlung, neutral, durchdringt die Luft fast ungehindert, lässt sich nur durch dicke Bleischichten abschirmen, nicht stark ionisierend, tritt als „Begleiterscheinung“ von Alpha- und Betastrahlung auf, bewirkt jedoch keine Elementumwandlungen.
6. Nach 13,3 Stunden ist die Hälfte der Iod-123-Kerne zerfallen. Sie haben sich unter Aussendung von Betastrahlung in $_{54}$Xenon umgewandelt.
7. Wir sind immer – egal, wo wir uns befinden – radioaktiver Strahlung ausgesetzt. Hauptursachen für diesen so genannten Nulleffekt sind die kosmische Strahlung, die Erdstrahlung und die medizinische Strahlung (Röntgenstrahlung).

Zu Seite 213:
1. *Gemeinsamkeiten:* Elektrische Energie wird über den Umweg der thermischen Energie (Wärme) gewonnen. Zur Rückgewinnung von Wasser aus Dampf wird ein Kondensator verwendet, der Kühlwasser benötigt. Umweltbelastung durch Aufheizung der Flüsse bzw. der Umgebung.
Unterschiede: Die Wärme wird auf unterschiedliche Weise gewonnen. Es ergeben sich Umweltbelastungen durch Abgase oder radioaktive Strahlung. Die Sicherheitsvorkehrungen sind bei Kernkraftwerken wesentlich umfangreicher als bei Kohlekraftwerken.
2. *Kohlekraftwerk:* Chemische Energie – thermische Energie (Wärme) – Bewegungsenergie – elektrische Energie.
Kernkraftwerk: Kernenergie – thermische Energie (Wärme) – mechanische Energie (Bewegungsenergie) – elektrische Energie.
3. Der Anteil der Uran-235-Kerne ist mit nur 0,7 % so gering, dass eine Kettenreaktion zustande kommen kann.
4. a) Angereichertes Uran-235 (3 %).
b) Zur Steuerung der Kettenreaktion, vor allem zur Schnellabschaltung (das Material der Steuerstäbe – Cadmium und Bor – absorbiert Neutronen).
c) Als Moderator, als Energietransportmittel (Reaktor – Wärmeaustauscher), als Kühlmittel für die Brennelemente.
5. *Kernkraftwerke:* Radioaktive Strahlung, über den Kamin entweichen vor allem Edelgase, Iod und Tritium, durch die Abwässer vor allem Tritium, das nicht herausgefiltert werden kann.
Kohlekraftwerke: Staub, Kohlenstoffdioxid, Kohlenstoffmonooxid, Stickstoffoxide, Schwefeldioxid usw.
Beide Kraftwerksarten: Erwärmung der Flüsse und der Umgebung (durch Kühltürme).
6. Die Hüllrohre sollen die entstehenden Spaltprodukte zurückhalten. Der Druckbehälter soll dem Überdruck standhalten, der bei Überhitzung auftreten kann. Die Betonabschirmung stellt den wichtigsten Strahlenschutz dar. Der Sicherheitsbehälter soll imstande sein, bei einem Bruch der Hauptkühlwasserleitung die gesamte Dampf- bzw. Gasmenge aufzunehmen. Die Stahlbetonhülle bietet Schutz gegen äußere Einwirkungen. Wichtige Einrichtungen sind mehrfach vorhanden (z. B. Ventile). Abluft und Abwasser werden durch Filter geleitet, bevor sie das Kraftwerk verlassen.
7. a) Radioaktiver „Abfall“ lässt sich nicht vernichten; die Halbwertszeit der einzelnen Nuklide bestimmt die Dauer der Gefährdung. (Doch auch „normaler“ Müll lässt sich nicht so leicht vernichten, wie man lange Zeit glaubte: Bei der Müllverbrennung entstehen zum Teil sehr gefährliche Umweltgifte: z. B. Kohlenstoff, Kohlenstoffstoffmonooxid, Kohlenwasserstoffe, Dioxine, Salzsäure.
b) Möglichkeiten zum Verbleib mit den „Abfällen“: Zwischenlagerung in speziellen Behältern, Endlagerung in Salzbergwerken bzw. Zwischenlagerung dort, Wiederaufarbeitung, Endlagerung der gefährlichen Spaltprodukte, Wiederverwendung von Plutonium und Uran.

Verzeichnis der Bild- und Textquellen

AEG, Hamburg und Nürnberg: 45.10, 158.1; Ammon, Schönau: 12.1; ap, Frankfurt/Main: 210.1; Bavaria, Gauting: 4.2, 8.1 u. 2, 23.6, 25.8, 42.2, 95.7, 102.3, 117.9, 154.1, 162.3 u. 4, 165.4; Bavaria, Hamburg: 80.2; Birker, Viernheim: 140.4; Bosch, Stuttgart: 32.1, 112.2; Buhtz, Heidelberg: 182.2; Bundesministerium der Verteidigung, Bonn: 21.7, 25.6; Busch & Müller KG, Meinerzhagen: 56.1; CERN, Genf: 71.4.1; DaimlerChrysler, Stuttgart: 109.5, 113, 140.3, 173.4, 175.4, 227.2; Deutsche Telekom, Bonn: 24.1; Deutsche Verkehrswacht, Bonn: 110.4-6; Deutsches Museum, München: 25.6, 26.2, 33.9 u. 10, 62.1 u. 3, 84.1, 108.1, 2, 134.3, 135.4 u. 5, 152.3, 168.1, 173.5, 214.1-3, 216.1 u. 2, 217.4 u.5; Deutsches Rundfunkmuseum, Berlin: 40.2; dpa, Frankfurt/Main: 8.3, 9.9, 10.1, 89.1, 96.1, 101.6 u. 7, 109.7, 128.2, 141.5, 193.7, 232.1-3, 233.4; dpa, Frankfurt/Main Z5006: 179.3; E.ON Kernkraft, Kernkraftwerk Würgassen, Beverungen: 208.3; Electronic Sound/Potaco News, Zürich: 62.5; Engelhardt, Köln: 98.2; eso, Tettnang: 78.1; EVS, Stuttgart (Freigabe Nr.2857 A2): 148.1; Expo Stadt, Kassel: 163.6; Flagsol, Köln: 157.3; FP-Werbung, München: 154.5; Fraunhofer-Institut für Solare Energiesysteme, Freiburg: 154.2, 167.5; Ges. für Strahlen- u. Umweltforschung, München: 207.5; Göbel, Spielberg: 92.2; H-Tec, Lübeck: 160.1; Hahnen RWTH, Aachen: 187.9; Hildebrand, Hiddenhausen: 194.1; Huber, Garmisch-Patenkirchen: 113.5; Husumer Schiffswerft/W. Denckmann, Husum: 154.4; Ibelgaufts, München: 211.3; IBM, Stuttgart: 70.1 u. 3, 71.4.2; IFA, München: 64.1; Illmann, Nümbrecht: 98.3, 135.6; Intel, Feldkirchen/München: 70.2; Irmer, München: 42.3; IZE, Frankfurt/Main: 163.7; Kenwood, Tokio: 35.4; Keystone, Hamburg: 204.1; Krupp Atlas Elektonik, Bremen: 13.6; Krupp Industrietechnik, Wilhelmshaven: 126.7; KWU, Erlangen: 198.1-6, 205.9; Lichtenberger, Fahren: 9.7; Mauritius, Mittenwald: 86.1, 137.15; MBB, München: 157.2; Michalke, Berlin: 109.6, 142.3; Miele & Cie., Gütersloh: 45.6; Museum für Post und Kommunikation, Frankfurt/M.: 20.1-3; MVA Bielefeld-Herford: 166.2; Naturfotografie Frank Hecker (F. Sauer), Panten-Hammer: 187.7; Nokia, Düsseldorf: 30.3, 32.3; Opel, Rüsselsheim: 94.1, 185.6; Pfletschinger/Angermayer, Holzkirchen: 122.6; Pforr, Langenpreising: 22.1; Philips, Hamburg: 13.8, 193.6, 201.2; Preußischer Kulturbesitz, Berlin: 28.1; PTB, Braunschweig: 93.6; Rauhe, Hamburg 185.5; Recaro, Kirchheim/Teck: 117.10; RWE, Essen: 154.3, 166.1, 167.3, 191.4; Siemens, München: 13.9, 158.3; Silvestris, Kastl: 12.2, 18.3, 23.4, 43.5,80.1, 155.8, 162.1, 163.5, 167.4, 176.1, 227.7; Sonopress, Gütersloh: 63.6, 66.2b; Teves, Frankfurt/Main: 113.6; USIS, Bonn: 102.1 u. 2, 180.2; Volvo, Göteborg: 227.3; VW, Wolfsburg: 227.4-6; Westfälisches Freilichtmuseum, Detmold: 162.2; Wilhelm-Foerster-Sternwarte, Berlin: 95.8, 102.4; Willer, Walldorf: 182.3; Wolkersdorfer, Bad Hofgastein: 198.7; Zefa, Düsseldorf: 4.1, 122.1, 154.6; Zeiss, Oberkochen: 107.5; Zentralbild, Berlin: 25.4, 77.4, 130.7; ZVEH, Frankfurt/Main: 231.6. Alle anderen Fotos: Cornelsen, Berlin

Sach- und Namenverzeichnis

64399